U0837359

火控与指控系统原理

李相民　孙　涛　代进进　司维超　牟俊杰　编著

電子工業出版社
Publishing House of Electronics Industry
北京・BEIJING

内 容 简 介

本书内容涵盖火力控制和指挥控制的基本定义、理论、技术和未来发展趋势，主要包括火控与指控系统概述，指挥控制系统分析，火控与指控滤波理论，反舰导弹、防空导弹、火炮等武器的火力控制原理，火控与指控系统的信息融合基础，以及火控与指控系统的武器引导、辅助决策、任务规划、仿真等相关技术，并对美国“宙斯盾”系统做了简要介绍。

本书可作为高等院校有关专业本科生和研究生的教材，也可供从事火力控制与指挥控制系统相关工作的部队和研究、设计、生产部门有关人员参考。

图书在版编目（CIP）数据

火控与指控系统原理 / 李相民等编著. —北京：电子工业出版社，2022.4
ISBN 978-7-121-43659-8

Ⅰ. ①火… Ⅱ. ①李… Ⅲ. ①火控系统②指挥控制系统 Ⅳ. ①E92②E072

中国版本图书馆 CIP 数据核字（2022）第 140596 号

责任编辑：康 静
印　　刷：三河市良远印务有限公司
装　　订：三河市良远印务有限公司
出版发行：电子工业出版社
　　　　　北京市海淀区万寿路 173 信箱　邮编 100036
开　　本：787×1092　1/16　印张：21　字数：537.6 千字
版　　次：2022 年 4 月第 1 版
印　　次：2022 年 4 月第 1 次印刷
定　　价：64.00 元

凡所购买电子工业出版社图书有缺损问题，请向购买书店调换。若书店售缺，请与本社发行部联系，联系及邮购电话：（010）88254888，88258888。

质量投诉请发邮件至 zlts@phei.com.cn，盗版侵权举报请发邮件至 dbqq@phei.com.cn。

本书咨询联系方式：（010）88254609，hzh@phei.com.cn。

前　言

由 20 世纪 20 年代出现第一个舰载火控装置开始算起，火控与指控系统经历了 C^1、IC、C^2、C^3I、MC^3I、BM/C^3I、C^4I、C^4ISR、C^4KISR 的演变过程。火控与指挥控制系统通过信息收集、处理、传递、利用的流程，使部队能够实时地感知态势、透视战场、快速地全程决策、锁定目标、高效地协调部队、精确打击。它紧密连接各作战单元从而实现“传感器—控制器—武器”一体化的作战过程，包括信息收集、传递与管理、指挥情报控制、战斗指挥、火力打击、系统管理与控制等功能，对作战的成败起着关键的作用；它应用到数学、控制论、运筹学、计算机科学、通信与电子、作战系统工程等许多新技术原理，成为应用新技术成就最敏感的学科之一。作者根据多年来从事火控与指控系统教学和研究工作的实践，并尽可能地吸收近几年来学术和科研的最新成果，编著本书。

在本书编写过程中，参考了大量的文献资料和兄弟院校的有关教材，在此对参考资料的原作者和给予编著者大力支持的各位领导、专家表示衷心的感谢。

由于编著者经验不足，学术水平有限，书中难免疏漏和错误之处，敬请读者批评指正。

编著者

2022 年 1 月

目　　录

第 1 章　火控与指控系统概述

1.1　相关基本概念

为了对指控系统的有关名词和术语有统一的认识，这里主要依据已出版的有关《军用标准》，对这些名词和术语做出解释。

1. 系统

系统（System）这个名词由来已久，但至今没有公认的定义。我国著名科学家钱学森认为：“系统就是由相互作用和相互依赖的若干组成部分结合成的具有特定功能的有机整体。”

在韦氏（Webster）大辞典中，“系统”的定义是“有组织的或被组织化的整体，是构成结合起来的整体和各种概念、各种原理的综合，是以有规则的相互作用或相互依赖的形式结合起来的对象的集合，等等。”

2. 作战系统

作战系统（Combat System）是指军用平台上用于执行警戒、跟踪、目标识别、数据处理、威胁估计及控制武器等完成对敌作战功能的各要素及人员的综合体。此处所指“军用平台”是指舰艇、潜艇和飞机等。

3. 指挥控制系统

指挥控制系统（Command and Control System）是根据分配的任务，指挥员对所属部队实施作战指挥、控制所必需的设备、软件和人员的总称。指挥控制系统通常简称为指控系统，又称 C^2 系统。对于“指挥和控制”（Command and Control）这个概念，美国 1976 年出版的《美国海军战术数字系统和战术数据系统辞典》是这样解释的：“指挥和控制”是指“指挥员在计划、指挥和控制作战中，对参与实施信息捕获、处理和通信的人员、设备和系统的管理。”

对比“作战系统”和“指挥控制系统”这两个定义，可以看出二者的主要区别是：后者的范畴局限在对所属部队实施作战指挥和控制所必需的设备、软件和人员，而前者的范畴不仅包含了后者，而且还延伸到平台上的各种传感器、武器和相应的软件和人员。可见，指挥控制系统只是作战系统中的一个分系统。但是，通常认为它在作战系统中起着中枢神经的作用。

将“指挥控制”简单地理解为“作战指挥决策控制”是不全面的。因为，“对所属部队实施作战指挥、控制”不能只限决策，还必须进一步引伸到决策的具体实施，也即对武器的指挥和控制。当然，随着指控系统的目的性不同，其具体功能会有所差异。

指挥控制系统具有的最根本的两项功能是：战术决策和武器控制。因而，它包含两个分系统：作战指挥系统和火力控制系统。

4. 作战指挥系统

作战指挥系统（Combat Command System）是依照预先给定的作战原则，拟定作战方案、分配武器和给出目标指示的数据处理系统，一般由设备、软件和人等三部分组成。

目前，许多人将“作战指挥系统”与“指挥控制系统”混为一谈。从上述定义可以看出，指挥控制系统的范畴大于作战指挥系统，后者只是前者的一个分系统。

5. 火力控制系统

火力控制系统（Fire Control System）的主要功能是控制武器设备实施对目标进行攻击。系统包括目标探测装置、火力控制计算机、接口设备和系统控制台。该分系统也应由设备、软件和人等三部分组成，简称为火控系统。在国外，有的又称火控系统为武器控制系统（Weapon Control System），或称作 C^1 系统。

6. 指挥仪

指挥仪（Fire Control Equipment）是火力控制系统的组成部分。指挥仪根据观测设备提供的目标实时数据和导航设备提供的有关数据及设定的弹道气象参数等，准确计算出目标运动参数和命中目标所需的射击（导引）诸元，用以进行武器射击指挥和武器射击控制。由此可见，指挥仪只是火控系统中的火控计算机和部分系统控制台。它是火控系统的一个分系统，而不包含目标探测装置和射击电路等在内。此外，有的火控系统还具备一定的作战指挥功能，而指挥仪则并不具备。

7. 综合火控系统

综合火控系统（Combined Fire Control System）是综合使用观测器材，综合控制多种同类型或不同类型武器，且能自行做出目标指示的火力控制系统，此处所谓“能自行做出目标指示”，是指这种系统具有简单的战术处理能力，即在一定程度上可以完成敌我识别、威胁判断和（或）武器分配等功能，从而使系统具有一定的独立作战的能力。当然，这种能力与作战指挥系统相比，是比较有限的。同时，综合火控系统仍然要服从其所在平台的集中指挥，它仍然只是其所在平台指控系统中的一个分系统。

上述各名词和术语相互关系如图 1-1 和表 1-1 所示。

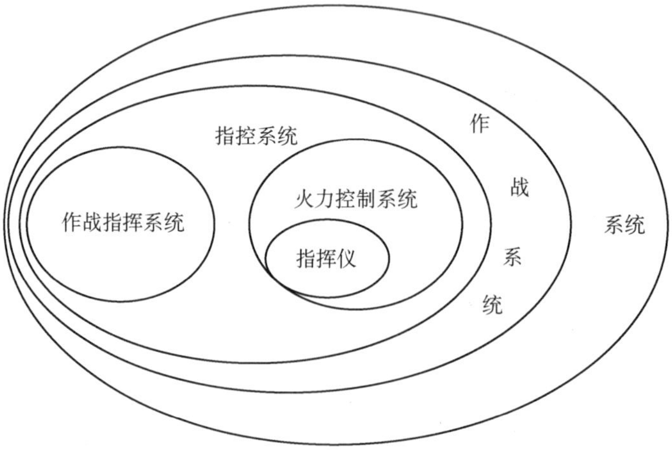

图 1-1 名词和术语相互关系图

表 1-1　指控系统基本概念的构成

序号	系统名称	系统构成
1	作战系统	平台+C^3I 系统+人员
2	指控系统	C^2 系统+指挥员+操作人员
3	作战指挥系统	C^1 系统+指挥员
4	火力控制系统	C^1 系统+操作人员
5	指挥仪	火控计算机+控制台
6	综合火控系统	（传感器信息+多种武器控制）的综合+自制性

1.2　火力控制系统概述

1.2.1　火力控制系统的发展概况

火力控制系统一般由目标跟踪和测量装置、火力控制计算机、接口及系统控制台等组成，其核心是计算机，它为火炮、导弹等武器计算射击诸元和控制信号，控制火炮、导弹等的射击和飞行。因此火力控制系统的发展是随着计算装置的发展而发展的。

1923 年英国的“埃里奥特”（Elliott）公司研制成具有摩擦积分器的机械式模拟计算机，分别装在英国的“纳尔森”（Nelson）号和“罗德尼”（Rodny）号舰上，协助火炮射击运动目标。到 30 年代，对如何计算火炮射表进行了数学研究，并提高了机械计算机的解题精度，同时光学器材也有了明显的发展。于是光学观测器材和机械计算机相结合，初步组成了机械式火控系统，并一直延续到 50 年代还在使用。

第二次世界大战中，由于海上战斗有了新的特点，主要作战武器除了火炮，还有鱼雷、飞机等，并逐步使用了新型传感器——雷达和声纳。在“二战”后期，人们开始研制机电和电子模拟式计算机，并应用于武器系统的控制中，由此而产生了模拟式火控系统，直至整个 50 年代可以说是模拟式火控系统占主要地位，特别是 1940 年前后，柯尔莫哥洛夫和维纳独立总结和研究了维纳滤波的估计方法，经过他们和后人十余年的努力，对有理谱密度过程在有限的观察时间内，得到了最佳重量函数的显式解。这一研究成果，为机电式和电子模拟式火控系统的设计奠定了理论基础。加之机电模拟解算装置的问世，电子器件和应用电路已发展成熟，致使整个 50 年代成为这一类火控系统发展、完善和装备部队的时代。

在 50 年代后期，由于晶体管技术的发展，使电子计算机在体积、重量、耗电和可靠性等方面有了质的飞跃，从而使数字式电子计算机（简称数字计算机）在火控系统中得到应用。数字计算机具有记忆功能、逻辑判断能力、综合处理数据和强大而又灵活的计算能力。但在火控系统中，从 50 年代中期到 70 年代初期，数字计算机经过一番激烈的竞争，才战胜了模拟计算机而取得优势地位。这是因为在一开始时，模拟计算机具有理论成熟，元件、工艺较为完善，造价低廉，操作简单，可靠性和可维修性较好，百分级的精度已满足与观测器材配套的要求等优点。但是随着晶体管技术的发展，特别是集成电路的研制成功，使数字计算机的体积、重量、功耗和可靠性有了非常明显的改善，造价也迅速下降，这就为数字计算机的发展和广泛应用创造了很有利的条件。例如，在60年代研制成功的31种火控系统产品中有17种是数字式的，占55%，而在70年代研制成功和正在研制的76种火控产品中，有61种是数字式的，约占80%，可见70年代以后数字式火控系统已占绝对优势，并随着时间的推移而进一步增强，时至今日，所有研制成功和正在研制的火控系统都是数字式的。

在第二次世界大战后，尤其是50年代末期，传感器和武器的类型与性能都有了显著的变化，形成了现代海战的一系列新特点：多目标、多批次、多方向、空海潜立体战的攻击形式；攻击的隐蔽性、突然性、破坏性都比过去大大增强，因而就要求我们先敌发现、反应迅速、指挥得当、打击有力，为此对来自各传感器的目标信息，要求能迅速地识别、分类，向指挥员提供清晰、全面的作战态势，并且能协助指挥员迅速、准确地制订作战方案，控制各种武器打击目标。显然，仅仅以火控系统是不能完成该使命的，必须要有一套以计算机为核心进行必要的情报处理和辅助作战指挥的系统，即综合火控系统。

从火控系统本身来讲，综合火控系统是其发展方向。所谓综合火控系统，是指综合使用观测器材，综合控制多种同类型和不同类型的武器，且能自行做出目标指示的火力控制系统。此处所谓“能自行做出目标指示”，是指这种系统具有简单的战术处理能力，即在一定程度上可以完成敌我识别、威胁判断和（或）武器分配的功能，从而使系统具有简单的战术处理能力。

1.2.2 基本组成及功能

不同武器的火控系统虽然作战使命与控制任务不同，但其功能和实现这些功能的分系统却大体相同。这里仅以采用大闭环控制原理的自行高炮火控系统为例，简要叙述火控系统的基本组成及其功能。组成火控系统的各分系统及它们之间的信息传递关系如图1-2所示。

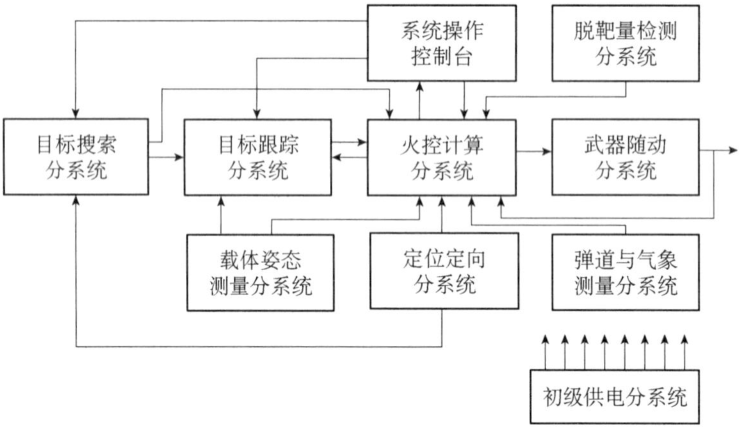

图1-2 组成火控系统的各分系统及它们之间的信息传递关系

应当指出，并不是所有的火控系统都必须具备图中所有的分系统，而是可以增减的。但目标跟踪分系统、火控计算分系统、弹道与气象测量分系统、系统操作控制台和初级供电分系统是必不可少的。

1. 目标搜索分系统

目标搜索分系统的功能是：独立实施防区内的目标搜索或依据上级给出的目标指示实施指定区域内的目标搜索；概略估计搜索到的目标类型、数量、位置、运动参数，显示目标航迹；完成目标敌我识别与敌方目标对我方目标的威胁度估计；测量目标粗略坐标，并为目标跟踪分系统指示目标，引导其截获目标。它一般由目标搜索分系统的敌我识别器识别敌、我目标。而对目标的特征与性质的概略估计由计算机自动完成。这里所以是概略估计，是由于搜索装置的测程大、搜索区域广，难以得到准确测量所致的。

完成目标搜索任务的装置种类繁多，主要有警戒与搜索雷达、无人侦察飞机、侦察校射雷达、红外预警系统、声测系统、变倍大视场光学观测器材等。

2. 目标跟踪分系统

目标跟踪分系统的功能是在搜索分系统的导引下截获目标；从背景中识别目标；精确地跟踪目标；测量并输出目标现在点坐标值（距离、方位角、高低角）；显示目标与目标航迹；实现自行武器跟踪线的独立与稳定。

完成目标跟踪的主要装置有各种跟踪雷达、白光、微光、电视、远红外（热成像）跟踪仪及激光跟踪仪或激光测距仪等。对回波跟踪体制，目标识别靠的是检测回波；对图像跟踪体制，靠的是图像处理技术；目标运动参数的求取主要使用计算机的滤波软件。跟踪线的独立与稳定则主要用惯性器件。

3. 火控计算分系统

火控计算分系统的主要功能是接收目标指示数据、敌我识别标志、目标现在点坐标值、载体位置和姿态、弹道及气象修正和射击校正量等信息；求取目标运动参数、射击诸元、跟踪线和射击线稳定控制策略、武器随动系统控制策略、火控系统管理控制策略、最佳射击时机及射击时间；输出射击诸元、各种控制信号及系统控制面板的显示信息，检测火控系统功能、诊断其故障。应着重指出，现代火控计算分系统的主要任务是完成火控系统的各种控制功能，火控解算功能仅是其中之一。

对集中式火控系统而言，这一分系统一般是一台数字计算机及火控软件；对分布式火控系统而言，其计算任务将被分解为若干个软件，分散地插入相关的分系统之中，独立的火控计算机有可能不再存在。

4. 武器随动分系统

武器随动分系统的功能是接收火控计算分系统给出的射击诸元，驱动武器身管或发射架；按照射击控制程序，进行击发射击，主要射击诸元有射角与方位角。而对时间引信分划（弹头飞行时间）、水面或水中武器的转向角、爆炸深等，则在弹头发射前由相应控制机构完成。武器随动分系统通常用直流或交流机电随动系统，功率较大时，则采用液压式随动系统。对自行武器，该分系统还应具备武器线稳定功能。为提高武器随动分系统的快速性及平衡性，有的武器随动分系统采用了前馈补偿原理，因此，还必须接收射击诸元的一阶导数及二阶导数。

5. 定位定向分系统

定位定向分系统的功能是测量载体纵轴相对正北方向的偏航角、载体的地理经纬坐标，用于外部目标指示及载体驾驶导航。

自动寻北的主要设备有陀螺寻北仪、磁或电磁寻北仪，如再配以计程仪，即可完成武器定位任务。卫星定位系统（美国为 GPS，俄罗斯为 ГРАНАС）的地面接收器可给出武器的地理经纬坐标，如使用其差分工作方式，还可完成自动寻北任务。该分系统是武器协同作战时必不可少的，如仅考虑独立作战且不考虑车辆导航时则不需要定位定向分系统。

6. 载体姿态测量分系统

载体姿态测量分系统的功能是在载体运动中测量载体旋转运动的三个分量：偏航角、纵倾角、横滚角或它们的角速度。在载体静止状态下，载体相对地面的倾斜角常用倾斜传感器测量。用惯性陀螺仪可很方便地测量出载体的三个旋转角度或角速度，这些量不仅用于射击诸元计算，而且还可用于稳定跟踪线和武器线。

7. 弹道与气象测量分系统

弹道与气象测量分系统的功能是测量并输出为修正射击诸元所必需的全部弹道与气象条件。它包括弹头初速、药温等弹道条件及气温、空气密度、湿度、风速、风向等气象条件。各种气象传感器既可分散单独使用，也可组成气象站。弹头初速测量雷达与气象测量雷达则是日益广泛应用的先进弹道与气象条件检测设备。

8. 脱靶量检测分系统

脱靶量检测分系统检测出来的脱靶量主要用于评估射击效果，实施校射。地炮校射雷达用跟踪弹道末端的弹头轨迹来推算落点，从而计算出脱靶量。对空中活动目标，需要用能同时跟踪目标与弹头的观测器材来检测脱靶量，如相控阵雷达、大视场光电实时成像系统均可完成这一任务。因能实时测量脱靶量，则可构成大闭环火控系统，提高射击精度。

9. 通信分系统

该分系统在图 1-2 中并未示出，但它却与图中各分系统相关联。通信分系统的功能是实施火控系统内部各个分系统间的信息传递及它同外部的信息交换，各种有线与无线、模拟与数字式通信装置都能承担这一任务。但是自行武器与外部交换信息只能采用无线通信方式，数字计算机的局域网通信技术也已进入这一领域。各种机电与数、模变换器件，如自整角机、旋转变压器、数模变换器、模数变换器、轴角编码器等用于信息类型的自动转换。

10. 初级供电分系统

初级供电分系统的功能是向各个分系统初级供电，并显示、检测初级供电的品质。它主要由汽油或柴油发电机组构成。对耗电较少的火控系统，也可使用蓄电池供电。

火控系统的构成不是唯一的，需根据武器系统战术技术要求，选择火力控制系统的技术设备构成不同档次、不同销售价格的火力控制系统，以满足不同用户在不同使用环境下的需求。

1.2.3 火力控制系统分类

火力控制系统的种类繁多，其组成、用途、功能、技术途径各不相同，分类方法也很多。

1. 按服务的军种分类

（1）陆用火力控制系统。

（2）舰载火力控制系统。

（3）机载火力控制系统。

2. 按弹药载体是否具有制导能力分类

（1）制导武器火力控制系统。

（2）非制导武器火力控制系统。

3. 按武器载体与目标运动状态分类

（1）停止间对固定目标射击的火力控制系统。

（2）停止间对运动目标射击的火力控制系统。

（3）行进间对固定目标射击的火力控制系统。

（4）行进间对运动目标射击的火力控制系统。

4. 按控制原理分类

（1）示踪法火力控制系统。

（2）开环火力控制系统。

（3）大闭环火力控制系统。

5. 按探测跟踪目标的技术手段分类

（1）光学火力控制系统。

（2）光电火力控制系统。

（3）雷达火力控制系统。

6. 按求解射击诸元的技术途径分类

（1）模拟式火力控制系统。

（2）数字式火力控制系统。

每种分类还可能根据不同属性进一步细分。例如，按服务的军种分类的火控系统中，陆用火力控制系统按其被控兵器又可分为：

（1）防空兵器火力控制系统。

（2）突击兵器火力控制系统。

（3）压制兵器火力控制系统。

（4）战术制导兵器火力控制系统。

（5）弹炮结合兵器火力控制系统。

（6）轻武器火力控制系统。

其中，防空兵器火力控制系统又可细分为：

①牵引高炮火力控制系统。

②自行高炮火力控制系统。

③战术地空导弹火力控制系统。

④防空弹炮结合火力控制系统。

突击兵器火力控制系统又可细分为：

①坦克火力控制系统。

②步兵战车火力控制系统。

③自行反坦克炮（导弹）火力控制系统。

压制兵器火力控制系统又可细分为：

①牵引式榴弹炮、加农炮、火箭炮火力控制系统。

②自行式榴弹炮、加农炮、火箭炮火力控制系统。

③战术地地导弹火力控制系统，等等。

1.3　指挥控制系统概述

1.3.1　指挥控制系统的发展概况

一些国家的经验证明，建立自动化的指控系统有一个从初级到高级、从小到大的发展过程。综观其漫长的发展历程，从技术上历经机械式（40 年代以前）、机电式（1950 年后）、模拟电子式（1960 年后）、中小规模数字电路式（1970 年后）、大规模数字电路式（1985 年之后）、超大规模数字电路式（1995 年之后），直至现今，依然在蓬勃发展。

从功能上看，50 年代为单一功能的武器控制系统（C^1），60 年代中期出现了情报中心加武器火力控制（C^1I）、70 年代出现的 C^2I 系统增加了指挥功能，80 年代出现的 C^3I 系统增加了通信功能，从 C^2I 系统发展到 C^3I 系统，增加的外部通信功能是为了满足舰艇编队的需要。把舰艇指挥、控制、通信与情报联系在一起，形成 C^3I 系统，这是指控系统自动化的一个重大发展。特别是美国在“宙斯盾”舰空导弹火控系统的基础上发展起来的舰载战斗 C^3I 系统，最引人注目。

但必须指出：指控系统是一个综合系统，它既包括设备、设施、程序，又是组织机构、人员等人-机系统的统一体。由单一功能的武器控制系统发展到舰载战斗 C^3I 系统，不是取消武器火力控制功能，而是在单一武器火力控制功能的基础上增加了情报处理和指挥决策两大功能。在近 20 年的多次局部战争的实践证明，打中打不中的关键在于武器火力控制系统。

今后海军舰载战斗 C^3I 系统会向何处发展？在 20 世纪 80 年代末 90 年代初国外有过许多设想，其设想之一是发展 MC^3I 系统，增加管理功能，即增加舰上办公自动化功能，如作战计划、作战命令、作战预案、作战文件管理，甚至增加舰艇行政、后勤、生活等管理功能。但这一设想并未发展成装备。20 世纪 90 年代中期，美国海军还是沿着 MC^3I 系统的思路，提出 BM / C^3I 系统，即增加战斗管理（BM）功能，强调系统中的“M”不是那种办公自动化管理或行政、后勤、生活管理等，同时，也推出了 C^4I 系统，增加了计算机。尽管计算机在 C^3I 系统发展过程中树立了一个又一个里程碑，但是增加计算机不是实质性的，因为从 C^1、C^2 到 C^3I 系统的每一步发展，都没有离开计算机技术。

1997 年美国海军提出了发展 C^4ISR 系统的新思路，即增加监视（Surveillance）和侦察（Reconnaissance）两大功能。可以预见，从 C^3I 系统发展到 C^4ISR 系统是一步非常关键的、革命性的发展。这不仅是一个名词的变化，它标志着舰艇编队与卫星、预警机、侦察飞机和船舶、战区之间各种数据和信息交换的实现。将监视、侦察功能的引入，形成了海、陆、空、天、电一体化战场，具备了军事信息战的雏型。

现代高技术条件下的战争要求指控系统除了有纵向的综合集成能力，更要加强诸军种作战的横向一体化综合能力，强调与武器系统、精确制导武器的交融，更好地融合于未来海上战斗空间中。对于指控系统本身的要求是提高生存能力、适应能力、抗毁伤、抗干扰能力（防卫能力）及快速反应能力。

1.3.2 基本组成及功能

指挥控制系统的概念与构成随作战需求与技术的进步而在不断地发展，其功能及组成多种多样，且体系结构相对复杂。因此，本书在第 2 章中专门对指挥控制系统进行整体分析，本节内容请见第 2 章 2.1 节。

1.3.3 指挥控制系统分类

根据指挥控制系统装备部队的级别、类型、任务不同，可将其分为下列类型。

1. 按作战任务和规模分

（1）战略级指挥控制系统，一般指国家级指挥控制系统。

（2）战区级指挥控制系统，一般指军区级指挥控制系统。

（3）战役级指挥控制系统，一般指军级指挥控制系统。

（4）战术级指挥控制系统，一般指军以下的指挥控制系统。

2. 按军种分

（1）陆军（兼合成军）指挥控制系统。

（2）海军（舰船、岸基）指挥控制系统。

（3）空军指挥控制系统。

3. 按机动性分

（1）固定式指挥控制系统。

（2）半固定式指挥控制系统。

（3）移动式指挥控制系统。

4. 按作战指挥和火力控制关联程度分

舰艇指控系统常按照此种方法进行分类：

（1）独立式指挥控制系统（简称独立式指控系统）。在独立式指控系统中，作战指挥系统与火控系统各自独立，使用各自的计算机，甚至每种武器都有自己的火控计算机。

美国从 60 年代初开始，在大、中型水面舰艇上，基本上采用这种形式的指控系统。NTDS 是一个典型的独立式作战系统，与各武器的火控系统进行对接，如图 1-3 所示。

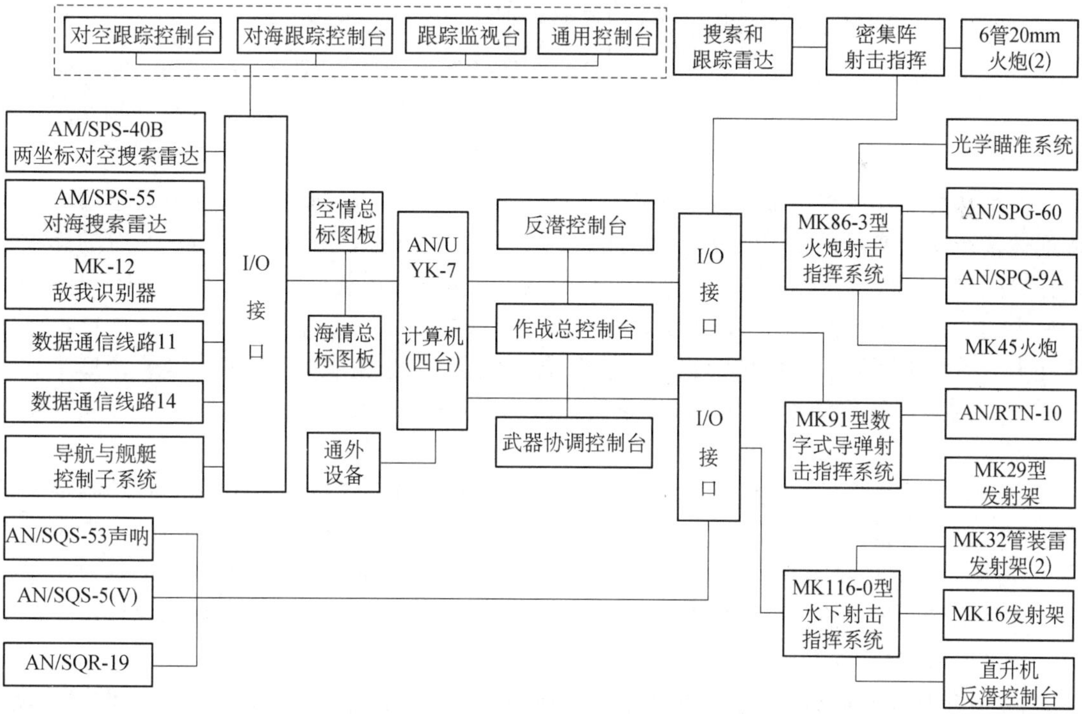

图 1-3　独立式指控系统组成框图

形成独立式指控系统的历史原因，是早在计算机用于作战指挥之前，就存在着许多性能良好的火控系统，尤其是对技术发达的美国来说更是如此。这些丰富的技术资源在构成新型作战系统时，很自然地得到了沿用和继承。

这种系统的两大功能子系统均有自己独立的计算机，甚至各火控系统也是如此，所以使用计算机的数量较多。而在当时来说，计算机是非常昂贵的，这就导致系统庞大、造价高、效费比低。于是，西方一些国家在美国之后研制新一代指控系统时，多转向采用集中式指挥控制系统结构。

（2）集中式指挥控制系统（简称集中式指控系统）。在集中式指控系统中，“作战指挥和武器控制功能集中由一台或一组计算机实现”。例如，英国的 ADAWS4 型系统就是集中式的典型代表。它采用了两台中心计算机，但未配专用的火控计算机。这种系统的主要优点是：计算机的使用效率高，造价相对低；减少了数据处理和变换的重复部分等，如图 1-4 所示。

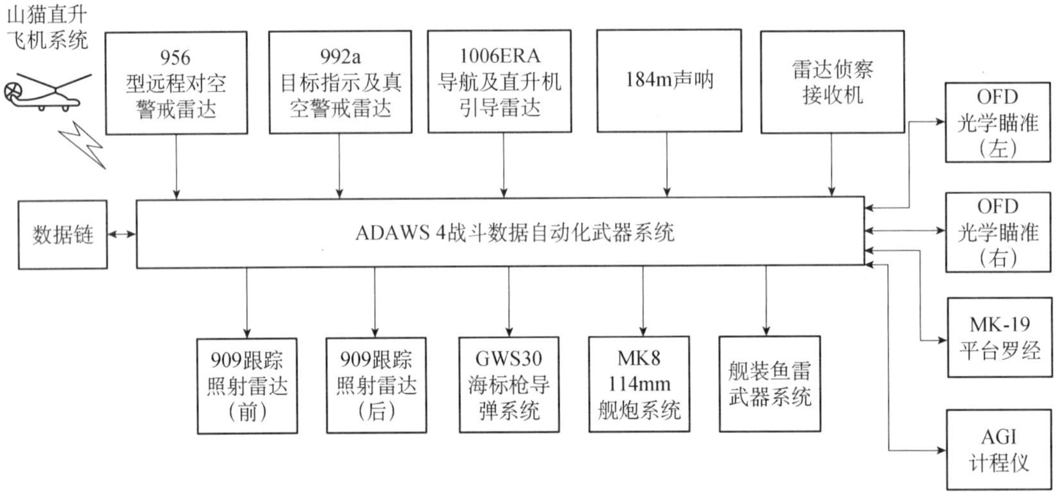

图 1-4　集中式指控系统组成框图

但是，集中式指控系统也有很多缺点：各个分系统的研制试验往往不能并行进行，研制周期较长；系统使用的软件较复杂，成本很高；要为各型舰艇专门设计系统，系统的修改和扩充较困难；系统的生命力差，中央计算机一旦出故障，全系统就无法工作。鉴于上述情况，并考虑到计算机的硬件价格不断下降、体积缩小、性能提高，70 年代以后英、法两国也已停止在大、中型水面舰艇上搞集中式的指控系统。但是，在小型舰艇上，特别是在潜艇上，由于受空间的限制，仍使用集中式指控系统。因为，它们所要求的功能比起大、中型舰艇要简单得多。

（3）分开式指挥控制系统（简称分开式指控系统）。分开式指控系统是：“作战指挥和武器控制分别由各自的计算机实现，且计算机之间尚有通信和部分功能延伸特点的指挥控制系统”。可见，它不是在功能上被孤立地分成两个部分，也就是说，作战指挥系统的计算机主要用于作战指挥，但具有一定的武器射击控制功能；火控计算机除完成武器的射击控制，还具有一定的作战指挥功能。

在 70 年代及其以后发展起来的大、中型舰艇上，西方国家多采用这种形式的作战系统。例如，英国研制的一种指控系统就是很典型的分开式指控系统，其作战指挥系统称为 CA-AIS 450，但又可为舰-舰导弹、鱼雷的射击控制提供攻击数据；其他武器的火控系统称为 WSA 420 系列，它实际上是多武器综合控制的火控系统，并具有一定的自备作战指挥能力，如图 1-5

所示。

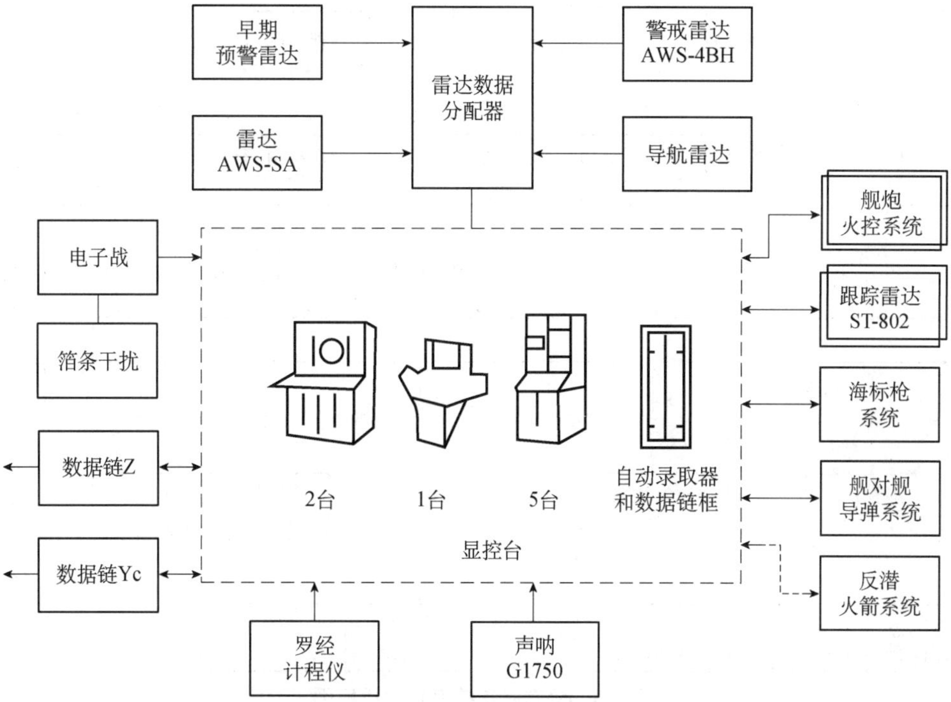

图 1-5　分开式指控系统组成框图

分开式指控系统结构克服了集中式的一系列缺点，又克服了独立式的两个子系统的计算机功能完全隔离的缺陷，在系统设计时又尽力使总体性能最佳，并使系统向系列化、模块化迈进了一大步。由于分散式具有的这些优点，使它在 70 年代以来成为指控系统发展的主要结构形式。

但是，由于分散式指控系统的计算机仍是相对集中的，生命力还不够强；在资源利用上也有一定的局限；系统的模块化也难于做得很理想，因此，随着计算机技术的发展，造价的下降，指控系统自 70 年代末以来，又开始转向分布式指控系统。

（4）分布式指挥控制系统（简称分布式指控系统）。分布式指控系统是采用“分布式计算机系统完成作战指挥和武器控制功能的指挥控制系统”。在分布式指控系统中，将小型机或微机构成的处理机分布在多处，并将相应的功能分配到每一处理机。例如，搜索雷达、声纳、跟踪雷达、各种口径火炮、舰对舰导弹、舰对空导弹等武器系统均有自己的信息处理机；通过数据总线把分布于各处的本地资源变成系统的全局资源，实现了资源共享。系统采用标准化、通用化的硬设备、软件及接口，为系统的互相备用创造条件，如图 1-6 所示。

分布式指控系统的初级形式是通过分布式总线实现数据资源共享，其高级形式是实现在地点、功能、控制上的完全分布。目前，分布式指控系统是指控系统的发展主流。

与其他类型的系统相比，分布式指控系统的优点有很多，如生命力强，可以很方便地将有故障或破损的设备从总线上隔离掉，还可以使系统具有重新配置各处理机的功能，使系统在部分受损时仍能保持一定的战斗力；系统设备的标准化、通用化程度较高，可降低制造成本和使用费用，人员培训也较容易；将传统的点对点连线改用总线，可以提高系统的生存力、降低成本、减少系统的总重量；分布式指控系统结构和数据总线可使系统易于修改和扩充，也易于适应不同舰艇的需要，同时，系统的自动化程度较高，通道组织灵活、反应迅速等。

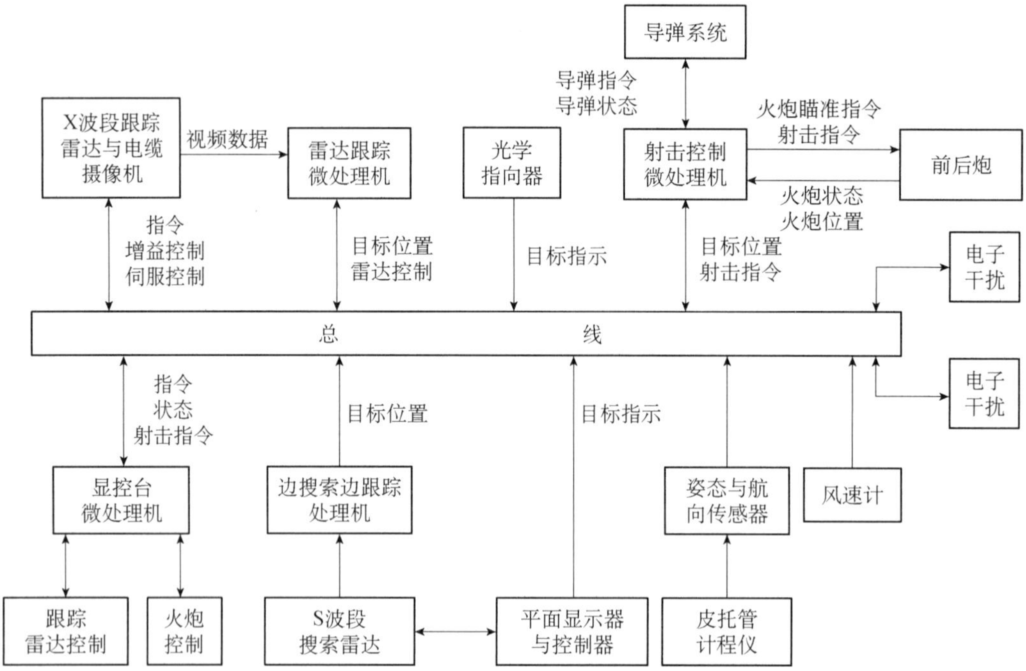

图 1-6　分布式指控系统组成框图

但是，从目前的水平看，分布式指控系统还有一些问题需要进一步去解决，如实现远距离传输的高速数据总线，编制完善的分布式计算机网络的操作系统等。可以预计，随着技术的发展和系统费效比的降低，分布式指控系统结构将成为指控系统发展的主要方向。

1.4　未来发展趋势

今天人们不仅久违了冷兵器对打的作战模式，且即将告别热兵器对抗的作战模式，而不得不接受运用数字化武器装备而实施的信息化战争。火控与指控技术的发展必须适应这种新的作战模式，以取得信息化战争的胜利。在新的作战模式下火控与指控技术的发展趋势是综合化、信息化、智能化、模块化、隐身化。

1.4.1　综合化

火控与指控技术综合化的内涵非常丰富。首先，武器系统中的各种控制系统：火控系统、制导系统、导航系统、通信系统和车辆管理系统，将统一为武器综合控制系统，各个武器的综合控制系统又作为各级综合电子信息系统的终端，被纳入全战区统一指挥、协同作战的作战体系之中，以实现“分散、隐蔽的配置，统一、集中的指挥，机动、快速的反应，突然、准确的打击”这一战术技术要求。为实现上述要求，传统的、以单项控制任务为中心的总体技术，如火控总体技术、指控总体技术、制导总体技术等，已不能适应这些新要求，需要的是集现代电子、光学、控制、计算、通信与信息技术成果于一体的综合控制总体技术。综合电子信息技术必须优先得到发展。

再就武器控制而言，已从控制单个武器或多个相同武器对同一目标、用相同诸元实施射击，发展为控制不同类型的众多武器有计划地对多个目标、用不同诸元实施射击。这种射击技术正在趋向成熟，例如，对空防御，现代的空中目标有高速的导弹、高机动的飞机、随遇悬停的直升机甚至还有空降兵，而防空武器除高炮、防空导弹，还有飞机。为了充分发挥武器效能，全局性的技术，如防空反导总体技术、区域防空综合电子信息系统总体技术均有待提高；而局部性的技术，如炮射导弹控制技术、炮挂导弹火控技术、利用导航改善射击条件的技术也急需发展；此外，除常规的集火射击，拦阻射击、分布式射击、饱和射击、同时起爆射击等新的射击体制也有待提高。

现代科技的发展非常迅猛，将最新科技成果尽早地引入武器系统和作战指挥中，是促进综合化的重要举措。

1.4.2　信息化

用综合电子信息系统将所有武器系统（作战平台）连接成为一体的作战体系能够正常运转，其基础是先进的通信与信息技术。计算机软、硬件突飞猛进的发展为其提供了条件。当代的信息处理都是在数字计算机或数字计算机网络上进行的。因而，建模理论首当其冲，没有数学模型，计算机及其网络将无所作为。有关火控、指控的方案论证、系统设计、控制与管理，如欲取得进展与开拓，首先必须建立先进的模型。当然，信息的录取与传递也是重要问题，但这主要是设备的选取问题，而信息的利用却必须从建模开始。

多台站、多频谱的信息融合技术是取得全面、可靠信息的关键技术，当属优先发展之列。

为保持继承性与充分利用前人的先进经验和技术，建立开放式的火控指控程序库也是必要的。

除了研制先进的信息化系统，为使现有装备纳入综合电子信息系统之中，对现有装备进行信息化改造也是十分必要的。

1.4.3　智能化

智能化系统是指在无人干预的情况下能自主地驱动系统实现控制目标的自动控制系统。历史上曾经把许多复杂的、难以建模的、不便用常规的控制理论去进行定量分析与设计的系统，引入经验知识采用定量与定性相结合的控制方法去实现控制，这种系统被认作为智能化系统。由于战场环境复杂，武器运用条件变化多端，人们很自然地将智能化技术引入武器系统之中。火控系统、指控系统，乃至更广泛的武器综合控制系统、综合电子信息系统的智能化意味着：

（1）寻求一类满意的估计与控制策略，保证所有战术与技术指标均能得到满足。也就是说，对武器系统的设计，不是追求单项指标的最优，而是追求多项指标的满意。

（2）当外界环境发生变化时，要随时调节系统结构与参数，或者改变估计与控制策略，以保证系统处于满意的工作状态。

（3）实际的经验必须升华为系统的理论，以严谨的理论指导系统的研制。武器系统的验收指标是非常明确的，但它所运用的条件与环境却是游移不定的，特别是在战斗进行之时，信息不但难以完备，甚至是虚假的。为了解决这一矛盾，系统的鲁棒性与抗干扰性必须有明确而满意的指标。

日新月异的智能控制理论与技术必须尽快融入武器控制工程之中。

1.4.4 模块化

模块化是指系统的信息流程（软件）与物理结构（硬件）在规范化与标准化下的分块化。有了这些规范与标准的模块系列，可以根据战术技术要求构成不同用途的火控与指控系统。

模块化技术的实现，为增补新的模块以改善系统性能提供了可能。而以这种技术研制的所谓“开放式系统”为加快研制周期、降低研制经费奠定了技术基础。

对火控与指控系统而言，欲实现模块化设计，首先应对模块化技术实施进行总体规划，继而组织力量按递阶式大系统的规范将其分解成金字塔式的模块系列，最后以分工合作方式逐步完成这一技术。

1.4.5 隐身化

在各类精确打击制导武器威胁下，不暴露自己是保卫自己有生力量的最有效方式。对火控与指控系统而言，由于其本身是多种技术的综合体，因而相应的隐身技术也就多种多样。

电磁隐身——为防止反辐射导弹对雷达攻击，具有低截获概率的连续波随机码雷达、以检测被目标扰动的天波为手段搜寻目标的被动雷达将会日益得到发展。而以交汇测量为手段的光电被动观测也极有发展前途。以小功率观测器材组成的观测网络，将降低单体的被截获概率，从而提高整个系统的安全性。其思路是不求单个观测器材功率大、作用距离远，而使用多个功率小、作用距离近的观测器材分散地配置在某一区域内构成完整的观测网络，利用数据通信系统传递目标信息。

热隐身——随着热成像器材和热隐身器材的广泛应用，热隐身技术变得愈来愈重要。汽油、柴油发电机和激光发射源等，是控制系统的主要热源除尽可能降低其功率，如何开发热隐身技术将是一个重要课题。

信息隐身——即通信保密技术，这里只说明一点，利用混沌状态的信息隐藏技术是极具发展前途的技术。

火控与指控系统是武器系统的一个重要组成部分，为了不被敌方各种侦察设备和手段发现，除了上述的隐身技术，还应综合考虑光隐身技术、声隐身技术、伪装技术等，从而开发出一套综合隐身技术。

为保护火控与指控系统，配备光、电、声、磁、热等强干扰设备对敌方实施干扰也是十分必要的。使火控与指控系统具有电磁攻击能力也是十分必要的。未来的火控与指控系统的电磁攻、防能力将是一项重要的战术技术指标。

1.5 本章小结

本章对火控与指控系统的基本概念进行了详细的阐述，明确了火控与指控系统在作战系统中的地位和作用；对火控与指控系统的发展概况、基本组成、功能、分类等方面进行了详细介绍；对未来的发展趋势进行了探讨。

读者应重点理解火控与指控系统的相关概念及其相互关系。从概念上讲，指挥控制系统是作战系统的一部分，包括作战指挥系统和火力控制系统两个分系统，指挥仪是火力控制系统中的核心设备；根据作战指挥和火力控制两个分系统的关联程度不同，指挥控制系统又分为独立式、集中式、分开式、分布式等不同类型，其中分布式指控系统具有生命力强，系统设备的标准化、通用化程度较高，制造成本和使用成本较低，人员培训较容易，以及易于修改和扩充等优点，是主流发展方向。

习题 1

1. 何为“火力控制系统”“指挥控制系统”？
2. “作战系统”和“指挥控制系统”的主要区别是什么？

第 2 章　指挥控制系统分析

2.1　组成与功能分析

2.1.1　基本概念

1．系统结构

系统结构是系统内部各要素统一组合的秩序和方式，是各要素之间相互关系和相互作用的总和。它反映了系统内部各要素的稳定联系，表现为系统内部的组织、机制、序列和层次，系统结构是系统特性和系统功能的载体。

指挥控制系统的结构，能够详细表明系统关键节点、线路、网络、平台等的连接关系和标识。一般而言，指挥控制系统的结构描述了系统的物理组成、功能分配、信息流程及接口关系。

2．系统功能

系统功能是指系统与环境相互作用所呈现的系统行为、功效或对外界产生某种作用的能力，是系统与环境的关系属性。系统结构表示系统的存在方式，系统功能则表示系统结构的目的性，并且是检验系统结构优劣的标准。

指挥控制系统的功能主要表现在系统对输入的物质、能量和信息的转换能力及输出能力上。

3．系统环境

系统环境是指系统之外一切事物的总和（或称为系统的总环境）。系统之外直接与系统相互联系、相互作用的诸事物组成的整体，构成系统的直接环境。通常人们在使用环境这一概念时，主要是指系统的直接环境。系统与其直接环境的界限是相对的，系统加直接环境构成更大的系统。

指挥控制系统的环境包括敌方、我方（部队、装备、友邻和上级的指挥控制系统）和自然环境。与自然环境联系最经常，与我方联系最紧密，与敌方联系最重要。上述系统、环境、功能之间的相互关系可用图 2-1 简要表示。

应当指出图 2-1 仅示出了分系统级的功能，实际上还存在多个分系统相互作用而体现出的系统功能，这类功能应在系统级上描述。

2.1.2　系统组成分析

分析指挥控制系统的组成可从技术、物理实体、功能节点角度划分。从系统包含的技术谈指挥控制系统组成称为技术组成；从系统包含的物理实体谈指挥控制系统组成称为物理组成；从系统完成不同级别的功能谈指挥控制系统组成称为功能节点组成。

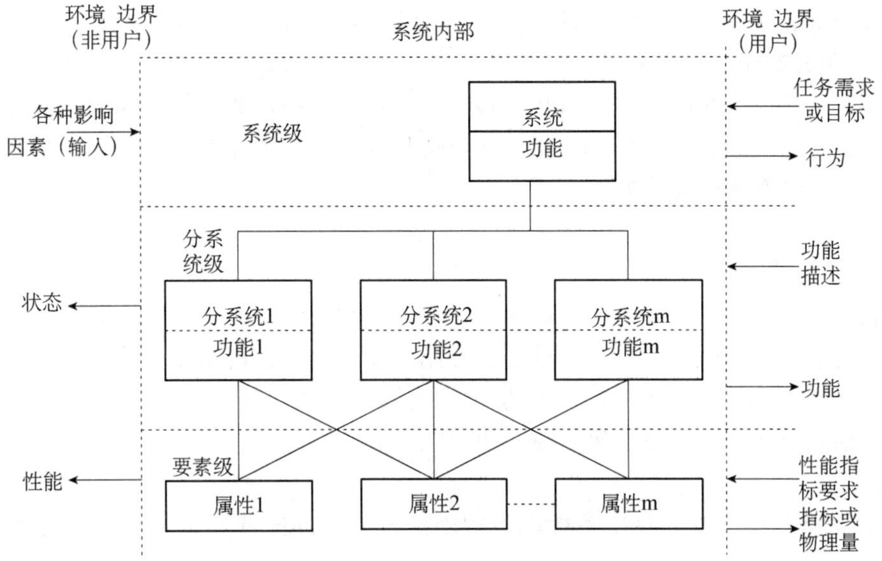

图 2-1　系统—分系统—要素—环境

（一）技术组成

从构成系统的技术角度来分，指挥控制系统一般可分为信息收集分系统、信息处理分系统、信息传输分系统、信息利用分系统。它们将探测器测得的各种环境信息收集到指挥控制系统中，加以处理、传输和利用。

1. 信息收集分系统

信息收集分系统用于收集作战环境的各种信息。其设备包括与探测器相对应的接口硬件和软件，一般它们分布在各种探测器上。

2. 信息处理分系统

信息处理分系统用于对系统中的信息进行综合、分类、存储、更新、检索、计算等。信息处理分系统一般分布在各级指挥中心或各种探测器及武器平台上。实现信息处理可分为 4 个层次，即软/硬件支撑环境层、信息资源管理层、业务支持层和业务处理层。

（1）软/硬件支撑环境层：包括各级指挥中心的各类信息处理终端（含存储设备、打印机、绘图仪、接口装置等）及计算机操作系统、程序语言调试工具等软硬件，是信息处理的基础环境。

（2）信息资源管理层：包括各类公用和专用的数据库管理系统，用来对各类信息资源进行管理，对数据/信息进行使用和维护。

（3）业务支持层：包括多种可独立调用或综合使用的应用软件模块，为作战指挥和系统管理所需的各种业务处理提供支持，完成文电、图形、图像、数据资料查询及数据综合等处理。

（4）业务处理层：包括指挥控制系统指挥活动中的所有业务处理。业务范围包括作战指挥、军事训练、事物管理、情报处理、电子对抗、战斗保障和后勤管理等实现情况综合、制订作战预案和作战计划、拟制作战文书等业务的自动化处理。

3. 信息传输分系统

信息传输分系统用于提供战场信息在系统所有节点之间的传递，设备包括通信终端、传输控制设备和信息传输通道，主要有卫星通信、微波通信、短波通信、超短波通信等无线通信和光纤、电缆等有线通信。这些设备按照一定的组网体制构成通信网络系统。

4. 信息利用分系统

信息利用是指挥控制系统中信息收集、传输、处理的最终目的。信息利用分系统主要包括各种应用软件，主要完成作战辅助决策、战场态势处理、参谋业务处理、战斗勤务管理、战斗保障管理和武器系统引导控制等。

（二）物理组成

指挥控制系统是以人为主导的人机系统。在指挥控制系统中，虽使用了大量的计算机和通信网络等设备使信息的收集、传输、处理、利用高度自动化、科学化和快速化，但指挥控制系统的运用及其功能的发挥却必须在人的干预和控制下才能完成。所以，广义地讲，系统的物理组成包括人员和设备，设备包括硬件和软件设备。

1. 人员

（1）技术保障人员，指系统中各种设备的维护人员，其任务是保障系统正常而有效地运行。

（2）操作人员，指系统设备操作员和信息分析员。

（3）指挥人员，指各级指挥员和业务参谋人员，他们是指挥决策者和参与决策者。

2. 设备

（1）硬件设备：包括探测器材数字化接口设备、指挥控制工作台、参谋业务工作台、通信传输设备、武器平台数字化接口设备、系统管理设备及系统保障设备等。

探测器材数字化接口设备主要指与雷达、光、电、声音等传感器设备的数字化接口设备，它录取传感器测得的信息并使其数字化，一般嵌入或附加于各种传感器平台上。

指挥控制工作台主要由专用计算机和相应的操控设备和显示设备组成。指挥员用它实施对所属部队和武器的自动化作战指挥。指挥控制工作台应采用模块化设计、小型便携式结构，以便于在恶劣环境下，适于多兵种、多级指挥员通用和外场作业。

参谋业务工作台主要由专用的计算机和相关的外围设备组成，用于帮助参谋人员完成业务计划的拟制、修改、查询等工作。

通信传输设备包括信息产生和接收终端、保密设备、传输控制设备及信道设备。保密设备、传输控制设备主要包括各种网控设备、协议转换装置及路由器、交换器等，完成系统内部或与其他系统之间多种业务网络之间的互联和互通。信道设备如卫星通信发射/接收站、无线电台、有线数传设备及各种数传终端等。

武器平台数字化接口设备实现战术指挥控制系统与武器平台的连接，包括输入、输出转换设备和通信设备等。

系统管理设备主要用于监控系统主要设备的运行状态和故障处理。

系统保障设备包括供电设备和环境设备。

（2）软件设备。指挥控制系统的软件，是保障整个系统按特定用途进行工作的程序总称。为了完成指挥控制系统的复杂任务，必须配备大量的软件。指挥控制系统的软件分为基础软件、支持软件和应用软件。

基础软件是指保证计算机系统正常运转、操作、管理的整套程序，主要包括计算机的操作系统、局域网管理软件、数据库管理软件、程序设计语言及其编译调试程序等。

支持软件是指保障指挥控制系统运行的程序。它主要包括通信网络软件、文电处理、定位定向软件、态势处理软件、标准操控界面软件、军用数据加密软件、系统监控软件等。

应用软件是指针对用户特定需要而编制的程序，主要包括实时作战指挥控制软件、辅助决策软件、参谋业务处理软件、后勤管理和模拟训练软件等。

3. 有关设施

有关设施指部队装备的探测器、武器平台、卫星通信等设施。这些设施虽不属于指挥控制系统，但它们是指挥控制系统的信息源、被控对象和借用信道。

（三）基本功能节点

以上各种物理实体，为完成某种功能按一定的顺序排列、互联，就构成完成不同级别功能的指挥控制系统的基本功能节点，简称节点。系统的基本节点与部队编制、作战原则、系统使命和工作状态密切相关。按照从高层指挥中心到基层指挥室的纵向链来分，可将系统划分为若干功能相对独立的基本节点，典型的基本节点包括信息收集工作站、指挥工作站、武器引导工作站、检测维修工作站几种。

1. 信息收集工作站

该节点用于收集并处理战场情报信息，为指挥控制系统提供信息。其基本组成如图 2-2 所示。

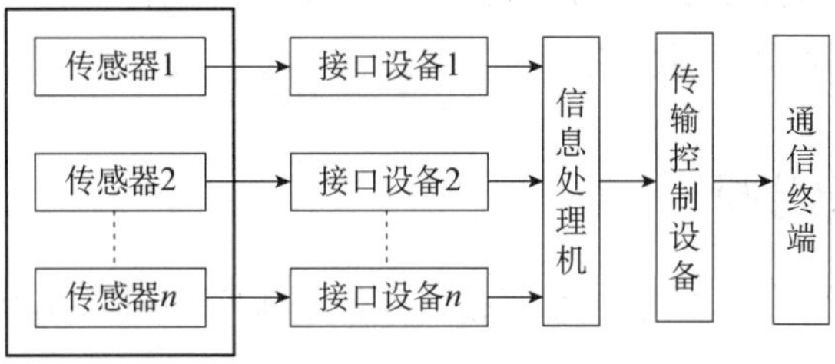

图 2-2　信息收集工作站的基本组成

传感器指探测设备和技术侦察器材，常用的有声、可见光、红外、激光、微光、雷达等传感器；接口设备指传感器与信息处理机之间的转接设备，它将传感器输出的信息转换成信息处理机所需的信息格式和模式；信息处理机是以嵌入式微型计算机为核心的设备；传输控制设备用于控制信息传输方式；通信终端指无线/有线收发设备，如无线电台和有线载波设备等。

对收集目标信息而言，信息收集工作站的工作过程是录取传感器测得的目标距离、方位及身份等信息；经接口设备完成信息的模/数转换和格式转换后送给信息处理机；信息处理机对信息综合处理，完成坐标转换、自动编批、辨识、身份识别等功能；然后，经过通信控制设备和通信终端进入传输网络，分发至指挥站和情报中心。

2. 指挥工作站

指挥工作站是指挥员实施指挥活动的重要场所，战时是作战指挥中心，平时是业务管理中心。指挥工作站既可以设置在房屋、工事等建筑物内，称为固定指挥站；也可以设置在车辆或飞机、舰船等运动平台上，称为移动指挥站。一般来说，固定指挥站工作环境较好，适于战略、战役级指挥控制系统；移动指挥站具有较强的机动灵活性和野战适应性，适合战术级指挥控制系统。

指挥工作站的设置一般与部队平时编制或战时编成相对应。随部队建制可以有军、师、团、营、连各级指挥工作站。

指挥工作站主要由情报处理、指挥控制和通信管理三部分组成。它们可以分散在不同场所，也可以集中在一个场所。其具体的配置方式根据军事业务的需要和系统建设的需要而定。指挥工作站内部设若干席位，供参谋人员和指挥人员使用。

3. 武器引导工作站

武器引导工作站是战术指挥控制系统的终端，是战术指挥控制系统与火力控制系统的接口。它接收指挥控制系统的指挥信息和情报信息，为武器系统提供诸元参数，使武器系统接受上级指挥和控制，并可辅助进行开火时机（距离）等计算，便于适时开火或转移火力。同时，还接收武器状态信息并传给指挥控制中心，以便监视和控制武器系统。武器引导工作流程如图 2-3 所示。

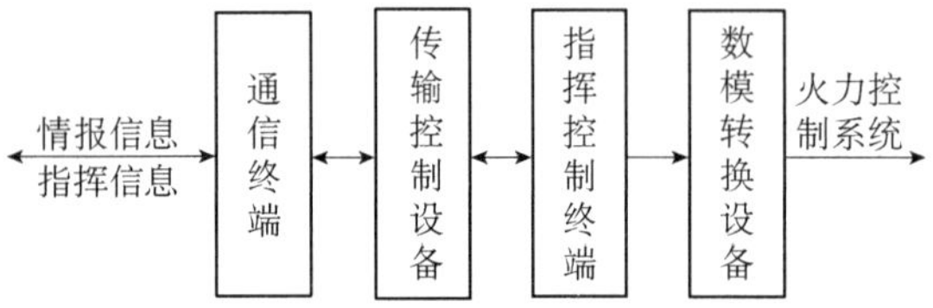

图 2-3　武器引导工作流程

4. 检测维修工作站

检测维修工作站完成对指挥控制系统的性能检测及设备维修，为系统、设备提供完善的故障诊断和实现对系统的二级维修。

设备由检测维修中心计算机、检测专用通信设备、专用接口设备、有线通信测试台、无线通信测试台及通用测试设备等组成。

2.1.3 系统信息分析

对指挥控制系统应确定一组基本的信息，以便系统结构可以相互模块化地构造、相互综合、扩展和再用。

1. 信息类型

系统中的信息结构主要包括情报信息和指挥信息，详见表 2-1。

表 2-1　指挥控制系统中的信息

信息内容	信息名称	内　容
情报信息	敌情信息	敌方部队组成、部署、供应、机动性和运输、武器系统、指挥控制系统和其他系统信息等
	我/友情信息	我方及友邻部队组成、部署、供应、机动性和运输、武器系统、指挥控制系统和其他系统信息等
	环境信息	天文、地理、社会民情信息等
	态势信息	使命信息、指挥控制系统状态、情报、目标、展开、运动和机动、保护、供应等
指挥信息		指挥命令、状态

按时间顺序，信息又可分为实时接收的信息、本地数据库存储的历史信息、异地数据库存储的历史信息、人工录入信息等。按空间分布，又可分为探测平台及侦察器材收集到的信息、系统外部接口单元（上级情报及指挥中心、友邻部队、地方情报网等）送来的信息、本

地信息。

（1）情报信息。情报信息主要包括敌情、我情、友情、环境、态势信息及各种数据资料。

情报信息源包括各种探测平台和侦察分队，如气象分队、预警网、地方情报站、国土情报站、远方观察哨网、友邻情报源等。情报信息发至系统中的所有指挥工作站和情报中心、电子对抗部队等。

（2）指挥信息。指挥信息是伴随指挥活动而产生的，它存在于指挥活动的全部过程中。指挥信息包括指挥命令和状态。命令包括指示、通报、作战方案和作战计划；状态包括请示、报告、作战实施方案和保障计划等。指挥信息一般以各级指挥工作站为核心流动，指挥信息的流向应严格按照指挥关系确定。

在指挥控制系统中，指挥信息的信息源可以是系统中的任一指挥工作站或上级指挥控制系统的工作站。信息的表示形式可能是指挥文电或指挥命令，指挥信息的目的站数量应根据战术需要和指挥关系来确定，指挥信息由信息传输分系统发至系统中的其他指挥工作站。

协同作战时，指挥信息的信息源和信息目的站还包括协同部队的指挥所或是协同部队指挥控制系统的指挥工作站，如友邻部队的指挥所、电子对抗部队、被掩护部队等。

2. 信息接口关系

这里的信息接口仅指与上级、友邻、下级之间的接口关系。

与上级的接口有上级指挥所、合成指挥所、上级情报中心和指挥中心、战役级指挥控制系统。

与友邻的接口有协同作战的同级作战单元的指挥所或指挥控制系统、其他兵种的指挥控制系统。

与下级的接口有下一级指挥层次的指挥所及指挥控制系统。

2.1.4　系统功能分析

指挥控制系统是一种现代武器装备，主要用于快速、准确、全面地收集和处理信息，适时、准确地分发信息，为指挥员提供辅助决策方案，以提高部队的快速反应能力和整体作战效能。从本质上讲，指挥控制系统是一个军事信息系统。它的基本功能可从技术和战术两方面描述。

（一）技术功能

1. 信息收集功能

信息收集指系统借助探测设备或手段从外界获取信息。收集信息能做到知己知彼，是作战指挥的基础，因此自动收集信息是指挥控制系统必备的功能之一。系统收集的信息可以是语音、数据、图形、图像等。指挥控制系统中军事情报（信息）的来源包含以下几种：

（1）平时收集的静态信息。这部分信息是指挥员了解情况、定下决心的重要依据，可存储在固定的数据库中。

（2）侦察信息。是通过侦察设备（如战场侦察车、前方观察车、警戒雷达等）或侦察人员获取的信息，这些信息可帮助指挥员实时了解战场态势和威胁对象，可通过指挥控制系统实时传输、处理、显示。

（3）上级与友邻通报信息。是上级指挥机关或情报中心、友邻部队、地方政府机关所提供的信息，这部分信息通过上级指挥通信网进入本级指挥控制系统。

2. 信息传输功能

信息传输功能指系统按照一定的传输规程和代码格式，将信息从系统的一个节点传送到另一个节点或传至其他的指挥控制系统。指挥控制系统必须将收集到的信息传送到各级指挥机关，将指挥员的命令传递到下属部队，将下级的状态上报，否则无法实现指挥。因此信息传输是保障指挥和控制有效性的重要手段。在作战中还需要与其他指挥控制系统交换信息，进行信息传输。系统对信息传输的基本要求是快速、准确、保密和不间断。

3. 信息处理功能

信息处理功能指系统按一定的规则和程序将所获得的孤立零散、迟延重复、真伪混杂的“一次”信息，经过综合加工处理，转换成具有预测和结论性的“二次”信息。信息处理的过程主要是：

（1）信息分类。将收集到的信息进行登录、格式检查并存储或发送到有关节点。

（2）预处理。对获取的信息进行时空配准、格式转换等。

（3）分析综合。分析信息的内容并进行相关比较和判断、归纳，主要有目标轨迹坐标转换、目标参数计算等处理。

4. 信息显示功能

信息显示功能指系统将收集到或处理后的各种信息以适当的形式显示出来，便于指挥人员理解和使用。目前，常用的显示方式有文字符号、数字、图像、图形和表格等，显示的内容包括作战态势和战场实时景象。目前，作战态势多用地图背景叠加战场实时信息表示，实时信息可用文字、数字、军标符号等表示，并用自动推移和增减标号和符号来反映态势的演变，这些信息主要包括：

（1）静态信息。较长时间保持不变的信息或历史性的资料，如地形地貌数据、重要战略目标位置、带有规律性的气象及水文数据等。

（2）动态信息。变化的、需要不断更新的数据，如战场态势、部队动向、作战消耗等。

（3）反馈信息。专门反映执行命令、计划情况及结果的数据。

（4）有关部门的计划和意图。

（5）处理后的结论信息。根据动态、静态、反馈信息处理后得到的信息，如敌人的可能动向、威胁程度、破坏后果等。信息的目视显示可使指挥员快速、全面了解战场情况与任务，及时定下决心，做出决策。

5. 信息记录与复现功能

信息记录与复现功能指系统按时间顺序记录目标参数、指挥命令、响应状态等信息，并能在战斗结束或战斗间隙存入数据库或打印、复现这些信息，主要用于战后分析、总结经验或进行模拟训练。

（二）战术功能

1. 辅助决策功能

辅助决策功能指系统根据我方作战目的、敌我双方部署等信息，协助指挥员分析判断情况、确定作战方案、定下作战指挥决心。在指挥控制系统中，辅助决策是以人工智能、军事运筹学、信息处理模型为基础，以数据库、专家系统、数学模型等信息处理技术为工具，通过计算、推理和仿真等手段做出的。

在作战指挥的全过程中，都充满了矛盾、抗争和危机，需要不断地判断、抉择和行动，这就是决策。决策是一种创造性的活动，过去大多靠经验和直觉。在指挥控制系统中，辅助决策是靠指挥员（或参谋人员）、计算机及操控台、辅助决策软件来共同完成的，这是提高军事决策科学化、自动化的重要手段。

2. 模拟训练功能

在一定的条件下，运用实际存在的或假想的作战指挥过程模型，通过计算机网络演算，来预测战斗的发展趋势谓之作战模拟。在平时，利用作战模拟可训练指挥员和操作员。

表达和反映一定军事背景、战术原则、指挥艺术之间复杂逻辑关系的数学模型是用计算机网络实现模拟训练的基础。它是军事指挥员和建模人员依据作战背景共同建立的，并预存在计算机的模型库中。使用时，根据具体的作战任务和战场情况选择相应的模型进行作战模拟。模拟训练是训练指挥员和操作员的一种高效途径，可以提高训练质量，缩短训练时间，节省训练经费。同时，它也是研究战争规律和科学、战术新战法的好方法。

3. 参谋业务处理功能

参谋业务处理功能是指将参谋人员作战指挥、情报处理、电子对抗、事物管理、后勤管理、信息检索和文电处理等任务自动化。

平时将作战使用的信息存储在计算机的数据库中；战时参谋人员或操作员利用键盘、鼠标等工具，通过数据库管理软件，迅速从计算机的数据库中将作战使用的信息检索出来。

4. 武器系统引导与控制功能

战术指挥控制系统的设计目标之一是提高武器射击目标的毁伤概率。将上级指挥工作站的目标信息实时、准确地传送至武器平台称为武器系统引导，实际上是让武器火控系统的跟踪系统跟踪上级指挥工作站指示的目标。上级指挥工作站依据火控系统的工作状态，给出目标信息、武器最佳开火时机和最佳开火距离等控制信号。

5. 系统监控功能

所谓监控是指系统对其内部设备的运行情况随时进行监督并实施有效控制。

指挥控制系统是一个大型的信息系统，其技术复杂、集成度高、设备种类多、数量大、人员众多。这样一个系统，如果没有专用的监控设备来组织管理、监视和控制系统的工作状态，其可靠运行是不可想象的。

2.2　系统描述

需求什么样的指挥控制系统、提出并描述对系统的要求，是军事研究部门根据作战需要、军队编制、技术现状、经费支持情况确定的。而确定并描述指挥控制系统的体系结构，则是工业设计部门的任务。由于指挥控制系统复杂、任务繁多，明确对它的要求和它的体系结构是一个反复的过程，恰当地描述它们也绝非是一件容易的事情。

2.2.1　系统需求的确定

指挥控制系统的需求是指军事部门需要系统完成的任务（功能），或要求系统完成某种使命的能力。指挥控制系统的需求一般分为功能需求、非功能需求。

功能需求是军事部门要求系统应完成的任务（功能）。依据系统在作战中的地位和作用及作战指挥过程，可将系统的主要功能分为情报收集功能、信息传输功能、信息处理功能、辅助决策功能、信息显示功能、武器引导与控制功能。

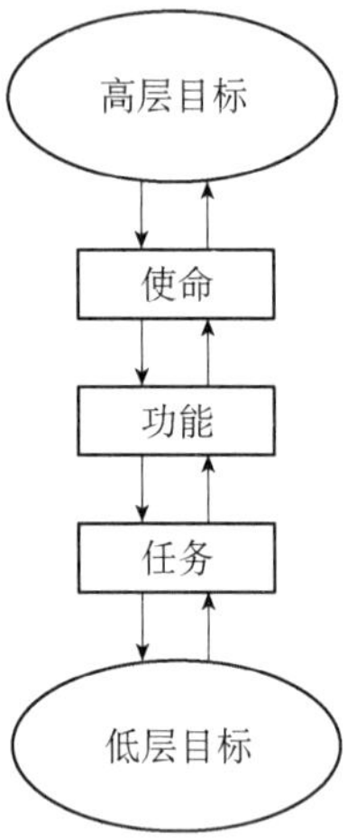

图 2-4　对象目标的层次关系

非功能需求是指系统的性能和系统的外部限制条件。性能分为三层：用户层（如抗毁性、有效性、反应能力、覆盖范围等）；技术层（如互通性、检测维修性、电磁兼容性等）；物理层（如温度、湿度、地形地物等）。外部限制条件仅指社会、政治、经济等因素。

确定系统需求常用的方法有对象等级化法、多属性法、流程图表法和 Petri 网法。对象目标的层次关系如图 2-4 所示。

在图 2-4 中，用使命、功能和任务阐述了对象等级化思想。对于一个系统而言，它的功能是指该系统为完成它的使命而采取的行动，任务则是指该系统的子系统或其他组成部分的功能（也可理解为系统的子功能）。

该框图不仅表明了对象的各个功能之间的内在联系，而且揭示了功能的分解不是用单纯的树图就可以表述清楚的，比较而言图表比树图更为准确（在树图中，每个节点只代表一个元素，而在图表中一个节点可以代表多个元素）。确定指挥控制系统的需求是一个循序渐进、由初级到高级不断完善的过程。系统建设初期，提出基本的目标需求，作为系统研究开发的基本依据，随着系统建设的全面进展，要不断完善和细化系统需求。确定系统的需求分两步进行，第一步明确基本和必须的需求；第二步考虑是否有新的或替代要求，流程如图 2-5 所示。

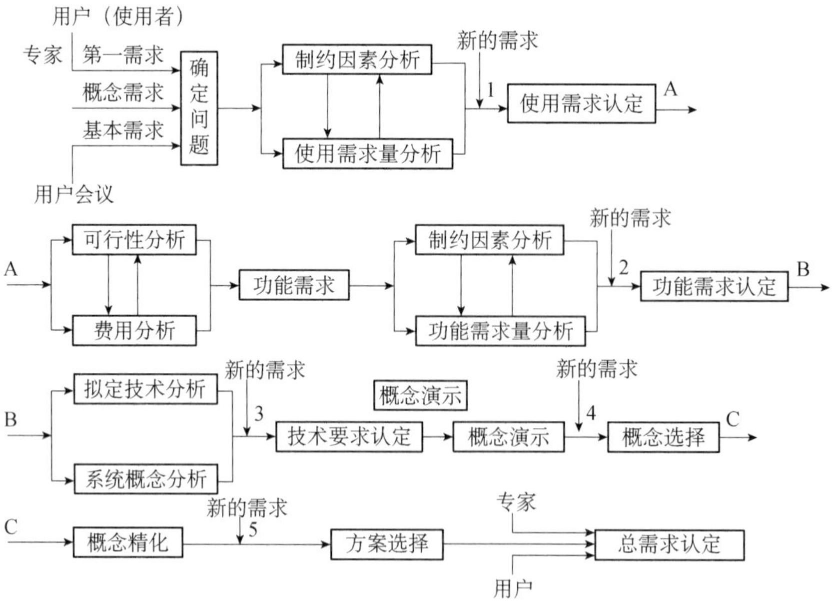

图 2-5　指挥控制需求确定流程

指挥控制系统有以下特点：①概念的可塑性和系统边界的不确定性；②系统的直接服务对象是指挥人员，开发中考虑人的因素较多；③系统目标的开放性使得需求具有多样性；④一次性研制生产的数量较少，不可能形成批量生产；⑤建设方法上多采用渐进获取、逐步发展的方法，或采用分期工程的阶段式生产方式。这些特点决定了其需求具有下列特点：①需求是层次进展、渐进获取和逐步逼近的；②指挥控制系统需求是由系统设计人员、用户共同完成的；③具体项目需求目标应是收敛的。

确定指挥控制系统的需求应遵循下列原则：局部需求应与整体利益相一致；系统需求应与约束条件相兼容；描述系统需求应定性描述和定量描述相结合；当前需要应与长远发展相兼顾。

2.2.2 系统的指标体系

指挥控制系统的指标体系是描述系统需求的文档系统，它包括总要求、子要求和底层要求。总要求只有一个，子要求和底层要求有若干个。它们之间存在定量和定性关系，这种递阶层次结构称为指标体系。由于指挥控制系统的应用级别、应用时间和应用环境不同，对指挥控制系统的要求亦不相同。可仿照霍尔（A.D.Hall）三维结构描述指挥控制系统的指标体系，如图 2-6 所示。

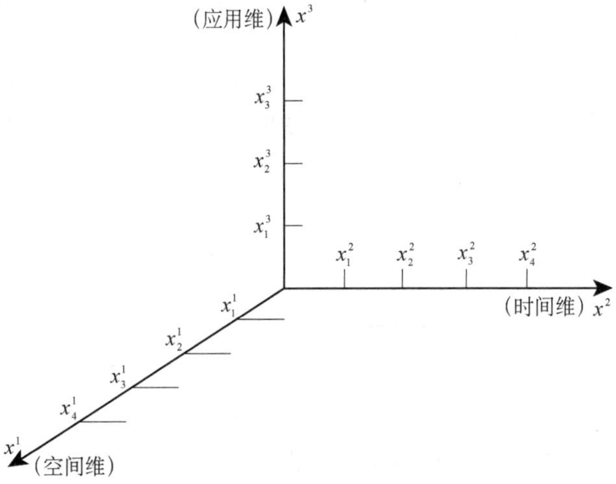

图 2-6 指标体系的结构

图中，空间维 x^1 表示不同层次的指挥控制系统，例如，x_1^1 表示战术级；x_2^1 表示战役级；x_3^1 表示战区级；x_4^1 表示战略级。

时间维 x^2 表示指挥控制系统全寿命周期的不同阶段，例如，x_1^2 表示规划计划阶段；x_2^2 表示论证阶段；x_3^2 表示方案与设计阶段；x_4^2 表示工程研制与实施阶段。

应用维 x^3 表示指挥控制系统的（应用）环境，例如，x_1^3 表示自然环境；x_2^3 表示我方环境；x_3^3 表示敌方环境。

由此三维结构图，可以清晰地描述各类指挥控制系统在不同阶段和环境下的指标体系。例如：

$C(x_1^1x_2^2x_1^3)$ 表示战术级指挥控制系统在论证阶段的指标体系；

$C(x_2^1x_3^2x_2^3)$ 表示战役级指挥控制系统在方案与设计阶段的指标体系；

$C(x_3^1x_4^2x_3^3)$ 表示战区级指挥控制系统在工程研制与实施阶段进行（作战）效能评价用指标体系。

目前，指挥控制系统的指标分为四大类：第一类是系统的尺度参数，它描述设备或部件的特性；第二类是系统在不同环境下的性能指标，它描述子系统的功能；第三类是系统效能的度量，它描述在作战环境下系统的总体功能；第四类是系统的作战效能，它描述系统与作战结果之间的关系。

2.2.3 系统的体系结构

指挥控制系统的体系结构是工业设计部门依据军事部门对指挥控制系统的要求、当前的技术水平、生产工艺水平、经费支持情况和未来发展确定的。从国内外已形成战斗力的系统来看，依据整个系统和子系统的划分、地点分布情况等可以分为 4 种模式。

1. 集中式

将情报处理、作战指挥、武器控制功能、配置地点、空间、所用资源高度集中确定集中式系统功能的因素，并不主要决定于所处的地点、空间，甚至也不取决于计算机系统资源，起主要作用的是情报、指挥、控制的模型及它们之间的体系结构。也就是说，简单地将分开的功能模块堆放在一起形成集中式，并不能换取更好的功能和性能。

2. 分开式

分开式分为①情报、指挥各自独立；②情报、指挥合一，火控独立；③情报独立、指挥与控制合一；④情报与火控合一，指挥独立。这是从情报、指挥、火控功能关系上划分的。

3. 分散式

将情报处理分散在传感器自身上，指挥中心仅进行简单综合及指挥决策，射击控制属于各自的武器系统。

4. 分布式

将情报处理置于传感器自身，指挥控制中心进行二次综合（特征融合）及指挥决策，射击控制属于各武器系统，它与分散式的主要区别在于：分布是靠总线、网络把各节点联系起来的，可以实现资源共享。

上述划分仅是宏观的划分，在该框架下，再对每个职能板块做下一层次的分解、协调、优化是符合递阶、多级、多层分析原理的。

随着多军兵种联合作战将成为未来战争的主要形式，过去单一兵种封闭式或称烟囱式的指挥控制系统已不再适用，应采用开放式体系结构，以实现纵向和横向的互联、互通、互操作、资源共享，适应未来战争的需要。

2.2.4 系统的描述语言

（一）对系统描述的要求

描述指挥控制系统的需求和体系结构不是仅用数学模型就能完成的，选择恰当的描述语言至关重要，需求和体系结构描述要协调一致，以免引起争议。

需求描述是用户对系统要求的描述，是设计部门进行设计的依据，而且是双方签订合同的依据。功能需求常用流程图或状态图表示，非功能需求常用自然语言描述。需求描述是用户与设计部门的纽带，对它的最重要的要求是易于用户和设计部门理解，还要求：

（1）无二义性。每一段需求描述应该只有一种解释，绝不能有多种解释，以免引起争议。

（2）完备性。系统的各种需求都应该在描述文件中得到阐述。

（3）可检测性。每种需求的阐述应利于检测，以便检测系统是否满足了该项需求。

（4）一致性。包括内部一致性、外部一致性，前者指各项需求之间没有冲突，后者指需求描述与系统体系结构及系统研制各阶段之间没有冲突。

（5）易于修改。由于指挥控制系统的需求是渐进获取的，所以需求描述方式应易于修改。

（6）可追踪性。由正式形成的需求文件，可以追踪到用户的原始要求，也可以追踪到设计部门的设计方案。追踪框图如图 2-7 所示。

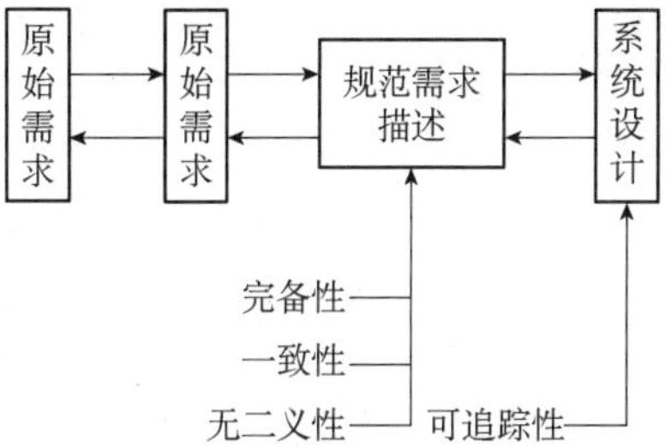

图 2-7　规范需求的追踪框图

很明显，要想使需求描述具有上述所有特征将是一项艰难的工作。下面主要介绍需求描述的一个方面——描述语言。

（二）理想的描述语言

理想的描述语言应具备以下特征（按重要程度排列）。

（1）可理解性：需求描述成功与否的重要标准是它的可理解性，需求描述所使用的语言对于它的可理解性有着重要影响。

（2）可分析性：需求描述的精确程度和严谨性直接与所使用语言的精确性和严谨性有关，规范的描述语言由于有数学理论为基础，其分析可行性就比较好，分析的精确程度也比较理想；自然语言的可分析性就很有限。

需求分析分为静态分析和动态分析。其中静态分析通常分析系统满足了哪些期望的参数、属性，系统出现了哪些不期望的属性；动态分析通常要求描述语言具有一定程度的可执行能力，或者描述语言能够间接（特别是自动）地转换成可执行语言，然后通过快速原型技术测试系统的动态性能。

（3）多阶段兼容性：在系统开发过程的各个阶段，从需求的描述到系统的实现通常要使用几种不同的描述语言，多种语言的共同使用会造成不同层次之间的转化障碍。如果使用一种兼容性的语言，这个问题就会得以缓解。当然这里所提的多阶段兼容性并不意味着适用于所有阶段，人们关心的是如何用尽可能少的语言来支持系统的开发，尤其是对于应用软件的开发。

（4）无二义性：如前面所述，需求描述要具有可理解性。在此基础上，无二义性也是描述语言的重要特性之一，在需求描述文件里，每一项表述只能有一种含义，而且表达的必须是用户所要表达的含义（惟一性和正确性），否则很容易引起用户和设计者之间的纠纷。因此自然语言在使用时要非常谨慎。

（5）完备性：系统的需求包括很多方面，每一方面又可分为不同层次、不同等级。因此系统的需求描述一定要全面，不仅要包括系统的功能需求也要包括非功能需求。对不同的需求类型，通常使用不同的描述语言，这就使得需求的一致性检验难度增加。如果一种描述语言能够描述几种不同的需求，这个问题就可以被较好地解决。当然，人们不能奢望用一种描述语言就可以囊括所有的需求，但却可以希望描述语言能够适应尽可能多的需求。

（6）易掌握性：在系统开发的各个阶段，需求描述文件的使用者很多，因此一些相关人员必须了解、掌握需求描述所使用的语言。如果描述语言较难掌握，不仅相应的培训费用和时间会增加，用户对这种语言也难以接受，因为他们不清楚自己的要求是否被正确的表述了。因此用户需求的语言应该易于学习、易于使用。

（7）模块分类性：指挥控制系统是一种复杂的大系统，描述它时必须分成几块，然后分别进行描述，这样易于理解。如果描述语言具有模块分类性，就可以允许几个人对系统同时进行描述，就可以一边进行描述，一边根据描述进行设计。此外，由于系统的描述包含了系统各个层次的信息，这种特性有利于用户忽略不必要的细节而集中进行适当的层次阐述，这对于复杂的指挥控制系统是很重要的。

（8）计算机可处理性：规范的描述语言应能使计算机根据语言的使用规则检查语法、语义的正确性，这样能避免许多细微的错误，当然这并不意味着检查后的描述就一定是合理的。

（9）简洁性：描述篇幅的大小对于用户和设计者有一种心理影响。一般而言，篇幅过长所耗费的时间和精力就多，同时也就失去了可读性。反过来，一篇精练的描述，其可读性就很强，读者也愿意去读。描述所使用语言的精练程度与描述文献精练程度有直接关系，越是简洁的语言描述就得越精练，但简洁的同时也意味着要谨慎使用。还有一点需要注意，在追求简洁的同时，不能忽略了语言的可理解性。

（三）几种描述语言的比较

目前描述语言主要有自然语言、算法语言及数据流图表。

1. 自然语言

它是需求描述使用最多的语言之一。使用自然语言最大的好处是易于各层次的人员（从用户到设计者）理解，同时它可以使用句子、段落和章节将需求分类，使之模块化、层次化，但是自然语言相当不规范，主要是因为它没有既定的使用规则。因此，它本身就含糊，只是依靠人们习惯了的用法来使用，结果使得描述不够明确、易造成误解。在自然语言的描述中，如果没有图像、图表的支持，其描述的简洁程度就很有限。此外，它也不具备可分析性、计算机可处理性。由于自然语言固有的模糊性，在描述文件的后面通常都附上词汇表，用来解释特定的术语。

2. 算法语言

尽管 Ada 语言是一种高级程序设计语言，但也适用于描述系统的用户需求。虽然把程序设计语言用于需求描述有些牵强，但 Ada 语言的许多结构（如 IF-THEN-ELSE）都适合描述系统需求。比如，对于发现的空中飞机，如果来机怀有敌意那么武器系统开火；否则，允许其着陆。Ada 语言不仅可以描述系统的运行过程，而且还可以描述系统的功能和它的组合部件。尽管 Ada 语言需要专门的学习和培训，但它的确是一种较理想的描述语言：由于它是一种程序设计语言，可分析性和计算机可处理性都很好，在美国可以用专门的工具（MALPAS）进行分析；其简洁性和多阶段兼容性也较令人满意。更重要的一点是由于 Ada 语言的标识符、名字、语句格式和书写方式都与英语相近，所以在美国，Ada 语言也具有较好的可理解性，但是它的致命缺点是不能描述非功能需求。

3. 数据流图表（Data Flow Diagrams，DFDs）

DFDs 在系统分析和设计的结构化方法中应用较多，通常用来表示系统数据的流向，表示系统内部所有的过程。但是由于 DFDs 不是一种正式的描述语言，它没有既定的语意。所以在使用图表进行描述时，通常都要给出严密的定义。此外，其简洁性、可理解性和易掌握程度也都比较理想，几乎在系统开发的各个阶段都可以使用 DFDs，因此有理由认为它具有很好的多阶段兼容性，它的最大缺点是只能用来描述功能需求，而对非功能需求则束手无策。

由此可见，这些描述语言都有其优缺点，究竟应选择哪种描述语言，要根据具体情况而定。一般而言，除考虑可理解性、无二义性，还应考虑用户需求层次等级划分、系统所处的内部、外部环境和系统设计的其他限制。现有描述语言除了本身的缺点，它们在需求描述方面也有缺陷，主要表现在：

（1）不能有效地捕获需求信息来支持系统的渐进发展。

（2）不能详细描述系统的非功能需求。

（3）系统变化时，不能自动地在需求中反映出来，需求变化也不能自动地在系统设计中得以体现。

（4）描述系统需求的形式存在着较多分歧。

（5）对系统需求进行描述之前需要了解太多的事实（事件）。

尽管现有的需求描述语言存在许多缺陷，但人们仍然希望它在描述需求时能最大限度地满足客观要求。同时，也仍然有可能对需求描述语言提出进一步的要求，从而改进、缓解现有需求描述语言存在的问题。

从上面的讨论不难看到，现有描述语言没有一种能完全满足前文所述理想描述语言的 9 个特征。尽管人们希望找到一种具有上述 9 个特征的描述语言，但这是非常困难的，在相当长的时间内，仍将是多种语言（主要是自然语言）相结合使用的局面。

2.3　技术体制

系统技术体制指对构成一个指挥控制系统的各功能单元的配置、相互作用、相互关联起决定作用的一套基本管理规则。它是保证一个大系统能满足特定需求的基本原则，是功能模块得以实现并相互作用的技术保障。从本质上讲，技术体制确立了系统的业务、接口、标准及其关系。

2.3.1　技术体制的作用

指挥控制系统是技术密集型、专业复合型的大型系统，必须坚持军事需求牵引与技术发展推动相结合的原则，统一体制，实现一体化作战指挥。在联合作战环境中，指挥控制系统必须有能力“即插即用”。为了实现这种能力，必须有这样一种机制：把技术组成部分的配置一致地融合起来，确保与技术“建筑法则”相一致，技术体制提供了这样一种机制。

研究技术体制的目的是制定若干标准和指南，指导系统的设计、开发和应用，促使技术再利用，从而降低技术成本，更重要的目的是实现多种指挥控制系统间的互操作。

与指挥控制系统有关的开发和使用人员都可以应用技术体制，系统开发人员应用技术体制可对不同来源的现有系统和新系统进行集成，确保新开发系统及改进型系统能满足可移植性和互操作的要求；使用人员应用技术体制描述系统的使用需求，并依据技术体制详细认识系统。

2.3.2 技术体制的组成

建立系统技术体制是选择和补充技术指南的过程，即主要是从现有的国家军用标准（以下简称国军标 GJB），国家标准（GB）中根据需要挑选出可用部分，在没有相应的 GJB 和 GB 可选的情况下，应按照尽量采用国际通用标准或国际先进标准的原则进行补充；补充时应做好技术预测：对正在形成的技术及特定的软硬件产品进行详细说明，重点预测与所开发系统相关的技术领域，找出影响系统的问题所在，预测潜在技术对系统开发的影响。

建立系统技术体制，应遵循以下原则：

（1）基于作战需求和使用需求。

（2）对技术可实现性做出分析。

（3）对系统能力、接口、业务提供定义和相应的技术准则。

（4）采纳新技术和发展中的标准，逐步淘汰旧标准。

（5）以非专利规范条款为准则，降低对专利技术的依赖。

（6）对以电子方式产生、使用和交换信息的平台和网络互联需求进行说明。

信息技术是指挥控制系统的主要技术，指挥控制系统的技术体制可围绕信息处理、信息传输、信息安全、人机接口四部分予以说明。

（一）信息处理

在指挥控制系统中，所谓信息处理，主要指对系统中的多媒体信息自动进行综合、分类、存储、更新、检索、计算等。按信息的媒体形式，信息处理可分为文电处理、图形处理、图像处理和数据处理。下面对前 3 项进行说明。

1. 文电处理

文电处理是指挥系统中重要的业务处理，为使收发文电规范化，各级指挥所在进行文电处理时应当遵循以下几点：

（1）文件的输入和输出应尽量采用独立于设备（或系统）的统一汉字屏幕编辑软件和打印软件。

（2）文电的格式应统一。

（3）文电的字符编码格式和传输格式应遵照有关国标、国军标。

（4）文电处理应逐步向国际标准过渡。

2. 图形处理

（1）图表处理支持软件应提供 Ada、C/C++、FORTRAN 等高级语言接口，各种图形处理支持软件的各种语言联编应标准化。

（2）图形处理的标准接口。应用程序接口（API）是为了编制图形应用程序而设置的，图形处理所用的图形支持软件应当为应用软件提供标准的高级语言编程接口。

虚拟设备接口（VDI）是为使图形支持软件具有可移植性和独立性而设置的，图形支持软件和图形设备间应采用标准接口。

（3）图形数据文件。图形数据文件是指依照特定机制由图形元素构成的文件，为使图形数据共享，图形数据的编码、结构和格式应独立于设备或系统。在指挥控制系统中，涉及的图形数据文件主要有以下三种类型：

①几何图形数据文件。几何图形数据文件是指符合自动化指挥控制系统图形数据的存储

与传输标准的图形数据文件，它基于 CGM（计算机图形源文件）格式。指挥控制系统中经常使用的几何图形数据是矢量地图数据。

②数字地图数据文件。数字地图是指以数字形式记录和存储的地图，是模拟地图的数字存在形式，数字地图数据文件就是由描述地图制图要素及其空间位置和相互关系的全部数字信息（即数字地图数据）构成的图形数据文件，数字地图数据的生成、使用和格式应符合国家军用标准 GJB1840（军用数字地图数据要求）。

③光栅图形（图像）数据文件。包括格式化和格式化可处理两种可交换的数据格式，均由图像装配处理产生，通过图像显示处理，在显示屏幕上呈现出视觉图像；格式化可处理形式的光栅图形（图像）数据文件还可进一步经过图像装配处理，生成一个新的格式化可处理形式或格式化形式的文件。

3. 图像处理

图像处理的关键是对图像数据信息进行编码，以便压缩图像的数据量，并保持图像的输出质量（即信息量）不变。

经典的图像压缩编码方法有图像预测编码（DPCM-差分脉冲编码调制法）、变换编码（如 DCT）、霍夫曼（Huffman）编码、矢量量化编码（VQ）、游程长度编码（RLC）。目前，常用的图像压缩新标准实际上是上述编码方法的有效组合，如 JPEG（静态图像压缩国际标准）、MPEG（活动图像压缩国际标准-ISO11172 标准）、JBIG（二值图像压缩的国际标准）和 H.261（电视电话/电视会议压缩编码标准）等。

（二）信息传输

信息传输技术规范主要涉及通信介质、通信设备和通信网络。

1. 通信介质和通信设备

通信介质分为有线通信和无线通信介质。指挥控制系统中的有线通信介质有架空明线通信线路、电缆通信线路和光纤通信线路；无线通信介质为无线电波，包括短波通信、超短波通信、微波通信；卫星通信也作为一种单独的无线通信形式。

指挥控制系统中的通信设备主要包括各种信道终端设备、信息交换设备和用户通信设备等。信道终端设备有无线微波接力机、有线载波机、卫星通信终端和光纤通信设备等；信息交换设备有电话自动交换机和数据自动交换机等；通信用户设备有电传机、传真机和电话机等。

2. 通信网络

借助多种通信介质，采用适当的组网方式，将各类通信设备有机地连接起来，构成一个综合性的区域通信网络，才能满足指挥控制系统中的各种信息传输要求。指挥控制系统中传输的信息有不同的优先级，通信网络要按用户的要求分别处理。

对指挥所而言，通信网络主要有指挥所的内部通信网和远程通信网。

（三）信息安全

指挥控制系统中的信息有不同的密级，如各种指挥文电及数据和态势图信息，可分为秘密、机密、绝密等多种级别，指挥控制系统应当具备全过程的信息安全保密技术体制，必须采取各种有效的安全体制和数据加密/解密技术，努力从多个环节上切实防止数据信息的无意泄露和被有意窃取，主要涉及存储加密、传输加密、网络安全要求、密钥体制和抗计算机病毒等方面。

1．存储加密

指挥控制系统要求对存储在各种存储媒体上的所有涉密数据进行加密。对秘密级以上的数据在系统内部以存储文件或数据库方式存储时，系统应能对此类存储数据加以保护，防止信息泄露，确保存储数据的安全，存储加密有文件加密、终端加密和数据库加密几种方式。

存储加密在具体实施时，应遵照执行相应的国军标要求。

2．传输加密

传输加密是对终端用户之间或节点之间传输的数据进行加密，加密后的密文在通信信道上传输，其目的是有效地抵御敌方对传输系统的主动攻击。

GB/T9387—1995《信息处理系统开放系统互联基本参考模型》将开放系统互联模型划分为 7 个层次，理论上讲，应该在每一层上都加密，但过多的加密和解密过程会增加系统的传输时延，故可根据所传数据密级的高低，考虑在不同的层次上实施加密保护。

此外，尽可能采用光纤传输，并采用直接序列调制技术、跳频技术和猝发通信技术；在建立密码体制时，可以使用序列密码体制和分组密码体制，前者主要用于数据传输，即在通信线路上使用；后者主要用于数据存储，一般用在数据库中。

3．安全过程监控

“安全过程”是一个循环往复的过程，包括定义系统安全目标→设计系统安全政策→安装安全设施，然后连续不断地对这一过程做审查，发现问题及时更新、调整，以形成越来越好的安全系统。

（四）人机接口

人机接口是指人与机器交换信息的界面和方式。人机接口使机器将各种信息的处理结果以文字、符号、表格及图形、图像等形式，在显示控制终端设备上输出给人，又可以让人方便地向机器输入信息和指令，以进行操作和控制机器，要求人机接口高效、透明和操作简单，有一定的容错和提示能力，使用户操作和控制系统时所需的知识尽量少。

人机接口最重要的研究内容是人机接口界面的设计，主要涉及人机界面的内容、用户类型分析和人机界面的交互类型等。

1．人机接口界面的内容

人机接口界面具体有硬件界面、交互方式、信息输入、信息输出。

（1）硬件界面：主要包括输入、输出和控制三部分，如键盘的设计及键局布位，显示器的亮度、对比度、分辨率、色彩和视角、显示方式控制等。

（2）交互方式：是人与机器交换信息的方式，它直接影响系统的反应时间、效率和功能发挥，也直接影响使用人员对系统的操作和使用，必须做到直观、简便和灵活。

（3）信息输入：如何输入信息对整个系统的效率有着重要的影响，应充分考虑输入信息的类型、格式、输入顺序和输入方式等。

（4）信息输出：在信息输出的设计上应做到使用户能最简捷、直观和形象地获取所需信息，并提供多种灵活的输出方式。

2．用户类型分析

指挥控制系统中，人机接口界面的建立应服从使用人员的需要，适合用户心理。为此，首先必须明确系统的用户类型、使用频率及他们对系统的熟悉情况。

指挥控制系统的用户主要有三类：一类是指挥人员，他们一般不具备软硬件专业知识，不是系统的直接操作使用者，他们不关心系统的内部细节，而希望系统能提供精干、合成、灵敏、高效的服务；另一类是操作人员，他们经常在系统的人机界面上操作，熟悉系统，但不具备纠正错误和扩展系统的能力；第三类是技术保障人员，他们是一些专业知识较强的技术人员，有维护改进系统的能力。因此在进行界面设计时，要立足用户，区别对待。

3. 人机界面的交互类型

指挥控制系统的人机交互主要是通过可视或可听的声音、颜色、图形/图像、文字/表格等形式，综合实现交互过程。针对不同的用户类型，可以采用以下几种交互方式：问答形式、菜单形式、图标（窗口）形式、表格形式和命令语言形式。

这几种界面交互形式可以交叉使用，人机界面应根据对用户类型的分析做到有针对性，并综合利用多媒体技术，设计出更加形象、直观、简单和使用方便的人机界面。

2.3.3　软/硬件平台选型

指挥控制系统软/硬件平台是系统建设的基础，其性能优劣直接影响系统的性能，选型应遵循以下原则：

（1）满足系统的实际需求，包括功能要求、容量要求、性能要求、配置要求和通信网络要求。

（2）符合军用优选系列型谱。

（3）遵照开放式信息系统原则。

（4）考虑市场和经济条件。

（5）考虑系统集成的要求。

（一）硬件平台的选型

硬件平台主要包括计算机系列设备、信息显示设备和计算机网络设备。

（1）计算机系列设备：各级指挥所中的指挥控制工作站和业务处理工作站可以选用主流机型的微机、工作站、小型机。内部配置以满足系统需求为主，并便于系统扩充和提高信息处理的速度。

选择计算机系列产品，要根据实际需要，对处理器、主板总线、内存配置、高速缓存、硬盘存储器、显示卡和多媒体配件等做综合考虑。

（2）信息显示设备：选择显示器时，要着重考虑显示方式、分辨率、外形尺寸和色彩真实度几个方面。

（3）计算机网络设备：面对各种网络部件和设备的不断发展和变化，网络规划和管理人员面临着日趋复杂的选择。目前，所遇到的问题是日渐增长的信息流量要求网络带宽越来越宽。选择网络设备时应考虑高性能、适用性和可扩充性，能用于包含多个通信协议和计算机平台的网络环境。

对指挥控制系统而言，网络工作环境和网络的安全性能也是网络设备选型需要考虑的因素。

（二）软件平台的选型

软件平台的选型包括选择合适的计算机操作系统、网络操作系统、数据库管理系统等。

1. 计算机操作系统（OS）

典型的 OS 有微型机上的 Windows；工作站上的 Sun 公司的汉化 Solaris；小型机上 DEC 公司 VAX 机的 VMS 等。

2. 网络操作系统（NOS）

选择网络操作系统时，要考虑网络操作系统的功能、兼容性、环境需求、安全性能及人机界面的友好程度、网络操作系统的价格、售后服务和技术支持等因素。

目前来看，能够支持多任务、多用户，支持 X.25.TCP/IP 和 IEEE802.3 等网络标准，支持分布式计算机环境，具有功能强大、使用灵活、安全保密性强等特点的网络操作系统是指挥所局域网中较为理想的网络操作系统。

3. 数据库管理系统

数据库是信息系统的基础，是各级指挥中心建设的关键，广义地讲，指挥控制系统的数据库既包括作战指挥业务数据库，也包括决策指挥所需的知识库、模型库、方法库、标准库等。这些数据具有多种媒体类型（如数据、语音、图形、图像等）、分布面广、使用权限不同等特点。指挥控制系统要求建设分布式多媒体数据库，应具有多种操作方式和友好的人机接口界面，依用户性质分类访问权限，实现有限制地共享数据库资源。

在选择数据库软件作为指挥系统中的标准数据平台时，应当综合考虑以下几方面的因素：

（1）用户和数据库管理员（DBA）使用和维护数据时所需的一些帮助。

（2）数据库查询语言具有数据查询、操纵、定义和控制等功能。

（3）提供对 C/C++、FORTRAN、Ada 等高级语言的编程接口。

（4）适用于客户机/服务器的体系结构，其服务器在对众多客户机进行服务时，其联机事务处理能力强。

（5）采用服务器中的多线程（Multi-Thread）技术，Sybase 的开放式客户机/服务器技术，使其可以与任何数据库系统远程互联。

（6）调用功能，在具体使用远程访问功能时还需要做很多工作。

（7）在多种数据库并存的异构环境情况下，还需要对彼此间的数据互通和远程访问等问题加以研究。

具体选型时应参照 GJB 执行。

2.3.4　技术体制的选用原则

系统技术体制不是一些标准和指南的罗列，它是一种发展着的规范。技术体制必须满足：

（1）符合用户需求和技术发展方向，具有生命力。

（2）能使新诞生的标准替代旧的标准。

（3）有长期可靠的商业支持，具有连续性。

（4）随着指挥控制系统的发展，能使系统技术体制的技术领域扩展到其他的技术领域，具有可扩展性。

2.4　系统集成

以战术技术要求为依据，经制订系统方案、系统总体设计与制定互联标准协议、系统软硬件研制、进行系统原型联试、系统功能联试、系统现场联试，形成作战装备的过程称为系统集成。制订系统方案、系统总体设计与制定互联标准协议属于系统的顶层设计，必须首先进行。一个复杂的指挥控制系统，在制订方案和系统总体设计时，需将系统分为若干分系统，并对各分系统提出明确的功能和性能指标要求，明确分系统之间及本系统与其他系统之间的相互连接关系，即确定互联标准协议。系统软硬件的研制则是根据系统、分系统提出的设备要求进行的，设备要求包括功能要求和性能指标要求及互联协议。系统的原型联试、功能联试和现场联试则是使设备、分系统和系统，满足系统总体设计要求和战术技术要求而进行的联调试验，是由设备到分系统、由分系统到系统、由系统原理互联到实际系统互联的由低层到顶层的联调试验过程。最终，将各分系统集成为满足战术技术要求和系统总体设计要求的有机整体，使指挥控制系统完成规定的战术技术功能。

可见，系统集成必须经过由顶层到底层的设计过程和由底层到顶层的联调试验过程。由顶层到底层的设计过程为系统软硬件研制和系统的联调试验提出约束条件，而系统的联调试验过程则是由简单到复杂地进行验证设备、分系统、系统能否达到预期的目标，并通过联调试验使设备、分系统、系统达到预期的目标。系统集成的一般步骤如图 2-8 所示。

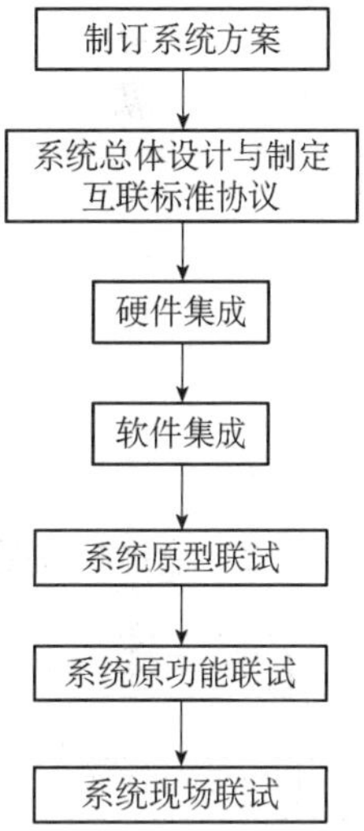

图 2-8　系统集成的一般步骤

下面仅介绍由底层到顶层的联调试验过程，这一过程的每一阶段都以战术技术要求和系统总体、分系统总体及设备设计要求为依据。同时，在联调试验过程中，发现设备、分系统、系统设计的缺陷，并及时予以修改，这是一个反复进行的过程，直至系统满足全部战术技术要求。

2.4.1　硬件集成

硬件集成包括单体设备集成、分系统硬件集成、系统硬件集成。单体设备集成是最基本的，分系统、系统硬件集成实际上是各单体设备的联试。

1. 单体设备集成

单体设备集成，是对单体硬件设备进行组装和调试，构成完整的单体硬件设备的过程，一般在各插件板、组件、壳体都加工、调试完好的情况下进行，经组装和调试使单体设备在给定的工作环境下完成规定的功能。

单体设备集成主要包括以下几方面内容：插件板、组件性能检验；机械安装与调整；单体设备性能和功能调试。单体设备的性能和功能调试一般需专用的调试设备或软件来模拟单体设备的工作环境，使单体设备在该环境下满足要求的性能和功能。

2. 设备联试

设备联试指各单体设备集成后，按系统、分系统、设备的设计要求，进行设备之间的接口连接和调试。若系统、分系统的设备未齐套，则可先完成已有设备间的局部接口联试，检验部分单体硬件设备之间机械、电气信号和软件规程连接的正确性，必要时编制一些专用程序来联试。同时，在设备联试过程中，要解决单体设备间的电磁干扰（EMI）和电磁兼容（EMC）问题。设备联试一般是为形成分系统、系统而进行的。

2.4.2 软件集成

软件集成是将各个仅完成特定功能的软件模块集成为具有一定战术技术功能的软件系统的过程。软件集成包括建立软件集成环境、软件模块联调、软件测试三部分。

1. 建立软件集成环境

软件集成环境一般指为适应软件模块联调而构造的硬件平台及软件平台。硬件平台一般为计算机网络系统，软件平台一般指操作系统、程序设计语言、数据库管理系统等系统环境和图形、图像等开发工具，如图 2-9 所示。

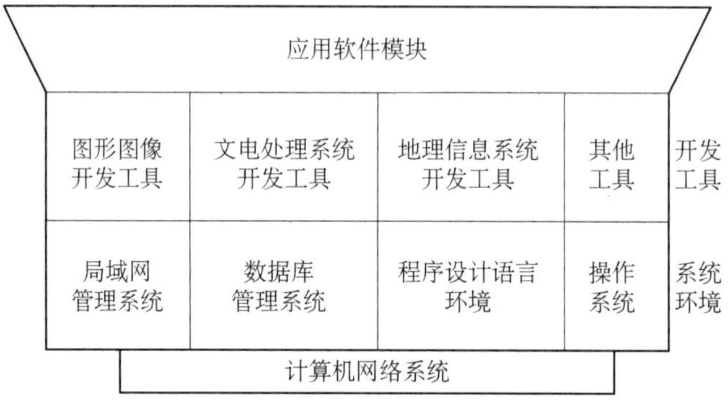

图 2-9　软件集成环境示意图

2. 软件模块联调

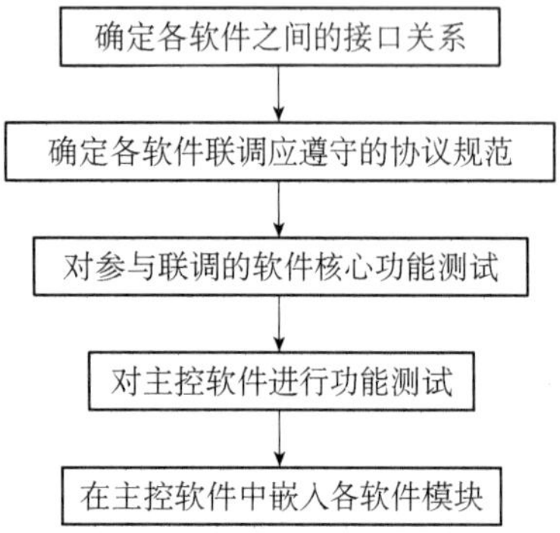

图 2-10　软件模块联调的过程

软件模块联调是将各软件模块在硬件平台上、软件开发环境中，利用开发工具集成为能完成更复杂功能或一定战术功能或更多战术功能的软件。软件模块联调的过程如图 2-10 所示。各软件之间的接口关系、联调应遵循的协议规范及软件的核心功能是设计阶段规定的。主控软件是为实现软件的核心功能在设计阶段选定的，进行软件模块联调时，必须按照设计要求制定联调内容和测试内容，经联调使各软件模块嵌入主控软件中，使它们能协调一致地工作，完成规定的功能要求。

3. 软件测试

软件测试是软件集成过程中的一个重要环节，也是一个极为复杂的过程，如图 2-11 所示。

一个规范的软件测试过程通常包括以下基本的测试活动：拟订软件测试计划，包括概要测试计划和详细测试计划；编制软件测试大纲；设计和生成测试用例；实施测试；形成结果分析报告；纠错再实施测试。

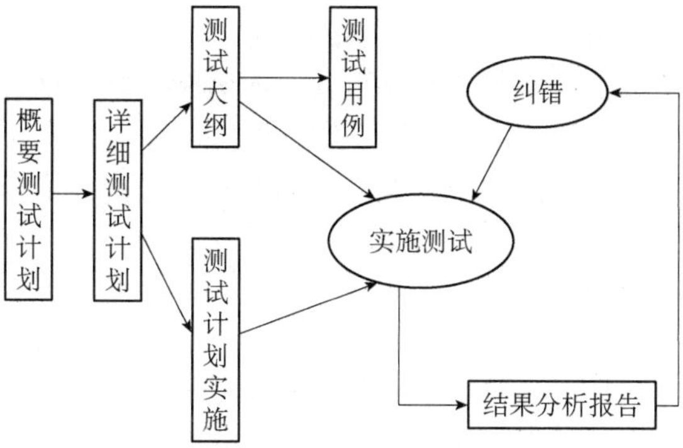

图 2-11　软件测试过程示意图

软件测试的方法和技术是多种多样的。依据测试的是系统内部结构还是测试系统的功能来分，通常可分为白盒方法（结构测试）和黑盒方法（功能测试）。前者，是针对系统内部的测试，主要测试软件结构的正确性、软硬件结合的合理性、软件的可靠性，详细地检验系统内部结构，目的是明确系统内部结构；而后者，侧重于测试系统的功能和特性，主要测试系统能否完成规定的功能、是否满足性能指标要求，关心的是系统的输入、输出特性，并不关注系统的内部结构。

2.4.3　系统原型联试

系统原型联试是系统集成的重要环节。其前提是：除了通信设备，在指挥控制系统各指挥站的软硬件环境基本齐套的情况下，对系统进行联试。进行系统原型联试时，各级指挥站采用实物或原型，而通信网络实体则由以太网模拟的通信网络仿真平台代替，信息源站用信息源模拟器代替，这样构成的系统称为原型系统或原理系统，主要用来验证系统方案的正确性，能否实现系统的基本功能。系统原型联试的主要目的是检验系统体系结构、系统信息流关系、系统各站点间的接口、系统各站点间信息交换格式、各站点间功能关系等，为系统功能联试奠定基础。系统原型联试一般集中在一个大型调试厂房或集中式的试验场内，系统原型联试的基本组成如图 2-12 所示。

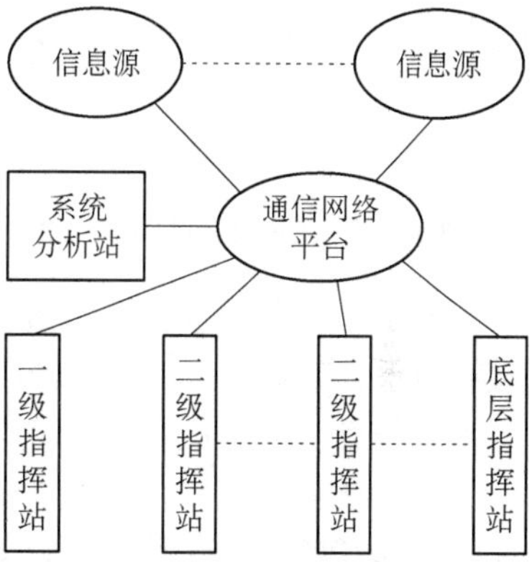

图 2-12　系统原型联试的基本组成

系统原型联试应分层次进行，首先进行两个指挥站间的单项联试，解决相互之间的接口正确性问题；相继进行所有参试站点的互联，完成互联、互通、互操作联试；最后，与通信网络仿真平台、信息源模拟器相连接，进行在该条件下的系统功能联试。解决除通信网络、信息源站实体外，系统软硬件连接的正确性及在该条件下系统完成规定功能的正确性问题。

具体联试内容有以下几方面。

①互联接口联试：包括各指挥站间的硬件联通（机械、电气）与软件联通（通信规程、信息、格式）。

②信息互通联试：两个或多个指挥站交换信息，使各种信息流沟通。

③功能互操作联试：两个或多个指挥站进行交换信息并处理，使系统具备基本功能和互

操作功能（信息融合、辅助决策、模拟训练功能）。

④模拟通信网的工作过程，调整通信参数，使通信网达到指标要求，得出分析报告。

⑤根据作战想定，在该条件下演示原型系统的功能。

⑥测试和检验原型系统在该条件下所能达到的主要战术技术指标。

2.4.4 系统功能联试

系统功能联试是系统集成的重要阶段。进行系统功能联试的重要前提是系统所有软硬件设备都已齐套、各级指挥站已装调完毕。系统功能联试主要验证指挥控制系统的指挥控制功能、通信功能、情报处理功能、野战适应能力等的正确性，目的是验证实际指挥控制系统在信息源产生模拟目标信息情况下的各种作战功能的正确性。

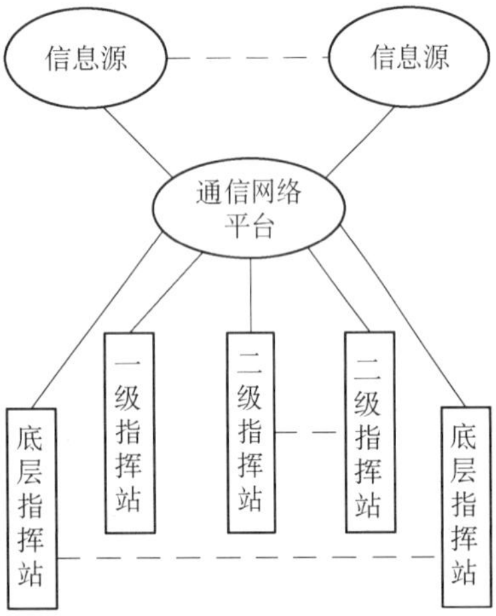

图 2-13 系统功能联试的示意图

图 2-13 是系统功能联试的示意图，参加联试的所有指挥站及通信网络、信息源站都是系统的实物节点，就系统硬件而言，已构成实际的指挥控制系统。

系统功能联试采用室内联试与外场联试相结合的方式。室内联试将所有站、设备都集中在某一调试厂房里进行，验证系统的作战功能，室内联试因所有站点和设备的布置与实战不符，因此，电磁环境、通信环境、野战使用环境等均不符合实战情况。外场联试将各站、设备按技术和战术指标要求的配置范围布置，验证系统在实际布置情况下的电磁兼容性、通信功能及野战适应能力。

室内和外场功能联试虽然都接入实际的雷达等探测器材，但不用实际目标或实兵演习，雷达等信息源所提供的目标信息是模拟产生的，而不是探测实际目标测得的。

外场功能联试的具体内容有互联接口联试、硬件联通、软件联通、通信网联通。具体试验有以下几项。

①信息互通联试。两个或多个节点进行交换信息，使信息流正确沟通。

②系统功能试验。一般包括系统辅助决策功能试验；系统指挥控制功能试验；系统模拟训练功能试验；系统检测维修功能试验；系统组网能力试验；系统快速反应能力试验；系统抗电磁干扰能力和电磁兼容性试验。

③通信外场试验。通信距离试验；移动通信能力试验；行进间作战指挥能力试验；外场指挥控制能力试验。

④根据作战想定，全系统协同工作，进行全系统在该作战想定下的功能验证。

⑤系统可靠性试验按系统可靠性要求，检验指挥控制系统的可靠性。

2.4.5 系统现场联试

系统现场联试是在系统原型联试、功能联试完成的基础上，由军方指定的使用部队完成的，主要解决系统操作使用方面的问题及与探测器材连接后出现的问题。系统现场联试应以部队使用人员为主，系统设计人员参与配合。各级指挥员依据作战经验和使用系统的情况提出作战使用、维修、安全性、训练等方面的软件修改意见，由设计人员修改。系统现场联试一般应按想定的作战方案安排实际目标，探测器材探测实际目标，整个系统工作于实兵演习状态。

如图 2-14 所示，系统现场联试的参试设备除全建制的指挥控制系统，还包括雷达、光学、声等探测器材，以及与底层指挥站相连的武器系统。系统现场联试一般包括下述试验：

①与探测器接口试验，直接从探测器获取信息，对系统进行模拟训练。

②与武器系统接口试验，通过底层指挥站与武器系统接口，验证指挥控制系统对武器系统的引导控制功能。

③与电子对抗系统的接口试验，验证系统抗干扰能力。

④部队使用试验，通过试验对系统的指挥控制、辅助决策、模拟训练提出修改意见。

⑤实兵演习试验，根据作战想定，由部队利用指挥控制系统进行作战演习。

⑥实战环境维修试验，模拟制造实战环境条件下指挥控制系统的故障，进行维修性试验。

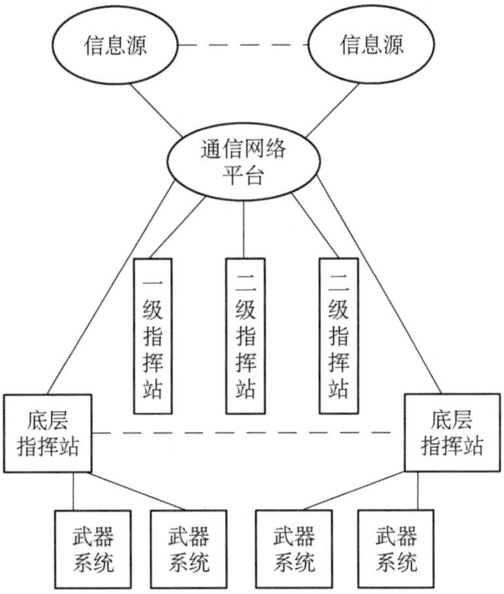

图 2-14　系统现场联试配置示意图

2.5　本章小结

本章首先分析了指挥控制系统的组成与功能和其中的信息，并从技术和战术角度对其功能进行了阐述；从系统的需求、指标体系、系统结构和描述语言等方面，阐述了如何提出并描述指挥控制系统；从目的、组成等方面介绍了指挥控制系统的技术体制，具体阐述了在指挥控制系统的软硬件平台选型中应遵循的原则和应考虑的因素；系统阐述了指挥控制系统集成步骤，分别讨论了硬件和软件集成的过程，介绍了不同阶段系统联试的目的和内容。阅读本章时应重点理解指挥控制系统的技术和物理组成，以及技术体制的相关概念。

指挥控制系统的需求主要由军方（用户）提出，包括功能需求和非功能需求；而为了实现这些需求，指挥控制系统应当设计什么样的体系结构，以及采用怎样的技术体制，则主要由工业部门确定。体系结构表明了系统关键节点、线路、网络、平台等的连接关系和标识；

技术体制规定了对构成指挥控制系统的各功能单元的配置、相互作用、相互关联起决定作用的基本管理规则。系统的设计是自顶向下的，而系统的研制则是自底向上逐步集成的，并且要经过原型联试、功能联试、现场联试等环节。

习题 2

1. 指挥控制系统的技术组成和物理组成有哪些？
2. 什么是系统的功能需求与非功能需求？
3. 什么是技术体制？研究指挥控制系统技术体制的目的是什么？
4. 指挥控制系统软/硬件平台是系统建设的基础，其性能优劣直接影响系统的性能，选型应遵循哪些原则？

第 3 章　火控与指控滤波理论

现代滤波器是采用数字计算的方法，从观测数据中滤掉随机干扰（噪声），取出有用信号的计算装置。实际上，它只不过是一套处理观测数据的计算程序。

例如，把观测到的目标显示在坐标中的随机误差减到某一最低程度，把比较“平滑”的坐标变化情况显示出来，并根据目标坐标的变化规律确定目标运动参数。这是火控系统计算射击诸元需要首先解决的重要问题。

在滤波中，所依据的观测数据是有限的。根据这些观测数据，不可能完全消除随机误差，一般只能根据一定的准则来估计它。

按估算所依据的不同准则，分为各种类型的滤波器。在同一类型的滤波器中，还因具体的约束条件不同，又分为各种各样的滤波器，如等速运动的或等加速运动的滤波器。

另外，对某一状态的估计又可分为平滑、滤波和预测，如图 3-1 所示。

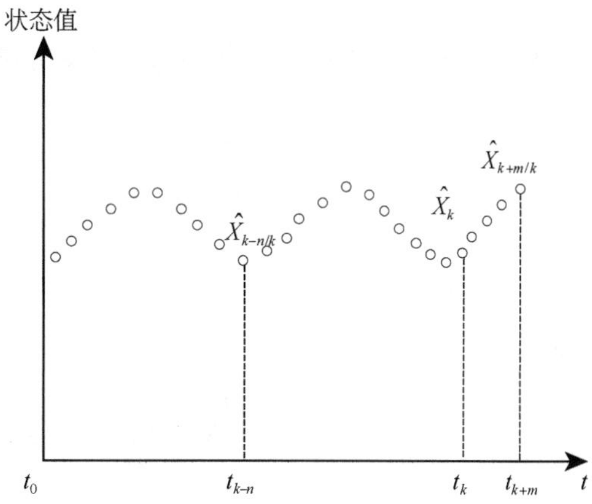

图 3-1　平滑、滤波和预测图

（1）滤波——根据过去的所有测量值，估计出当前时刻的状态值 $\hat{X}_k$ 。

（2）预测——在同上情况下，估计将来时刻的状态值 $\hat{X}_{k+m/k}$ 。

（3）平滑——在同上情况下，估计出某先前时刻的状态值 $\hat{X}_{k-n/k}$ 。

3.1　目标运动模型

3.1.1　导数多项式目标运动模型

描述目标在三维空间的运动方程有很多种，最基本的是导数多项式目标运动模型。我们并不能确切地知道目标的特殊战术动作，但我们可以要求所建立的目标模型能在短时间内提供一个适当精度的目标运动描述。威尔斯特拉斯（Weierstrass）近似定理告诉我们，多项式可以在一个有限区间内以任何所需精度来近似一个连续函数。这就是采用多项式形式的系统方程的理论依据。

应该指出，火控问题中有跟踪滤波和预测问题，前者只需要较短的外推计算，而后者通常要求按系统模型做较长时间（弹丸飞行时间）的外推。导数多项式目标运动模型的阶不宜过高。一个高阶的多项式能够较好地符合过去的目标轨迹；但对较长时间的外推和预测，则可能是有害的。另外，高阶还会增加计算量，降低系统快速灵活性。因此，对于火控系统，多项式最多到三阶。

（一）n 阶导数多项式运动模型

导数多项式模型的一般式为

$$\frac{\mathrm{d}^{n+1}x(t)}{\mathrm{d}t^{n+1}}=0 \tag{3-1}$$

式中，$\frac{\mathrm{d}^{n+1}x(t)}{\mathrm{d}t^{n+1}}$——不为零的最高阶导数；

n——模型的阶数。

另外，从函数展开公式有

$$x(t_0+t)=x(t_0)+\dot{x}(t_0)t+\ddot{x}(t_0)\frac{t^2}{2}+\cdots\cdots+x^{(n)}(t_0)\frac{t^n}{n!}$$

式中，设 $x^{(n+1)}(t_0)=0$，$x^{(n)}(t_0)$ 是不为零的最高阶导数。

令

$$x(t_0)=a_0$$
$$\dot{x}(t_0)=a_1$$
$$\ddot{x}(t_0)=a_2$$
$$\cdots\cdots$$

则有

$$\begin{cases}x(t_0+t)=a_0+a_1t+a_2\frac{t^2}{2}+\cdots+a_n\frac{t^n}{n!}\\ x(t)=a_0+a_1t+a_2\frac{t^2}{2}+\cdots+a_n\frac{t^n}{n!},\ \ t_0=0\text{时}\end{cases} \tag{3-2}$$

式中，$x(0)=a_0$

$\dot{x}(0)=a_1$

$\ddot{x}(0)=a_2$

……

式（3-2）表明 $x(t)$ 可用时间多项式表示，对比式（3-1）和式（3-2）可见，导数多项式模型也就是时间多项式模型。

若用状态向量表示，可设

$$X^{\mathrm{T}}(t)=[x,\frac{\mathrm{d}x}{\mathrm{d}t},\frac{\mathrm{d}^2x}{\mathrm{d}t^2},\cdots,\frac{\mathrm{d}^nx}{\mathrm{d}t^n}]=[x_1,x_2,\cdots,x_{n+1}]$$

注意，这里状态向量的维数是（n+1）。

用矩阵表示上述关系时，则

$$\frac{\mathrm{d}\boldsymbol{X}}{\mathrm{d}t}=\boldsymbol{FX} \tag{3-3}$$

$$或\ \frac{\mathrm{d}}{\mathrm{d}t}\begin{bmatrix} x_1 \\ x_2 \\ \vdots \\ \vdots \\ x_{n+1} \end{bmatrix} = \begin{bmatrix} 0 & 1 & 0 & \cdots & 0 \\ & 0 & 1 & \cdots & 0 \\ & & 0 & \cdots & 0 \\ & & & \ddots & 1 \\ 0 & & & & 0 \end{bmatrix}\begin{bmatrix} x_1 \\ x_2 \\ \vdots \\ \vdots \\ x_{n+1} \end{bmatrix}$$

对应的转移矩阵可按以下方法求得

根据
$$\frac{\mathrm{d}x_{n+1}}{\mathrm{d}t} = 0，\ 则有\ x_{n+1} = \mathrm{const} = x_{n+1}(0)$$

$$\frac{\mathrm{d}x_n}{\mathrm{d}t} = x_{n+1}，\ 则有\ x_n = x_n(0) + \Delta t x_{n+1}(0)$$

$$\frac{\mathrm{d}x_{n-1}}{\mathrm{d}t} = x_n \qquad x_{n-1} = x_{n-1}(0) + x_n(0)\Delta t + x_{n-1}(0)\frac{\Delta t^2}{2}$$

$$\cdots\cdots\cdots\cdots$$

写成矩阵的形式

$$\begin{bmatrix} x_1(\Delta t) \\ x_2(\Delta t) \\ \vdots \\ x_{n-1}(\Delta t) \\ x_n(\Delta t) \\ x_{n+1}(\Delta t) \end{bmatrix} = \begin{bmatrix} 1 & \cdots & \cdots & \cdots & \cdots & \cdots \\ & \ddots & \cdots & \cdots & \cdots & \cdots \\ & & 1 & \Delta t & \frac{\Delta t^2}{2} & \frac{\Delta t^3}{3!} \\ & & & 1 & \Delta t & \frac{\Delta t^2}{2} \\ & & & & 1 & \Delta t \\ 0 & & & & & 1 \end{bmatrix}\begin{bmatrix} x_1(0) \\ x_2(0) \\ \vdots \\ x_{n-1}(0) \\ x_n(0) \\ x_{n+1}(0) \end{bmatrix}$$

或简写成

$$\boldsymbol{X}(\Delta t) = \boldsymbol{\phi}(\Delta t)\boldsymbol{X}(0) \tag{3-4}$$

（二）导数多项式目标运动模型举例

例 1：$n=1$ 时为一阶系统

$$数学模型\begin{cases} \dot{x}_1 = x_2 \\ \dot{x}_2 = 0 \end{cases}$$

$$转移矩阵\ \boldsymbol{\phi}_1 = \begin{bmatrix} 1 & \Delta t \\ 0 & 1 \end{bmatrix} \tag{3-5}$$

它代表目标做等速直线运动。

例 2：$n=2$ 时为二阶系统

$$数学模型\begin{cases} \dot{x}_1 = x_2 \\ \dot{x}_2 = x_3 \\ \dot{x}_3 = 0 \end{cases}$$

$$
\text{转移矩阵}\ \boldsymbol{\phi}_2=\begin{bmatrix}1 & \Delta t & \Delta t^2/2\\ 0 & 1 & \Delta t\\ 0 & 0 & 1\end{bmatrix} \tag{3-6}
$$

它代表目标做等加速直线运动。

3.1.2 随机加速度目标运动模型

随机加速度目标运动模型，是在二阶导数多项式模型（目标作等加速运动）的基础上发展起来的，也称为辛格（Singer）模型。

长期以来，火控系统都用确定性方程来描述目标运动，如等速直线运动及圆弧运动等。辛格考虑到空中目标的快速性和机动性，以及飞机在大气中受到种种干扰而产生的无意机动等客观事实，提出了用非确定性的模型来建立目标运动方程，即在等速直线运动的基础上，附加一个状态干扰，它使运动体偏离等速运动的轨迹。这个状态干扰一般是随机的，它的统计特性可用一个衰减指数相关函数来表示。

辛格在 1970 年建立的随机目标运动模型是比较简单的，适合于火控系统的要求，已在美国的火控系统中应用到了。

（一）数学模型

设想目标加速度 x_3 是个随机变量，符合一阶马尔可夫过程。状态方程如下

$$
\begin{cases}\dot{x}_1=x_2\\ \dot{x}_2=x_3\\ \dot{x}_3=-\dfrac{1}{\tau_{\mathrm{M}}}x_3+W(t)\end{cases} \tag{3-7}
$$

式中，$W(t)$——白噪声干扰；

τ_{M}——特性机动时间。

这里暂对加速度的表示式说明一下。这里相当于把 n=2 的二阶导数多项式模型中的 $\dot{x}_3=0$ 改为

$$
\dot{x}_3=-\frac{1}{\tau_{\mathrm{M}}}x_3+W(t)
$$

或

$$
\dot{x}_3=-\alpha x_3+bu(t)
$$

式中，$u(t)$——单位白噪声；

$W(t)$——白噪声；

$\alpha=\dfrac{1}{\tau_{\mathrm{M}}}$。

因 $u(t)$是单位白噪声，故有

$$
E[\boldsymbol{u}(t)\boldsymbol{u}^{\mathrm{T}}(t+T)]=\delta(T)
$$

$$
E[\boldsymbol{W}(t)\boldsymbol{W}^{\mathrm{T}}(t+T)]=b^2\delta(T)
$$

令
$$b^2 = \frac{2\sigma_M^2}{\tau_M}$$

式中，σ_M——目标加速度均方值；

τ_M——特性机动时间常数。

再看加速度的自相关函数

$$\begin{aligned} R_{x_3}(T) &= E[x_3(t)x_3(t+T)] \\ &= \frac{b^2}{2\alpha}\mathrm{e}^{-\alpha|T|} \\ &= \sigma_M^2\,\mathrm{e}^{-\alpha\frac{|T|}{\tau_M}} \end{aligned} \tag{3-8}$$

可见，目标加速度的随机性可用σ_M和τ_M两个参数表示。从上式可以看出，随机加速度的均方值为σ_M，随着时间的增长，加速度相关的程度也在衰减，而衰减的快慢与τ_M有关。τ_M小时机动频率大，τ_M大时机动频率小，$\tau_M \to \infty$时α，b皆趋于零，即相当于一阶运动模型。现在我们回到对式（3-7）的分析，把式（3-7）写成矩阵形式

$$\dot{\boldsymbol{X}}(t) = \boldsymbol{F}(t)\boldsymbol{X}(t) + \boldsymbol{W}(t) \tag{3-9}$$

式中

$$\boldsymbol{F}(t) = \begin{bmatrix} 0 & 1 & 0 \\ 0 & 0 & 1 \\ 0 & 0 & -\dfrac{1}{\tau_M} \end{bmatrix} \quad \boldsymbol{W}(t) = [0 \quad 0 \quad w(t)]^{\mathrm{T}}$$

$$\dot{\boldsymbol{X}}(t) = \begin{bmatrix} \dot{x}_1 \\ \dot{x}_2 \\ \dot{x}_3 \end{bmatrix} \qquad \boldsymbol{X}(t) = \begin{bmatrix} x_1 \\ x_2 \\ x_3 \end{bmatrix}$$

在式（3-7）或式（3-9）中，令 $\boldsymbol{W}(t)=0$，以下式开始解微分方程

$$\dot{x}_3 = -\frac{1}{\tau_M}x_3$$

$$x_3 = x_{30}\mathrm{e}^{-\frac{1}{\tau_M}t} = x_{30}\gamma(t)$$

式中，令$\gamma(t) = \mathrm{e}^{-\frac{1}{\tau_M}t}$，$x_{30}$是常数，由$x_3$的初始条件决定，同理有$x_{20}$、$x_{10}$。

继续求解$\dot{x}_2 = x_3$，则有

$$\begin{aligned} x_2 &= x_{20} + x_{30}(-\tau_M)[\mathrm{e}^{-\frac{t}{\tau_M}}]_0^t \\ &= x_{20} + x_{30}\tau_M[(1-\gamma(t))] \end{aligned}$$

$\dot{x}_1 = x_2$，则有

$$x_1 = x_{10} + x_{20}t + x_{30}[\tau_{\mathrm{M}}^2 \mathrm{e}^{-\frac{t}{\tau_{\mathrm{M}}}} + t\tau_{\mathrm{M}}]_0^t$$
$$= x_{10} + x_{20}t + x_{30}[\tau_{\mathrm{M}}^2(\mathrm{e}^{-\frac{t}{\tau_{\mathrm{M}}}} - 1) + t\tau_{\mathrm{M}}]$$
$$= x_{10} + x_{20}t + x_{30}[\tau_{\mathrm{M}}^2(\gamma(t) + \frac{t}{\tau_M} - 1)]$$

令 $t = \Delta t$

$$\begin{cases} \gamma(\Delta t) = \mathrm{e}^{-\Delta t/\tau_{\mathrm{M}}} \\ \beta(\Delta t) = \tau_{\mathrm{M}}[1 - \gamma(\Delta t)] \\ \alpha(\Delta t) = \tau_{\mathrm{M}}^2[\gamma(\Delta t) + \Delta t / \tau_{\mathrm{M}} - 1] \end{cases} \tag{3-10}$$

则有

$$\begin{aligned} x_1 &= x_{10} + x_{20}\Delta t + x_{30}\alpha(\Delta t) \\ x_2 &= \quad\quad x_{20} \quad + x_{30}\beta(\Delta t) \\ x_3 &= \quad\quad\quad\quad\quad + x_{30}\gamma(\Delta t) \end{aligned}$$

或

$$\begin{bmatrix} x_1 \\ x_2 \\ x_3 \end{bmatrix} = \begin{bmatrix} 1 & \Delta t & \alpha(\Delta t) \\ 0 & 1 & \beta(\Delta t) \\ 0 & 0 & \gamma(\Delta t) \end{bmatrix} \begin{bmatrix} x_1(0) \\ x_2(0) \\ x_3(0) \end{bmatrix} \tag{3-11}$$

Δt 为常量时，

$$\boldsymbol{\phi}_{k/k-1} = \boldsymbol{\phi} = \begin{bmatrix} 1 & \Delta t & \alpha \\ 0 & 1 & \beta \\ 0 & 0 & \gamma \end{bmatrix} = \boldsymbol{\phi}(\alpha, \Delta t) \tag{3-12}$$

因为 $\alpha = \dfrac{1}{\tau_{\mathrm{M}}}$，从式（3-10）可知 $\gamma(\Delta t) = \mathrm{e}^{-\alpha\Delta t}$，而 $\beta(\Delta t)$ 是 $\gamma(\Delta t)$ 的积分，$\alpha(\Delta t)$ 又是 $\beta(\Delta t)$ 的积分，即 α, β, γ 都是 α 和 Δt 的函数，这也说明随机加速度状态转移矩阵只与 τ_{M} 有关，而与目标随机加速度均方值 σ_{M} 无关。

（二）随机加速度模型与导数多项式模型之间的关系

（1）当 $\tau_{\mathrm{M}} >> \Delta t$ 时，随机加速度模型接近二阶多项式模型。

（2）当 $\tau_{\mathrm{M}} << \Delta t$ 或 $\tau_{\mathrm{M}} \to \infty$ 时，随机加速度模型接近一阶多项式模型。

一般 τ_{M} 比 Δt 大，所以可认为随机加速度模型介乎一阶和二阶多项式模型之间，与二阶的模型相近，一般不会有 $\tau_{\mathrm{M}} << \Delta t$ 的情况。

τ_{M} 值的选择依赖于对具体目标的机动特性的大量统计资料，实际取 3～20s。

σ_{M} 值取值很广，有时达到 1g（g 重力加速度 9.8m/s^2），一般取 0.1～9.8m/s^2。

实际的 τ_{M} 和 σ_{M} 并不是固定不变的，一组数值只适合一种目标机动特性，自适应卡尔曼滤波器一般选两组固定参数：

A：机动程度低的……$(\sigma_{\mathrm{MA}}, \omega_{\mathrm{MA}})$

B：机动程度高的……$(\sigma_{\mathrm{MB}}, \omega_{\mathrm{MB}})$

这里 $\omega_M = \dfrac{1}{\tau_M}$ 表示机动频率。

实际上选：

（σ_{MA},ω_{MA}）＝（0.5，1/20）……窄频带滤波器

（σ_{MB},ω_{MB}）＝（5.0，1/10）……宽频带滤波器

A 的特点是平滑较好，但每当目标迅速机动时都会离开真值；B 的特点平滑不够好，但总能跟上目标，不会达到发散的程度。

欲想要随时调整，需要有一个自动机动检出装置，当目标机动达到某一事先规定门限时即动作，从而改变到另一组模型参数上去。

（三）随机加速度模型小结

（1）随机加速度模型是一种较新的模型（对空中目标），它跳出了确定性模型的范畴，从而部分解决了人们长期以来争执不清的一个问题，究竟采用等速直线运动假设好还是采用等加速直线运动假设好？若采用等速的，则不能反映目标加速和机动，如采用等加速的，对较长时间的预测也会带来不利。

随机加速度模型恰好处于等速和等加速两种模型之间。

（2）随机加速度模型采用 τ_M 和 σ_M 两个参数来描述，它们把滤波器参数和目标运动情况直接联系起来，使用方便。

（3）选定的 τ_M 和 σ_M 只适应一种目标机动特性，如果选两组参数中一组对应机动性小的，一组对应机动性大的，再用机动检测器配合，就很容易制成自适应滤波器。

3.2　最小二乘滤波

3.2.1　最小二乘基本原理

最小二乘滤波方法也称为最小二乘估计。这是一种经典的方法，200 多年前是由高斯（Gauss）提出来的。它简单实用，在各个领域中得到广泛的应用。

为了估计未知量 X，对它进行 n 次测量。如果所求估计值 $\hat{X}$ 与各次测量值之间的误差平方和为最小，则称估计值 $\hat{X}$ 为未知量 X 的最小二乘估计。

下面，我们结合火控系统中应用的最小二乘法进行讨论。

设目标坐标的真实值为 $x(t)$，在 $t_1,t_2,\cdots,t_n$ 时刻，我们得到目标的观测值为 $z_1,z_2,\cdots,z_n$。一般在观测数据中是存在着随机误差的，因此，不宜把这些观测值直接当作目标坐标，更不能直接用观测值来确定目标的运动规律。

为了从观测值中提取信号，首先我们对目标的运动规律做出假设。通常假设目标做等速直线运动，这在实际中是比较合适的假设。为反映目标的各式各样的运动，最一般的假设是目标 $x(t)$ 随时间按某一多项式变化，即设

$$x(t) = a_0 + a_1 t + a_2 t^2 + \cdots + a_m t^m \tag{3-13}$$

这也称为目标运动数学模型，上式即多项式目标模型。这种多项式也是时间多项式，如

用微分方程式表示，则为

$$\frac{\mathrm{d}x(t)}{\mathrm{d}t}\neq 0,\ \frac{\mathrm{d}^2x(t)}{\mathrm{d}t^2}\neq 0,\ \cdots,\ \frac{\mathrm{d}^m x(t)}{\mathrm{d}t^m}\neq 0,\ \frac{\mathrm{d}^{m+1}x(t)}{\mathrm{d}t^{m+1}}=0 \tag{3-14}$$

因此，也称为导数多项式模型，式中，$\frac{\mathrm{d}^m x(t)}{\mathrm{d}t^m}$——不为零的最高阶导数；$m$——模型的阶数。式（3-13）与式（3-14）是等价的。

数学中的近似定理告诉我们，多项式可以在一个有限区间内，以任何所需精度来近似一个连续函数。

式（3-13）代表一条光滑曲线，式中 $a_0,a_1,\cdots,a_m$ 为待定系数。为了确定 $a_0\sim a_m$ 的数值，先列出观测值 z_i 与 $x(t_i)$ 之差，即残差

$$\varepsilon_i=\sum_{j=0}^{m}a_j t_i^j-z_i,\ i=1,\ 2,\ \cdots,\ n,\ n\geqslant m+1 \tag{3-15}$$

残差的平方和为

$$\sum_{i=0}^{n}\varepsilon_i^2=\sum_{i=0}^{n}(\sum_{j=0}^{m}a_j t_i^j-z_i)^2=Q \tag{3-16}$$

对 a_k 求偏导，并令其为零，即

$$\frac{\partial Q}{\partial a_k}=2\sum_{i=0}^{n}(\sum_{j=0}^{m}a_j t_i^j-z_i)t_i^k=0$$

令 k=0，1，2，3，…，m，便得 m+1 个方程式，可求得：$a_0,a_1,\cdots,a_m$ 等共 m+1 个未知数，当 $n\geqslant m+1$ 时有唯一解。求出参数 $a_0,a_1,\cdots,a_m$ 后即可取得所估计的 $x(t)$表示式。

以上所介绍的是最小二乘滤波的基本原理。

3.2.2 累加形式的最小二乘滤波

（一）假设目标做等速直线运动

假设目标做等速直线运动，即 $a_1\neq 0,\ a_2=a_3=\cdots\cdots=a_m=0$。这是一种比较简单的假设，这种假设也称为“一次假设”。在这种假设下目标的绝对值坐标 x、y、h 都是时间 t 的一次函数，各坐标值的滤波计算是一样的。这里，只以 x 坐标的滤波计算为例。

下面，按上述最小二乘滤波原理来计算只有两项的多项式目标模型滤波。设

$$x(t)=a_0+a_1 t$$

设 $z_1,z_2,\cdots,z_n$ 为 n 个对 $x(t)$的测量值。观测是按等间隔时间 Δt 进行的，各个时刻的残差为

$$\varepsilon_i=(a_0+a_1 t_i)-z_i,\ i=1、2、\cdots、n$$

残差的平方和为

$$Q=\sum_{i=1}^{n}(a_0+a_1 t_i-z_i)^2$$

对 a_0 和 a_1 求偏导数并令其等于零

$$\begin{cases}\dfrac{\partial Q}{\partial a_0}=2\sum\limits_{i=1}^{n}(a_0+a_1t_i-z_i)=0\\ \dfrac{\partial Q}{\partial a_1}=2\sum\limits_{i=1}^{n}(a_0+a_1t_i-z_i)t_i=0\end{cases}$$

移项，并代入 $t_i = i\Delta t$ ，得

$$\begin{cases}\sum\limits_{i=1}^{n}(a_0+a_1 i\Delta t)=\sum\limits_{i=1}^{n}z_i\\ \sum\limits_{i=1}^{n}(a_0 i\Delta t+a_1 i^2\Delta t^2)=\sum\limits_{i=1}^{n}iz_i\Delta t\end{cases}$$

$$\begin{cases}a_0 n+a_1\sum\limits_{i=1}^{n}i\Delta t=\sum\limits_{i=1}^{n}z_i\\ a_0\sum\limits_{i=1}^{n}i\Delta t+a_1\sum\limits_{i=1}^{n}\ i^2\Delta t^2=\sum\limits_{i=1}^{n}iz_i\Delta t\end{cases}$$

令

$$\begin{cases}n=S_0\\ \sum\limits_{i=1}^{n}i=1+2+3+\cdots+n=\dfrac{n(n+1)}{2}=S_1\\ \sum\limits_{i=1}^{n}i^2\ \ =1^2+2^2+3^2+\cdots+n^2=\dfrac{n(n+1)(2n+1)}{6}=S_2\end{cases}\tag{3-17}$$

代入前式，得

$$\begin{cases}a_0S_0+a_1S_1\Delta t=\sum\limits_{i=1}^{n}z_i\\ a_0S_1\Delta t+a_1S_2\Delta t^2=\sum\limits_{i=1}^{n}iz_i\Delta t\end{cases}\tag{3-18}$$

用行列式解此联立方程，则

$$\begin{cases}a_0=\dfrac{\Delta_1}{\Delta}\\ a_1=\dfrac{\Delta_2}{\Delta}\end{cases}$$

其中：

$$\Delta=\begin{vmatrix}S_0 & S_1\Delta t\\ S_1\Delta t & S_2\Delta t^2\end{vmatrix}=\Delta t^2\,\frac{n^2(n^2-1)}{12}$$

$$\begin{aligned}\Delta_1&=\begin{vmatrix}\sum\limits_{i=1}^{n}z_i & S_1\Delta t\\ \sum\limits_{i=1}^{n}iz_i\Delta t & S_2\Delta t^2\end{vmatrix}\\ &=\frac{n(n+1)(2n+1)}{6}\Delta t^2\sum_{i=1}^{n}z_i-\frac{n(n+1)}{2}\Delta t^2\sum_{i=1}^{n}iz_i\end{aligned}$$

$$\Delta_2 = \begin{vmatrix} S_0 & \Delta t^2 \sum_{i=1}^{n} z_i \\ S_1 \Delta t & \sum_{i=1}^{n} i z_i \Delta t \end{vmatrix}$$

$$= n\sum_{i=1}^{n} i z_i \Delta t - \frac{n(n+1)}{2} \Delta t \sum_{i=1}^{n} z_i$$

这样，$\hat{a}_0, \hat{a}_1$ 的表达式即为

$$\hat{a}_0 = \frac{2(2n+1)}{n(n-1)} \sum_{i=1}^{n} z_i - \frac{6}{n(n-1)} \sum_{i=1}^{n} i z_i \tag{3-19}$$

$$\hat{a}_1 = -\frac{6}{n(n-1)\Delta t} \sum_{i=1}^{n} z_i + \frac{12}{n(n^2-1)\Delta t} \sum_{i=1}^{n} i z_i \triangleq \hat{\dot{x}}_n \tag{3-20}$$

因

$$\hat{\dot{x}} = \frac{\mathrm{d}}{\mathrm{d}t}(\hat{a}_0 + \hat{a}_1 t) = \hat{a}_1$$

这里的 $\hat{a}_1$ 等于目标的估计速度。因目标做等速运动，故 $\hat{a}_1$ 就是 t_n 时刻的估计速度 $\hat{\dot{x}}_n$ 。目标在 t_n 时刻的估计坐标为

$$\hat{x}_n = \hat{x}(t_n) = \hat{a}_0 + \hat{a}_1 t_n = \hat{a}_0 + \hat{a}_1 n \Delta t$$

$$= \frac{2(2n+1)}{n(n-1)} \sum_{i=1}^{n} z_i - \frac{6}{n(n-1)} \sum_{i=1}^{n} i z_i - \frac{6}{n(n-1)} \sum_{i=1}^{n} z_i + \frac{12}{n(n^2-1)} \sum_{i=1}^{n} i z_i$$

$$= -\frac{2}{n} \sum_{i=1}^{n} z_i + \frac{6}{n(n+1)} \sum_{i=1}^{n} i z_i \tag{3-21}$$

$\hat{x}_n$ 和 $\hat{\dot{x}}_n$ 分别表示对时刻 t_n 的目标坐标和目标速度的估计值。

（二）假设目标做等加速运动

假设目标做等加速运动时，即 $a_1 \neq 0$，$a_2 \neq 0$，$a_3 = \cdots\cdots = a_m = 0$ 。这种假设我们称为“二次假设”，此时坐标 $x(t)$是时间 t 的二次多项式，设

$$x(t) = a_0 + a_1 t + a_2 t^2$$

用与目标等速运动时同样的方法，可以求出 t_n 时刻估计的坐标 $\hat{x}_n$ 、速度 $\hat{\dot{x}}_n$ 、加速度 $\hat{\ddot{x}}_n$

$$\begin{cases} \hat{x}_n = \dfrac{3}{n} \sum\limits_{i=1}^{n} z_i - \dfrac{6(4n-3)}{n(n+1)(n+2)} \sum\limits_{i=1}^{n} i z_i + \dfrac{30}{n(n+1)(n+2)} \sum\limits_{i=1}^{n} i^2 z_i \\ \hat{\dot{x}}_n = \dfrac{6(4n-3)}{n(n-1)(n-2)\Delta t} \sum\limits_{i=1}^{n} z_i + \dfrac{12(-14n^2+11)}{n(n^2-1)(n^2-4)\Delta t} \sum\limits_{i=1}^{n} i z_i + \\ \qquad \dfrac{180}{n(n+1)(n^2-4)\Delta t} \sum\limits_{i=1}^{n} i^2 z_i \\ \hat{\ddot{x}}_n = \dfrac{60}{n(n-1)(n-2)\Delta t^2} \sum\limits_{i=1}^{n} z_i - \dfrac{360}{n(n-1)(n^2-4)\Delta t^2} \sum\limits_{i=1}^{n} i z_i + \\ \qquad \dfrac{360}{n(n-1)(n^2-4)\Delta t^2} \sum\limits_{i=1}^{n} i^2 z_i \end{cases} \tag{3-22}$$

上面公式中的 $\hat{x}_n$ 和 $\hat{\dot{x}}_n$ 还可用以下公式表示

$$\begin{cases} \hat{x}_n = -\dfrac{2}{n}\sum_{i=1}^{n} z_i + \dfrac{6}{n(n+1)}\sum_{i=1}^{n} iz_i + \dfrac{(n-1)(n-2)\Delta t^2}{12}\hat{\ddot{x}}_n \\ \hat{\dot{x}}_n = \dfrac{6}{n(n-1)\Delta t}\sum_{i=1}^{n} iz_i + \dfrac{12}{n(n^2-1)\Delta t}\sum_{i=1}^{n} iz_i + \dfrac{(n-1)\Delta t}{2}\hat{\ddot{x}}_n \end{cases} \tag{3-23}$$

上述算法要根据测量数据的累加值（$\sum_{i=1}^{n} z_i$ 、$\sum_{i=1}^{n} iz_i$ 、$\sum_{i=1}^{n} i^2 z_i$ ）来计算，因而称为累加格式。

从 i=1 到 $i=n$ 这段采样时间称为观察时间。观察时间越长，采样点数越多，对消除误差是有利的。但是，并非观察时间越长越好，例如，在目标运动规律与假设不符合或运动不稳定时，若选用较长的观察时间，则必然会使滤波计算对目标的机动反应迟钝，从而造成系统误差，所以这时应该选择较短的观察时间。因此，观察时间的选择要结合战术技术论证，权衡利弊，适中为好。

累加格式的最小二乘滤波需要记忆大量的测量数据，计算比较复杂。

（三）有限记忆处理

为了避免记忆大量的测量数据，实际应用时，只使用最新的、等间隔时间的有限 n 个输入值。这样，只记忆有限个样本就称之为有限记忆数字处理。

这种算法的一个重要性质是：它是绝对稳定的。也就是说，当输入量有界时，由于累加值是有界的，系数也是有界的，因而滤波值也一定是有界的。这种处理方法绝不会使滤波值达到无穷大，即有限记忆的最小二乘滤波绝不会发散。

例如，n=9 的有限记忆处理过程，如图 3-2 所示。图中随着时间的推移，每次只取 9 个样本值作为累加值进行计算。这相当于有一个窗口，宽度为 8 个采样周期，随着 i 的增长而向右移，它只能套住 9 个样本。

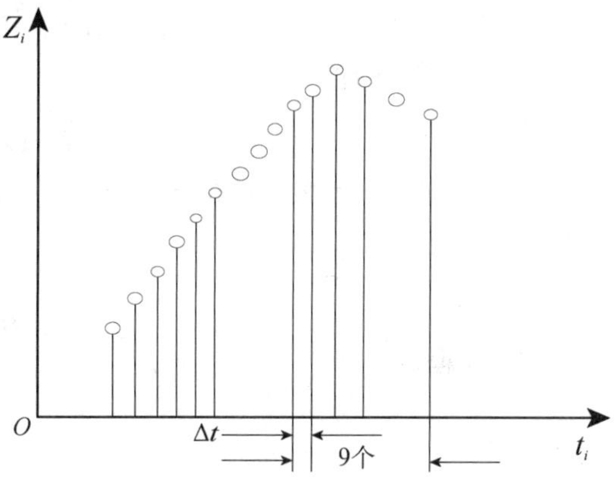

图 3-2　有限记忆处理过程

这种滤波的暂态过程只要经历 8 Δt 即结束，这也是有限记忆处理的一个特点，即滤波的观察时间是有限的。

3.2.3　矩阵形式的最小二乘滤波

采用矩阵形式的最小二乘滤波公式具有简明的特点，便于数学分析。

（一）数量 x 的最小二乘估计

首先看未知量是常值的情况。设对某固定目标坐标 x 进行 n 次测量，各次的测量方程为

$$\begin{cases} z_1 = h_1 x + v_1 \\ z_2 = h_2 x + v_2 \\ \cdots\cdots \\ z_n = h_n x + v_n \end{cases}$$

我们用矩阵来表示上面的测量方程，则有

$$\boldsymbol{Z} = \boldsymbol{HX} + \boldsymbol{V} \tag{3-24}$$

式中

$$\boldsymbol{Z} = \begin{bmatrix} Z_1 \\ Z_2 \\ \vdots \\ Z_n \end{bmatrix} \quad \boldsymbol{H} = \begin{bmatrix} h_1 \\ h_2 \\ \vdots \\ h_n \end{bmatrix} \quad \boldsymbol{V} = \begin{bmatrix} v_1 \\ v_2 \\ \vdots \\ v_n \end{bmatrix}$$

由式（3-24）得到误差

$$\boldsymbol{V} = \boldsymbol{Z} - \boldsymbol{HX} \tag{3-25}$$

根据最小二乘的原理，应选择 $\hat{X}$ 使误差的平方和最小，而误差的平方和为

$$\boldsymbol{Q} = (\boldsymbol{Z} - \boldsymbol{HX})^{\mathrm{T}}(\boldsymbol{X} - \boldsymbol{HX}) \tag{3-26}$$

求 Q 的极小值

$$\frac{\partial \boldsymbol{Q}}{\partial \boldsymbol{X}} = -2\boldsymbol{H}^{\mathrm{T}}(\boldsymbol{Z} - \boldsymbol{HX})$$

令上式等于零，则得

$$\hat{\boldsymbol{X}} = (\boldsymbol{H}^{\mathrm{T}}\boldsymbol{H})^{-1}\boldsymbol{H}^{\mathrm{T}}\boldsymbol{Z} \tag{3-27}$$

例如，对 x 的 n 次测量得 $z_1, z_2, \cdots, z_n$，这时

$$\boldsymbol{H} = \begin{bmatrix} 1 \\ 1 \\ \vdots \\ 1 \end{bmatrix}_{n\times 1}$$

代入式（3-27）则有

$$\hat{\boldsymbol{X}} = \left[\begin{bmatrix} 1 & 1 & \cdots & 1 \end{bmatrix} \begin{bmatrix} 1 \\ 1 \\ \vdots \\ 1 \end{bmatrix} \right]^{-1} \begin{bmatrix} 1 & 1 & \cdots & 1 \end{bmatrix} \begin{bmatrix} z_1 \\ z_2 \\ \vdots \\ z_n \end{bmatrix} = \frac{z_1 + z_2 + \cdots + z_n}{n}$$

这是 n 次量测值的算术平均值，也是这种情况下的最小二乘估计值。

（二）向量 X 的最小二乘估计

下面设被估计量 $\boldsymbol{X}$ 是 n 维向量的情况。

假设对 $\boldsymbol{X}$ 进行 k 次测量，测量方程分别为

$$\begin{cases} z_1 = h_1\boldsymbol{X} + v_1 \\ z_2 = h_2\boldsymbol{X} + v_2 \\ \quad\vdots \\ z_k = h_k\boldsymbol{X} + v_k \end{cases} \tag{3-28}$$

其中，第 i 次的测量 z_i 与同次的误差 v_i 有相同维数。但每个 z_i 维数不一定相同，记其维数为 m_i，则第 i 次的测量矩阵为 h_i 是一个 $m_i \times n$ 矩阵。

我们将全部 k 次测量向量复合成一个维数等于 $\sum_{i=1}^{k} m_i = M$ 的向量

$$\boldsymbol{Z} = \begin{bmatrix} z_1 \\ z_2 \\ \vdots \\ z_k \end{bmatrix} \tag{3-29}$$

并相应地定义 $m \times n$ 矩阵 $\boldsymbol{H}$ 和 M 维列向量 $\boldsymbol{V}$ 如下

$$\boldsymbol{H} = \begin{bmatrix} h_1 \\ h_2 \\ \vdots \\ h_k \end{bmatrix} \quad m \times n \text{ 矩阵} \quad \boldsymbol{V} = \begin{bmatrix} v_1 \\ v_2 \\ \vdots \\ v_k \end{bmatrix} \quad M \text{ 维列向量} \tag{3-30}$$

这时就可以将测量方程写成如下方程

$$\begin{matrix} \boldsymbol{Z} & = & \boldsymbol{H} & \boldsymbol{X} & + & \boldsymbol{V} \\ \vdots & & \vdots & \vdots & & \vdots \\ M \times 1 & & M \times n & n \times 1 & & M \times 1 \cdots\cdots \text{维数} \end{matrix} \tag{3-31}$$

这时按最小二乘原理的误差平方和为

$$Q = (\boldsymbol{Z} - \boldsymbol{HX})^{\mathrm{T}} (\boldsymbol{Z} - \boldsymbol{HX}) \tag{3-32}$$

与式（3-26）对比，可以看出，除了向量的维数不一样，其余完全一样。因此，应用相似的方法，可得这时的最小二乘估计向量为

$$\begin{matrix} \hat{X} & = & (\boldsymbol{H}^{\mathrm{T}} & \boldsymbol{H})^{-1} & \boldsymbol{H}^{\mathrm{T}} & \boldsymbol{Z} \\ \vdots & & \vdots & \vdots & & \vdots \\ n \times 1 & & n \times M & M \times n & n \times M & M \times 1 \cdots\cdots \text{维数} \end{matrix} \tag{3-33}$$

下面，我们以 x 坐标为例，对等速直线运动和等加速直线运动目标的情况，采用矩阵形式进行计算。

（三）等速直线运动

对等速直线运动的目标坐标 $x(t)$进行了 n 次测量，测量值为 $z_1, z_2, \cdots, z_n$。设 t_n 时刻的坐标和速度的真实值分别为 $x_n, \dot{x}_n$，测量误差为 v_1、v_2、$\cdots$、v_n，若用 t_n 时刻的坐标 x_n 和速度 $\dot{x}_n$ 来推算 $t_1, t_2, \cdots, t_n$ 时刻的坐标，可将 $z_1, z_2, \cdots, z_n$ 表示为

$$\begin{cases} z_1 = x_n - (n-1)\Delta t\dot{x}_n + v_1 \\ z_2 = x_n - (n-2)\Delta t\dot{x}_n + v_2 \\ \qquad \cdots\cdots \\ z_{n-1} = x_n - \Delta t\dot{x}_n + v_{n-1} \\ z_n = x_n + v_n \end{cases} \tag{3-34}$$

用矩阵表示，即为

$$\boldsymbol{Z} = \boldsymbol{HX} + \boldsymbol{V} \tag{3-35}$$

式中

$$\boldsymbol{Z} = \begin{bmatrix} z_1 \\ z_2 \\ \vdots \\ z_n \end{bmatrix} \qquad \boldsymbol{H} = \begin{bmatrix} 1 & -(n-1)\Delta t \\ 1 & -(n-2)\Delta t \\ \vdots & \vdots \\ 1 & -\Delta t \\ 1 & 0 \end{bmatrix}$$

$$\boldsymbol{X} = \begin{bmatrix} x_n \\ \dot{x}_n \end{bmatrix} \qquad \boldsymbol{V} = \begin{bmatrix} v_1 \\ v_2 \\ \vdots \\ v_n \end{bmatrix}$$

这时取 x_n 和 $\dot{x}_n$ 为状态变量，也就是需要滤波的变量，通过计算，就可得到最小二乘滤波值 $\hat{x}_n$ 和 $\hat{\dot{x}}_n$ 。

关于式（3-34）中各方程的建立，稍加说明，最小二乘用的只是测量方程，既然我们选定的未知量是 x_n 和 $\dot{x}_n$ ，那么，就应把各次测量值和 x_n 、$\dot{x}_n$ 联系起来，建立起各测量方程。

建立起测量的矩阵方程后，就可以利用式（3-33）求出对未知量的最小二乘估计。

（四）等加速运动

按照上面的方法，即对等加速运动的目标坐标 $x(t)$ 进行了 n 次测量，测量值为 z_1 、z_2 、…、z_n 。设 t_n 时刻的真实值为 $x_n,\dot{x}_n,\ddot{x}_n$ ，测量误差为 $v_1,v_2,\cdots,v_n$ 。用 t_n 时刻的坐标 x_n 、速度 $\dot{x}_n$ 和加速度 $\ddot{x}_n$ 来推算 $t_1,t_2,\cdots,t_n$ 时刻的坐标，可将 $z_1,z_2,\cdots,z_n$ 表示为

$$\begin{cases} z_1 = x_n - (n-1)\Delta t\dot{x}_n + \dfrac{1}{2}(n-1)^2\Delta t^2\ddot{x}_n + v_1 \\ z_2 = x_n - (n-2)\Delta t\dot{x}_n + \dfrac{1}{2}(n-2)^2\Delta t^2\ddot{x}_n + v_2 \\ \qquad \cdots\cdots \\ z_{n-1} = x_n - \Delta t\dot{x}_n + \dfrac{1}{2}\Delta t^2\ddot{x}_n + v_{n-1} \\ z_n = x_n + v_n \end{cases}$$

写成矩阵的形式为 $\boldsymbol{Z} = \boldsymbol{HX} + \boldsymbol{V}$ 。其中 $\boldsymbol{Z},\boldsymbol{V}$ 同等速直线运动情况，而

$$\boldsymbol{X}=\begin{bmatrix} x_n \\ \dot{x}_n \\ \ddot{x}_n \end{bmatrix} \quad \boldsymbol{H}=\begin{bmatrix} 1 & -(n-1)\Delta t & \frac{1}{2}(n-1)^2\Delta t^2 \\ 1 & -(n-2)\Delta t & \frac{1}{2}(n-2)^2\Delta t^2 \\ \vdots & \vdots & \vdots \\ 1 & -\Delta t & \frac{1}{2}\Delta t^2 \\ 1 & 0 & 0 \end{bmatrix} \tag{3-36}$$

将式（3-36）代入式（3-33）中，即可求出 $\hat{x}_k,\hat{\dot{x}}_k,\hat{\ddot{x}}_k$ 来。

（五）最小二乘法的滤波误差

1. 无偏估计

当估计量 $\hat{\boldsymbol{X}}$ 的均值等于被估计量 $\boldsymbol{X}$ 的值，即

$$E(\hat{\boldsymbol{X}})=\boldsymbol{X} \tag{3-37}$$

时，称 $\hat{\boldsymbol{X}}$ 为 $\boldsymbol{X}$ 无偏估计。

无偏估计是数字滤波的一项基本要求。

当测量误差 V 的均值为零时，最小二乘滤波是无偏估计。

因

$$E(\hat{\boldsymbol{X}})=E[(\boldsymbol{H}^{\mathrm{T}}\boldsymbol{H})^{-1}\boldsymbol{H}^{\mathrm{T}}\boldsymbol{Z}]=(\boldsymbol{H}^{\mathrm{T}}\boldsymbol{H})^{-1}\boldsymbol{H}^{\mathrm{T}}E(\boldsymbol{Z})$$

其中

$$E(\boldsymbol{Z})=E(\boldsymbol{HX}+\boldsymbol{V})=E(\boldsymbol{HX})+E(\boldsymbol{V})$$

∵　$E(\boldsymbol{V})=0$

∴　$E(\boldsymbol{Z})=\boldsymbol{HE}(\boldsymbol{X})$

代入上式

$$E(\hat{\boldsymbol{X}})=(\boldsymbol{H}^{\mathrm{T}}\boldsymbol{H})^{-1}\boldsymbol{H}^{\mathrm{T}}\boldsymbol{HE}(\boldsymbol{X})=\boldsymbol{X}$$

即 $E(\hat{\boldsymbol{X}})=\boldsymbol{X}$，说明 $\hat{\boldsymbol{X}}$ 是 $\boldsymbol{X}$ 的无偏估计。

2. 滤波误差

$\hat{\boldsymbol{X}}$ 是按最小二乘准则确定的对 $\boldsymbol{X}$ 的估计。$\hat{\boldsymbol{X}}$ 是测量值的线性组合，它不可能完全消除随机误差，也就是说，每一计算结果 $\hat{\boldsymbol{X}}$ 都仍然包含随机误差。设误差向量为

$$\Delta\boldsymbol{X}=\boldsymbol{X}-\hat{\boldsymbol{X}}=\boldsymbol{X}-(\boldsymbol{H}^{\mathrm{T}}\boldsymbol{H})^{-1}\boldsymbol{H}^{\mathrm{T}}\boldsymbol{Z}$$

将 $\boldsymbol{X}$ 写成

$$\boldsymbol{X}=(\boldsymbol{H}^{\mathrm{T}}\boldsymbol{H})^{-1}\boldsymbol{H}^{\mathrm{T}}\boldsymbol{HX}$$

并代入前式，得

$$\begin{aligned}\Delta\boldsymbol{X}&=(\boldsymbol{H}^{\mathrm{T}}\boldsymbol{H})^{-1}\boldsymbol{H}^{\mathrm{T}}\boldsymbol{HX}-(\boldsymbol{H}^{\mathrm{T}}\boldsymbol{H})^{-1}\boldsymbol{H}^{\mathrm{T}}\boldsymbol{Z}\\&=-[(\boldsymbol{H}^{\mathrm{T}}\boldsymbol{H})^{-1}\boldsymbol{H}^{\mathrm{T}}](\boldsymbol{Z}-\boldsymbol{HX})\\&=-(\boldsymbol{H}^{\mathrm{T}}\boldsymbol{H})^{-1}\boldsymbol{H}^{\mathrm{T}}\boldsymbol{V}\end{aligned} \tag{3-38}$$

想要使滤波误差的均值为 0，只要 $E(\boldsymbol{V})=0$。这可以从上式直接看出。

3. 滤波误差的协方差

根据定义，滤波误差的协方差阵为

$$P = E\left\{\left[\Delta\boldsymbol{X} - E(\Delta\boldsymbol{X})\right]\cdot\left[\Delta\boldsymbol{X} - E(\Delta\boldsymbol{X})\right]^{\mathrm{T}}\right\}$$

当 $E(\Delta\boldsymbol{X}) = 0$ 时，

$$P = E[\Delta\boldsymbol{X}\Delta\boldsymbol{X}^{\mathrm{T}}] \tag{3-39}$$

以二次假设为例，计算一下 $\boldsymbol{P}$ 阵。

这时的滤波误差为

$$\Delta\boldsymbol{X} = \boldsymbol{X} - \hat{\boldsymbol{X}} = \begin{bmatrix} x_n \\ \dot{x}_n \\ \ddot{x}_n \end{bmatrix} - \begin{bmatrix} \hat{x}_n \\ \hat{\dot{x}}_n \\ \hat{\ddot{x}}_n \end{bmatrix} = \begin{bmatrix} \Delta x_n \\ \Delta\dot{x}_n \\ \Delta\hat{\ddot{x}}_n \end{bmatrix}$$

$$\begin{aligned} \boldsymbol{P} &= E\left[\Delta\boldsymbol{X}\Delta\boldsymbol{X}^{\mathrm{T}}\right] \\ &= E\begin{bmatrix} \Delta x_n \\ \Delta\dot{x}_n \\ \Delta\ddot{x}_n \end{bmatrix}\left[\Delta x_n \quad \Delta\dot{x}_n \quad \Delta\ddot{x}_n\right] \\ &= \begin{bmatrix} E(\Delta x_n\Delta x_n) & E(\Delta x_n\Delta\dot{x}_n) & E(\Delta x_n\Delta\ddot{x}_n) \\ E(\Delta\dot{x}_n\Delta x_n) & E(\Delta\dot{x}_n\Delta\dot{x}_n) & E(\Delta\dot{x}_n\Delta\ddot{x}_n) \\ E(\Delta\ddot{x}_n\Delta x_n) & E(\Delta\ddot{x}_n\Delta\dot{x}_n) & E(\Delta\ddot{x}_n\Delta\ddot{x}_n) \end{bmatrix} \end{aligned} \tag{3-40}$$

其中，对角线上的元素分别为坐标、速度、加速度估计误差的方差，而非对角线上的元素为各个协方差，即

$$\boldsymbol{P} = \begin{bmatrix} \sigma_1^2 & \sigma_{12} & \sigma_{13} \\ \sigma_{21} & \sigma_2^2 & \sigma_{23} \\ \sigma_{31} & \sigma_{32} & \sigma_3^2 \end{bmatrix} \tag{3-41}$$

式中，$\sigma_{ij} = \sigma_{ji}$，可见协方差阵 $\boldsymbol{P}$ 是对称阵；

σ_1^2——坐标估计误差的方差；

σ_2^2——速度估计误差的方差；

σ_3^2——加速度估计误差的方差；

σ_{ij} 的含义——如 σ_{12} 表示坐标误差与速度误差的协方差，等等。

最小二乘滤波的方差阵为

$$\begin{aligned} \boldsymbol{P} &= E\left[(\boldsymbol{H}^{\mathrm{T}}\boldsymbol{H})^{-1}\boldsymbol{H}^{\mathrm{T}}\boldsymbol{V}\right]\left[(\boldsymbol{H}^{\mathrm{T}}\boldsymbol{H})^{-1}\boldsymbol{H}^{\mathrm{T}}\boldsymbol{V}\right]^{\mathrm{T}} \\ &= (\boldsymbol{H}^{\mathrm{T}}\boldsymbol{H})^{-1}\boldsymbol{H}^{\mathrm{T}}E(\boldsymbol{V}\boldsymbol{V}^{\mathrm{T}})\boldsymbol{H}(\boldsymbol{H}^{\mathrm{T}}\boldsymbol{H})^{-1} \\ &= (\boldsymbol{H}^{\mathrm{T}}\boldsymbol{H})^{-1}\boldsymbol{H}^{\mathrm{T}}\boldsymbol{R}\boldsymbol{H}(\boldsymbol{H}^{\mathrm{T}}\boldsymbol{H})^{-1} \end{aligned} \tag{3-42}$$

式中

$$(\boldsymbol{H}^{\mathrm{T}}\boldsymbol{H})^{-1} = \left[(\boldsymbol{H}^{\mathrm{T}}\boldsymbol{H})^{-1}\right]^{\mathrm{T}}$$

$$\boldsymbol{R}=E\left(\boldsymbol{V}\boldsymbol{V}^{\mathrm{T}}\right)=E\begin{bmatrix}v_1\\v_2\\\vdots\\v_n\end{bmatrix}\begin{bmatrix}v_1 & v_2 & \cdots & v_n\end{bmatrix}=\begin{bmatrix}\sigma_{z1}^2 & \sigma_{z12} & \cdots & \sigma_{z1n}\\\sigma_{z21} & \sigma_{z2}^2 & \cdots & \sigma_{z2n}\\\vdots & \vdots & \vdots & \vdots\\\sigma_{zn1} & \sigma_{z2n} & \cdots & \sigma_{zn}^2\end{bmatrix} \tag{3-43}$$

式中，σ_{zij}——测量误差间的协方差；σ_{z1}^2——测量 z_1 时的均方差；等等。

如果每次测量的均方差都是常量，而且相等，令其为 σ_z^2，且各次测量之间都是不相关的，测量误差的协方差阵为

$$\boldsymbol{R}=\begin{bmatrix}\sigma_z^2 & & & 0\\ & \sigma_z^2 & & \\ & & \ddots & \\ 0 & & & \sigma_z^2\end{bmatrix}=\sigma_z^2\boldsymbol{I} \tag{3-44}$$

式中，$\boldsymbol{I}$—单位矩阵。

当测量误差协方差阵为对角线阵时，最小二乘滤波的协方差阵为

$$\begin{aligned}\boldsymbol{P}&=(\boldsymbol{H}^{\mathrm{T}}\boldsymbol{H})^{-1}\boldsymbol{H}^{\mathrm{T}}\boldsymbol{R}\boldsymbol{H}(\boldsymbol{H}^{\mathrm{T}}\boldsymbol{H})^{-1}\\&=\sigma_z^2(\boldsymbol{H}^{\mathrm{T}}\boldsymbol{H})^{-1}\boldsymbol{H}^{\mathrm{T}}\boldsymbol{H}(\boldsymbol{H}^{\mathrm{T}}\boldsymbol{H})^{-1}\\&=\sigma_z^2(\boldsymbol{H}^{\mathrm{T}}\boldsymbol{H})^{-1}\end{aligned} \tag{3-45}$$

例 3：目标作等速运动，对目标按间隔时间 Δt 进行了 n 次测量。设测量误差的协方差阵 $\boldsymbol{R}$ 是符合式（3-44）的对角线阵，试计算最小二乘滤波的协方差阵 $\boldsymbol{P}$。

解：根据式（3-35）中的 $\boldsymbol{H}$ 矩阵

$$\boldsymbol{H}^{\mathrm{T}}\boldsymbol{H}=\begin{bmatrix}1 & 1 & \cdots & 1 & 1\\-(n-1)\Delta t & -(n-2)\Delta t & \cdots & -\Delta t & 0\end{bmatrix}\begin{bmatrix}1 & -(n-1)\Delta t\\1 & -(n-2)\Delta t\\\vdots & \vdots\\1 & -\Delta t\\1 & 0\end{bmatrix}$$

$$\begin{aligned}&=\begin{bmatrix}n & -\sum_{i=1}^{n-1}i\Delta t\\-\sum_{i=1}^{n-1}i\Delta t & \sum_{i=1}^{n-1}i^2\Delta t^2\end{bmatrix}\\&=\begin{bmatrix}n & -\dfrac{n(n-1)}{2}\Delta t\\-\dfrac{n(n-1)}{2}\Delta t & \dfrac{\Delta t^2}{6}n(n-1)(2n-1)\end{bmatrix}\end{aligned} \tag{3-46}$$

根据矩阵求逆公式

$$\boldsymbol{P}=\sigma_z^2(\boldsymbol{H}^{\mathrm{T}}\boldsymbol{H})^{-1}=\sigma_z^2\frac{(\boldsymbol{H}^{\mathrm{T}}\boldsymbol{H})^*}{\left|\boldsymbol{H}^{\mathrm{T}}\boldsymbol{H}\right|}$$

式中，

$$\left|\boldsymbol{H}^{\mathrm{T}}\boldsymbol{H}\right|=\frac{n^2(n-1)(2n-1)}{6}\Delta t^2-\frac{n^2(n-1)^2}{4}\Delta t^2$$
$$=\frac{n^2(n^2-1)}{12}\Delta t^2$$

$(\boldsymbol{H}^{\mathrm{T}}\boldsymbol{H})^*$ 是 $(\boldsymbol{H}^{\mathrm{T}}\boldsymbol{H})$ 的伴随矩阵。

这时

$$\boldsymbol{P}=\frac{12\sigma_z^2}{n^2(n^2-1)\Delta t^2}\begin{bmatrix}\dfrac{\Delta t^2 n(n-1)(2n-1)}{6} & \dfrac{\Delta tn(n-1)}{2}\\ \dfrac{\Delta tn(n-1)}{2} & n\end{bmatrix}$$

因此，对坐标估计误差的方差为

$$\sigma_1^2=\frac{12\sigma_z^2}{n^2(n^2-1)\Delta t^2}\frac{\Delta t^2 n(n-1)(2n-1)}{6}=\frac{2(2n-1)\sigma_z^2}{n(n+1)} \tag{3-47}$$

对速度估计误差的方差为

$$\sigma_2^2=\frac{12\sigma_z^2 n}{n^2(n^2-1)\Delta t^2}=\frac{12\sigma_z^2}{n(n^2-1)\Delta t^2} \tag{3-48}$$

可见，对坐标估计误差的方差 σ_1^2 只与测量方差 σ_z^2 和采样点数 n 有关，σ_z^2 越小，n 越大，则估计误差的方差越小。

对速度估计误差的方差 σ_2^2 不仅与 σ_z^2 和 n 有关，而且与采样间隔时间 Δt 大小有关，即与 Δt^2 成反比。

3.2.4　加权最小二乘滤波

前面讲的最小二乘法是想使估计值与各次测量值之差的平方和达到最小，即使

$$E=(\boldsymbol{Z}-\boldsymbol{H}\hat{\boldsymbol{X}})^{\mathrm{T}}(\boldsymbol{Z}-\boldsymbol{H}\hat{\boldsymbol{X}})$$

为最小。这相当于把每次测量的结果都同等看待。较合理的方法是应该在观测较准确时，看得重些，或者说加权大些；而当观测较差时，加权小些。

马尔可夫（Mapkob）首先把这一想法用于最小二乘法。这里我们需要事先了解观测误差协方差阵。我们就是利用这一信息来改进最小二乘法的，也称为马尔可夫估计。

现在我们来看，使加权后的最小二乘准则

$$E_w(\hat{\boldsymbol{X}})=(\boldsymbol{Z}-\boldsymbol{H}\hat{\boldsymbol{X}})^{\mathrm{T}}\boldsymbol{W}(\boldsymbol{Z}-\boldsymbol{H}\hat{\boldsymbol{X}}) \tag{3-49}$$

达到极小的估计，其中 $\boldsymbol{W}$ 是一个根据测量结果适当选取的对称正定加权矩阵。当 $\boldsymbol{W}=\boldsymbol{I}$ 时，化为前述的 E 了。利用矩阵微分法

$$\frac{\partial E_w(\hat{\boldsymbol{X}})}{\partial\hat{\boldsymbol{X}}}=-\boldsymbol{H}^{\mathrm{T}}(\boldsymbol{W}+\boldsymbol{W}^{\mathrm{T}})(\boldsymbol{Z}-\boldsymbol{H}\hat{\boldsymbol{X}})$$
$$=-2\boldsymbol{H}^{\mathrm{T}}\boldsymbol{W}(\boldsymbol{Z}-\boldsymbol{H}\hat{\boldsymbol{X}})$$

令上式等于零，取得对 $\boldsymbol{X}$ 的加权最小二乘估计

$$\hat{\boldsymbol{X}} = (\boldsymbol{H}^{\mathrm{T}}\boldsymbol{W}\boldsymbol{H})^{-1}\boldsymbol{H}^{\mathrm{T}}\boldsymbol{W}\boldsymbol{Z} \tag{3-50}$$

设我们了解观测误差的协方差 $\boldsymbol{R} = E(\boldsymbol{V}\boldsymbol{V}^{\mathrm{T}})$，并用 $\boldsymbol{R}^{-1}$ 作加权矩阵，则有

$$\hat{\boldsymbol{X}} = (\boldsymbol{H}^{\mathrm{T}}\boldsymbol{R}^{-1}\boldsymbol{H})\boldsymbol{H}^{\mathrm{T}}\boldsymbol{R}^{-1}\boldsymbol{Z} \tag{3-51}$$

当 $\boldsymbol{R}$ 为对角线矩阵

$$\boldsymbol{R} = \begin{bmatrix} \sigma_{z1}^2 & & & 0 \\ & \sigma_{z2}^2 & & \\ & & \ddots & \\ 0 & & & \sigma_{zn}^2 \end{bmatrix} \tag{3-52}$$

我们可以清楚地看到 $\boldsymbol{R}^{-1}$ 加权矩阵对改进最小二乘法的作用

$$E_w(\hat{\boldsymbol{X}}) = [\boldsymbol{Z} - \boldsymbol{H}\hat{\boldsymbol{X}}]^{\mathrm{T}} \begin{bmatrix} \sigma_{z1}^2 & & & 0 \\ & \sigma_{z2}^2 & & \\ & & \ddots & \\ 0 & & & \sigma_{zn}^2 \end{bmatrix}^{-1} [\boldsymbol{Z} - \boldsymbol{H}\boldsymbol{X}]$$

当 $\boldsymbol{W} = \boldsymbol{R}^{-1}$，则

$$\boldsymbol{Z} - \boldsymbol{H}\boldsymbol{X} \overset{\triangle}{=} \tilde{\boldsymbol{Z}}$$

$$E_w(\boldsymbol{X}) = \begin{bmatrix} \tilde{z}_1 & \tilde{z}_2 \cdots \tilde{z}_n \end{bmatrix} \begin{bmatrix} \sigma_{z1}^2 & & & 0 \\ & \sigma_{z2}^2 & & \\ & & \ddots & \\ 0 & & & \sigma_{zn}^2 \end{bmatrix}^{-1} \begin{bmatrix} \tilde{z}_1 \\ \tilde{z}_2 \\ \vdots \\ \tilde{z}_n \end{bmatrix}$$

$$= \frac{\tilde{z}_1^2}{\sigma_{z1}^2} + \frac{\tilde{z}_2^2}{\sigma_{z2}^2} + \cdots + \frac{\tilde{z}_n^2}{\sigma_{zn}^2}$$

这表示对每一次测量误差的加权因子，与该次测量误差的方差成正比。由此可见，这种 $\boldsymbol{W} = \boldsymbol{R}^{-1}$ 加权最小二乘估计优于一般的最小二乘估计。这在理论上是无疑正确的，但是这就要求事先掌握 $\boldsymbol{R}$ 矩阵。$\boldsymbol{R}$ 矩阵的获得，要靠长期的统计资料。

加权最小二乘估计误差协方差阵

$$\boldsymbol{P} = (\boldsymbol{H}^{\mathrm{T}}\boldsymbol{W}\boldsymbol{H})^{-1}\boldsymbol{H}^{\mathrm{T}}\boldsymbol{W}\boldsymbol{R}\boldsymbol{W}^{\mathrm{T}}\boldsymbol{H}(\boldsymbol{H}^{\mathrm{T}}\boldsymbol{W}\boldsymbol{H})^{-1} \tag{3-53}$$

当 $\boldsymbol{W} = \boldsymbol{R}^{-1}$ 时

$$\begin{aligned} \boldsymbol{P} &= (\boldsymbol{H}^{\mathrm{T}}\boldsymbol{R}^{-1}\boldsymbol{H})^{-1}\boldsymbol{H}^{\mathrm{T}}\boldsymbol{R}^{-1}\boldsymbol{R}\boldsymbol{R}^{-1}\boldsymbol{H}(\boldsymbol{H}^{\mathrm{T}}\boldsymbol{R}^{-1}\boldsymbol{H})^{-1} \\ &= (\boldsymbol{H}^{\mathrm{T}}\boldsymbol{R}^{-1}\boldsymbol{H})^{-1} \end{aligned} \tag{3-54}$$

如果 $\boldsymbol{R}$ 是对角线矩阵，而且每个元素 σ_z^2 相等，则上式将变成 $\boldsymbol{P} = \sigma_z^2(\boldsymbol{H}^{\mathrm{T}}\boldsymbol{H})^{-1}$，即和不加权的最小二乘估计误差阵相同。这实际上是马尔可夫估计的一种退化，因为各次测量的 σ_z^2 皆相同，加权就没有意义了。如果 $\boldsymbol{R}$ 对角线上各元素不相同，则可明显地看出，马尔可夫估计要优于一般的估计。请看下例。

例 4：

设
$$\boldsymbol{H}=\begin{bmatrix}1\\1\\1\end{bmatrix},\quad \boldsymbol{R}=\begin{bmatrix}8^2 & & 0\\ & 4^2 & \\ 0 & & 2^2\end{bmatrix}$$
试求最小二乘估计和马尔可夫估计的误差方差。

解：计算最小二乘估计的误差方差

$$P=(\boldsymbol{H}^{\mathrm{T}}\boldsymbol{H})^{-1}\boldsymbol{H}^{\mathrm{T}}\boldsymbol{RH}(\boldsymbol{H}^{\mathrm{T}}\boldsymbol{H})^{-1}=\frac{1}{3}[1\quad 1\quad 1]\begin{bmatrix}8^2 & & 0\\ & 4^2 & \\ 0 & & 2^2\end{bmatrix}\begin{bmatrix}1\\1\\1\end{bmatrix}\frac{1}{3}$$
$$=\frac{1}{9}\left[8^2+4^2+2^2\right]=9.33$$

再计算马尔可夫的误差方差

$$P=(\boldsymbol{H}^{\mathrm{T}}\boldsymbol{R}^{-1}\boldsymbol{H})^{-1}=\left[[1\quad 1\quad 1]\begin{bmatrix}8^{-2} & & 0\\ & 4^{-2} & \\ 0 & & 2^{-2}\end{bmatrix}\begin{bmatrix}1\\1\\1\end{bmatrix}\right]^{-1}$$
$$=\left[\frac{1}{8^2}+\frac{1}{4^2}+\frac{1}{2^2}\right]^{-1}=3.47$$

对比结果可见：马尔可夫的误差方差明显低于不加权的最小二乘估计的误差方差。

3.2.5 递推格式的最小二乘滤波

累加格式的最小二乘滤波需要记忆大量的测量数据。为了避免这一缺点，人们提出了递推格式的最小二乘滤波。为了理解线性递推滤波的概念，有必要先介绍一下最简单的线性滤波器。

（一）简单的递推滤波

设有一常值标量 x，我们根据 n 次测量所得的测量值 $z_i(i=1,2,\cdots,n)$ 来估计这一未知标量。根据最小二乘法原理，先建立评估函数，即 n 次误差的平方和

$$\varepsilon(x)=\sum_{i=1}^{n}(z_i-x)^2$$

能使 $\varepsilon(x)$ 取极小值的估计值 $\hat{x}_k$ 就是未知量 x 的最小二乘估计，经计算

$$\hat{x}_n=\frac{1}{n}\sum_{i=1}^{n}z_i \tag{3-55}$$

即常值标量的最小二乘估计是测量值的算术平均。

当再得到一个新的测量值 z_{n+1} 时，应得到新的估计

$$\hat{x}_{n+1}=\frac{1}{n+1}\sum_{i=1}^{n+1}z_i \tag{3-56}$$

式（3-55）和式（3-56）都是累加格式的最小二乘滤波。通过数学变换，它就可以变成递推的最小二乘滤波。

式（3-56）可化为用先前估值和新测量值表示的形式，即

$$\hat{x}_{n+1}=\frac{n}{n+1}(\frac{1}{n}\sum_{i=1}^{n}z_i)+\frac{1}{n+1}z_{n+1}=\frac{n}{n+1}\hat{X}_n+\frac{1}{n+1}z_{n+1} \tag{3-57}$$

上式表明，新的最小二乘估计，等于前一时刻估值与测量值的线性估计组合。

对比式（3-56）和式（3-57）可以看出，采用后式计算 $\hat{x}_{n+1}$ 就不需要存储过去的测量值，只将一个新测量值和前一时刻的估计值组合起来就够了。这是因为所有的信息都包含在前次估计中了。式（3-57）所表示的就是一种线性滤波器。

式（3-57）还可以改为另一种递推形式

$$\hat{x}_{n+1}=\hat{x}_n+\frac{1}{n+1}(z_{n+1}-\hat{x}_n) \tag{3-58}$$

以后遇到的递推滤波器都是这种格式的，因此，了解此式各项的意义很重要。

上式右端括弧项表示新的测量值与根据以前各次测量值而定的估值之差，也称为残差或误差；这里面包含了新的信息，所以也称为新息。

$\frac{1}{n+1}$ 是一个加权系数，也称为增益。它的大小表示我们对新息的重视程度。原来的估值 $\hat{x}_n$ 在有新的测量值后应做一定的校正，至于校正多少才合适呢？这里的加权是按最小二乘的原则确定的。当 n 增大时，加权变小，即新的测量值对新的估计值影响变小，这是合乎情理的。

以上就是递推格式的最小二乘滤波，只不过是简单的，也即 x 是固定不变的标量的情况。下面，介绍 X 是一次和多次项时的最小二乘滤波公式。

（二）目标等速直线运动和等加速运动的递推最小二乘滤波公式

递推格式的滤波公式，可以从累加格式的滤波公式导出，这里只把结果列出如下。

1. 目标等速直线运动时的滤波公式

$$\begin{cases}\hat{x}_n=(\hat{x}_{n-1}+\Delta t\hat{\dot{x}}_{n-1})+\dfrac{2(2n-1)}{n(n+1)}[z_n-(\hat{x}_{n-1}+\Delta t\hat{\dot{x}}_{n-1})]\\ \hat{\dot{x}}_n=\hat{\dot{x}}_{n-1}+\dfrac{6}{n(n+1)\Delta t}[z_n-(\hat{x}_{n-1}+\Delta t\hat{\dot{x}}_{n-1})]\end{cases} \tag{3-59}$$

这里的 $(\hat{x}_{n-1}+\Delta t\hat{\dot{x}}_{n-1})$ 表示在 t_{n-1} 时刻，不考虑新测量值情况下，预测 t_n 时刻 $\hat{x}$ 的估计值，我们用 $\hat{x}_{n/n-1}$ 表示。这时上式也可写成如下形式

$$\begin{cases}\hat{x}_n=\hat{x}_{n/n-1}+\dfrac{2(2n-1)}{n(n+1)}(z_n-\hat{x}_{n/n-1})\\ \hat{\dot{x}}_n=\hat{\dot{x}}_{n/n-1}+\dfrac{6}{n(n+1)\Delta t}(z_n-\hat{x}_{n/n-1})\end{cases} \tag{3-60}$$

2. 目标等加速运动时的滤波公式

$$\begin{cases}\hat{x}_n=\hat{x}_{n/n-1}+\dfrac{3(3n^2-3n+2)}{n(n+1)(n+2)}[z_n-\hat{x}_{n/n-1}]\\ \hat{\dot{x}}_n=\hat{\dot{x}}_{n/n-1}+\dfrac{18(2n-1)}{n(n+1)(n+2)\Delta t}[z_n-\hat{x}_{n/n-1}]\\ \hat{\ddot{x}}_n=\hat{\ddot{x}}_{n-1}+\dfrac{60}{n(n+1)(n+2)\Delta t^2}[z_n-\hat{x}_{n/n-1}]\end{cases} \tag{3-61}$$

式中，

$$\hat{x}_{n/n-1}=\hat{x}_{n-1}+\Delta t\hat{\dot{x}}_{n-1}+\frac{\Delta t^2}{2}\hat{\ddot{x}}_{n-1} \tag{3-62}$$

它表示在t_{n-1}时刻，即未接受新的测量值z_n前，只根据目标运动规律，对t_n时刻的坐标预测。

$$\hat{\dot{x}}_{n/n-1}=\hat{\dot{x}}_{n-1}+\Delta t\hat{\ddot{x}}_{n-1} \tag{3-63}$$

它表示在上述情况下，对t_n时刻速度的预测。对于式中的$\hat{\ddot{x}}_{n-1}$，可认为它就是对加速度的预测。因为根据假设的等加速度运动规律，无法再做进一步的预测了。

在式（3-61）的三个式子中，都包含着残差或新息

$$[z_n-\hat{x}_{n/n-1}] \tag{3-64}$$

因为，我们测量的只有目标坐标，所以这项为每个被估计量的唯一外来信息。它表示实际测量值与预测值之差，也是对预测的检验。因此，将残差乘以适当的增益系数来校正预测值，从而得到新的滤波值，这充分利用了当时的信息输入。

三个增益系数

$$\begin{cases}\text{对于}\hat{x}_n，\ k_1=\dfrac{3(3n^2-3n+2)}{n(n+1)(n+2)}\\ \text{对于}\hat{\dot{x}}_n，\ k_2=\dfrac{18(2n-1)}{n(n+1)(n+2)\Delta t}\\ \text{对于}\hat{\ddot{x}}_n，\ k_3=\dfrac{60}{n(n+1)(n+2)\Delta t^2}\end{cases} \tag{3-65}$$

由于上述递推公式是根据累加格式的最小二乘滤波公式导出的，因而可以认为k_1、k_2、k_3是根据最小二乘法准则所确定的系数。

以上递推公式，都有相似的格式，即

$$\text{滤波值}=\text{预测值+校正} \tag{3-66}$$

式（3-65）中的n代表采样的次数。当n随着测量的次数不断增加时，意味着采用的数据不断增加，当$n\to\infty$时，增益系数都趋于0，即

$$\lim_{n\to\infty}k_1=\lim_{n\to\infty}k_2=\lim_{n\to\infty}k_3=0$$

这时，新的观测值在滤波计算中不起作用了，滤波值只靠假设的目标运动规律自动推算。在火控系统的滤波计算中，这种情况是不好的。因为实际的目标运动绝不会和我们假设的始终完全相同。如果增益等于零，有可能导致滤波计算与实际情况的偏差越来越大，这种现象称为“发散”。

为防止这种现象，应当做有限记忆处理，即n增大到一定数值后，在计算增益时所使用的n值不再增加了。当然新的测量值还是要采用的，这样做，从滤波角度看，滤波是有所牺牲的，但从目标运动的假设不可能完全正确的角度看，这样做又是必须的。

3.3 卡尔曼滤波

一般所谓滤波，是指尽可能地减少受到干扰的信号中的噪声的影响，从中分离出所需要的有用信号。

卡尔曼滤波与前面介绍的滤波的不同点是，这里的被估计量，即系统的状态是按某种规律随时间变化的，而且其中存在着噪声干扰。现在我们要研究的问题是，由带有噪声的状态方程和测量方程去估计系统的状态。换言之，卡尔曼滤波是在需要事先了解系统状态方程、测量方程及系统噪声、量测噪声的统计特性的基础上的递推滤波。正是由于它充分利用了有关信息及被估计量本身的物理特性，因此它要优于前述的各种滤波方法。

在第二次世界大战后期，维纳滤波开始在军事、通信上得到应用。但维纳滤波必须用到全部历史观测数据，存储量和计算量都很大，很难用于非平稳随机过程。1960 年年初，卡尔曼（Kalman）和布西（Bush）发展了一种递推滤波算法，后来称为卡尔曼滤波法。当前卡尔曼滤波在宇航、军事等许多方面，得到了广泛的应用。

卡尔曼滤波所涉及的数学知识较深，这里，我们只推导离散线性卡尔曼滤波方程组，重点在于它的来源及在火控系统中的应用。

3.3.1 状态方程

（一）状态变量

一个系统或过程的特性，可以用一些参量表示出来。这样的参量中的一组最小的集合，称为状态变量。例如，一个目标的运动状态，可以用其坐标、速度、加速度等表示出来。在 $\boldsymbol{X}$ 方向的坐标、速度、加速度分别用 x_1, x_2, x_3 表示时，则

$$\boldsymbol{X} = \begin{bmatrix} x_1 \\ x_2 \\ x_3 \end{bmatrix}$$

就是一组状态变量，也称为状态向量。

（二）表示等加速运动的状态变量

用来表示一个动态系统状态变化规律的方程，一般可用时间 t 的一阶向量微分方程式描述。

以目标等加速运动为例，目标坐标 $x(t)$ 的变化规律可用二次多项式表示，即

$$x(t) = a_0 + a_1 t + a_2 t^2$$

目标速度、加速度的变化规律分别为

$$\begin{cases} \dot{x}(t) = a_1 + 2a_2 t \\ \ddot{x}(t) = 2a_2 \end{cases}$$

初始状态 $t = t_0 = 0$ 时

$$\begin{cases} x(t_0) = a_0 \\ \dot{x}(t_0) = a_1 \\ \ddot{x}(t_0) = 2a_2 \end{cases}$$

于是，可以用 t_0 时刻的状态值来计算 t_1 时刻的状态值，即

$$\begin{cases} x(t_1) = x\ (t_0) + \dot{x}\ (t_0)\Delta t + \dfrac{1}{2}\ddot{x}\ (t_0)\Delta t^2 \\ \dot{x}(t_1) = \dot{x}\ (t_0) + \ddot{x}\ (t_0)\Delta t \\ \ddot{x}(t_1) = \ddot{x}\ (t_0) \end{cases} \tag{3-67}$$

式中，$\Delta t = t_1 - t_0 = t_2 - t_1 = t_k - t_{k-1}$

（三）转移矩阵

同理，可以导出由 t_{k-1} 时刻的状态值计算 t_k 时刻状态值的一般式。为了简明，以后采用以下符号表示

$$\begin{cases} x_{k-1} = x(t_{k-1}) \\ \dot{x}_{k-1} = \dot{x}(t_{k-1}) \\ \ddot{x}_{k-1} = \ddot{x}(t_{k-1}) \end{cases} \tag{3-68}$$

用矩阵表示一般状态关系则为

$$\begin{bmatrix} x_k \\ \dot{x}_k \\ \ddot{x}_k \end{bmatrix} = \begin{bmatrix} 1 & \Delta t & \dfrac{1}{2}\Delta t^2 \\ 0 & 1 & \Delta t \\ 0 & 0 & 1 \end{bmatrix} \begin{bmatrix} x_{k-1} \\ \dot{x}_{k-1} \\ \ddot{x}_{k-1} \end{bmatrix} \tag{3-69}$$

或

$$\boldsymbol{X}_k = \boldsymbol{\phi}_{k/k-1}\boldsymbol{X}_{k-1}$$

式中

$$\boldsymbol{\phi}_{k/k-1} = \begin{bmatrix} 1 & \Delta t & \dfrac{1}{2}\Delta t^2 \\ 0 & 1 & \Delta t \\ 0 & 0 & 1 \end{bmatrix} \tag{3-70}$$

称为转移矩阵，代表目标的运动规律，不同的目标运动将有不同的转移矩阵。

（四）有随机干扰的状态方程

下面，考虑有随机干扰的状态方程，任何一个运动系统总难免受到某种随机干扰，或者由于方程描述的不够全面，不够准确，而使状态并不完全按照方程变化。这时，就需要对状态方程加以适当修正。因此系统状态方程的一般形式为

$$\boldsymbol{X}_k = \boldsymbol{\phi}_{k/k-1}\boldsymbol{X}_{k-1} + \boldsymbol{\Gamma}_{k-1}\boldsymbol{W}_{k-1} \tag{3-71}$$

式中，$\boldsymbol{X}_k, \boldsymbol{X}_{k-1}$——分别代表 t_k 和 t_{k-1} 时刻的系统状态值，都是 n 维向量；

k=0，1，2，…——离散时间下标；

$\boldsymbol{\phi}_{k/k-1}$——$n\times n$ 矩阵，称为系统状态转移矩阵；它告诉我们 t_{k-1} 时刻的系统状态是按什么样的规律转移到 t_k 时刻新状态的；

$\boldsymbol{\Gamma}_{k-1}$——$n\times r$ 矩阵，称为系统噪声转移矩阵；说明系统中的噪声干扰是怎样传播的；

$\boldsymbol{W}_{k-1}$——r 维向量，代表 t_{k-1} 时刻的系统噪声。

设 $\{\boldsymbol{W}_{k-1}\}$ 为白噪声序列

$$E(\boldsymbol{W}_k)=0$$

$$E\left(\boldsymbol{W}_k\boldsymbol{W}_j^{\mathrm{T}}\right)=\boldsymbol{Q}_k\delta_{kj},\delta_{kj}=\begin{cases}1 & (k=j)\\0 & (k\neq j)\end{cases}$$

式中，$\boldsymbol{Q}_k$——$r\times r$ 系统误差阵。

$\boldsymbol{W}_{k-1}$ 中包括了外界干扰，如气流不稳对飞机飞行的影响，目标的有意机动以及描述方程的不完善等。因此在实际的系统中，$\boldsymbol{W}_{k-1}$ 是不能为零的，$\boldsymbol{Q}_k$ 也是不能为零的。

最后，对状态方程式（3-71）的物理意义简述如下：状态方程也称为动态方程或系统模型，它是线性离散系统的状态差分方程，它描述了物理系统本身的运动规律。对于一个动态系统，根据它的状态方程就可以导出它的未来状态。实际系统模型不可能与真实的完全一致。为表示这种欠缺，必须增加系统噪声项。系统噪声项中一般包括目标的有意机动和无意机动、环境噪声（气象、风、浪等干扰）等。此外，也包括系统方程在描述物理真实机理方面存在的其他欠缺。这样，一般的系统方程就由确定性部分和随机性部分组成。有了系统方程，如在 t_{k-1} 时刻，根据已知状态 $\boldsymbol{X}_{k-1}$ 和系统噪声 $\boldsymbol{W}_{k-1}$，则 t_k 时刻的系统状态 $\boldsymbol{X}_k$ 就可以表示为 $\boldsymbol{\phi}_{k/k-1}\boldsymbol{X}_{k-1}$ 与 $\boldsymbol{\Gamma}_{k-1}\boldsymbol{W}_{k-1}$ 二者的线性组合。这就是离散卡尔曼滤波所依据的状态方程。

3.3.2　量测方程

（一）量测方程的矩阵表示式

量测方程用来表示测量值与状态变量之间的关系。

量测方程也称为测量模型。对于一个动态系统，它的各个状态不一定都能观测到，如目标位置坐标可以直接观测到，而目标速度、加速度常常不能直接测量出来。能观测到的量一般是含有噪声的，而且不一定就是系统状态，常常是状态变量的线性组合，即 $\boldsymbol{H}_k\boldsymbol{X}_k$，比如测量到的是 D、ε、β，而状态采用 x,y,h，则 $\boldsymbol{H}_k$ 即相当于是一个转换矩阵。

量测方程的矩阵表示式如下

$$\boldsymbol{Z}_k=\boldsymbol{H}_k\boldsymbol{X}_k+\boldsymbol{V}_k \tag{3-72}$$

式中，$\boldsymbol{Z}_k$——t_k 时刻测量的 m 维向量（$m\times 1$）；

$\boldsymbol{X}_k$——t_k 时刻的状态向量 $(n\times 1)$；

$\boldsymbol{H}_k$——（$m\times n$）转换矩阵；

$\boldsymbol{V}_k$——t_k 时刻测量误差向量（$m\times 1$）。

例如，目标作等加速运动，而观测仪器只观测到目标的坐标 x_k，在没有测量误差的情况下，有

$$\boldsymbol{Z}_k=\begin{bmatrix}1 & 0 & 0\end{bmatrix}\begin{bmatrix}x_k \\ \dot{x}_k \\ \ddot{x}_k\end{bmatrix}$$

因为，这时 $\boldsymbol{Z}_k=x_k$ ，而 $\dot{x}_k$ 和 $\ddot{x}_k$ 都没有观测到。这时

$$\boldsymbol{H}_k=\begin{bmatrix}1 & 0 & 0\end{bmatrix}$$

式（3-72）中的 $\boldsymbol{V}_k$ 是测量误差， m 维向量。在卡尔曼滤波中，一般假定

$$E(\boldsymbol{V}_k)=0$$

$$E(\boldsymbol{V}_k\boldsymbol{V}_j^{\mathrm{T}})=\boldsymbol{R}_k\delta_{kj}$$

其中， $\boldsymbol{R}_k$ 为已知量。

（二）在卡尔曼滤波中的假定

（1）状态噪声序列 $\{\boldsymbol{W}_k\}$、量测噪声序列 $\{\boldsymbol{V}_k\}$ 和初始状态 $\boldsymbol{X}_0$ 是互不相关的，即对任意 k 和 j，有

$$\begin{cases}E(\boldsymbol{W}_k\boldsymbol{V}_j^{\mathrm{T}})=0 \\ E[(\boldsymbol{X}_0-E(\boldsymbol{X}_0))\boldsymbol{W}_k^{\mathrm{T}}]=E(\Delta\boldsymbol{X}_0\boldsymbol{W}_k^{\mathrm{T}})=0 \\ E[(\boldsymbol{X}_0-E(\boldsymbol{X}_0))\boldsymbol{V}_k^{\mathrm{T}}]=E(\Delta\boldsymbol{X}_0\boldsymbol{V}_k^{\mathrm{T}})=0\end{cases} \tag{3-73}$$

（2）已知的初始条件。

初始状态的均值，一般取 $\hat{X}_0=E(\boldsymbol{X}_0)$ ；

初始状态误差的协方差阵 $\boldsymbol{P}_0=E(\Delta\boldsymbol{X}_0\Delta\boldsymbol{X}_0^{\mathrm{T}})$ 。

3.3.3 离散卡尔曼公式系的推导

（一）计算状态估值

离散的线性递推滤波的原始方程为

$$\text{状态方程：}\quad \boldsymbol{X}_k=\boldsymbol{\phi}_{k/k-1}\boldsymbol{X}_{k-1}+\boldsymbol{\Gamma}_{k-1}\boldsymbol{W}_{k-1} \tag{3-74}$$

$$\text{测量方程：}\quad \boldsymbol{Z}_k=\boldsymbol{H}_k\boldsymbol{X}_k+\boldsymbol{V}_k \tag{3-75}$$

这两个方程中一个用于描述被估计量本身的物理特性；另一个表示观测系统与被估计量间的关系。现在，假设我们已知 t_{k-1} 时刻的状态估值为 $\hat{\boldsymbol{X}}_{k-1}$ 。根据状态方程，我们可以在没有传来新的测量值时，先把 $\hat{\boldsymbol{X}}_{k-1}$ 外推一步，即作一步预测，得 $\hat{\boldsymbol{X}}_{k/k-1}$ 。当传来新的测量值时，再利用这一信息把原来只靠状态方程本身外推得出的 $\hat{\boldsymbol{X}}_{k/k-1}$ 修正一下，成为 $\hat{\boldsymbol{X}}_k$ ，这就是卡尔曼滤波的简要过程。这里，要注意下列各符号的意义：

$\hat{\boldsymbol{X}}_{k/k-1}$——验前估值，它是在 t_{k-1} 时刻，只根据系统转移矩阵外推而得的，没有经过测量检验的估值，也称为一步预测值。

$\hat{\boldsymbol{X}}_k$——验后估值，它是在 $\hat{\boldsymbol{X}}_{k/k-1}$ 的基础上，用新测量值检验后做适当修正后的估值。

$\boldsymbol{X}_k$——t_k 时刻的状态真值，我们不能直接得到它，只能靠估计。

下面，我们开始推导状态估计的公式。

设我们已知第 $k-1$ 步，即 t_{k-1} 时刻的状态估值 $\hat{\boldsymbol{X}}_{k-1}$ ，在线性递推滤波器中，我们可以设

递推滤波的一般形式是

$$\hat{\boldsymbol{X}}_k = \boldsymbol{K}'_k\hat{\boldsymbol{X}}_{k/k-1} + \boldsymbol{K}_k\boldsymbol{Z}_k \tag{3-76}$$

式中，$\boldsymbol{K}'_k$、$\boldsymbol{K}_k$——待定的时变加权矩阵。

把式（3-72）代入此式，则有

$$\hat{\boldsymbol{X}}_k = \boldsymbol{K}'_k\hat{\boldsymbol{X}}_{k/k-1} + \boldsymbol{K}_k(\boldsymbol{H}_k\boldsymbol{X}_k - \boldsymbol{V}_k) \tag{3-77}$$

令

$$\begin{cases}\hat{\boldsymbol{X}}_k = \boldsymbol{X}_k + \Delta\boldsymbol{X}_k \\ \hat{\boldsymbol{X}}_{k/k-1} = \boldsymbol{X}_k + \Delta\boldsymbol{X}_{k/k-1}\end{cases} \tag{3-78}$$

代入式（3-77），得

$$\boldsymbol{X}_k + \Delta\boldsymbol{X}_k = \boldsymbol{K}'_k\boldsymbol{X}_k + \boldsymbol{K}'_k\Delta\boldsymbol{X}_{k/k-1} + \boldsymbol{K}_k\boldsymbol{H}_k\boldsymbol{X}_k - \boldsymbol{K}_k\boldsymbol{V}_k$$

或

$$\Delta\boldsymbol{X}_k = [\boldsymbol{K}'_k + \boldsymbol{K}_k\boldsymbol{H}_k - I]\boldsymbol{X}_k + \boldsymbol{K}'_k\Delta\boldsymbol{X}_{k/k-1} - \boldsymbol{K}_k\boldsymbol{V}_k$$

双边取统计平均值，因 $E(\boldsymbol{V}_k)=0$，则有

$$E(\Delta\boldsymbol{X}_k) = [\boldsymbol{K}'_k + \boldsymbol{K}_k\boldsymbol{H}_k - \boldsymbol{I}]\boldsymbol{E}(\boldsymbol{X}_k) + \boldsymbol{K}'_k\,E(\Delta\boldsymbol{X}_{k/k-1})$$

设在 t_{k-1} 时刻是无偏估计，即 $E(\Delta\boldsymbol{X}_{k/k-1})=0$；如果要求在 t_k 时刻仍是无偏估计，则只有当 $\boldsymbol{K}'_k = \boldsymbol{I} - \boldsymbol{K}_k\boldsymbol{H}_k$ 时 $E(\Delta\boldsymbol{X}_k)=0$。

因此，令 $\boldsymbol{K}'_k = \boldsymbol{I} - \boldsymbol{K}_k\boldsymbol{H}_k$，这是无偏估计的必要条件。把 K'_k 代入式（3-76）则得无偏估计

$$\hat{\boldsymbol{X}}_k = (\boldsymbol{I} - \boldsymbol{K}_k\boldsymbol{H}_k)\hat{\boldsymbol{X}}_{k/k-1} + \boldsymbol{K}_k\boldsymbol{Z}_k$$

或

$$\hat{\boldsymbol{X}}_k = \hat{\boldsymbol{X}}_{k/k-1} + \boldsymbol{K}_k[\boldsymbol{Z}_k - \boldsymbol{H}_k\hat{\boldsymbol{X}}_{k/k-1}] \tag{3-79}$$

这就是线性递推滤波计算式，它是从无偏条件得出的，也是测量的线性组合，当然，其中的 $\boldsymbol{K}_k$ 有待选择。

（二）计算误差协方差

卡尔曼滤波的误差协方差分为验前和验后两个式子。

1. 验前误差协方差

验前误差协方差是在不参考新测量值的情况下，只依靠系统方程作外推时的滤波误差协方差。

设

$$\boldsymbol{X}_k = \boldsymbol{\phi}_{k/k-1}\boldsymbol{X}_{k-1} + \boldsymbol{\Gamma}_{k-1}\boldsymbol{W}_{k-1}$$

只根据系统的状态转移矩阵，可外推出状态的新值来，即

$$\hat{\boldsymbol{X}}_{k/k-1} = \boldsymbol{\phi}_{k/k-1}\hat{\boldsymbol{X}}_{k-1} \tag{3-80}$$

上边的后式减前式，得这次外推的误差

$$\Delta\boldsymbol{X}_{k/k-1} = \hat{\boldsymbol{X}}_{k/k-1} - \boldsymbol{X}_k = \boldsymbol{\phi}_{k/k-1}\Delta\boldsymbol{X}_{k-1} - \boldsymbol{\Gamma}_{k-1}\boldsymbol{W}_{k-1}$$

那么，这次外推的误差协方差则为

$$\begin{aligned}\boldsymbol{P}_{k/k-1} &= E[\Delta\boldsymbol{X}_{k/k-1}\Delta\boldsymbol{X}_{k/k-1}^{\mathrm{T}}] \\ &= E\{[\boldsymbol{\phi}_{k/k-1}\Delta\boldsymbol{X}_{k-1} - \boldsymbol{\Gamma}_{k-1}\boldsymbol{W}_{k-1}][\boldsymbol{\phi}_{k/k-1}\Delta\boldsymbol{X}_{k-1} - \boldsymbol{\Gamma}_{k-1}\boldsymbol{W}_{k-1}]^{\mathrm{T}}\} \\ &= \boldsymbol{\phi}_{k/k-1}E[\Delta\boldsymbol{X}_{k-1}\Delta\boldsymbol{X}_{k-1}^{\mathrm{T}}]\boldsymbol{\phi}^{\mathrm{T}}{}_{k/k-1} - \boldsymbol{\phi}_{k/k-1}E[\Delta\boldsymbol{X}_{k-1}\boldsymbol{W}_{k-1}^{\mathrm{T}}]\boldsymbol{\Gamma}_{k-1}^{\mathrm{T}} \\ &\quad - \boldsymbol{\Gamma}_{k-1}E[\boldsymbol{W}_{k-1}\Delta\boldsymbol{X}_{k-1}^{\mathrm{T}}]\boldsymbol{\phi}^{\mathrm{T}}{}_{k/k-1} + \boldsymbol{\Gamma}_{k-1}E[\boldsymbol{W}_{k-1}\boldsymbol{W}_{k-1}^{\mathrm{T}}]\boldsymbol{\Gamma}_{k-1}^{\mathrm{T}}\end{aligned}$$

我们认为 $\boldsymbol{X}_k$ 与 $\boldsymbol{W}_k$ 不相关，则上式的中间两项等于零。令 $E[\boldsymbol{W}_{k-1}\boldsymbol{W}_{k-1}^{\mathrm{T}}]=\boldsymbol{Q}_{k-1}$，则

$$\boldsymbol{P}_{k/k-1}=\boldsymbol{\phi}_{k/k-1}\boldsymbol{P}_{k-1}\boldsymbol{\phi}_{k/k-1}^{\mathrm{T}}+\boldsymbol{\Gamma}_{k-1}\boldsymbol{Q}_{k-1}\boldsymbol{\Gamma}_{k-1}^{\mathrm{T}} \tag{3-81}$$

其中，$\boldsymbol{P}_{k-1}=E[\Delta\boldsymbol{X}_{k-1}\Delta\boldsymbol{X}_{k-1}^{\mathrm{T}}]$ 为 t_{k-1} 时刻的验后误差协方差。

式（3-81）即为计算验前滤波误差协方差的公式，也称为误差传播公式或误差外推公式。它根据已知的 $\boldsymbol{P}_{k-1}$ 外推出 $\boldsymbol{P}_{k/k-1}$，但这里只是根据动态方程外推，并没有参考新的测量值后做适当修正。式（3-81）中 $\boldsymbol{Q}_{k-1}$ 是状态方程的随机误差方差，它不可能是负的。因此可以说，由于存在 $\boldsymbol{W}_k$ 的不确定性，误差协方差在外推中要增大。

2. 验后误差协方差

把式（3-78）和式（3-75）代入式（3-79）后得验后误差

$$\Delta\boldsymbol{X}_k=(\boldsymbol{I}-\boldsymbol{K}_k\boldsymbol{H}_k)\Delta\boldsymbol{X}_{k/k-1}+\boldsymbol{K}_k\boldsymbol{V}_k \tag{3-82}$$

验后误差协方差为

$$\begin{aligned}\boldsymbol{P}_k&=E[\Delta\boldsymbol{X}_k\Delta\boldsymbol{X}_k^{\mathrm{T}}]\\&=(\boldsymbol{I}-\boldsymbol{K}_k\boldsymbol{H}_k)\boldsymbol{P}_{k/k-1}(\boldsymbol{I}-\boldsymbol{K}_k\boldsymbol{H}_k)^{\mathrm{T}}+\boldsymbol{K}_k\boldsymbol{R}_k\boldsymbol{K}_k^{\mathrm{T}}\end{aligned} \tag{3-83}$$

这就是有新的测量值后的误差协方差，它是对 $\boldsymbol{P}_{k/k-1}$ 的修正。但是这里的 $\boldsymbol{K}_k$ 不一定是最优的。注意，该公式是对称的。

（三）增益的最优选择

在以上的计算中用到了 $\boldsymbol{K}_k$，它只是一个待定的加权矩阵，现在讨论 $\boldsymbol{K}_k$ 的最优选择。

我们首先选定性能指标函数

$$\boldsymbol{J}=E[\Delta\boldsymbol{X}_k^{\mathrm{T}}\Delta\boldsymbol{X}_k]=\mathrm{tr}E[\Delta\boldsymbol{X}_k\Delta\boldsymbol{X}_k^{\mathrm{T}}]=\mathrm{tr}\left[\boldsymbol{P}_k\right]$$

我们选择适当的 $\boldsymbol{K}_k$ 使 $\boldsymbol{J}$ 为最小，则估计误差的方差也就是最小的了。

把式（3-83）右端展开

$$\boldsymbol{P}_k=\boldsymbol{P}_{k/k-1}-\boldsymbol{K}_k\boldsymbol{H}_k\boldsymbol{P}_{k/k-1}-\boldsymbol{P}_{k/k-1}\boldsymbol{H}_k^{\mathrm{T}}\boldsymbol{K}_k^{\mathrm{T}}+\boldsymbol{K}_k\boldsymbol{H}_k\boldsymbol{P}_{k/k-1}\boldsymbol{H}_k^{\mathrm{T}}\boldsymbol{K}_k^{\mathrm{T}}+\boldsymbol{K}_k\boldsymbol{R}_k\boldsymbol{K}_k^{\mathrm{T}}$$

$$\frac{\partial\,\mathrm{tr}\,\boldsymbol{P}_k}{\partial\boldsymbol{K}_k}=-\boldsymbol{P}_{k/k-1}\boldsymbol{H}_k^{\mathrm{T}}-\boldsymbol{P}_{k/k-1}\boldsymbol{H}_k^{\mathrm{T}}+2\boldsymbol{K}_k\boldsymbol{H}_k\boldsymbol{P}_{k/k-1}\boldsymbol{H}_k^{\mathrm{T}}+2\boldsymbol{K}_k\boldsymbol{R}_k$$

这里用到了对矩阵的迹的微分公式

$$\frac{\partial\,\mathrm{tr}\,\boldsymbol{AB}}{\partial\boldsymbol{A}}=\boldsymbol{B}^{\mathrm{T}}$$

$$\frac{\partial\,\mathrm{tr}\,\boldsymbol{ACA}^{\mathrm{T}}}{\partial\boldsymbol{A}}=\boldsymbol{A}(\boldsymbol{C}^{\mathrm{T}}+\boldsymbol{C})$$

$$\mathrm{tr}\,\boldsymbol{AB}=\mathrm{tr}\,\boldsymbol{BA}=\mathrm{tr}\,\boldsymbol{A}^{\mathrm{T}}\boldsymbol{B}^{\mathrm{T}}=\mathrm{tr}\,\boldsymbol{B}^{\mathrm{T}}\boldsymbol{A}^{\mathrm{T}}$$

令上式等于零，得

$$-2(\boldsymbol{I}-\boldsymbol{K}_k\boldsymbol{H}_k)\boldsymbol{P}_{k/k-1}\boldsymbol{H}_k^{\mathrm{T}}+2\boldsymbol{K}_k\boldsymbol{R}_k=0$$

$$\boldsymbol{K}_k=\boldsymbol{P}_{k/k-1}\boldsymbol{H}_k^{\mathrm{T}}[\boldsymbol{H}_k\boldsymbol{P}_{k/k-1}\boldsymbol{H}_k^{\mathrm{T}}+\boldsymbol{R}_k]^{-1} \tag{3-84}$$

这就是卡尔曼滤波中的增益公式。选用这个增益就会使滤波误差协方差最小，在这个意义上，滤波是最优的。

用 $\boldsymbol{K}_k$ 的公式还可以把前边的 $\boldsymbol{P}_k$ 表达式简化。

在 $P_k=(I-K_kH_k)P_{k/k-1}(I-K_kH_k)^{\mathrm{T}}+K_kR_kK_k^{\mathrm{T}}$ 中把 K_k 用式（3-84）代入，为此先把式（3-84）变形

$$K_k[H_kR_{k/k-1}H_k^{\mathrm{T}}+R_k]=P_{k/k-1}H_k^{\mathrm{T}}$$

或

$$K_kR_k=[I-K_kH_k]P_{k/k-1}H_k^{\mathrm{T}} \tag{3-85}$$

把此式代入 P_k 的公式中，则有

$$\begin{aligned}P_k&=(I-K_kH_k)P_{k/k-1}(I-K_kH_k)^{\mathrm{T}}+(I-K_kH_k)P_{k/k-1}H_k^{\mathrm{T}}K_k^{\mathrm{T}}\\&=(I-K_kH_k)P_{k/k-1}[(I-K_kH_k)^{\mathrm{T}}+H_k^{\mathrm{T}}K_k^{\mathrm{T}}]\end{aligned}$$

后边的中括弧内等于单位矩阵，因此

$$P_k=(I-K_kH_k)P_{k/k-1} \tag{3-86}$$

这是当 K_k 是最优增益时的滤波误差协方差。注意该公式不是对称的。

还可利用 K_k 将式（3-86）改写成

$$\begin{aligned}P_k&=(I-K_kH_k)P_{k/k-1}\\&=P_{k/k-1}-P_{k/k-1}H_k^{\mathrm{T}}[H_kP_{k/k-1}H_k^{\mathrm{T}}+R_k]^{-1}H_kP_{k/k-1}\end{aligned}$$

P_k 要比 $P_{k/k-1}$ 小，也就是说，经过修正后的误差协方差减小了。当测量较准确时 R_k 小，P_k 减少得多些。

在卡尔曼滤波中用到的误差协方差公式是式（3-83）和式（3-86）。其中前者虽然比后者长些，但它不限定 K_k 是最优的，而且它的计算式具有对称性，因而在反复的计算过程中，可保持误差协方差阵的对称性和正定性。在计算过程中，由于舍入误差等计算误差积累起来会使误差协方差阵失去对称性或其对角线元素变负（失去正定性），或对角线元素变成零（变成奇异的），如果是这样，那就会导致不稳定，从而使整个滤波失败，从这里附带地可以看出，系统噪声的协方差 Q_k 不为零的重要意义，因在协方差的传播过程中，总是加有 Q_k 的，从而可使稳态的误差协方差有明显的下限。

把式（3-86）代入式（3-85）可得 K_k 的另一表达式

$$K_kR_k=P_kH_k^{\mathrm{T}}$$

或

$$K_k=P_kH_k^{\mathrm{T}}R_k^{-1} \tag{3-87}$$

这样 K_k 也有两个表达式。表面上看后者要比前者简单，但是求 K_k 的式（3-87）需要先知道 P_k，而求 P_k 是要知 $P_{k/k-1}$ 和 K_k 的，因此式（3-87）只做分析用。式（3-87）说明增益矩阵是由滤波误差协方差 P_k 和测量偏差 R_k 之比组成的，而矩阵 H_k^{T} 不过是从状态到测量的转换，这点正是增益的物理意义。如果 P_k 比 R_k 大很多，则 K_k 大，应多考虑新的信息在估计中的份量；反之当滤波误差较小，而测量误差较大时，K_k 应小些，即对滤波的校正量取小些。

以上计算了状态估值、误差协方差，这两个式子都分验前的和验后的，再加上增益公式，共有 5 个公式。这 5 个式子就是卡尔曼滤波的公式系。

（四）离散线性卡尔曼滤波公式系

1. 公式系及计算程序

把上一节推导出来的离散卡尔曼滤波公式系列在一起，如表 3-1 所示。滤波器可以看成

是一个“黑箱”，它运行时所需的初值、已知条件、输入及输出，如图 3-3 所示。公式系中各量的计算顺序如图 3-4 所示。

表 3-1　卡尔曼滤波公式系

①验前状态估计（预测）	$\hat{\boldsymbol{X}}_{k/k-1}=\boldsymbol{\phi}_{k/k-1}\hat{\boldsymbol{X}}_{k-1}$
②最后状态估计（滤波）	$\hat{\boldsymbol{X}}_{k}=\hat{\boldsymbol{X}}_{k/k-1}+\boldsymbol{K}_{k}(\boldsymbol{Z}_{k}-\boldsymbol{H}_{k}\hat{\boldsymbol{X}}_{k/k-1})$
③验前误差协方差（预测误差协方差）	$\boldsymbol{P}_{k/k-1}=\boldsymbol{\phi}_{k/k-1}\boldsymbol{P}_{k-1}\boldsymbol{\phi}_{k/k-1}^{\mathrm{T}}+\boldsymbol{\Gamma}_{k-1}\boldsymbol{Q}_{k-1}\boldsymbol{\Gamma}_{k-1}^{\mathrm{T}}$
④验后误差协方差（滤波误差协方差）	$\boldsymbol{P}_{k}=(\boldsymbol{I}-\boldsymbol{K}_{k}\boldsymbol{H}_{k})\boldsymbol{P}_{k/k-1}$
⑤最优增益	$\boldsymbol{K}_{k}=\boldsymbol{P}_{k/k-1}\boldsymbol{H}_{k}^{\mathrm{T}}(\boldsymbol{H}_{k}\boldsymbol{P}_{k/k-1}\boldsymbol{H}_{k}^{\mathrm{T}}+\boldsymbol{R}_{k})^{-1}$

已知：动态噪声及观测噪声的统计特性：$\boldsymbol{Q}_{k-1}$ 和 $\boldsymbol{R}_k$

初值：$\hat{\boldsymbol{X}}(0)$ 即 $\hat{\boldsymbol{X}}_0$，一般 $\hat{\boldsymbol{X}}_0=E(\boldsymbol{X}_0)=0$，$\boldsymbol{P}_0$ 可任意假定。

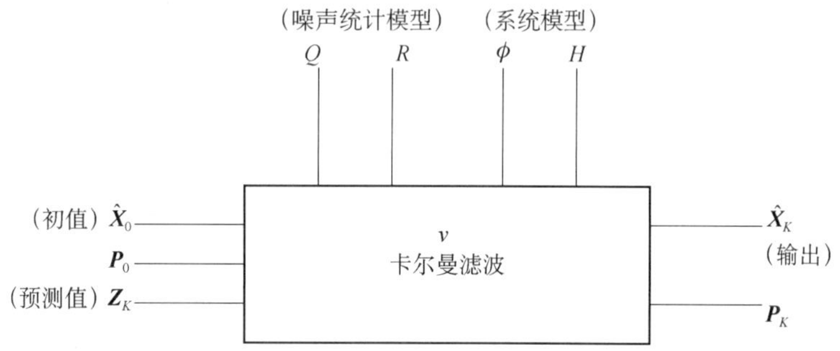

图 3-3　卡尔曼滤波“黑箱”框图

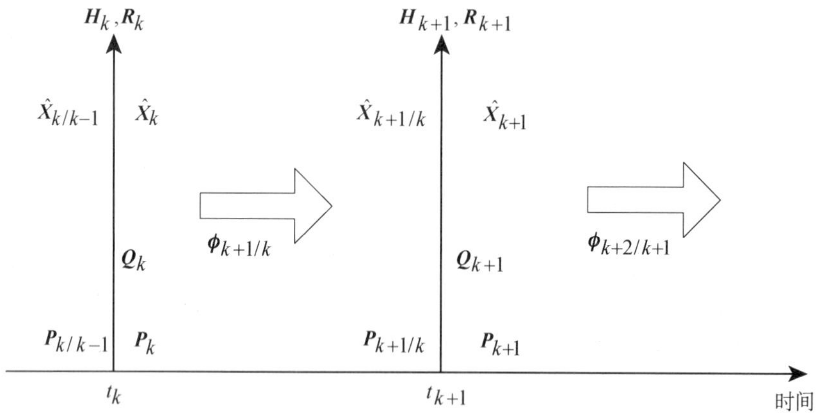

图 3-4　卡尔曼滤波各量的计算顺序

2. 公式系说明

（1）$\boldsymbol{Q}_k$ 是半正定矩阵，意味着不是所有状态都受到了干扰，这在物理上是合理的假定。

（2）$\boldsymbol{R}_k$ 是正定矩阵，表示观测向量的每一元素测量都有不准确性，这是合乎物理实际的。

（3）应注意：动态系统必须是线性的；观测必须是状态的线性组合；干扰（噪声）必须是附加的，而且是正态的随机变量。

实际上，这些要求可能有一个或几个不能满足。这时，卡尔曼滤波公式仍可应用，只不过不是“最优”，而是“次优”的了。

（4）$\boldsymbol{P}_{k/k\text{-}1}$ 称为测量前的误差协方差矩阵。公式中 $\boldsymbol{P}_k$ 称为测量后的误差协方差矩阵。从 $\boldsymbol{P}_{k/k\text{-}1}$ 式可以得出

$$\boldsymbol{P}_k = \boldsymbol{P}_{k/k-1} - \boldsymbol{K}_k \boldsymbol{H}_k \boldsymbol{P}_{k/k-1}$$

其中，右端第二项是非负定矩阵，即 $\boldsymbol{K}_k \boldsymbol{H}_k \boldsymbol{P}_{k/k-1} \geqslant 0$。这说明 $\boldsymbol{P}_k$ 是绝不会大于 $\boldsymbol{P}_{k/k-1}$ 的。因此，可认为平均地看，测量将减少对估值了解的不确定性。

（5）在卡尔曼滤波中，协方差的计算量大，其目的主要是求得增益 $\boldsymbol{K}_k$，然后用 $\boldsymbol{K}_k$ 来求得滤波 $\hat{\boldsymbol{X}}_k$。从图 3-5 中可以看出，从状态到协方差计算没有反馈，即协方差的计算循环是独立的。

（6）增益是按照这样的准则确定的：协方差 $\boldsymbol{P}_k$ 的对角线元素的加权和为最小，实际要求每个元素都必须是最小的，即对每一个状态的滤波误差方差都是最小的。

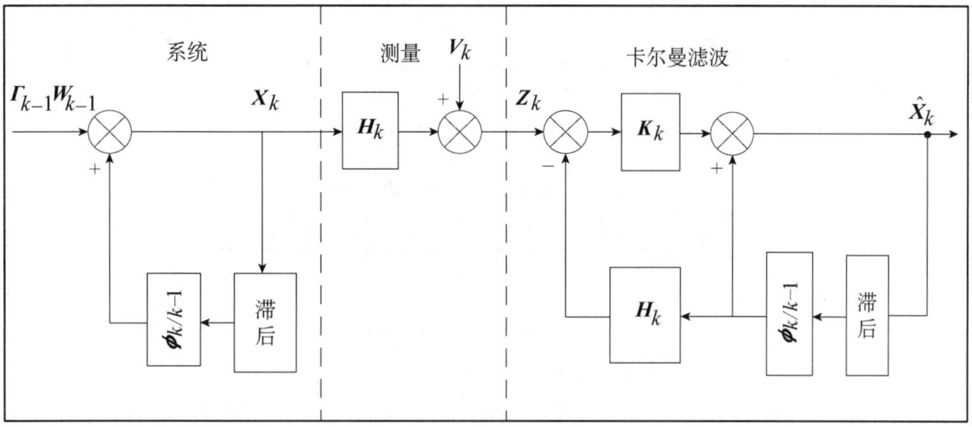

图 3-5　卡尔曼滤波方框框图

增益中考虑了状态的不确定性和测量的不确定性，一般它是变化的。

如果增益用一个简单的常数代替，则不需要计算协方差了，这时卡尔曼滤波公式只剩（1）和（2）了，计算量大减，当然这时已经不是“最优”的了。

（7）若 $\boldsymbol{\phi}, \boldsymbol{\Gamma}, \boldsymbol{H}, \boldsymbol{Q}, \boldsymbol{R}$ 等都是与时间无关的常数矩阵，则该系统称为定常系统。在一定的条件下，当 $t \to \infty$ 时，误差协方差阵 $\boldsymbol{P}_k$、增益 $\boldsymbol{K}_k$ 均趋于一常数矩阵。这类估计称为定常系统的稳态卡尔曼滤波（参看后边的例子）。

3. 计算顺序

参看图 3-6 首先把 $\boldsymbol{X}_0$ 和 $\boldsymbol{P}_0$ 的初值代入，然后即可求出 $\hat{\boldsymbol{X}}_{1/0}$ 和 $\boldsymbol{P}_{1/0}$，计算 $\boldsymbol{K}_0$。有了测量 z_1 后，进一步求出状态滤波 $\hat{\boldsymbol{X}}_1$，同时对协方差进行修正，得 $\boldsymbol{P}_1$。储存 $\boldsymbol{P}_1$ 直到第二次测量，重复以上计算。

注意协方差的计算循环有独立性，它不依赖于状态估值。

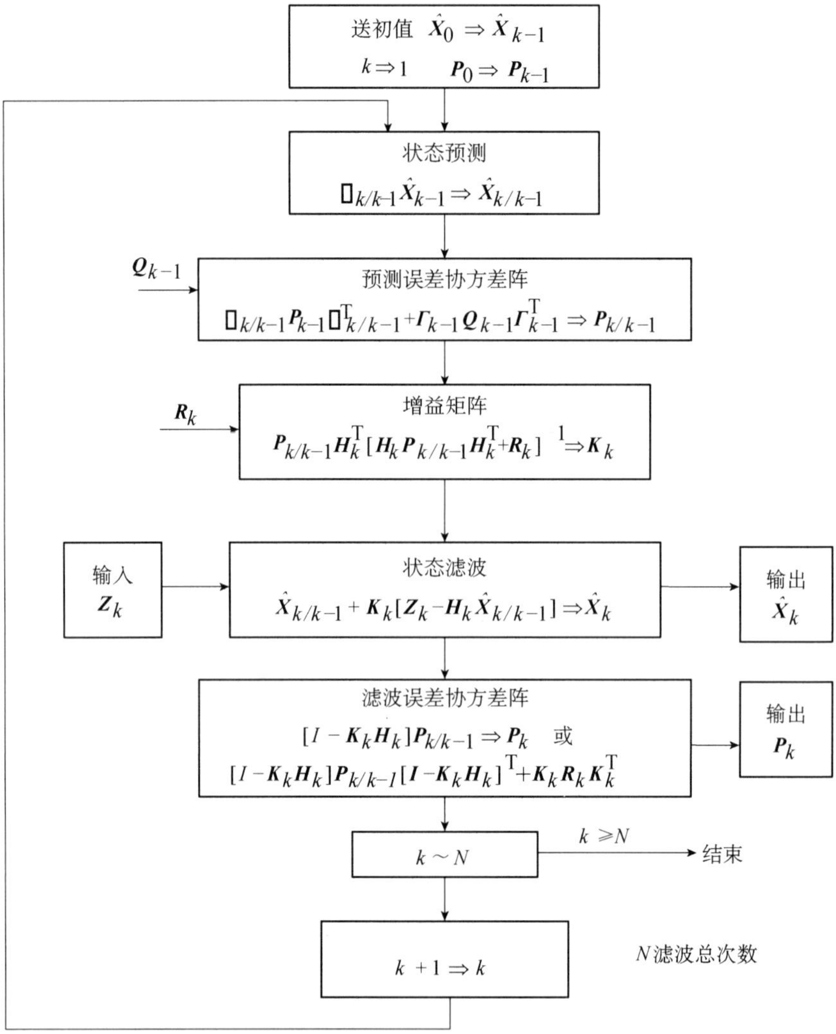

图 3-6 卡尔曼滤波程序图

（五）卡尔曼滤波器计算举例

为了熟悉卡尔曼滤波器的具体计算，这里介绍几个最简单的例子。同时，为了便于迅速求得解析结果，只介绍低阶的系统。应该指出，实际上的卡尔曼滤波器多是 10 阶至 20 阶的，50 阶或更高阶的也已有人研究。随着小型、微型高效能计算机的出现，限制卡尔曼滤波器规模的主要因素不再是计算机本身，而是模型误差及滤波器的收敛性和稳定性问题。在火控系统中，卡尔曼滤波常是 2～3 阶的。

例 5：设被估计值与观测值是同一物理量。这时 $\boldsymbol{H}$ 矩阵即单位矩阵，并设 $\boldsymbol{\phi}=1$，$\boldsymbol{\Gamma}=1$，状态不能为标量，$\boldsymbol{H}$=1，这时

$$x_{k+1} = x_k + w_k$$

$$z_{k+1} = x_{k+1} + v_{k+1}$$

设

$$P_0 = E\{x_0^2\} = 100, Q_k = 25, R_{k+1} = 15$$

求卡尔曼滤波的稳态增益和稳态时的卡尔曼滤波方程。

解：计算误差方差

设
$$M_{k+1} = P_{k+1/k}$$

$$M_{k+1} = P_k + 25$$

$$K_{k+1} = \frac{M_{k+1}}{M_{k+1} + 15} = \frac{P_k + 25}{P_k + 40}$$

$$P_{k+1} = [1 - \frac{P_k + 25}{P_k + 40}][P_k + 25]$$

$$= \frac{15[P_k + 25]}{P_k + 40} = 15K_{k+1}$$

达到稳态时，$P_{k+1} \approx P_k = \overline{P}$

计算稳态解

$$\overline{P} = 15\frac{\overline{P}_k + 25}{\overline{P}_k + 40}$$

得

$$\overline{P}^2 + 25\overline{P} - 375 = 0$$

$$\overline{P} = 10.55, \overline{P} = -35.55$$

因误差协方差不能为负，取 $\overline{P}$ =10.55，这与表 3-2 计算相比可见，滤波器在进行到第四次测量时，系统已进入稳态。

计算稳态增益

$$\overline{K} = \frac{\overline{P} + 25}{\overline{P} + 40} = 0.703$$

稳态时的滤波方程，或状态估计为

$$\hat{\boldsymbol{X}}_{k+1} = \hat{\boldsymbol{X}}_{k+1/k} + \boldsymbol{K}_{k+1}[\boldsymbol{Z}_{k+1} - \hat{\boldsymbol{X}}_{k+1/k}]\text{（代入 } \boldsymbol{K}_{k+1} \text{ 值）}$$

$$= 0.297\hat{\boldsymbol{X}}_{k+1/k} + 0.703\boldsymbol{Z}_{k+1}$$

表 3-2　例 5 计算结果

i	M_i	K_i	P_i
0	—	—	100
1	125	0.893	13.40
2	38.40	0.720	10.80
3	35.8	0.704	10.57
4	35.57	0.703	10.55
5	⋮	⋮	⋮
6	⋮	⋮	⋮

例 6：设

$$x_{k+1}=0.5x_k$$
$$Z_{k+1}=x_{k+1}+v_{k+1}$$
$$P_0=4$$
$$R_{k+1}=0.25$$

求卡尔曼滤波的稳态增益。

解：这里 $\varphi=0.5, H=1, Q=0$

计算

$$M_{k+1}=P_{k+1/k}=0.25P_k$$

$$K_{k+1}=\frac{M_{k+1}}{M_{k+1}+0.25}=\frac{0.25P_k}{0.25P_k+0.25}=\frac{P_k}{P_k+1}$$

$$P_{k+1}=[1-\frac{P_k}{P_k+1}][0.25P_k]$$

$$=\frac{0.25P_k}{P_k+1}=0.25K_{k+1}$$

稳态协方差

$$\frac{\bar{P}}{0.25}=\frac{\bar{P}}{1+\bar{P}}$$

$$\bar{P}^2+\bar{P}=0.25\bar{P}$$

$$\bar{P}(\bar{P}+0.75)=0$$

$\bar{P}=0$ 是唯一有意义的解。

稳态增益

$$\bar{K}=0$$

注意：本题中因设 $Q_k=0$，则 $\bar{P}_k=0, \bar{K}=0$ ，如果 x 是一个动态系统的状态值，$Q_k=0$ 即意味着 $\hat{\boldsymbol{X}}_{k+1}$ 只按系统模型变化，观测值对它已不起作用了。在火控系统中，如设 $Q_k=0$ ，则必造成发散现象。所以，实际的火控系统不能设 $Q_k=0$ 。当 $Q_k\neq 0$ ，则 $\bar{P}_k$ 和 $\bar{K}$ 皆不为零。这样，测量值就可以适当修正 $\phi\hat{X}_k$ 值了。例 6 计算结果如表 3-3 所示。

表 3-3　例 6 计算结果

i	M_i	K_i	P_i
0	—	—	4
1	1	0.8	0.2
2	0.05	0.166	0.0416
3	0.0104	0.0384	0.0096

例 7：用激光测距仪对一匀速直线运动的目标进行跟踪测量，观测间隔时间 $\Delta t=1\text{s}$ 。

假设初始值为

$$X_0 = E(x_0) = \begin{bmatrix} E(x_0) \\ E(\dot{x}_0) \end{bmatrix} = \begin{bmatrix} 0 \\ 0 \end{bmatrix}$$

$$P_0 = \begin{bmatrix} E(x_0 x_0) & E(x_0 \dot{x}_0) \\ E(\dot{x}_0 x_0) & E(\dot{x}_0 \dot{x}_0) \end{bmatrix} = \begin{bmatrix} 10(\text{km})^2 & 0 \\ 0 & 10(\text{km/s})^2 \end{bmatrix}$$

测量误差｛V_k｝为零均值白噪声序列，且与 $x(0)$ 和 $\dot{x}(0)$ 不相关。

$$E(V_k V_j^{\mathrm{T}}) = R_k \delta_{kj} = 0.01(\text{km})^2 \delta_{kj}$$

状态噪声为加速度干扰，即

$$E(W_k W_j^{\mathrm{T}}) = Q_k \delta_{kj} = 0.02(\text{km/s}^2)\delta_{kj}$$

观测结果为

$$z_1 = 4.20\text{km}$$
$$z_2 = 4.53\text{km}$$
$$z_3 = 4.81\text{km}$$
$$z_4 = 5.14\text{km}$$

试计算 x_k 和 $\dot{x}_k$（k=1、2、3、4）的卡尔曼滤波值。

解：

因目标等速直线运动，故一步状态转移矩阵为

$$\begin{aligned} \phi_{k/k-1} &= \varphi \\ &= \begin{bmatrix} 1 & \Delta t \\ 0 & 1 \end{bmatrix} = \begin{bmatrix} 1 & 1 \\ 0 & 1 \end{bmatrix}_{\Delta t=1} \end{aligned}$$

$$H_k = H = [1 \quad 0]$$

状态噪声为加速度干扰，故由加速度转为位置和速度状态的转换矩阵为

$$\Gamma_{k-1} = \Gamma = \begin{bmatrix} \dfrac{1}{2}\Delta t^2 \\ \Delta t \end{bmatrix} = \begin{bmatrix} 0.5 \\ 1 \end{bmatrix}_{\Delta t=1}$$

按照计算程序框图，卡尔曼滤波的计算过程如下。

k=1 时，

$$\hat{X}_{1/0} = \phi X_0 = \begin{bmatrix} 1 & 1 \\ 0 & 1 \end{bmatrix}\begin{bmatrix} 0 \\ 0 \end{bmatrix} = \begin{bmatrix} 0 \\ 0 \end{bmatrix}$$

$$\begin{aligned} P_{1/0} &= \phi P_0 \phi^{\mathrm{T}} + \Gamma Q \Gamma^{\mathrm{T}} \\ &= \begin{bmatrix} 1 & 1 \\ 0 & 1 \end{bmatrix}\begin{bmatrix} 10 & 0 \\ 0 & 10 \end{bmatrix}\begin{bmatrix} 1 & 0 \\ 1 & 1 \end{bmatrix} + \begin{bmatrix} 0.5 \\ 1 \end{bmatrix} 0.02 [0.5 \quad 1] \\ &= \begin{bmatrix} 20.005 & 10.01 \\ 10.01 & 10.02 \end{bmatrix} \end{aligned}$$

$$
\begin{aligned}
\boldsymbol{K}_1 &= \boldsymbol{P}_{1/0}\boldsymbol{H}^{\mathrm{T}}[\boldsymbol{H}\boldsymbol{P}_{1/0}\boldsymbol{H}^{\mathrm{T}}+\boldsymbol{R}]^{-1}\\
&=\begin{bmatrix}20.005 & 10.01\\ 10.01 & 10.02\end{bmatrix}\begin{bmatrix}1\\0\end{bmatrix}\left\{[1\quad 0]\begin{bmatrix}20.005 & 10.01\\ 10.01 & 10.02\end{bmatrix}\begin{bmatrix}1\\0\end{bmatrix}+0.01\right\}^{-1}\\
&=\begin{bmatrix}0.9995\\0.5001\end{bmatrix}
\end{aligned}
$$

$$
\begin{aligned}
\hat{\boldsymbol{X}}_1 &= \hat{\boldsymbol{X}}_{1/0}+\boldsymbol{K}_1[\boldsymbol{Z}_1-\boldsymbol{H}\hat{\boldsymbol{X}}_{1/0}]\\
&=\begin{bmatrix}0\\0\end{bmatrix}+\begin{bmatrix}0.9995\\0.5001\end{bmatrix}\left(4.20-[1\quad 0]\begin{bmatrix}0\\0\end{bmatrix}\right)\\
&=\begin{bmatrix}4.1979\\2.1004\end{bmatrix}
\end{aligned}
$$

$$
\begin{aligned}
\boldsymbol{P}_1 &= [\boldsymbol{I}-\boldsymbol{K}_1\boldsymbol{H}]\boldsymbol{P}_{1/0}\\
&=\left\{\begin{bmatrix}1 & 0\\ 0 & 1\end{bmatrix}-\begin{bmatrix}0.9995\\0.5001\end{bmatrix}[1\quad 0]\right\}\begin{bmatrix}20.005 & 10.01\\ 10.01 & 10.02\end{bmatrix}\\
&=\begin{bmatrix}0.0100 & 0.0050\\ 0.0055 & 5.0140\end{bmatrix}
\end{aligned}
$$

到此可以看出，在计算过程中的舍入处理使 $\boldsymbol{P}_1$ 失去对称性。这里采用简单办法，即取左下和右上两个元素的平均值

$$
\frac{0.0055+0.0050}{2}=0.0053
$$

重新组成：$\boldsymbol{P}_1=\begin{bmatrix}0.0100 & 0.0053\\ 0.0053 & 5.0140\end{bmatrix}$

k=2 时，

$$
\begin{aligned}
&\boldsymbol{X}_{2/1}=\boldsymbol{\phi}\boldsymbol{X}_1\\
&\boldsymbol{K}_2=\boldsymbol{P}_{2/1}\boldsymbol{H}^{\mathrm{T}}[\boldsymbol{H}\boldsymbol{P}_{2/1}\boldsymbol{H}^{\mathrm{T}}+\boldsymbol{R}]^{-1}\\
&\hat{\boldsymbol{X}}_2=\hat{\boldsymbol{X}}_{2/1}+\boldsymbol{K}_2[\boldsymbol{Z}_2-\boldsymbol{H}\hat{\boldsymbol{X}}_{2/1}]\\
&\boldsymbol{P}_2=[\boldsymbol{I}-\boldsymbol{K}_2\boldsymbol{H}]\boldsymbol{P}_{2/1}
\end{aligned}
$$

把相应的数字矩阵代入 $\boldsymbol{K}_2,\hat{\boldsymbol{X}}_2,\boldsymbol{P}_2$，即可求出数字结果。$k$=3，$k$=4 的情况完全相似，下边只把计算结果列表 3-4 中。

表 3-4　计算结果

项目		k				
		0	1	2	3	4
$\hat{X}_{k/k-1}$	$\hat{X}_{k/k-1}$	/	0	6.2983	4.8727	5.0080
	$\hat{\dot{X}}_{k/k-1}$	/	0	2.1004	0.3392	0.2990
$P_{k/k-1}$	P_{11}	/	20.005	5.0396	0.0599	0.0425
	P_{22}	/	10.02	5.0340	0.0448	0.0361

续表

项目		k				
		0	1	2	3	4
K_k	K_{k1}	/	0.9995	0.9980	0.8569	0.8095
	K_{k2}	/	0.5001	0.9960	0.6409	0.6190
$\hat{X}_k$	$\hat{X}_k$	0	4.1979	4.5335	4.8190	5.1358
	$\hat{\dot{X}}_k$	0	2.1004	0.3392	0.2990	0.3126
P_k	P_{11}	10	0.0100	0.0101	0.0086	0.0081
	P_{22}	10	5.0140	0.0248	0.0161	0.0160

从表中以看出，预测误差协方差 $P_{k/k-1}$ 和滤波误差协方差 P_k 是逐渐减小的，而且趋向稳定值。因此增益矩阵 K_k 中的每一项也是逐渐减小的，趋于一个稳态值。这时滤波 $\hat{X}_k$ 也趋向平稳。需要指出，只有在目标运动规律和误差统计特性（Q_k,R_k）掌握较准确时，以上结果才是符合实际的，否则 $P_{k/k-1}$、P_k 可能与实际情况不符。

3.4　其他滤波器

3.4.1　α–β–γ 滤波器

$\alpha-\beta-\gamma$ 滤波器，早在 20 世纪 50 年代后期在研究边扫描边跟踪（TWS）系统时就提出来了。对于简单的火控系统，也有选用类似 $\alpha-\beta$ 滤波器的。

（一）$\alpha-\beta$ 跟踪滤波器公式

$$\begin{cases} \hat{x}_n = \hat{x}_{n/n-1} + \alpha_n[z_n - \hat{x}_{n/n-1}] \\ \hat{\dot{x}}_n = \hat{\dot{x}}_{n/n-1} + \dfrac{\beta_n}{T}[z_n - \hat{x}_{n/n-1}] \end{cases} \tag{3-88}$$

式中，$\hat{x}_{n/n-1} = \hat{x}_{n-1} + \hat{\dot{x}}_{n-1}\boldsymbol{T}$

$\hat{\dot{x}}_{n/n-1} = \hat{\dot{x}}_{n-1}$

如何选择 α,β 的数值，使之满足一定的指标要求呢?

有几种可用的方法，但最常用的是按最小二乘的准则来确定 α,β 的数值。这时的 α,β 滤波实质上就是等速直线运动时的递推格式最小二乘滤波。α,β 值还可采用卡尔曼滤波的稳态增益。

（二）TWS 中的 $\alpha-\beta-\gamma$ 跟踪滤波器公式

在边扫描边跟踪系统中，常写成位置 $\boldsymbol{P}_s$、速度 $\boldsymbol{V}_s$ 及加速度 $\boldsymbol{A}_s$ 的形式，这里的下标 s 表示滤波；p 下标表示预测，o 下标表示观测。这样 $\alpha-\beta-\gamma$ 滤波器的公式系为

平滑位置坐标：$\boldsymbol{P}_{sn} = \boldsymbol{P}_{pn} + \alpha(\boldsymbol{P}_{on} - \boldsymbol{P}_{pn})$

平滑速度坐标：$\boldsymbol{V}_{sn}=\boldsymbol{V}_{sn-1}+\boldsymbol{A}_{sn-1}\boldsymbol{T}+\beta(\boldsymbol{P}_{on}-\boldsymbol{P}_{pn})/\boldsymbol{T}$

平滑加速度坐标：$\boldsymbol{A}_{sn}=\boldsymbol{A}_{sn-1}+\gamma(\boldsymbol{P}_{on}-\boldsymbol{P}_{pn})/\boldsymbol{T}^2$

预测位置坐标：$\boldsymbol{P}_{pn}=\boldsymbol{P}_{sn-1}+\boldsymbol{V}_{sn-1}\boldsymbol{T}+\frac{1}{2}\boldsymbol{A}_{sn-1}\boldsymbol{T}^2$

式中，α,β,γ——确定系统反应的系数，也称为增益；

$\beta(\boldsymbol{P}_{on}-\boldsymbol{P}_{pn})/\boldsymbol{T}$——观测位置与预测位置之差被 $\boldsymbol{T}$ 除，再乘以 β，相当于对速度值的修正；

$\gamma(\boldsymbol{P}_{on}-\boldsymbol{P}_{pn})/\boldsymbol{T}^2$——相当于前一时刻的速度被 $\boldsymbol{T}$ 除乘上 γ，得出对估计加速度的修正。

对直线等速目标，经计算

$$\alpha=\frac{2(2n-1)}{n(n+1)},\qquad \beta=\frac{6}{n(n+1)} \tag{3-89}$$

当扫描次数增加时 α,β 皆减少；当航迹刚刚建立时 α,β 皆取 1，然后渐渐减小。实际上 $\alpha\neq 0$，因为 $\alpha=0$ 时，相当于 $\boldsymbol{P}_{sn}$ 等于 $\boldsymbol{P}_{pn}$，观测值就不起作用了。α,β 随 n 的增加而变化的情况可由表 3-5 看出。

表 3-5　随 n 的变化率

n	α	β
1	1	—
2	1	1
3	0.833	0.5
4	0.7	0.3
5	0.6	0.2
6	0.52	0.142
7	0.46	0.107
8	0.416	0.08
9	0.377	0.06
10	0.345	0.054

当 α,β 值选用卡尔曼滤波的稳态增益时，可在一定的测量噪声和动态噪声的条件下，利用等速直线运动模型，求出增益的稳态值。

α,β 参数的选择决定了新息的引入量。当 α,β 值取得较大时，噪声压制较少，但跟踪机动性好，从频率角度看，这叫作滤波频带宽；当 α,β 较小时，对噪声压制大，滤波稳态精度高，但对机动目标的跟踪效果差。α,β 的作用与卡尔曼滤波器的增益完全相似。

3.4.2　简化的卡尔曼滤波器

卡尔曼滤波器是很好的滤波器，但是它要求有准确的动态模型和测量模型，可以信得过的动态噪声和测量噪声。在这样的要求下，火控系统滤波器的维数要加大，状态变量常常要 6 维以上。维数增大后，特别是误差协方差、增益矩阵的计算量猛增，而且系统的整定时间增长，不利于火控系统的快速反应。

从另一角来看，目标运动模型是不可能十分准确的，误差统计特性掌握很准确也是很困难的。这就告诉我们，对于火控系统的滤波器，只追求模型的准确是效果不大的。

在对目标运动规律、误差统计特性资料没有很大把握的情况下，可采用简化的卡尔曼滤波器，总的看来是好的。

因此，在设计卡尔曼滤波器时，一般都要经过简化手续。如把目标模型限制在三状态以下，误差统计特性认为是白噪声的，把耦合的改为非耦合的，一些非线性关系简化为线性关系，时变的当成时常的等。

在计算上，特别是因误差协方差的计算量大，可以适当简化或事先计算好，把它存储起来，这样就可以大大减轻计算机的实时计算量。

简化的卡尔曼滤波器是否可行，要经过模拟仿真的检验。多数的简化卡尔曼滤波器可以达到近似卡尔曼滤波器的性能，而计算要求远比后者要小，而且滤波整定时间要短些，因此，在实际工作上简化的卡尔曼滤波器得到了广泛的应用。

3.4.3　各种滤波器小结

我们已经介绍了最小二乘滤波、$\alpha-\beta$ 滤波、卡尔曼滤波及简化卡尔曼滤波。应注意这些滤波的前提条件是不同的。一般地，较高级的滤波必须以提供较全面的统计资料和状态、量测系统的准确方程及计算复杂等为代价。如果都是线性时常系统，且忽略目标运动的截断误差，测量方差为常数，均匀采样间隔时间足够长，使测量误差不相关且可认为是白色的，在这种情况下，在最小二乘意义下的最优（高斯的）与均方误差最小意义下的最优及误差协方差矩阵最小意义下的最优（卡尔曼的）完全是一回事。因此，在应用方面，应着重关注卡尔曼滤波能解决而最小二乘滤波等其他滤波所不能解决的那些问题，从这个原则出发，卡尔曼滤波真正的用武之地是线性时变系统。

卡尔曼滤波，其增益是不断变化的，它能根据当时的滤波误差和测量误差之比及时调节，合理地吸取有用的新息来不断改进滤波估值的大小。正是因为有了这个特点，在次优条件下卡尔曼滤波仍有较好的适应性，反而滤波性能下降不多。这是其他滤波方法所没有的。

3.5　本章小结

本章重点讨论火控与指控滤波理论问题。详细阐述了最小二乘滤波的基本原理，推导了目标做等速直线运动和等加速直线运动情况下的累加形式、矩阵形式、加权形式和递推格式最小二乘滤波公式；详细阐述了卡尔曼滤波的状态方程、测量方程，推导了离散卡尔曼滤波公式系；在分析导数多项式目标运动模型的基础上，阐述了随机加速度模型；对 $\alpha-\beta(-\gamma)$ 滤波器、简化的卡尔曼滤波器等进行了介绍。本章的重点是最小二乘滤波和卡尔曼滤波；随机加速度目标运动模型是本章难点。

现代滤波器是采用数字计算的方法，从观测数据中滤掉随机干扰（噪声），取出有用信号的计算装置。对某一状态的估计可分为平滑、滤波和预测。按估计计算所依据的不同准则，分为各种类型的滤波器。

作为一种经典的方法，最小二乘滤波方法得到了广泛应用，它使得所求估计值与各次测量值之间的误差平方和最小。累加格式的最小二乘滤波需要记忆大量的测量数据，计算比较复杂，通常需要进行有限记忆处理。采用矩阵运算形式的最小二乘滤波公式具有简明的特点，便于数学分析。如果事先能够了解观测误差协方差，可以改进最小二乘法，用之作为加权矩阵就得到了加权最小二乘滤波方法。为避免记录大量的测量数据，通常采用递推格式的最小二乘滤波，递推公式具有“滤波值＝预测值十校正”的形式。

当系统的状态作为被估计量，按某种规律随时间变化，且存在着噪声干扰时，需要用带有噪声的状态方程和测量方程去估计系统的状态，这时候要采用卡尔曼滤波。卡尔曼滤波充分利用有关信息及被估计量本身的物理特性，如系统状态方程、测量方程、系统噪声和测量噪声的统计特性，因此优于它之前的各种滤波器。卡尔曼滤波的主要公式包括：①状态方程；②测量方程；③一步预测方程；④预测误差协方差矩阵方程；⑤增益矩阵方程；⑥状态滤波方程；⑦滤波误差协方差矩阵方程。

描述目标在三维空间的运动方程有导数多项式目标运动模型、随机加速度目标运动模型等。有了目标运动模型及其他条件后，运用卡尔曼滤波方法必须审慎考虑其收敛性和分析是否会产生发散。在满足精度要求的基础上为简化计算，火力控制系统中还常常采用其他形式的滤波器，如 α-β（-γ）滤波器、简化的卡尔曼滤波器等。实时火力控制跟踪滤波器要经过战术技术论证、确定坐标系及目标运动模型、选择量测模型和滤波器、模拟检验及分析对比，才能最后确定。

习题 3

1．试解释平滑、滤波和预测的相关概念。

2．何谓随机加速度目标运动模型？

3．何谓最小二乘滤波？试推导最小二乘滤波求解目标运动参数的基本原理。

4．当测量误差 $\boldsymbol{V}$ 的均值为零时，证明最小二乘滤波是无偏估计的。

5．运用矩阵形式的最小二乘滤波方法对数量 x 进行最小二乘估计。

6．对目标运动角速度进行测量，第一次观测值为 3.66 密位/秒，第二次观测值为 3.54 密位/秒，试用最小二乘估计目标运动角速度，若观测误差方差阵分别为

$$E[v_1]=E[v_2]=0$$

$$\boldsymbol{R}=E\left\{\begin{bmatrix}v_1\\v_2\end{bmatrix}\begin{bmatrix}v_1 & v_2\end{bmatrix}\right\}=\begin{bmatrix}0.5^2 & 0\\0 & 0.3^2\end{bmatrix}$$

求最小二乘滤波误差的方差。如加权矩阵 $\boldsymbol{W}=\boldsymbol{R}^{-1}$，试用加权最小二乘滤波求目标运动的角速度和加权最小二乘滤波误差的方差。

7．简述卡尔曼滤波的概念。要使用卡尔曼滤波，应具备什么条件？

8．试写出离散卡尔曼滤波公式系并进行简要说明。

9．卡尔曼滤波具有哪些特点？试比较最小二乘滤波和卡尔曼滤波优缺点。

10．火控与指控系统常用的滤波方法有哪些？各有什么特点？

第 4 章　反舰导弹火力控制原理

4.1　概述

反舰导弹武器系统是安装在舰艇、潜艇、飞行器和岸基等作战平台上的反舰导弹及其跟踪器、控制设备的总称。根据它所完成的战斗使命不同，可分为舰对舰型、潜对舰型、空对舰型和岸对舰型等。

反舰导弹火控系统的基本功能是在各种复杂的战斗环境下实施快速、准确、可靠和安全地发射导弹，使导弹以最优的飞行弹道命中预定的水面目标。所谓最优的飞行弹道是导弹在发射后沿这条弹道飞行时能以最大的命中概率命中预定的目标。

4.1.1　反舰导弹火控系统的组成

反舰导弹火控系统一般由探测设备、射击控制设备、导弹发射装置、电源及其之间的信息传输和通信设备等设备组成，下面分述各设备的组成和功能。

探测设备包括目标探测设备和测量传感器，目标探测设备主要用于搜索发现目标，选择攻击目标，对其精确跟踪，测出其坐标数据，并将这些数据连续不断地输送给射击控制设备，用来解算导弹射击诸元，确定导弹发射方向和参数。常用的目标探测设备主要是雷达，此外还有光学设备和声学设备，如电视跟踪仪、激光雷达、激光测距仪和声纳等。考虑到全天候作战及电子对抗的需要，一个导弹火控系统中往往同时配备雷达和光学设备或声学设备。测量传感器用于测定载体运动参数及气象参数，供计算导弹射击诸元使用。载体不同，所用传感器也略有不同；所控制的导弹不同，所需传感器的种类也有差别。

导弹射击控制设备一般是指导弹射击指挥仪。它主要用于解算目标运动要素和导弹射击诸元，对导弹进行射前检查和发射控制及各种发射方式的转换等，并具有各种显示、记录等功能。导弹射击控制设备是导弹火控系统的中枢。导弹火控系统的各种功能要求、作战方式及使用性能，往往都在导弹射击指挥仪上得以体现。它的质量好坏、功能强弱直接影响着火控系统的战术性能。

发射装置用于支撑、存放和发射导弹，提供导弹发射所需的姿态和方位。因装载对象及支撑的导弹不同，发射装置在结构上也有较大差别，如固定式发射装置、回转式发射装置、垂直发射装置、箱式发射装置等。飞机上的导弹挂架也是一种发射装置。

电源主要指导弹专用电源，用于提供导弹发射及发射前火控系统自检和导弹射前检查所需的电源。火控系统各设备所需的特种电源，一般由各设备自行配套。

火控系统中还有一套传输设备（如电缆网或数字传输设备，用于各设备之间的信息和数据传输）和一套通信联络设备（用于火控系统的作战指挥及设备各站位之间的通信联络）。除此之外，如果导弹射程远，发射后需要火控系统参与控制，火控系统中必须配备中继制导设备或全程制导设备。

反舰导弹火控系统的分类通常采用按装载对象分类的方法，分为岸用、舰载、机载、潜载反舰导弹火控系统等。

（一）岸基反舰导弹火控系统

岸基反舰导弹火控系统配置在海岸上，导弹从岸上发射，用于封锁海域或抗登陆。这种火控系统又分机动式和固定式两种：机动式即装车方式，把火控系统各设备分装在几辆车上，可以机动，转移阵地；固定式大多是坑道式，即把主要控制设备隐蔽在坑道里。

岸基反舰导弹火控系统一般由警戒雷达、跟踪雷达、导弹指挥仪、测风仪、导弹发射装置、数据传输、通信设备和电源等设备组成。系统组成及信息流程如图 4-1 所示。

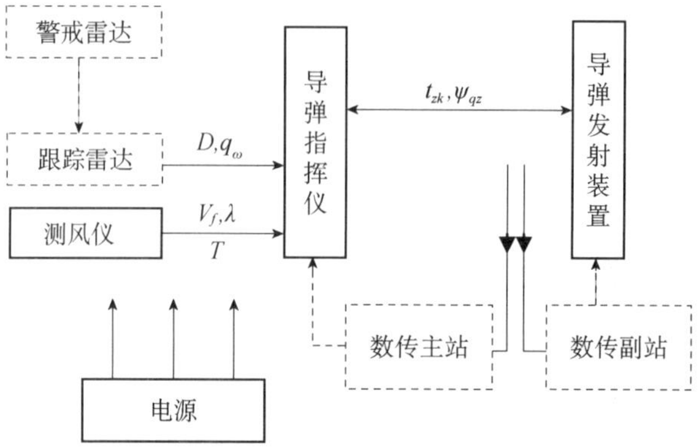

图 4-1　岸基反舰导弹火控系统组成及信息流程

D—目标距离；q_ω—目标方位角；V_f—风速；λ—风向；
T—温度；t_{zk}—自控飞行时间；ψ_{qz}—前置航向角

在此系统中，用警戒雷达提供目标指示。导弹指挥仪解算的导弹射击诸元主要有两个：一个是前置航向角，即导弹飞行的前置方向。另一个是自控飞行时间（或距离），即末制导雷达开机的时间（或距离）。若采用固定式发射装置，导弹射击诸元通过发射装置转接到导弹上。采用回转式发射装置，导弹前置航向角装定到发射装置上，用来控制它回转到所需的前置方向上。随着现代反舰导弹的发展，尤其是反舰导弹射程的不断提高，其火控系统往往不再依赖武器系统自身的警戒雷达、跟踪雷达等获得目标信息，而以从外部数传渠道获得为主。

（二）舰载反舰导弹火控系统

舰载反舰导弹火控系统装在舰艇上，导弹从舰上发射，攻击海上目标。

该系统由导弹攻击雷达、导弹指挥仪、导航设备、计程仪、方位水平仪（或平台罗径、陀螺平台）、发射装置、电源、测风仪（或气象仪）等设备组成。系统组成及信息流程如图 4-2 所示。

在此系统中，导弹攻击雷达可以是专为导弹攻击配置的跟踪雷达，也可以是舰船上信息系统公用的边搜索边跟踪雷达等。大舰都配有专门的目标指示雷达，小艇由于配备武器较少，且受体积重量限制，不再单独配备目标指示雷达，导弹攻击时一般靠岸防指挥所或来自其他舰艇的目标情报。

配备导航设备为向导弹指挥仪提供本舰运动要素，用以消除本舰运动对导弹发射参数的影响。

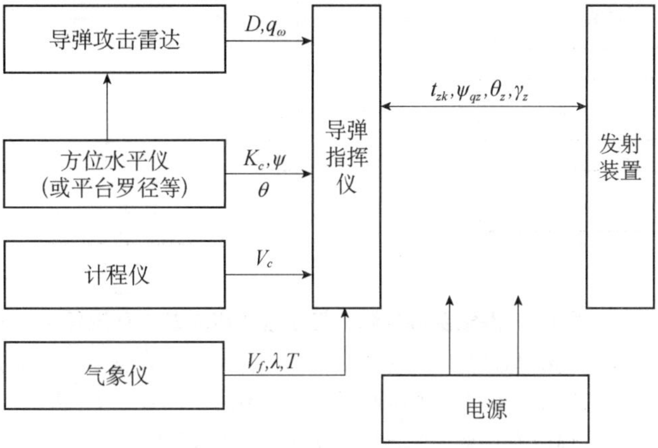

图 4-2　舰载反舰导弹火控系统组成及信息流程

D—目标距离；q_ω—目标舷角；K_c—我舰方位角；ψ—我舰纵摇角；
θ—我舰横摇角；V_c—我舰航速；V_f—风速；λ—风向；T—温度；
t_{zk}—自控飞行时间；ψ_{qz}—前置航向角；θ_z—导弹俯仰角；γ_z—导弹滚动角

（三）潜载反舰导弹火控系统

潜载反舰导弹火控系统装在潜艇上，导弹从潜艇发射，攻击敌水面舰艇。潜艇发射导弹，隐蔽性好，突防能力强，一般采用水下发射，但水下发射技术难度大。

潜载反舰导弹火控系统的最大特点是目标的主要探测设备不是雷达，而是声纳。声纳又名电子耳，它靠探测敌舰艇的声音来发现目标。声纳又分成主动、被动两种：主动声纳本身发出声波，碰到目标后反射回来，接收后，测出目标距离和方位。被动声纳本身不发出声波，靠探测敌舰艇螺旋桨的声音来发现目标，只能测出其方位角，测不出距离，其距离往往靠声纳兵的经验估测或通过其他渠道来获得。主动声纳虽然能测出目标的方位和距离，但噪声大，容易被敌方分现。而且因声波在水中传播衰减大，作用距离也较近，因此其应用受到了限制。

除了用声纳作为探测目标的主要手段外，还使用雷达、潜望镜等辅助探测设备。它们探测目标时，雷达天线和潜望镜要露出水面，因此容易被敌方发现，而且潜深较浅，隐蔽性也相应减弱。

潜载反舰导弹火控系统的组成及信息流程见图 4-3。

（四）机载导弹火控系统

机载导弹火控系统装在飞机上，从空中发射导弹，攻击敌水面舰船等目标。

机载导弹火控系统中用的传感器与舰载反舰导弹火控系统中的传感器不同，测风速、风向时，需先测出飞机的空速（飞机相对于空气流的速度）、地速（飞机相对于地面的速度）及偏流角。测地速和偏流角用的是多普勒雷达或惯导系统。测空速用的是空速管。飞机的高度是用气压高度表及无线电高度表测量的，随着计算机技术的发展，目前已采用大气数据计算

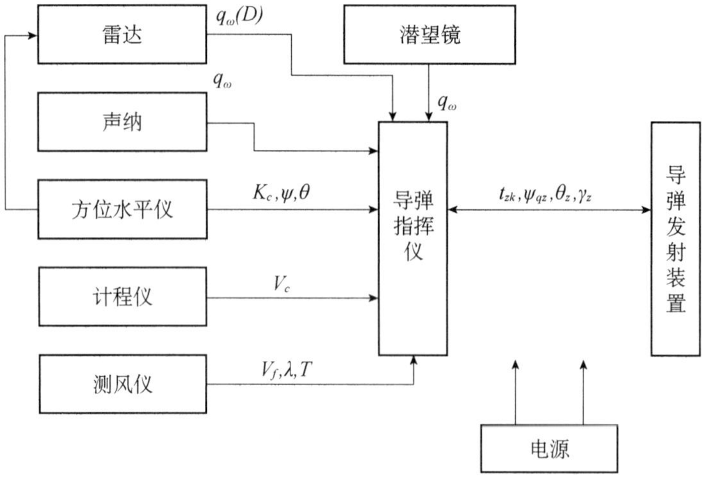

图 4-3　潜载反舰导弹火控系统的组成及信息流程

图中：q_ω —目标的舷角；D—目标距离；K_c —我艇方位角；ψ —我艇纵摇角；
θ —我艇横摇角；V_c —我艇航速；V_f —风速；λ —风向；T—温度；
t_{zk} —自控飞行时间；ψ_{qz} —前置航向角；θ_z —导弹俯仰角；γ_z —导弹滚动角

机来计算空速、飞机高度等参数。机载导弹火控系统设备要求体积小、操作自动化程度高、电磁兼容性好。机载导弹火控系统的组成及信息流程如图 4-4 所示。

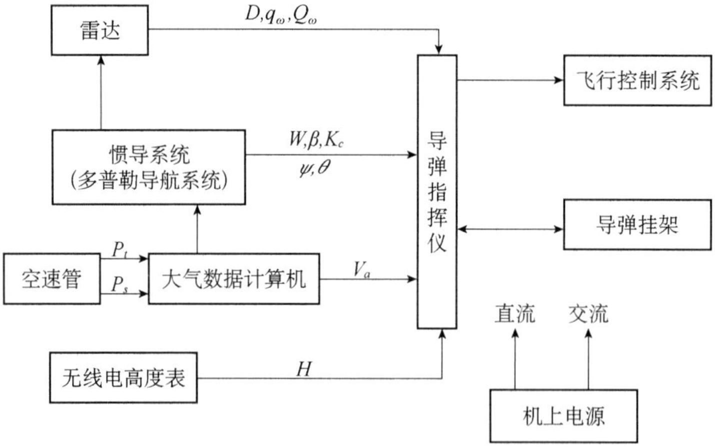

图 4-4　机载导弹火控系统的组成及信息流程

W—地速；D—目标距离；K_c —飞行航向角；V_a —空速；ψ —飞机倾斜角；
β —偏流角；θ —飞机俯仰角；H—飞机高度；q_ω —目标方位角；P_t —全压；
θ_ω —目标俯仰角；P_s —静压

4.1.2　反舰导弹火控系统的工作过程

反舰导弹火控系统的工作过程与导弹发射的全过程紧密相关，现按导弹发射的几个阶段分别叙述。反舰导弹火控系统的典型工作流程如图 4-5 所示。

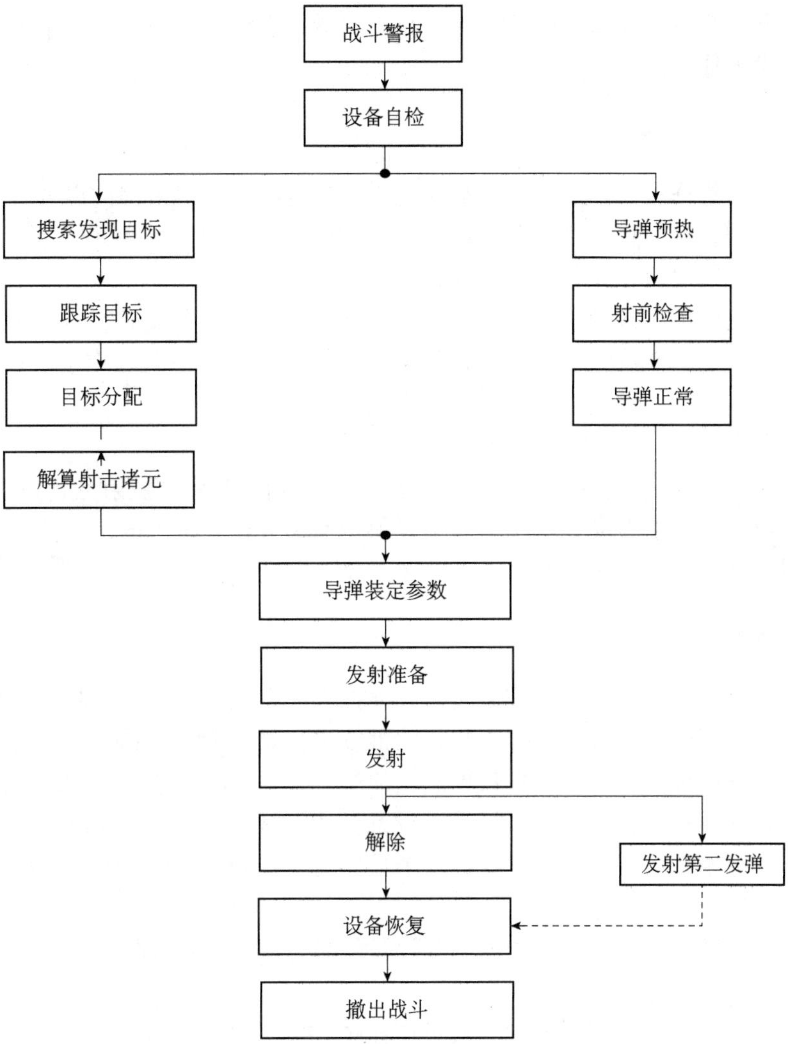

图 4-5　反舰导弹火控系统的典型工作流程图

（一）战斗准备阶段

接收到指挥所传来的战斗警报后，火控系统各设备开机自检。自检正常后，转入工作状态待命。目标探测设备根据目标指示雷达指示的目标或指挥所通报的目标信息，搜索目标。发现目标后，进行识别判断。然后对选择攻击的目标精确跟踪，并组织武器通道，进行目标分配。上述过程通常是在指挥员的决策干预下进行的。

目标分配好后，所需攻击的目标参数和导航设备及气象设备实时测得的参数同时送给导弹指挥仪。导弹指挥仪操作手根据目标距离或指挥员命令，装定导弹自导距离，根据目标运动特性，装定目标机动参数及其他所需参数，导弹指挥仪根据各种输入参数，按预先编制的程序解算导弹射击诸元。

与此同时，向导弹供电。启动弹上各设备，预热弹上末制导雷达。若弹上控制系统采用的是惯导平台，此时应对准调平。雷达预热后，即可按导弹射前检查程序对导弹进行射前检查。

射前检查结果给出“设备正常”时，才可发射导弹。若出现“设备故障”，则不允许发射，须对火控系统和导弹进行检查，故障排除，重新对导弹射前检查后，才能准备发射，否则将导弹退回到技术阵地检修。

（二）发射准备阶段

在这一阶段，指挥员要使载体进入战斗航向，或进入导弹射击扇面以内。目标探测设备应连续不断地探测目标信息，稳定跟踪所需攻击的目标，以便导弹指挥仪能正确地和实时地解算射击诸元，不断地向导弹装定所需参数。

与此同时，还要进行各种发射准备：回转式发射架应随动到发射方向，箱式发射装置应打开发射箱盖，弹上助推器应解除点火装置保险，鱼雷管式发射装置应向筒内注水均压。

（三）发射

在上述一切准备好之后，在导弹指挥仪的显控台上就会显示“发射准备好”，此时指挥员即可按战机需要，下达发射命令或亲自按下发射按钮，火控系统中的发射控制电路便按导弹所要求的发射程序自动控制导弹发射，直至导弹起飞离轨。

（四）发射后阶段

对于“发射后不管”导弹，导弹起飞后，导弹火控系统不需对它控制，目标探测设备可以继续监视目标，观察射击效果，导弹指挥仪继续进行射击诸元计算。若仍需对同一个目标进行攻击，则根据指挥员命令，指挥仪控制其他号位导弹向同一个目标实施单射或齐射，如需要对另一个目标转移火力攻击，目标探测设备可转入对另一个目标跟踪，将其参数传送给导弹指挥仪，导弹指挥仪即控制导弹对另一个目标射击。若不再继续发射导弹，火控系统各设备关机，载体机动隐蔽。

对于中继制导的导弹，火控系统的制导设备须参与控制导弹飞行，修正飞行弹道，直至导弹命中目标。

上面介绍的只是导弹火控系统的一般工作程序。载体和导弹不同时，各阶段的工作项目并不完全相同。如空舰导弹火控系统的战斗警报通常是在飞机起飞前接到的。接到战斗警报后，立即作备航准备。飞机出航后，根据指挥所的目标信息，在离战区一定距离时开始对弹预热、射前检查，雷达开机搜索目标。之后按上述程序进行导弹发射。机动式岸舰导弹火控系统在进入战斗准备时，要进行阵地展开，然后还要对发射装置等进行调平及方位标定，还要进行全火控系统的电气和机械“零位”的校准工作。这些工作做好以后，即可按上述发射程序进行下去。

4.1.3 射击方式和发射方式

（一）射击方式

导弹火控系统的任务是控制导弹向预定方向准确发射，使其命中目标。因此，研究火控系统的射击方式，实质上就是研究火控系统控制导弹射击的方向和弹上末制导雷达开机时的导弹位置。在不同的射击方式下，火控系统的战术技术性能是不同的，而且设备的繁简程度也不相同。究竟选择哪种射击方式，需根据导弹的性能特点、作战使用要求及设备状况等因素综合考虑。

飞航式反舰导弹火控系统常采用下列两种射击方式。

1. 前置点射击方式

前置点射击方式即向自标的前置点方向发射导弹。所谓前置点，就是考虑在导弹飞行时间内目标的运动，它相对于发射瞬间目标所在位置提前一个角度。

如图 4-6 所示，发射导弹瞬间，目标在 M 点，在导弹飞行时间内，目标沿本身航向 K_m 方向运动至 M' 点，那么，导弹不向 M 点发射而向 M' 点发射，M' 点即为目标的前置点位置。这种发射方式称为前置点射击方式。由于 MM' 之间的距离是导弹发射以后导弹飞行时间内目标运动的距离，要向 M' 点发射，在发射前就必须预测出目标的前置点位置，为此，也就必须知道目标的航速航向。通常根据目标的瞬时坐标参数平滑滤波来求取目标的航速航向。

在这种射击方式下，如果不考虑导弹本身的弹道散布、目标的机动及火控系统的瞄准误差，从理论上讲，对自控加自导体制的导弹来说，末制导雷达开机时就能对准目标，而对全程制导体制的导弹来说，导弹必定在目标前置点与目标相遇。因此，这种射击方式系统精度较高。但由于这种方式需平滑滤波求取目标航速航向，因而对计算机的速度和容量要求高，更主要的是系统反应时间加长。因此，要求取目标航速航向，必须要有一定的滤波平滑时间。

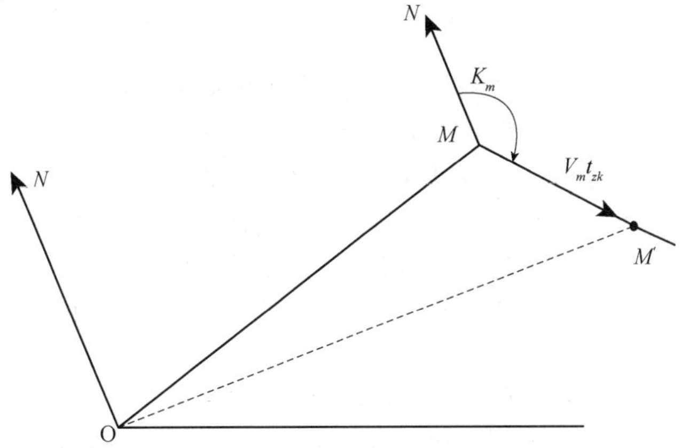

图 4-6　前置射击原理图

O—导弹发射点；N—北方；M—发射瞬间目标所在位置；
K_m —目标航向；t_{zk} —导弹飞行至目标的时间；
V_m —目标运动速度；M' —目标的前置位置

当弹上控制系统的精度较差，末制导雷达的角度搜索范围较小或导弹的射程较远，飞行时间较长时，通常采用这种射击方式，以保证导弹的命中概率。

2. 现在点射击方式

现在点射击方式即不考虑目标的活动，导弹向目标的现在位置（即图 4-6 中的 M 点）发射。在这种情况下，目标运动造成的偏差直接影响导弹的捕捉概率，系统精度较差但它不需要预测目标前置点、求取目标航速航向，只求解导弹射击诸元，可使火控计算大大简化，系统反应时间缩短。

这种工作方式一般是在目标距离较近，或导弹飞行速度较快，或弹上控制系统精度较高，系统精度裕度较大的条件下使用的。有时当战机紧迫，要求系统反应时间短时，也可使用。

随着导弹技术的发展，弹上控制系统已采用精度较高的导航系统，弹上末制导雷达的角度搜索范围也在增大。这样，导弹火控系统将愈来愈简单，现在点射击方式已成为一种普遍采用的方式。目前国外大多数飞航反舰导弹都采用这种方式。

（二）导弹发射方式

随载体不同，反舰导弹的发射方式也不同。岸基、舰（潜）艇上的导弹采用倾斜发射和垂直发射两种方式。飞机上的导弹常采用自由投放和弹射发射两种方式。

1. 倾斜发射

倾斜发射就是发射导弹时发射装置呈一定的仰角，导弹离轨后按此仰角爬升，然后按所设计的弹道下滑转平。仰角大小取决于导弹的战术技术要求、飞行弹道的设计及载体的总体布局等。

倾斜发射又分为蹲式发射和悬挂式发射两种。蹲式发射即导弹坐卧在发射导轨上面，发射时，导弹在发射导轨上滑行，一般岸舰、舰舰导弹大多采用这种发射方式，悬挂式发射即导弹悬挂在发射梁上。导弹在发射梁的下方，发射梁上有一段导轨，发射时，导弹呈悬挂状态在发射导轨上滑行。

倾斜发射容易实现，对导弹没有特殊要求。但它的攻击面窄，发射时必须对准发射方向或进入射击扇面内，而且占用空间大，装弹数量少，受载体上层建筑的限制，不能全方位发射。

2. 垂直发射

垂直发射就是发射导弹时发射装置垂直向上，发射仰角约为90°。

采用这种发射技术，为了要使导弹进入预定轨道，弹上必须采用惯性导航和推力矢量控制等技术，因此对导弹要求高，实现难度大。但采用垂直发射，发射装置占用空间小，装弹量大，发射装置简单，再装填也方便，而且能不受载体上层建筑的影响，实现全方位发射，发射率高，能大大提高装载平台对多目标实现多批次连续作战的能力。因此，尽管垂直发射对导弹要求严格，但随着新技术的发展，垂直发射是一种很有前途的发射技术。

3. 自由投放

这是挂机导弹采用的一种发射方式，自由投放就是导弹从挂架挂钩释放后，导弹靠重力下落，待导弹离开飞机一定高度后，弹上动力系统点火，给导弹推力，而投放过程中挂架系统不给导弹任何力。

自由投放发射方式挂架简单，只要有挂钩将导弹挂住，投放时释放挂钩，导弹将自动下落。由于投放过程导弹不受力，因此对导弹的结构强度要求低，只要求承受吊挂力及飞行载荷。但采用这种方式，导弹以自由落体的速度下落，在机弹气动干扰区的时间长（相对弹射投放方式而言），因而受气动干扰明显，引起导弹姿态变化大，增加了导弹的控制难度的增加。

4. 弹射投放

这也是挂机导弹的一种发射方式。弹射投放就是导弹投放时，挂架系统给予导弹一个向下的推力，将导弹弹射下去。弹射力的大小取决于所需要的弹射速度、弹射行程及导弹所能承受的弹射过载。弹射力大，弹射速度快，导弹能较快地脱离机弹干扰区。弹射力太大，导弹的结构强度可能承受不了。若弹射力太小，则起不到弹射作用。因此必须综合考虑，选择适当的弹射力。

采用弹射投放，导弹能尽快脱离机弹干扰区，导弹受机弹干扰小，导弹姿态容易控制。但由于采用弹射，挂架系统需要有一套弹射机构，这将带来挂架结构的复杂化。

弹射又分一点弹射、两点弹射或多点弹射。如果用一点弹射，弹射点通常作用在导弹重心处，否则会引起导弹姿态变化。采用两点弹射或多点弹射，在设计时必须特别注意以下两点：一是要保证弹射点之间的同步性；二是弹射点的位置必须选择合理，既保证导弹的姿态要求又与导弹的结构协调。

上述两种投放方式各有利弊，究竟采用哪种投放方式，要根据导弹的总体性能要求综合考虑确定。

4.2　反舰导弹的解命中问题

目前所使用的导弹大多采用发射后不管（自控＋主动末制导）的方式。反舰导弹的射击命中的目的是寻找一条控制导弹命中目标的理想飞行弹道。所谓理想的飞行弹道，是使导弹在发射后沿着这条弹道飞行时，能以最大的命中概率命中预定的目标。导弹解命中原理所研究的实质问题是分析决定这条理想飞行弹道的控制参数，为反舰导弹火控系统进行射击解算提供理论依据。

4.2.1　反舰导弹射击条件假设

为了分析和解算方便，对反舰导弹的射击条件一般可做如下假设。

1. 目标运动规律假设

（1）在导弹自控飞行时间内，目标做等速直线运动，其运动参数（航向、航速）与导弹发射前预测的相同。

（2）对运动速度很小的目标（包括固定目标），可认为目标运动速度等于零。

2. 导弹运动参数假定

（1）导弹发射起飞时，先按标准弹道做变速飞行，然后做直线等速水平飞行，其巡航速度由导弹发射前预定的最大水平飞行速度确定。

（2）导弹自控段上的飞行方向与导弹发射前预定的自控飞行方向一致。

（3）导弹的飞行高度由弹上控制系统独立控制并在发射前预定，巡航高度与导弹射程相比，其值很小，在求解导弹射击命中要素时，可以忽略高度的影响，即认为导弹与目标都在同一水平面运动。

3. 发射环境条件假设

（1）在导弹发射、飞行过程中，不受任何人为的干扰影响。

（2）导弹在自控飞行区域内，大气温度、密度、风向、风速不变，其值与发射前相同。

（3）导弹在自控飞行过程中，在风力的作用下在水平面内按风速、风向做等速直线漂移，垂直风力的影响，由导弹高度控制系统消除。

4.2.2　反舰导弹前置点解命中问题

研究反舰导弹的前置点命中问题原理，必须从导弹在其制导飞行过程中具有末制导能力的特点出发。因此，反舰导弹在发射瞄准时，首先考虑的问题并不是直接预测导弹与目标在提前点上相遇的问题，而是估计导弹在完成自控飞行阶段后，弹上末制导系统应能按时发现（截获）目标。然后，末制导系统跟踪目标相对于导弹的视线偏差，使弹上制导控制系统自动修正飞行弹道，控制导弹按预定的导引规律飞向目标提前位置，从而使导弹命中目标。因此反舰导弹解命中的关键是保证导弹末制导雷达可靠截获目标。

（一）射击三角形

根据上述反舰导弹前置点命中目标的特点，以舰舰导弹为例按照矢量形式做出它的命中原理图，如图 4-7 所示，反舰导弹射击时由发射舰艇位置点、目标位置点和前置点构成的一般平面射击三角形态势图。

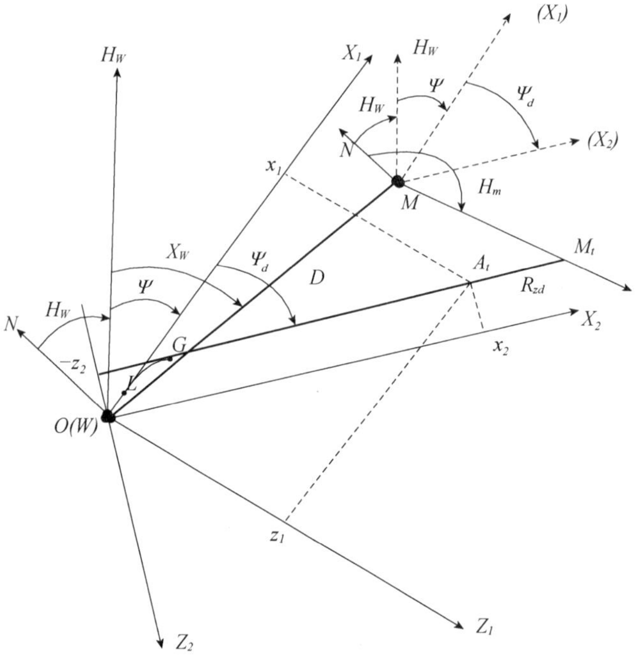

图 4-7　反舰导弹射击三角形态势图

在射击三角形 OMM_t 中，$O(W)$点为系统控制反舰导弹发射时的舰艇位置点，也是导弹发射出管时的质心位置点。设此时的发射舰艇航向为 H_W，速度为 V_m。

M 点为系统控制反舰导弹发射时的目标位置点。此时目标与发射舰艇之间的距离为 D，目标位于发射舰艇的舷角为 X_W。

M_t 点为系统控制反舰导弹发射后，导弹按系统预先计算及输出设定的前置航向角 Ψ_d 自控完成转向后保持定向飞行，经系统预先计算及输出设定的自控飞行时间 t_{zk}（对应预定的自控飞行距离 D_{zk}）后，末制导雷达开机时捕获目标的期望位置点，称前置点或提前点；A_t 为末制导雷达预定开机点，即导弹按系统计算及设定的前置航向角 Ψ_d 自控完成转向后保持定向平飞，经系统预先计算及输入的自控飞行时间 t_{zk} 后，末制导雷达开机搜索目标起始点。此时目标已从系统控制导弹发射时的 M 点按航向 H_m、速度 V_m 经 t_{zk} 时间航行至 M_t 点（前置点）。该点处在反舰导弹自控飞行方向正前方的距离 A_tM_t 恰为末制导雷达作用距离 R_{zd}。

R_{zd} 为末制导雷达作用距离。该距离是指反舰导弹与雷达波门中心之间的距离。末制导雷达的搜索区域可近似为一个矩形区域 R，如图 4-8 所示。以末制导雷达预定开机点 A_t 为基准，其方位搜索范围是以 $\pm\alpha$ 搜索扇面角（或搜索区侧向半宽 $b = R_{zd}\tan\alpha$）表征的，距离搜索范围是以搜索区纵向半长 $\pm a$ 表征的。

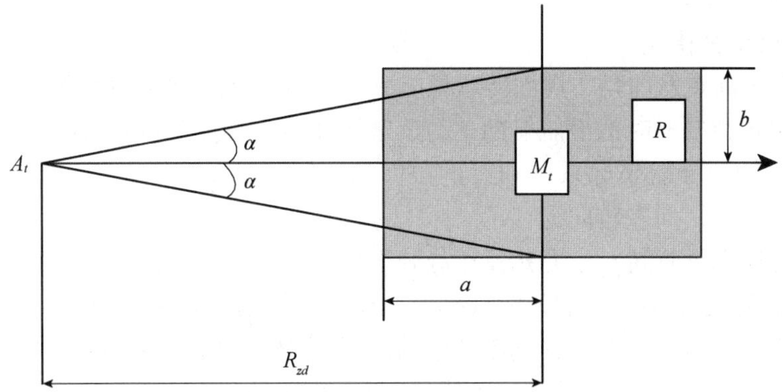

图 4-8　末制导雷达搜索区城范围

L 为反舰导弹按系统预先计算及输入的前置航向角（扇面转弯角）Ψ_d 自控转向飞行的起始位置点。

G 为反舰导弹按系统预先计算及输入的前置航向角（扇面转弯角）Ψ_d 自控完成转向飞行终了点，导弹开始进入自控直航向飞行。

Ψ 为系统控制反舰导弹发射出管后的射向与发射舰艇航向之间的偏差角。由于舰载反舰导弹发射管有固定的安装仰角 ν_0（或是发射导弹时控制发射管向上仰起的角度），又有固定的安装舷角 Ψ_0（或是发射导弹时控制发射管向发射舷舷侧转动的角度），以及发射反舰导弹时因舰体受风浪影响摇摆而产生纵摇角 θ 和横摇角 φ（图中未标出）等因素的综合影响，致使反舰导弹发射出管后的射向与发射舰艇航向之间产生偏差角。

在反舰导弹射击三角形 OMM_t 中，各边、角包括系统计算提供的目标运动要素（含射击阵位要素）、反舰导弹飞行参数等射击条件，以及系统依据射击条件计算的反舰导弹诸项自控参数。

1. 目标运动要素（含射击阵位要素）及相对态势参数

射距 D，即系统控制反舰导弹发射时发射舰艇与目标之间的距离。

目标航向 H_m，即系统控制反舰导弹发射时的目标航向。

目标速度 V_m，即系统控制反舰导弹发射时的目标航行速度。

系统控制反舰导弹发射均假定目标是以速度 V_m、航向 H_m 等速直航的。

以上三个参量是系统依据探测跟踪设备测量及采样输入的目标方位、距离等数据实时滤波计算或推算目标运动要素得到的。

目标航程 S_m，即系统控制反舰导弹发射时预定的目标航程。该航程是指目标从系统控制反舰导弹发射时的 M 点沿航向 H_m 并以速度 V_m 航行至反舰导弹末制导雷达捕获目标期望点从（前置点）之间的预定距离，即 $S_m = MM_t$。

发射舰艇舷角 X_w，即系统控制反舰导弹发射时目标所处的发射舰艇舷角，习惯上称为发射舷角。系统规定发射舰艇右舷角为“+”，左舷角为“-”。$X_w = F - H_w$，H_w 为系统控制反舰导弹发射时的发射舰艇航向，由导航系统的罗经提供并由系统自动采样输入。F 为系统控制反舰导弹发射时的目标方位。

2. 反舰导弹飞行速度及弹道参数

当反舰导弹自控飞行速度及自控弹道确定后，A_t点在X_1OZ_1坐标系中的纵坐标和横坐标值为x_1,z_1，即是已知值。

3. 反舰导弹射击诸元

反舰导弹射击前置航向角（扇面转弯角）$\varPsi_d$，是指反舰导弹发射管纵轴（对潜艇而言，即系统控制反舰导弹发射时的潜艇航向）与反舰导弹转入自控飞行直航向之间的夹角，即反舰导弹发射管纵轴与导航坐标系X_2OZ_2的OX_2轴之间的夹角。系统规定反舰导弹发射出管后，向右转向为“+”，向左转向为“-”。

反舰导弹自控飞行时间t_{zk}，是指反舰导弹发射出管后，从O点起经自控转向后保持直航向飞行直至A_t点的飞行时间。自控飞行时间t_{zk}与自控飞行距离D_{zk}是相对应的。由于A_t点为末制导雷达预定开机点，因此，t_{zk}亦称为末制导雷达开机时间，D_{zk}亦称为末制导雷达开机距离。

在系统计算出目标运动要素条件下，射击三角形中的D及X_w、H_m、V_m均为已知量。R_{zd}为根据目标距离D确定的末制导雷达作用距离，反舰导弹自控飞行弹道参数(x_1,z_1)是可以确定的值。这样，系统就可依据上述的各项射击条件按照命中方程式实时计算反舰导弹射击诸元〔$\varPsi_d,t_{zk}$〕。

（二）反舰导弹前置点发射时的导弹前置航向角及自控飞行时间计算

1. 建立坐标系

为计算反舰导弹射击诸元，需建立以下两种直角坐标系，见图 4-7。

（1）瞄准坐标系X_1OZ_1

瞄准坐标系是以发射反舰导弹出管时的导弹重心O（即发射舰艇瞄准基点）为坐标原点，以反舰导弹发射出管方向（对潜艇而言，即潜艇发射反舰导弹时的航向）在水平面上的投影为坐标纵轴OX_1正方向，横轴OZ_1与OX_1垂直，向右为正方向。

（2）导航坐标系X_2OZ_2

导航坐标系是以发射反舰导弹出管时的导弹重心 O 为坐标原点，以反舰导弹出管后自控完成转向后保持直航向飞行的平行方向为坐标纵轴OX_2正方向，OZ_2与OX_2垂直，向右为正方向。

2. 反舰导弹射击前置航向角（$\varPsi_d$）和自控飞行时间（t_{zk}）计算

如图 4-7 所示，在已知D,X_w,H_m,V_m,R_{zd}等射击条件下，若令反舰导弹射击的前置航向角为$\varPsi_d$，自控飞行时间为t_{zk}，A_t点在X_1OZ_1坐标系上的坐标为(x_1,z_1)；A_t点在X_2OZ_2坐标系上的坐标为$(x_2,-z_2)$。将射击三角形各边在X_2OZ_2坐标系投影得命中方程式为

$$\begin{cases}D\cos(\varPsi_d+\varPsi-X_w)+kV_m t_{zk}\cos(H_m-H_w-\varPsi-\varPsi_d)=x_2+R_{zd}\\ D\sin(\varPsi_d+\varPsi-X_w)-kV_m t_{zk}\sin(H_m-H_w-\varPsi-\varPsi_d)=-z_2\end{cases} \tag{4-1}$$

一般而言，由于舰载反舰导弹发射管既有固定的安装（或发射）仰角ν_0，又有固定的安装（或发射）舷角$\varPsi_0$，以及发射反舰导弹时因舰体受风浪影响摇摆而产生纵摇角θ和横摇角φ等因素的影响，使反舰导弹发射出管后的射向与发射舰艇航向之间产生偏差角$\varPsi$。

$\varPsi$角可按下式计算

$$\Psi = \arctan \frac{\sin\varphi\sin\nu_0 + \cos\varphi\sin\Psi_0\cos\nu_0}{\cos\theta\cos\Psi_0\cos\nu_0 + \sin\theta(\sin\varphi\sin\Psi_0\cos\nu_0 - \cos\varphi\sin\nu_0)} \tag{4-2}$$

对攻击型潜艇而言，反舰导弹发射管固定安装舷角$\Psi_0 = 0^\circ$，潜艇处于水面状态发射反舰导弹时发射管要向上仰起一个固定角度ν_0，则上式变为

$$\Psi = \arctan \frac{\sin\nu_0\sin\varphi}{\cos\nu_0\cos\theta - \sin\nu_0\sin\theta\cos\varphi} \tag{4-3}$$

式（4-1）中之(x_2, z_2)采用坐标旋转Ψ_d角度而按下式进行计算

$$\begin{cases} x_2 = x_1\cos\Psi_d + z_1\sin\Psi_d \\ z_2 = -x_1\sin\Psi_d + z_1\cos\Psi_d \end{cases} \tag{4-4}$$

其中，(x_1, z_1)是A_t点在X_1OZ_1坐标系中的纵坐标和横坐标值。当反舰导弹自控飞行速度及自控飞行弹道确定后即是已知值。

反舰导弹在自控飞行时间（t_{zk}）内的自控飞行弹道由于受到风速、气温、发射舰艇航速、前置航向角和自控飞行时间等因素的综合影响，因此，欲求A_t点坐标(x_1, z_1)值，通常需通过实弹射击观测弹道数据而采用回归分析方法计算确定。

这样，系统即可按式（4-1）计算反舰导弹发射的前置航向角Ψ_d和自控飞行时间t_{zk}。其中k为目标机动系数，$k \leqslant 1$。

3. 反舰导弹俯仰角ν和倾斜角γ计算

反舰导弹俯仰角是指导弹纵轴与水平面之间的夹角。反舰导弹倾斜角是指导弹竖轴与过导弹纵轴的铅垂面之间的夹角。

一般而言，由于反舰导弹发射管既具有固定安装（或发射）仰角ν_0，又有固定安装（或发射）舷角Ψ_0，这样发射反舰导弹时因舰体摇摆必引起反舰导弹的俯仰和倾斜。因此，根据舰体纵摇角θ和横摇角φ通过坐标变换即可计算反舰导弹的俯仰角和倾斜角为

$$\begin{cases} \nu = \arcsin(\sin\theta\cos\nu_0\cos\Psi_0 + \cos\theta\cos\varphi\sin\nu_0 - \cos\theta\sin\varphi\cos\nu_0\sin\Psi_0) \\ \gamma = \arcsin\left(\dfrac{\sin\varphi\cos\theta\cos\Psi_0 + \sin\theta\sin\Psi_0}{\cos\nu}\right) \end{cases} \tag{4-5}$$

对潜艇而言，反舰导弹发射管固定安装角$\Psi_0 = 0^\circ$，潜艇处于水面状态发射反舰导弹时发射管要向上仰起一个固定角度ν_0，则上式变为

$$\begin{cases} \nu = \arcsin(\cos\nu_0\sin\theta + \sin\nu_0\cos\theta\cos\varphi) \\ \gamma = \arcsin\left(\dfrac{\sin\varphi\cos\theta}{\cos\nu}\right) \end{cases} \tag{4-6}$$

系统按上式计算的导弹俯仰角和倾斜角用于导弹发射时对反舰导弹姿态的自动补偿。

使用反舰导弹进行攻击时，除在发射导弹前由系统按射击条件预先计算及输出设定前置航向角Ψ_d和自控飞行时间t_{zk}等自控飞行弹道参数外，还需根据作战海区海况条件确定并人工输入导弹平飞高度H_{I}和降高后的二次平飞高度H_{II}两项自控飞行参数。反舰导弹的平飞高度H_{I}一般为15～30m，降高后的二次平飞高度H_{II}一般为3～7m，导弹的这两项自控飞行参数是按高海况或是低海况选择设定的。

4.3 反舰导弹航路规划问题

4.3.1 航路规划的基本概念

航路规划是指在特定约束条件下，为规划对象寻找从初始点到目标点，并且满足某种特定指标最优的运动路径。对飞行器而言，作为任务规划的核心技术之一，它的研究对象主要包括民用和军用飞机、各种飞航式导弹及各种航天器等。本节以反舰导弹为例，阐述航路规划的相关原理和技术。反舰导弹航路规划的目的是利用地形信息和战场环境信息，在满足各种约束条件的前提下，规划反舰导弹的飞行航路，使得航路的特定评价指标达到最优，从而提高反舰导弹的作战效能。

在各种防空技术日益发展的现代战争中，要出色完成作战任务，需要了解和掌握诸如规划区域的地理信息、敌我双方的位置坐标和运动情况、敌方的防空火力分布、气象情报、武器的性能等多方面的信息，计算过程非常复杂，以往依靠人工利用各种图上测量工具进行航路规划的方法已经不能满足要求，取而代之的是由计算机程序控制的自动航路规划系统。

（一）航路规划系统的组成和分类

1. 航路规划系统的组成

航路规划系统通常由硬件和软件两部分组成。硬件可以是各种通用或专用型计算机及相关外设，为系统的运行提供平台。软件是航路规划系统得以实现功能的最重要组成部分，航路规划任务完成得如何，很大程度上取决于航路规划软件。如图 4-9 所示，它主要由以下几部分组成。

（1）地理信息

地理信息是飞行器航路规划所需要的最基本信息，为确保飞行器在飞行过程中不与地面发生碰撞，必须要掌握规划区域内的地理信息。其准确性与精确度直接决定了航路规划的结果是否可靠。地理信息属于静态数据，一般从数字地图数据库中获得。数字地图中专门描述海洋地理信息的一类称为数字海图，是反舰导弹航路规划所使用的主要数据源。另外，描述地理信息时所采用的数据格式，也能在很大程度上影响到航路规划程序的性能，因此应该为不同目的的航路规划系统准备专用的数据格式。

（2）战场态势信息

战场态势信息是从作战系统获得的动态信息，主要包括敌我双方的位置和运动情况、敌方的防空火力分布、战略规避区和各种战术要求，等等。其中，敌我双方的位置规定了航路规划的起始点和目标点；敌方的防空火力分布主要用于计算航路的威胁代价；战略规避区主要包括各种禁飞区和安全区等；战术要求主要包括飞行器接近目标时的飞行方向和到达目标位置的时间等。

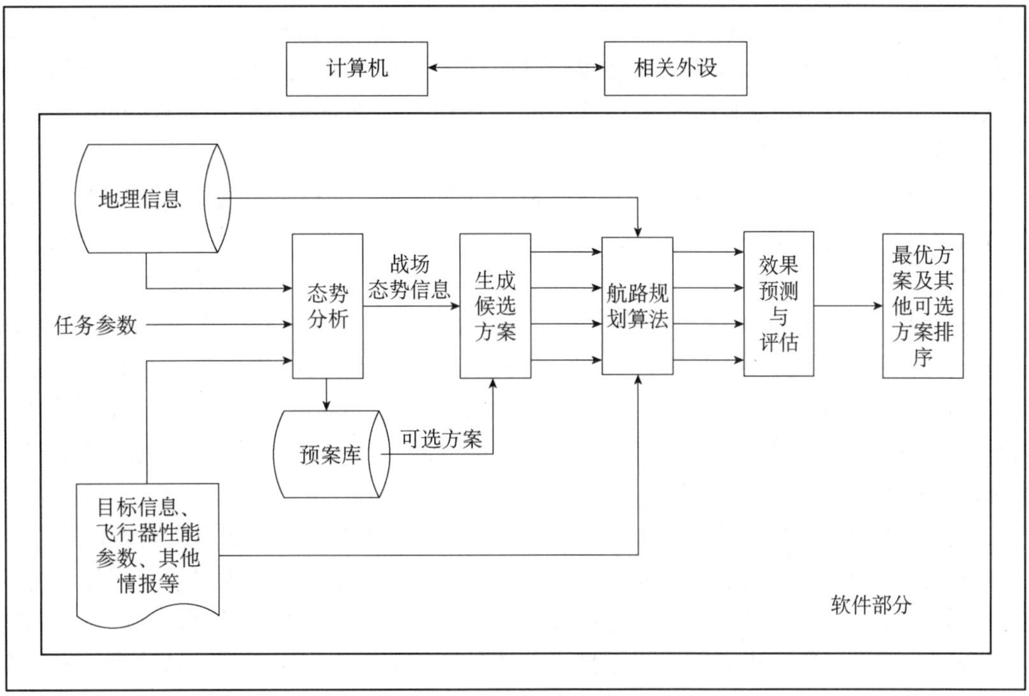

图 4-9　航路规划系统组成图

（3）信息描述模型

对于规划空间内的所有相关信息，尤其是地理信息和战场态势信息，必须建立适当的数据模型予以描述，数据模型建立是否适当将直接影响到航路规划程序的解算速度和系统资源的消耗程度。例如，当使用矢量数据格式时，等高线往往被描述为具有若干个顶点的任意多边形，而火力威胁则被描述为具有不同张角和半径的扇形区域；当使用栅格数据格式时，地形的起伏变化被描述为各个坐标网格内的高程值，而火力威胁则根据威胁的类型不同，以威胁区内的坐标网格代价进行描述。

（4）航路规划算法

航路规划算法是整个航路规划系统的核心，它决定了航路规划系统以什么样的方式在规划空间中进行最优航路的搜索，以及用什么样的指标形式来评价规划结果的优劣。在系统计算资源确定的情况下，航路规划算法的设计还决定了系统的运行速度，如果算法设计不当，有可能会出现将系统资源耗尽也无法完成规划的情况。根据不同的任务要求，设计最适合的航路规划算法，正是目前国内外学者研究航路规划问题的重点所在。根据规划数据源的格式不同和规划目的不同，航路规划算法有着很大的差异，不存在哪一种航路规划算法是通用的、最好的，而要根据航路规划的信息描述模型和航路规划的用途不同，具体设计。

除以上列举之外，航路规划系统在组成上还可能包括战场态势分析、预案库、效果预测与评估、排序等组成部分。

2. 航路规划系统的分类

（1）航路规划系统按照规划用途不同，可分为经济航路规划系统、战术航路规划系统和突防航路规划系统。

经济航路规划系统，主要用于对所要执行的任务进行合理排序和布置，从整体上提高飞行器执行任务的效率，一般用于飞机的航路规划。例如，当无人机执行空中侦察任务时，往往需要飞抵多个目标点进行侦查，通过合理安排无人机到达各任务节点的顺序，可以尽量避免无人机飞行路径的重复，使无人机在最短的时间内，或以最小的飞行航程完成全部侦察任务，从而提高了无人机的工作效率。这类问题往往可以转化为 TSP（Travelling Salesman Problem，旅行商问题）进行研究。

战术航路规划系统主要用于支持军用飞机、导弹遂行迂回攻击、饱和攻击等战术任务，从而达到更好的攻击效果。

突防航路规划系统，主要用于生成航路关键点，来导引飞行器进行地形回避和威胁回避，一般用于导弹或军用飞机的航路规划。尤其是导弹的突防航路规划更是各国军方研究的焦点。随着飞行航程不断增加，导弹在飞行过程中将会遇到各种复杂的地形，可能使导弹撞毁，而为了回避敌方的雷达，导弹又必须尽量地实施低空飞行，以利用地形作为掩护。突防航路规划的主要任务之一就是为了解决这样的矛盾，使导弹或军用飞机能够实现地形回避和威胁回避。

（2）航路规划系统按照适用对象不同，可以分为飞机航路规划、导弹航路规划等。

飞机航路规划又分为民航飞机航路规划、军用飞机航路规划和无人机航路规划。民航飞机航路规划主要是为了对各个航班进行有效的空中航线管理，以及对各航班的起飞与到达时间进行合理的安排，所采用的航路规划技术是比较简单的，规划所得到的航路也比较固定，很少更改。军用飞机航路规划的最大的特点是应对复杂多变的环境，除了可以在地面上完成总体任务规划外，还可以利用强大的机载传感器和处理器进行实时航路规划，进而实现地形跟踪、地形回避和威胁回避，即 TF/TA^2。

导弹航路规划主要是为了提高导弹在复杂地形环境和威胁环境下的生存能力，以及引导导弹执行对目标打击的各种战术，常见于远程巡航导弹。巡航导弹的飞行速度相对较慢，一旦被雷达发现，则被拦截的概率较大，因此巡航导弹要尽可能对威胁进行回避，最好的办法是进行低空飞行，这样可以利用地形进行掩护。而低空飞行时，凹凸不平的地势又有可能使导弹发生撞地，这就需要对地形进行回避。由于巡航导弹上无法装配像军用飞机一样强大的传感器和处理器，因此其实时规划能力也相对较弱。

由于反舰导弹所处的战场环境与一般巡航导弹相比有其特殊性，因此其航路规划技术也与一般导弹的航路规划技术有较大的区别。反舰导弹的航路规划主要是在海面上进行的，所使用的地理信息数据主要来源于数字海图数据库，多为矢量图。在海面上，地形分布是比较稀疏的，主要对岛屿、岛礁、火力威胁区和少量陆地区域进行规避。同时，由于导弹发射平台和攻击目标往往不是静止不动的，所以在反舰导弹的航路规划技术中还包含了许多战术因素，并且对航路规划算法的收敛速度要求较高。

（二）反舰导弹航路规划的作用

现代舰艇的防御能力不断提高，防御范围不断扩大。在未来海上局部战争中，为了能够在保护己方有生力量的前提下对敌方舰艇实施打击，要求导弹在距离目标舰艇更远的位置上发射。由于航程的增加，在导弹飞行的航路上会出现各种复杂的情况，如岛礁会使导弹在特定的高度飞行时发生撞击，敌方的各种防空火力的抗击会将导弹拦截。因此，以实现地形回避，威胁回避，提高反舰导弹低空突防能力和战术效果为主要目标的航路规划技术已经成为远程反舰导弹必备的一项关键技术。

第一，航路规划可以提高反舰导弹对目标的打击效果。

反舰导弹打击的目标，往往处于敌方防空火力的保护之下，因此，当导弹接近目标时已没有威胁回避可言。但是，敌防空火力对目标的保护一般不能做到在各个方向上均匀分布，这时就可以利用航路规划技术来引导导弹从敌防空火力相对较弱的方向对目标进行打击，从而提高导弹对目标的命中概率。

反舰导弹所打击的目标舰艇一般不是固定不动的，在导弹的飞行过程中，目标舰艇可能会做各种各样的机动，这使得导弹发射之前很难预测与目标舰艇相遇的精确位置，但目标机动的大概范围或大致方向却是可以预测的。这样就可以利用航路规划技术来引导导弹在弹上雷达开机后沿特定的方向捕捉目标，甚至将目标可能的机动范围完全覆盖，从而提高了弹上雷达对目标的照射概率。

另外，利用航路规划技术还可以实现饱和攻击等一些战术应用，从而进一步提高导弹对目标的打击效果。

第二，航路规划可以提高反舰导弹的突防生存概率。

为了躲避敌方雷达的照射，反舰导弹一般采用低空的掠海飞行，这时，由于一些岛礁的遮蔽作用，以及地球曲率的影响，敌方雷达很难发现低空飞行中的导弹，如图 4-10 所示。

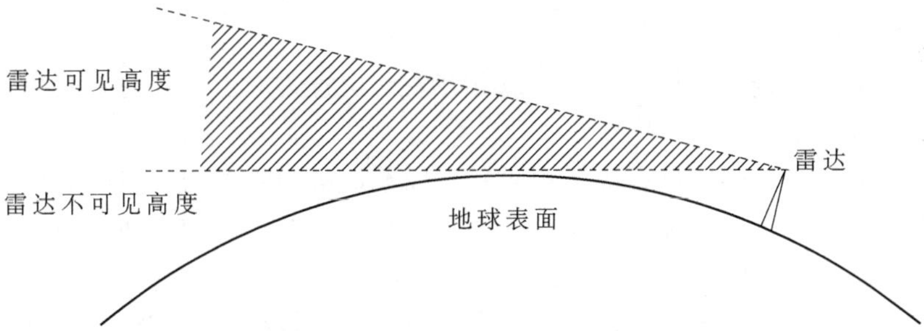

图 4-10　雷达可见高度受地球曲率影响

然而低空飞行时，导弹的飞行航路上一旦出现岛礁等障碍物，则导弹很可能被撞毁。由于数字海图的不断发展，使得海面上各种地理要素的分布情况能够被清楚地掌握。通过航路规划，导弹就可以绕过岛礁等障碍物。在实际的战场环境下，导弹的飞行航路上还可能动态分布着敌方的防空火力，而导弹突破防空火力区时总有被拦截的风险，如果具备了航路规划能力，就可以根据战场情报，首先对敌方的火力威胁区进行回避，当敌方防空火力分布比较复杂而无法进行回避时，还可以选择风险较小的路径对威胁区进行突破，从而提高了导弹在整个低空突防段的生存概率。

第三，航路规划拓宽了战术应用的空间。

许多本来无法实现的战术，在引入了航路规划技术之后得以实现。例如，在不具备航路规划能力时，导弹在完成了初始调整阶段的飞行后，往往直接朝向目标位置飞去，这样，一旦导弹被敌方雷达发现，则导弹发射平台的大致方向也可以被确定，从而给导弹的发射平台带来了很大的危险。在具备航路规划能力的条件下，导弹在自控飞行阶段可以进行若干次的转弯机动，这就为从战术上利用地形因素对发射平台自身进行掩护提供了条件，在岛礁等地形的遮蔽之下，敌方雷达即使发现了正在飞行中的导弹，也无法确定我方发射平台的方位，更无从实施打击，从而提高了我方发射平台的安全性。当然，这只是基于反舰导弹航路规划的战术应用的一个例子，通过航路规划还可以实现饱和攻击、多向偷袭、近程打击和最大照射概率打击等。

（三）反舰导弹航路规划的典型运用场景

航路规划用于中远程反舰导弹，使其具备了较强的火力机动能力，该功能主要在三种情况下使用：

（1）需要对目标实施全向或多方向协同（饱和）攻击时。此时各枚导弹虽然发射时刻不同，但通过合理的航路规划，可保证多枚导弹理论上同时到达目标，以最大限度地提升末端突防效果。

（2）打击隔岛（礁）目标，或使导弹规避固定区域时。

（3）实际作战中需要隐蔽发射时。

4.3.2 航路规划常见的约束条件

以岸基反舰导弹为例，其航路规划功能往往嵌入在武器控制系统中，常见的约束条件有：

（1）单台武器控制系统单次可规划的最大航路条数。

（2）单台武器控制系统单次航路规划可攻击的目标批数。

（3）每条航路的最大航路点数目。

（4）导弹发射扇面角的允许范围，即以导弹发射位置为原点，发射方向与第一个航路点方向的夹角的允许范围。

（5）发射点到第一航路点的最短距离限制，以及该最短距离与发射扇面角之间的对应关系，通常发射扇面角的绝对值越小，则该最短距离越短。对于岸舰导弹，通常需要区分沿海发射和内陆发射两种不同的情况，分别进行具体描述。

（6）航路转弯角的允许范围，即导弹在飞行过程中，经过每个航路点时所允许的转向角度范围。

（7）航路攻击角，即导弹航路末端接近目标的飞行方向，通常以正北方向为起始，顺时针方向为正。

（8）航路的最大航程。

（9）导弹的转弯半径。

（10）最末航路点与目标之间的最短距离限制，通常该最短距离与本条航路的航程有关，航程越大，则该最短距离越大。

（11）导弹直接攻击时的最小射界，即导弹不设置中间航路点，而从发射点直接攻击目标的最近距离，该最近距离通常也要区分沿海发射和内陆发射两种情况具体描述，其一般规律是发射扇面角的绝对值越小，则该最小射界越小，反之则越大；并且，在内陆发射时，该最近距离还与发射点的离岸距离等因素有关，通常是发射点离岸距离越远、岸上地形或障碍物遮挡高度越高，则该最小射界越大。

（12）航路飞行管道宽度，该宽度由导弹飞行中导航定位系统的误差决定，若要保证导弹的可靠飞行，该管道内不应有障碍物或敌方防空威胁。

4.3.3　航路规划的主要输出参数

以岸基反舰导弹为例，其航路规划的主要输出参数有导弹飞行航路点的数量、每个航路点的经纬度、导弹航程、飞行时间、末端攻击角、导弹飞行航路管道误差等。

经过航路规划后，导弹的飞行过程如图 4-11 所示。

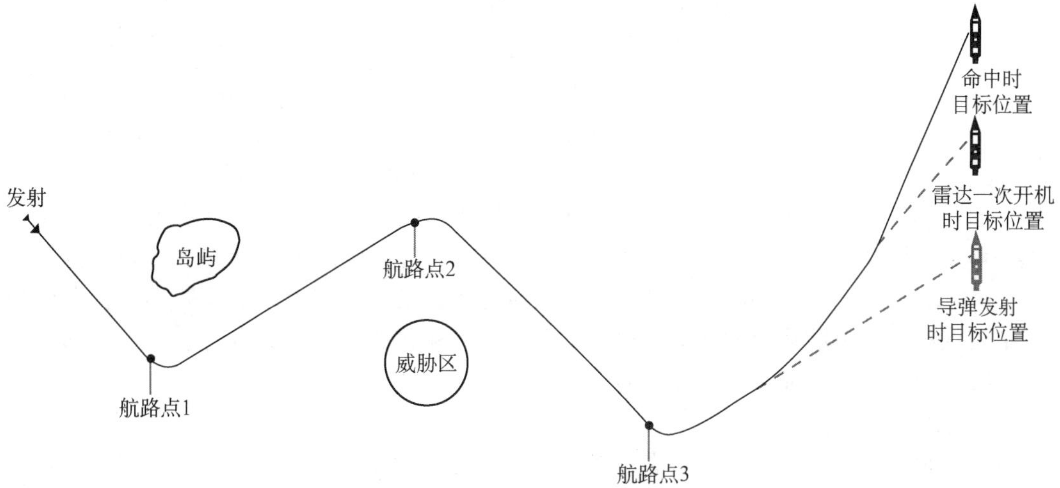

图 4-11　反舰导弹的飞行过程示意图

4.3.4　航路规划的主要算法

反舰导弹航路规划属于复杂的优化问题，约束条件也是多而复杂的，是一个多目标、多层次、多约束的复杂全局优化问题，一般不能够精确解析求解。有效地求解此类问题的全局最优解至今仍是一个难题。

航路规划算法有很多种，在确定算法时首先要考虑与规划空间的描述方式相配合，以提高算法的执行效率。除了精确解析求解外，最优解的搜索算法大致可分为盲目搜索和启发式搜索两类。按照预定的控制策略实行搜索，在搜索过程中获取的中间信息不用来改进控制策略，称为盲目搜索；反之，称为启发式搜索。关于启发式搜索，有两种看法：

（1）任何有助于找到问题的解，但不能保证找到解的方法均是启发式搜索方法。

（2）有助于加速求解过程和找到较优解的方法是启发式搜索方法。

例如，盲目搜索包括深度优先、广度优先、代价优先、向前搜索、向后搜索、双向搜索，等等；启发式搜索包括爬山法、模拟退火算法、遗传算法、粒子群算法、蚁群算法、A*算法，等等。

（一）无须自控段规避机动的航路求解

无须自控段规避机动的航路规划是利用大地坐标解算的方法生成航路点，以达到一定的战术效果，也称为简单航路规划。由于算法比较简单，其规划的快速性较好，但是通常不能解决地形规避和威胁规避的问题。简单航路规划根据战场状态、作战方案和导弹性能对航路进行分段规划，主要的输入参数包括目标参数、导弹载体平台参数、主攻角、攻击夹角、导弹的末制导搜索攻击距离和导弹起始段长度等；输出参数是若干个航路点。

1. 航路分段

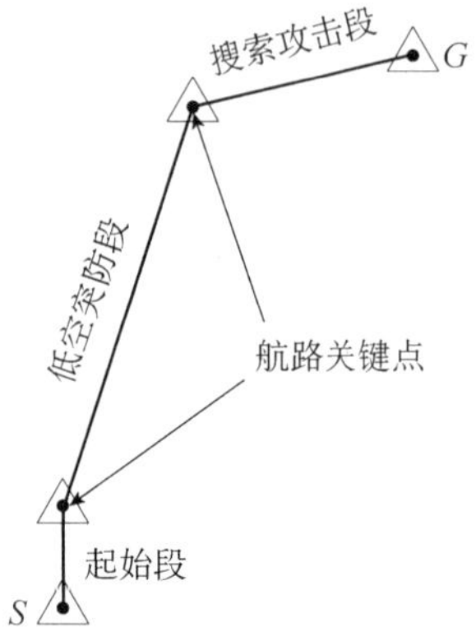

图 4-12 航路段划分

如图 4-12 所示，反舰导弹的航路划分为三个阶段：起始段、低空突防段和搜索攻击段。下面对各段航路规划的目标进行介绍。

起始段：是指导弹发射后的姿态调整阶段。由于该阶段导弹的各种状态尚不稳定，因此进行规划的意义不大，只需要沿初始发射方向计算出导弹起始段的结束点。

搜索攻击段：是指从弹上雷达开机搜索至命中目标的阶段。由于该阶段导弹的实际航路与搜索到的目标位置和导弹的末制导规律有关，因此该段规划只需要按照给定的攻击方向计算出理论上的目标位置，以及弹上雷达的开机位置和时间。

低空突防段：是指从起始段结束点到搜索攻击段开始点之间的导弹航路。进行规划时，起始段结束时导弹的状态（位置、航向等）作为该段规划的初始状态；搜索攻击段的起始状态作为该段的结束状态。简单航路规划是通过简单的几何运算来进行航路规划的方法，通常不在低空突防段进行地形规避、威胁规避等规划。

2. 求解起始段终点

由于导弹发射之后，导弹的姿态、航向均存在较大的偏差，因此，需要一定的时间调整飞行的姿态和航向，在这段时间内无法插入航路点。按照导弹的性能参数，可以得知导弹进入预定飞行状态需要的时间和飞行的距离。这样，就可以以导弹的发射方向作为初始方向，将初始段的调整距离作为航路段长度，根据 Bowring 公式及当前导弹载体平台所在的位置，可以直接计算出第一个航路关键点的坐标位置。

3. 求解搜索攻击段起点

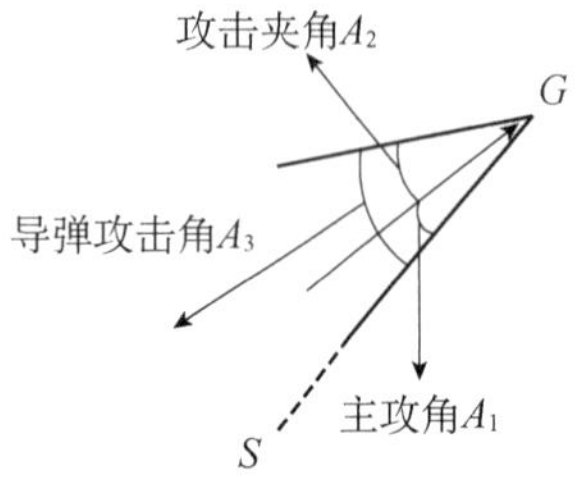

图 4-13 攻击方案各角度间的关系

首先介绍攻击方案中主要参数（主攻角、攻击夹角和使用导弹枚数等）之间的关系，如图 4-13 所示。此处采用相对关系来表示各种角度，基线是发射平台与目标点之间的连线。主攻角是导弹攻击方向与基线之间的夹角，逆时针为正，顺时针为负，如图中的角 A_1；攻击夹角是导弹攻击方向与主攻击方向之间的夹角，如图中的角 A_2；再根据攻击方案中使用导弹的数量，可以求得导弹实际攻击角，即导弹实际攻击方向与基线之间的夹角，如 A_3。

搜索攻击段起点的求法主要根据目标点坐标、攻击方向、距离进行大地坐标求解。

在求解了搜索攻击段航路关键点之后，所得到的航路关键点有可能不满足导弹的最小转弯半径约束条件，这时就需要对航路进行最大转弯角调整。这里，以多枚导弹从 5 个不同方向对目标实施攻击时的情况为例，如图 4-14 所示，O 为导弹起始段的结束位置，T 为目标位置，虚线圆的半径为导弹的自导距离 r_{zd}，按照搜索攻击段起点的求解方法，分别求得 5 条航路的搜索攻击段起点，即图中所示 1、2、3、4、5 各点，通过计算可知，2、4 两个航路关键点不能够满足最小转弯半径的约束，因此需要增加航路关键点来对导弹航向进行调整，尤其对航路关键点 4 所在的航路，需要进行一次以上的调整。

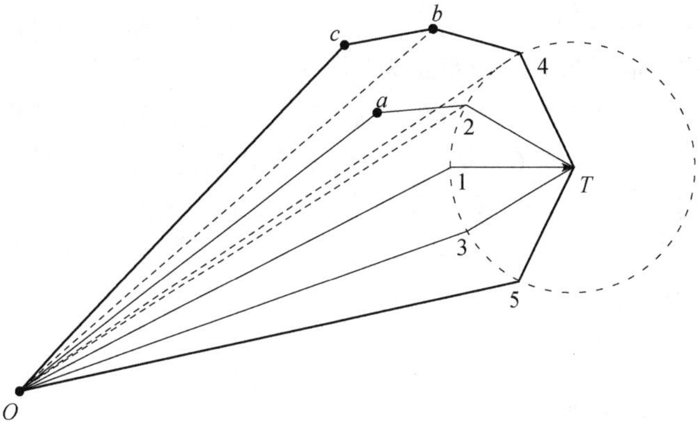

图 4-14　最大转弯角调整

对一条航路进行最小转弯调整的算法如下：

（1）根据攻击目标的位置和预定的搜索攻击方向，利用 Bowring 公式，求得搜索攻击段航路攻击点。

（2）判断所求的搜索攻击段航路关键点是否满足导弹最小转弯半径的约束。

（3）如果航路关键点满足约束条件，则跳转至第（6）步。

（4）如果不满足要求，则根据当前航路点的位置，利用 Bowring 公式，求取从当前航路关键点出发，距离为若干个步长，沿最大转弯角方向，并且偏向发射位置一侧的坐标点，作为再次添加的航路关键点。

（5）跳转至第（2）步。

（6）结束调整。

（二）需自控段规避机动的航路求解

自控段的规避机动，是指反舰导弹在自控段飞行过程中，为避免与岛屿、岛礁、陆地等障碍物相撞，以及规避禁飞区、敌防空火力威胁区等区域，而采取的飞行机动，如图 4-15 所示。

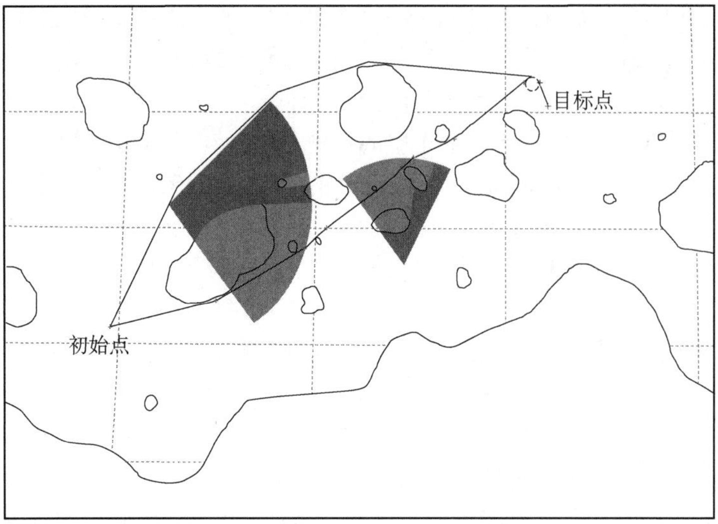

图 4-15　需自控段规避机动的航路

由于实际应用中对航路规划的实时性要求较高，因此实际的航路自动规划系统不易实现复杂的算法，而以按照简单规则遍历求解为主。

先假设无须途中规避机动，求解得到所需航路，然后校验各条航路飞行管道内是否存在需规避的障碍物或威胁区，若存在，则按照一定规则尝试调整航路点转弯角度或航路点位置，并进行重新自动规划和校验，若仍不符合要求，则再次调整并自动规划，直至得到可行航路或自动规划失败。

当自动规划不能得到可行航路，或者对自动规划结果不满意时，还可进行人工调整航路点，并进行校验。

（三）精确航路管道规划算法

目前国外在航路规划方面的许多应用都是基于 A*搜索算法来实现的。A*搜索算法是一种启发式最优搜索方法，该算法最重要的环节是设置正确的启发函数。启发函数是由起始点到当前节点的实际代价函数值与从当前节点到目标点的估计代价函数值加权计算得到的，它的计算经常需要依赖于启发信息，这也正是它被称为启发函数的原因。A*搜索算法就是在每一次迭代中选择搜索空间中启发函数值最小的节点进行扩展。它通过从起始节点出发，不断地寻找有希望以最小代价通向目标点的节点，并优先扩展这些能够使启发函数值最小的节点，从而形成一个节点集，于是集合内特定一些节点的有序连接即为所求的最优航路。

A*搜索算法的代价函数形式如下

$$f(x) = a \cdot g(x) + b \cdot h(x) \tag{4-7}$$

式中，$g(x)$表示从起始位置到当前位置 x 的真实代价，$h(x)$表示从当前位置到目标点的预计代价，a 和 b 代表对真实代价和预计代价的加权，一般取值为 1。A*搜索的每一步扩展都将选择 $f(x)$最小的节点插入可能的路径链表中。可以证明，只要从 x 到目标点的真实代价总大于或者等于预计代价，A*搜索就能找到一条最优的路径。

由于在 A*搜索算法中，每一个新产生的节点都代表了几乎无穷条可能的路径，因此，它也将占用大量的运算空间和时间。为了压缩 A*搜索算法的搜索空间，加快算法的收敛速度，节省磁盘空间，2000 年，Robert J. Szczerba 等提出了一种改进的 A*搜索算法，称为稀疏 A*搜索算法（Sparse A* Search，SAS）。SAS 算法的代价函数和 A*算法的代价函数具有相同的形式，如式（4-7）所示，其中 a 和 b 均取值为 1。稀疏 A*搜索算法将每个节点可能的扩展空间划分为若干个子空间，并且只从每个子空间中选取一个节点存储，这就从很大程度上压缩了原来的搜索空间。这样的处理使得待扩展节点的分布变得稀疏了，因此也叫作稀疏处理。

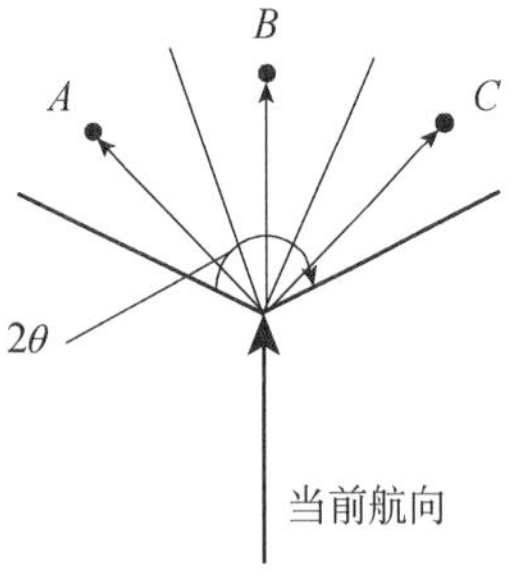

图 4-16　SAS 搜索方式

设导弹航路的最小步长为 L，最大转弯角为 θ，并已知初始的进入航向，则由当前位置搜索下一位置的区间被限制在角度为 2θ 的扇形区域内。再将这个扇形区域划分成 m 个子扇形区，计算每个子扇形区内与当前节点的距离为 L 的节点矢量的代价。为了节省空间同时加快收敛速度，只保留各扇区内代价最小的节点。如图 4-16 所示，将扇区划分为三个子扇区，其中 A，B，C 三个节点的代价分别代表各个子扇区内的最小值。

这样将这三个节点存入为待扩展节点设计的存储结构中，并从其中移出截至当前代价最小的节点作为新的当前节点进行扩展，同时把移出的节点存入已扩展节点存储结构中。如此反复操作，直到下一个节点到达或接近（距离小于一个最小步长）指定的航路关键点或目标点。再由当前节点逆推就可以得到最小代价路径。

通常，导弹的定位误差随着航程的增加而增加，并且模型比较复杂。这里我们不去具体研究如何建立其定位误差随航程变化的模型，而是以一种近似的线性误差模型为例，对 SAS 的节点及其组合航路管道的模型进行研究。

设导弹当前的航程为 L，而导弹的定位误差随航程线性增加，其比例系数为 k，则航路上任何一点的定位误差为 kL。转弯点的表示方式通常有过点转弯和提前转弯两种，分别如图 4-17 所示。

反舰导弹最常用的是提前转弯方式。在这种转弯方式下，每个搜索节点所对应的管道形状如图 4-18 所示。

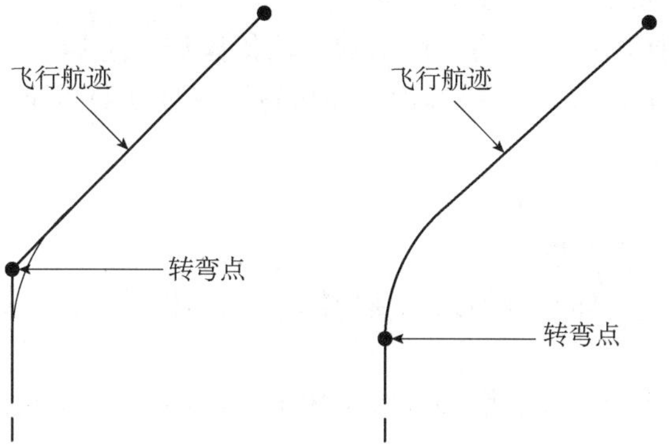

提前转弯　　过点转弯

图 4-17　转弯方式

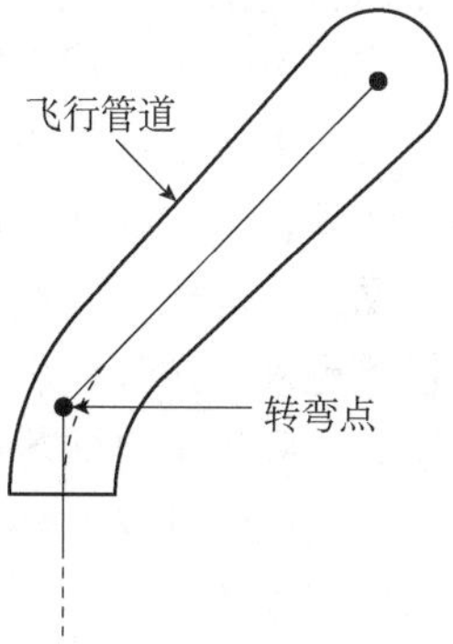

图 4-18　提前转弯方式下的管道形状

在 SAS 搜索过程中，各个节点模型首尾相接组成管道搜索树，最终得到的航路管道可从搜索树中提取，如图 4-19 所示。

最终得到的二维飞行管道规划结果如图 4-20 所示。

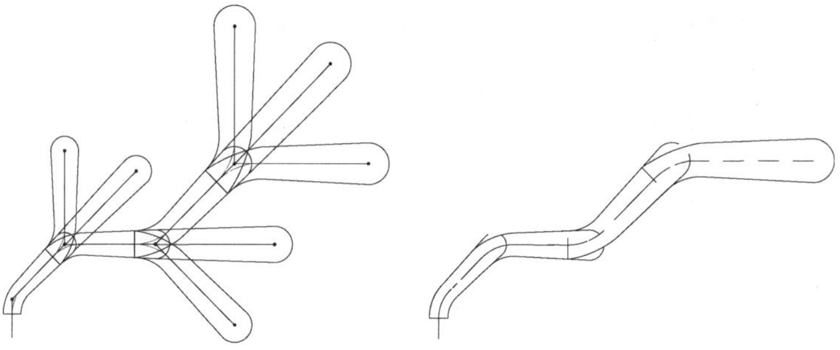

(a) 飞行管道搜索树　　(b) 节点组合航路

图 4-19　航路管道节点模型组合

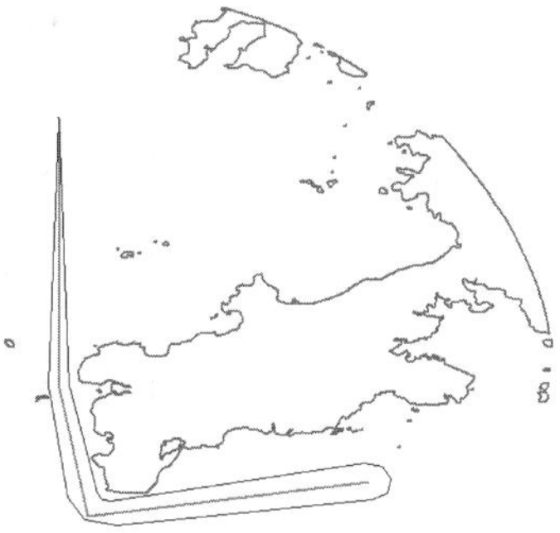

图 4-20　二维飞行管道规划结果

（四）现代寻优算法

1. 遗传算法

遗传算法（Genetic Algorithms）是在 20 世纪 70 年代初期由美国密执根（Michigan）大学

的 Holland 教授发展起来的。它是一种基于生物自然选择与遗传机理的随机搜索算法，它起源于对生物系统进行的计算机模拟研究。与传统搜索算法不同，遗传算法从一组随机产生的初始解开始它的搜索过程。该初始解称为“种群”，种群中的每个个体是问题的一个解，称为“染色体”。染色体是一串符号，例如，一个二进制字符串。这些染色体在后代的迭代过程中，不断进化。在每一代中用“适应值”来测量染色体的好坏。生成的下一代染色体，称为后代。后代是由前一代染色体通过交叉或变异运算形成的。在新一代染色体的形成中，根据适应值的大小选择部分后代，淘汰部分后代，从而保持种群大小处于固定的规模。

遗传算法是一种随机搜索算法，但它不是简单的随机搜索，它可以有效地利用已有的信息来搜索那些有希望改善个体质量的基因串。遗传算法对求解问题的本身可以一无所知，它所需要的仅是对算法所产生的每个染色体进行评价，并基于适应度函数值来选择染色体，使适应性好的染色体比适应性差的染色体有更多的繁殖机会。这样，经过若干代之后，算法最终收敛于最好的染色体，它很可能就是问题的最优解或次优解。

遗传算法包括 5 个基本要素：编码、初始群体、适应度函数、遗传操作（选择、交叉、变异）和控制参数（迭代次数、交叉和变异概率）。概括地说，遗传算法主要执行以下步骤：

（1）建立由一定数量不同个体组成的初始群体。

（2）计算各个体的适应值。

（3）根据遗传概率，利用下述操作产生新的群体。

复制：也称为选择，将适配值高的优良个体复制加入到新群体中，淘汰劣质个体，这一过程实际上是模拟了自然界中的选择规律。

杂交：也称为交叉，在选出的两个个体中相互对应的基因位置上，按照一定的规律进行基因操作，产生的新个体加入群体中。

变异：随机改变染色体的某一个或某几个基因产生新的个体，加入群体中。

（4）反复迭代后，达到终止条件，选择最优个体作为遗传算法的结果。

遗传算法的执行过程如 4-21 所示。

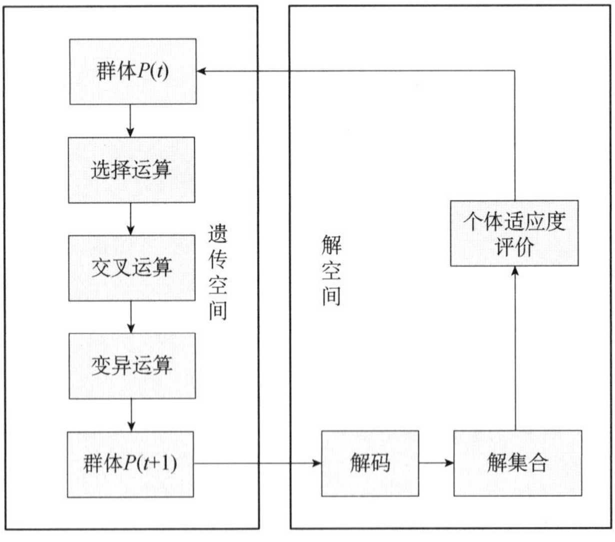

图 4-21　遗传算法的执行过程

图 4-21 中，将遗传算法划分为遗传空间和解空间两个部分，遗传空间中完成遗传操作，

解空间中完成的主要工作是对个体适应度进行评价。

如图 4-22 所示，其任务是从初始点 A 低空飞行到目标点 B，先假设导弹只朝向目标点 B 的方向飞行，而不存在反方向的速度分量，由于导弹的飞行是一个连续的过程，可能的飞行路线可以限定在如图 4-22 所示以 AB 为中心线的区域内。设 A、B 两点的距离为 L，导弹允许的最大偏航距离为 C，则以 A、B 为端点，波长为 $2L$，幅值限制在 $\pm C$ 内的正弦波覆盖了主要的规划区域。

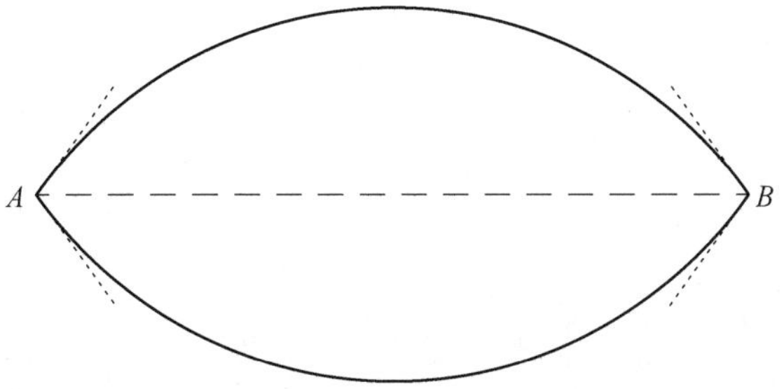

图 4-22　飞行区域与航路范围

现在以 A 为坐标原点，AB 方向为 x 轴，垂直于 AB 的方向为 y 轴，定义坐标系，则连接 A、B 两点的航路为 x 的单值函数（假设导弹不作向后的运动），对航路曲线进行 Fourier 变换，考虑到导弹机动性能限制，取其低频部分，我们发现可以选择角频率分别为 $w_0, w_1, \cdots, w_{n-1}$，幅值分别为 $a_0, a_1, \cdots, a_{n-1}$，的一组正弦波描述一条可能的航路。因此将航路描述为

$$f(x) = a_0 \sin(w_0 x) + a_1 \sin(w_1 x) + \cdots + a_{n-1} \sin(w_{n-1} x) \tag{4-8}$$

在应用遗传算法时，我们需要对染色体和基因的构成进行定义。在角频率组固定的情况下，使用幅值组构造一条染色体，其基因位置表示对应的角频率，基因位置上的数值代表相应的幅值，如图 4-23 所示。

角频率	W_0	W_1	……	W_{N-1}
染色体	a_0	a_1	……	a_{N-1}

图 4-23　遗传编码

为了使规划得到的航路曲线严格经过起始点和目标点，正弦波角频率组的角频率定义为

$$w_0 = \pi / L \tag{4-9}$$

$$w_n = 2w_{n-1}, \quad n = 1, \cdots, N-1 \tag{4-10}$$

各基因幅值限制为

$$|a_n| \leqslant (1/\lambda)^n C, \quad n = 0, 1, \cdots, N-1; \lambda > 1 \tag{4-11}$$

其中，C 为适当常数；设计衰减因子 λ 是为了使可能的航路不偏离规划区域，同时使航路满足导弹最小转弯半径的要求，每一条染色体代表一条航路，我们可以求取其对应的性能指标，然后进行遗传操作。

2．蚁群算法

根据昆虫学家的观察和研究，发现生物世界中的蚂蚁有能力在没有任何可见提示的情况下，找出从其巢穴到食物源的最短路径，并且能够随环境的变化而适应性地搜索新的路径，产生新的选择。随着 1991 年 M. Dorigo、V. Maniez-zo、A. Colorini 首先提出了蚁群算法（Ant

Algorithm），一种新的优化算法就因受到蚁群活动现象的启发而创立和逐渐发展起来。作为通用型随机优化算法，它借鉴蚂蚁的行为特性，通过其内在的搜索机制，在一系列困难的组合优化问题求解中取得了成效。由于模拟仿真中使用的是人工蚂蚁概念，因此有时也被称为蚂蚁系统（Ant Colony System）。

蚁群算法从原理上模拟了蚂蚁搜索食物源的过程，如图 4-24 所示。*A* 为蚁穴，*B* 为食物源，从 *A* 到 *B* 有两条路径可走，*ACB* 是长路径，*ADB* 是短路径。蚂蚁走过一条路线以后，在地面上会留下生物信息激素的气味，后来的蚂蚁就是根据留在地面上这种气味的强度来选择应该移动的方向。图 4-24(a)表示问题起始时的情况，假定蚁穴中共有 4 只蚂蚁，分别用 1、2、3、4 表示它们。

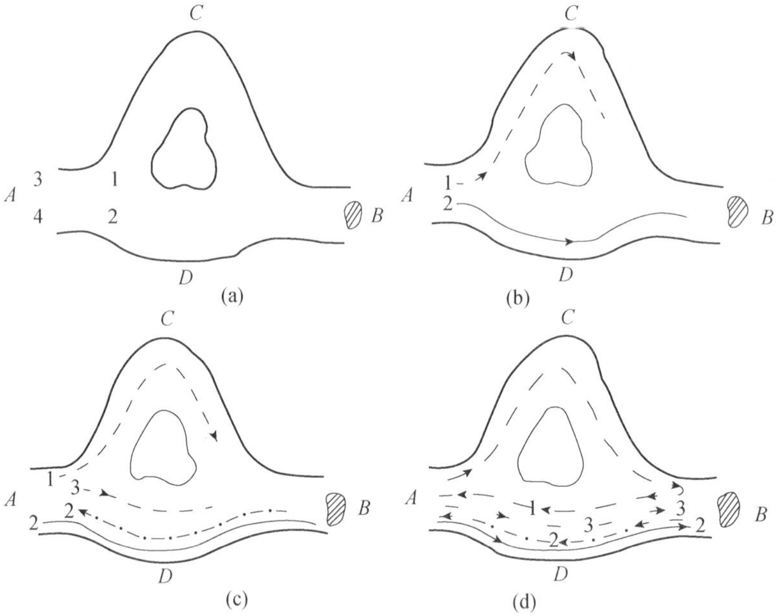

图 4-24　蚂蚁路径示意图

开始时，蚁穴中的蚂蚁 1、2 向食物源方向移动。由于路线 *ACB* 和 *ADB* 都没有蚂蚁通过，在这两条路线上都没有留下生物信息激素气味，因此蚂蚁 1、2 选择这两条路径的机会是相等的。假设蚂蚁 1 选择 *ACB* 线路，而蚂蚁 2 选择 *ADB* 线路，并且假定所有蚂蚁移动的速度相同。当蚂蚁 2 到达食物源 *B* 时，蚂蚁 1 还在途中，如图 4-24 中（b）所示。蚂蚁 2 到达食物源后立刻返回，这时从 *B* 返回也有两条线路可以选择，哪一条线路上生物信息激素的气味较重就更可能选择哪一条。因为蚂蚁 1 还在途中，没有到达终点，这时在 *BCA* 线路上靠近 *B* 端处，蚂蚁 1 还没有留下信息激素气味，所以蚂蚁 2 返回蚁穴的路线选择原路返回。当蚂蚁 2 到达 *A* 时，蚂蚁 3 开始出发，蚂蚁 3 的线路选择更可能是 *ADB*，因为这时 *ADB* 上的气味要比 *ACB* 重，如图 4-24 中（c）所示。当蚂蚁 1 到达终点 *B* 时，蚂蚁 1 返回线路也更可能选择 *BDA*，如图 4-24 中（d）所示。如此继续下去，生物信息激素浓度差变大的结果是选择路径 *ADB* 的蚂蚁进一步增加，这又导致了生物信息激素浓度差的进一步加大，从而沿 *ADB* 移动的蚂蚁会越来越多，这就是巢穴到食物源的最短路径。

这样经过一个众多蚂蚁协同搜寻的过程之后，几乎所有的蚂蚁都会选择最短的那一条路径。因此，M. Dorigo 等人指出：蚁群中的蚂蚁以生物信息激素为媒介的间接异步联系方式是蚁群算法最大的特点。H. Van Dyke Parunak 等人也指出：蚂蚁在搜寻过程中充分体现了多个个体的协同寻优能力。

4.3.5　反舰导弹航路规划应注意的有关问题

（1）航路规划是以牺牲导弹航程和射击精度为代价的。虽然新型反舰导弹有较大的动力航程，但导弹飞行时间越长，各种误差积累越大，目标机动范围也越大，因而会造成导弹对目标的捕捉概率下降。因此，在作战使用时，必须根据战场态势情况，做出科学合理的选择：是充分利用导弹射程进行远距离攻击，还是利用航路规划功能达成某种战术目的。

（2）航路规划在改变自控段飞行路径的同时，也改变了导弹的末端攻击方向，改变了导弹与目标间的相对态势，需要对目标搜捕方案进行调整。

（3）对于具有红外导引头的反舰导弹，在白天作战使用时，导弹在水平面内对目标的攻击方向与太阳光线照射方向的夹角至少要大于一定角度（由红外导引头视场范围决定），尽可能避免太阳对红外系统的影响，如图 4-25 所示。

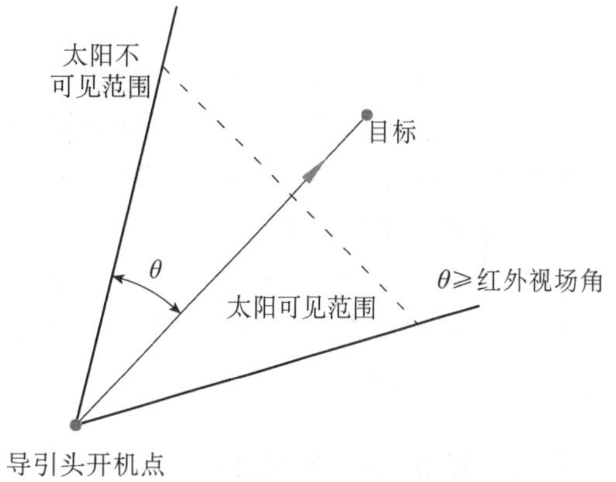

图 4-25　导弹攻击方向与太阳入射方向的关系示意图

4.4　导弹的射前检查与发射控制

为了确保导弹正常顺利地发射，提高发射成功的可靠性及导弹的命中概率，在发射之前需要由导弹火控系统中的指挥仪及射前检查设备对弹上的控制设备和电气设备进行自动的综合性检查，即“射前检查”。通过射前检查之后，证实导弹上的控制设备和电气设备工作完全正常，并在各项发射条件均满足的情况下，方可由导弹火控系统中的指挥仪发射控制设备实施对导弹的发射。

因此，射前检查和发射控制设备是导弹火控系统控制导弹发射不可缺少的重要组成部分。这两部分设备主要由各种时序开关及装定电路组成。每一个开关能独立完成某种检查发射控制功能，但不能单独使用。所有的时序开关必须相互联系起来，从弹上到地面（如指挥仪、发射装置）构成一个完整体，按照一定的时序，协同工作。

随着电子技术的不断发展，发射控制系统所用的时序开关电路也不断更新。从继电器逻辑控制电路开始，发展到使用微型计算机控制检查和发射。微机应用于发控系统，不仅缩小了体积，减轻了重量，而且提高了射前检查和发射控制的自动化程度，有利于故障信息分析和故障排除，以及实现发射控制设备的通用化、系列化和标准化。

4.4.1 导弹的射前检查

（一）射前检查的功能

射前检查的功能主要是在导弹发射之前，完成弹上控制设备和电气设备的综合自动检查，判断工作状态是否正常，并给出相应的指示。

检查项目通常有：

（1）检查接线箱（即：指挥仪接线箱和导弹接线箱），电缆、插头是否可靠连接。

（2）检查引信装置的各级保险装置是否可靠。

（3）向弹上供电，并检查供电情况。

（4）接通弹上末制导设备和飞行控制设备，并检查它们的启动情况。

（5）检查弹上末制导和飞行控制设备的起始状态。

（6）检查弹上导引头与自动驾驶仪的协同动作。

（7）对弹上重要参数进行测量。

（8）给弹上电池、空速管等有关设备加温。

（9）在射前检查和发射过程中，出现紧急情况，可切断弹下、弹上电源向弹上设备的供电；切断引信装置电源。

（二）射前检查的过程

不同型号的导弹射前检查的具体要求虽有所不同，但检查的内容和过程则大同小异。一般说，发射控制系统对导弹的射前检查大致分为三个阶段：接通设备前的准备阶段；接通设备后的加温预热阶段；接通设备后的检查阶段。射前检查的基本过程如图 4-26 所示。

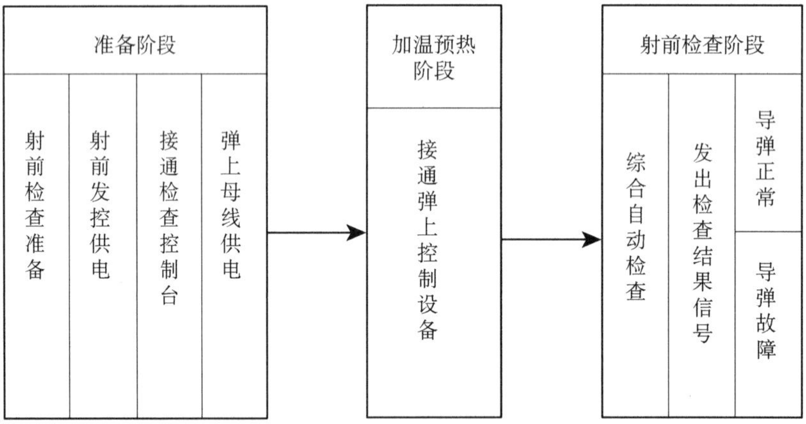

图 4-26 射前检查的基本过程

1. 接通设备前的准备阶段

准备阶段需要做的工作是检查电引信装置的保险状态，这是为安全向弹上供电做准备。只有当电引信装置处于保险状态时，才可能将电源供至弹上母线。

此阶段射前向弹上发送的指令主要有“断开电池指令”和“恢复助推器保险指令”，而弹上向地面送回的信号主要有末端开关检查信号；引信保险状态信号；引信隔离机构保险状态信号；陀螺锁定信号；助推器保险状态信号；电池断开信号等。这些指令和信号都是以电平形式传送的。

2. 接通设备后的加温预热阶段

接通射前检查电源后，按程序接通弹上雷达、自动驾驶仪和定时机构，对相关设备预热。

3. 接通设备后的射前检查阶段

这一阶段需要做的工作通常包括：

（1）自动驾驶仪一级舵机的检查。

（2）检查驾驶仪角度装定系统的工作情况。

（3）检查雷达与驾驶仪协同工作情况。

（4）雷达和驾驶仪恢复起始状态的检查。

（5）检查驾驶仪陀螺电压。

（6）检查弹上的定时机构。

4.4.2　导弹的发射控制

导弹发射控制简称发控，其任务是对导弹的发射准备和发射过程进行控制，确保导弹正常顺利地发射。如果在发射准备和发射过程中导弹出现故障，要保证自动停止准备和发射。

（一）发射控制的功能

发射控制的功能主要是当发射电路和弹上设备正常，并满足发射条件时，严格按照发射程序实施对导弹的发射，以及在特殊情况下实施对导弹的应急投放，对不同型号导弹和不同载体，发射控制设备的功能有所不同，但一般应具备以下的基本功能：

（1）实施发射指挥。

（2）对发射电路及助推器点火电路进行感应电压检查。

（3）装定导弹的飞行参数（如自控飞行时间和自导距离）。

（4）在满足导弹发射条件的情况下，对战斗弹或遥测弹实施发射。

（5）配合导弹模拟器实施模拟发射。

（6）在特殊情况下，实施应急投放，应急切断弹上电源和引信。

（二）导弹的发射条件

导弹发射时必须有一定的限制条件，它是根据导弹武器系统的总体要求确定的。导弹火控系统严格按限制条件控制导弹发射。如果不满足条件，则不允许发射导弹，否则影响导弹的命中概率。

一般飞航导弹的发射条件分为允许发射条件和发射条件两种。

1. 允许发射条件

允许发射条件是按压“发射”按钮前，必须满足的条件，这些条件通常有：

（1）由载体向导弹供电，导弹预热，射前检查正常。

（2）导弹火控系统各设备工作正常，导弹射击诸元已精确计算好。

（3）所有向导弹装定的参数和指令均已装定好。

（4）弹上火工品线路检查是正确的，感应电压（或电流）在安全范围内。

（5）弹上点火安全装置已解除保险。

（6）发射装置已做好发射前的准备，如箱式发射装置已开盖，潜艇发射管已注水均压。

（7）目标已处于导弹发射扇面内，载体的姿态在给定的范围内。

2. 发射条件

导弹的发射条件是指按下“发射”按钮以后直至导弹起飞，使导弹发射出去所需的条件，这些条件通常有：

（1）弹上主电池已激活，并将导弹的电源由载体提供转为弹上电池组，或导弹自身提供的其他能源。

（2）弹上自动驾驶仪的陀螺已开锁或惯性导航系统进入导航状态，以确保导弹发射出去后弹体姿态有基准。

（3）凡是给导弹装定的射击诸元应停止装定，并保持所装定的数值。

（4）助推器点火，或挂架释放导弹。

（5）导弹与载体连接的电连接器分离。

对于不同的导弹和载体，发射导弹的条件又有所区别。但前提条件是共同的，就是说，要发射的导弹都经过射前检查并且最终给出“导弹正常”指示信号，才能进入发射程序。

（三）导弹的发射程序与逻辑控制

发射程序依据发射条件和发射控制的要求来确定。不同的导弹和载体，发射条件不同，发射控制要求也有差异，因此发射程序也不同。

飞航导弹的发射程序有正常发射程序、应急发射程序及解除发射程序。该程序有一定的时序关系，一个动作接着一个动作，一个动作没有完成，不能进行下一个动作。

1. 正常发射程序

正常发射程序指按下“发射”按钮后，直到导弹起飞进行一切动作的时序关系。不同的导弹，发射程序不完全相同，不同的装载对象，发射程序也不同。导弹正常发射的程序一般包括电源转换、陀螺开锁、完成参数装定、助推器点火等动作。

各动作都是自动进行的，逻辑关系非常严格，必须前面的动作都完成以后才能进行下面的动作。如发射条件中所述，按压“发射”按钮后，首先要进行电源转换，将载体供电转换为导弹自身供电。再如，要发出“陀螺开锁”指令，必须在电源转换之后，而且满足了开锁条件才行。

有的导弹发射时，陀螺开锁条件与助推器点火条件合并为一个条件，也有的载体横摇角或纵摇角始终比较小，则可以对它不提限制条件。总之，需根据导弹及载体的具体情况确定。

2. 应急发射程序

当导弹在载体上危及载体或人员的安全时，需将导弹应急发射出去。应急发射就是不管导弹是否正常，满不满足发射条件，只要设法把它抛射出去就行。

由于应急发射的目的是载体自身的安全，而不是要命中目标，打击敌人，所以应急发射时，一般要做到两点：一是弹上设备不供电，将弹上电池与弹上母线断开，即使弹上电池已激活也不能向弹上供电；二是不允许弹上战斗部引爆。因为应急发射有可能在我海区范围，如果战斗部引爆，就可能危及友邻舰艇或载体本身，所以应急发射前需将弹上引信保险丝切断，使引信不能工作。

应急发射是在紧急情况下使用，其发射程序必须简单、可靠，而且反应时间短。

导弹应急发射的一般程序如图 4-27 所示。

图 4-27　导弹应急发射的一般程序

尽管应急发射时不需要满足所有的发射条件，但为了确保导弹安全可靠地发射出去，有些必要的发射准备工作还必须要做。如采用箱式发射装置时，必须首先将发射箱盖打开，发射箱上的限制器需拨出。有助推器安全保险机构的导弹，发射前需解除保险，使助推器处于战斗状态，只有这些准备工作做好，按压“应急发射”按钮后，导弹才能按应急发射程序进行，直到导弹脱离载体。

3. 解除发射程序

在发射程序执行过程中，由于导弹或火控系统出现故障，使发射程序中断，导弹未能发射出去。这时，如果没有必要实施应急发射，而希望保存导弹，则可以解除发射。解除发射实质是将发射控制电路恢复到按压“发射”按钮以前的状态。解除发射以后，需查找发射程序中断的原因。

上述三种发射程序都是自动控制的，只要按压相关按钮，程序将全部自动进行，为此，导弹火控系统中设计了一套逻辑控制电路。常用的逻辑控制电路有计算机接口控制及继电器控制两种，发射控制电路通常要为弹上提供一定的电流，因此，使用继电器逻辑控制电路较多。

4.5　本章小结

本章重点讨论指挥控制系统中的导弹火力控制解命中原理。首先以反舰导弹为对象，对火力控制原理进行了概述，分析了火控系统的组成、工作过程，介绍了反舰导弹火控系统的射击方式和导弹发射方式；分析了反舰导弹射击的假设条件，利用射击三角形推导了反舰导弹的解命中问题；阐述了导弹航路规划问题，讨论了航路规划的基本概念、数学描述和几种航路规划算法；介绍了导弹射前检查的功能和过程，以及导弹发射控制的功能、条件和程序。本章的重点是利用射击三角形求解反舰导弹解命中问题，掌握导弹武器的射击方式、发射方式、解命中和反舰导弹航路规划的基本原理，理解导弹航路规划问题、火力控制的特点、发射前检查与发射控制相关内容。

反舰导弹火控系统的基本功能是在各种复杂的战斗环境下实施快速、准确、可靠和安全地发射导弹，使导弹以最优的飞行弹道命中预定的水面目标。反舰导弹火力控制系统一般由探测设备、射击控制设备（即指挥仪）、导弹发射装置、电源及其之间的信息传输和通信设备等组成，通常按装载对象分类，可分为岸基、舰载、机载、潜载反舰导弹火力控制系统。反舰导弹火力控制系统的工作过程流程为：战斗准备阶段；发射准备阶段；发射；发射后阶段。

反舰导弹火力控制系统的射击方式有两种：①前置点射击方式，考虑在导弹飞行时间内目标的运动，它相对于发射瞬间目标所在位置提前一个角度；②现在点射击方式，不考虑目标的活动，导弹向目标的现在位置发射。导弹的发射有倾斜发射、垂直发射、自由投放、弹射投放等方式。

研究导弹的射击命中问题就是寻找一条控制导弹命中目标的理想飞行弹道，使得导弹在发射后沿着这条弹道飞行时，能以最大的命中概率命中预定的目标。为了分析和解算方便要对反舰导弹的射击条件做一些合理假设，再按导弹采用的射击方式分别求前置点解命中问题和现在点解命中问题。

在发射之前需要由导弹火控系统中的指挥仪及射前检查设备对弹上的控制设备和电气设备进行自动的综合性检查，即“射前检查”，以确保导弹正常顺利地发射，提高发射的成功率及导弹的命中概率。导弹发射控制简称发控，其任务是对导弹的发射准备和发射过程进行控制，确保导弹正常顺利地发射。射前检查和发射控制设备主要由各种时序开关及装定电路组成，所有的时序开关相互联系，从弹上到地面构成一个整体，按照一定的时序，协同工作。

习题 4

1. 简述反舰导弹武器系统的概念并按战斗任务不同进行分类。

2. 请画出舰舰、空舰、潜舰和岸基四种反舰导弹火控系统的组成框图。

3. 简述反舰导弹火力控制系统工作过程各阶段的主要内容。

4. 何谓前置点？何谓前置点射击方式？

5. 何谓现在点射击方式？在什么条件下采用这种导弹发射方式？

6. 导弹的发射方式有________、________、________和________四种，反舰导弹的射击方式主要有________和________两种。

7. 反舰导弹射击条件的假设有哪些？

8. 画出反舰导弹前置射击三角形，并列出求解命中问题的方程。

9. 什么是航路规划？反舰导弹航路规划常见的约束条件有哪些？

10. 射前检查的主要功能是什么？

第 5 章　防空导弹火力控制原理

5.1　概述

5.1.1　防空导弹

1. 定义

导弹：依靠自身动力装置推进，由制导系统控制飞行、导向目标，以其战斗部毁伤目标的武器。

防空导弹：从地（水）面发射、攻击空中目标的导弹。

2. 组成

防空导弹是防空导弹武器系统的重要组成部分，它通常由弹体、动力装置、弹上制导设备、引信战斗部系统和电、气源等部分组成。

5.1.2　防空导弹武器系统

（一）定义

武器系统：由武器及其相关技术装备等组成，具有特定作战功能的有机整体，通常包括武器本身及其发射或投掷工具，以及探测、指挥、控制、通信、检测等分系统或设备。

防空导弹武器系统：由防空导弹及其配套设备组成的武器系统，包括防空导弹、目标搜索与指示系统、跟踪制导系统、发射系统、指挥控制系统、供电设备和技术保障装备等。

（二）分类

各国对防空导弹武器系统分类的方法和标准不尽相同，但总的规律和原则相近，一般按防空导弹武器系统的作战任务、机动性、作战空域等特征进行分类。

防空导弹武器系统按作战任务可分为国土防空、野战防空、舰艇防空三类。国土防空系统一般采用相对稳定的部署方式，可采用固定式或半固定式防空导弹武器系统。野战防空要求武器系统具有良好的机动性能，能随部队行进，能迅速由行军状态转入战斗状态，能在行进中搜索、跟踪目标，能在短暂的停留时间内发射导弹并快速转移，野战防空多采用机动能力强的自行式或便携式防空导弹武器系统。舰艇防空系统固定在水面舰艇上，随舰艇机动，要求有平台稳定装置、导弹库及自动运输装填设备。

防空导弹武器系统按地面机动性可分为固定式、半固定式和机动式 3 种，其中机动式又可进一步分为自行式、牵引式和便携式 3 种。

防空导弹武器系统按射高和射程分为高空远程、中空中程、低空近程和超低空超近程。

有些国家将射程大于 100km（高达 30km 左右）的防空导弹武器系统称为远程防空导弹武器系统；将射程在 20～100km 之间（射高 0.05～20km）的防空导弹武器系统称为中程防空导弹武器系统；将射程小于 20km（射高 0.015～10km）的防空导弹武器系统称为近程防空导弹武器系统；将射程在 10km 以内的防空导弹武器系统称为超近程防空导弹武器系统。

防空导弹按导弹制导体制的不同可分为遥控指令制导、主动制导、半主动制导和被动制导 4 种类型。遥控指令制导是由地（水）面制导站根据雷达测量的目标与导弹的坐标，依据选定的制导规律形成制导指令，发送给导弹，导引导弹飞行的制导体制；主动制导是由导弹上的导引头主动发射电磁波，利用目标回波测量目标与导弹的相对位置，依据选定的制导规律形成制导指令，导引导弹飞行的制导体制，主动制导具有发射后不管的特性；半主动制导与主动制导原理相似，导弹上的导引头利用目标回波测量目标与导弹的相对位置，依据选定的制导规律形成制导指令，导引导弹飞行，只不过导弹上的导引头不主动发射电磁波，对目标的照射由地（水）面照射站实施；被动制导是导弹上的导引头利用目标的辐射能量（红外、电磁波）测量目标与导弹的相对位置，依据选定的制导规律形成制导指令，导引导弹飞行的制导体制，被动制导也具有发射后不管的特性。

防空导弹按导弹制导方式的不同可分为雷达制导、红外制导、电视制导、激光制导和复合制导等类型，其中红外制导、电视制导、激光制导统称为光电制导。

防空导弹武器系统按目标容量或目标通道可分为单目标通道和多目标通道两种。每次只能拦截一个目标的防空导弹武器系统，称为单目标通道武器系统；可同时拦截两个及以上目标的防空导弹武器系统，称为多目标通道武器系统。

另外，国际上还习惯于按不同的发展时期来划分防空导弹，从 20 世纪 40 年代到目前为止，防空导弹大致经历了 3 个发展时期，研制了三代防空导弹，这也是一种经常使用的分类方式。

（三）系统构成

防空导弹武器系统发展至今，已有数十种型号，形成了各种不同性能、不同用途的庞大武器系统家族。由于作战任务、技术战术性能、使用原则及所采用的技术不同，防空导弹武器系统的组成不尽相同，一般由目标搜索指示系统、跟踪制导系统、导弹系统、发射系统、指挥控制系统和支援保障系统等分系统组成。

1. 目标搜索指示系统

一般情况下，防空导弹武器系统制导雷达的跟踪精度很高，但波束较窄，探测距离和范围较小，难以在大范围内及时发现目标。为弥补防空导弹武器系统制导雷达的这种不足，一般为防空导弹武器系统配备有目标搜索指示系统。

目标搜索指示系统用于搜索、发现和识别空中目标，测定目标的坐标和运动参数并向武器系统的其他设备指示空中目标，提供空中目标的参数。目标搜索指示系统是防空导弹武器系统不可缺少的组成部分。该系统按设备特征可分为雷达、光学和光电 3 种；按工作方式可分为主动式和被动式（无源探测）两类。防空导弹武器系统中目标搜索指示系统通常由搜索、识别和指示等设备组成。

在一套防空导弹武器系统中，目标搜索指示系统的种类、设备的数量和构成形式及各分设备的具体组成是各不相同的，它取决于该武器系统规定的作战任务、系统的组成、设备的技术性能和战术使用要求等。机动式近程防空导弹武器系统的搜索设备一般与跟踪、制导、发射装置安装在同一车底盘上或者安装在单独的车辆上，如法、德联合研制的“罗兰特”和法国的“响尾蛇”防空导弹武器系统；有的防空导弹武器系统所配属的目标搜索指示系统可以为两套以上防空导弹武器系统提供目标指示，如俄罗斯 C-300ПМУ 地空导弹配备的三坐标雷达；有的防空导弹武器系统所配属的目标搜索指示系统从系统结构上讲还可以为其他邻近的便携式防空导弹武器系统或高炮指示目标。防空导弹武器系统中的目标搜索指示系统一方面自主搜索发现目标，另一方面还可从防空 C^3I 系统中获取空情信息，同时还可将本身所获取的空情信息反馈给上级 C^3I 系统或通报给友邻部队，因此在整个防空信息网中，防空导弹武器系统的目标搜索指示系统是整个防空战场信息系统中的一个重要信息获取环节。

2. 跟踪制导系统

防空导弹的跟踪制导系统通过跟踪目标和导弹，测量目标和导弹的坐标与运动参数，导引和控制导弹沿着选定的制导规律所确定的理想弹道飞向目标。

防空导弹的跟踪制导系统通常由弹上制导装置和地（水）面跟踪制导设备组成，也有完全由弹上跟踪制导装置组成的，如全程主动寻的或被动寻的制导系统。

防空导弹跟踪制导系统是防空导弹武器系统最重要的组成部分。防空导弹跟踪制导系统控制导弹运动的部分称为制导系统，制导系统工作的实质是通过对导弹姿态的控制，实现对导弹质心运动的导引。制导系统主要由测量装置、解算装置、指令传输设备、自动驾驶仪和执行机构等组成。

测量装置用来连续不断地测定目标、导弹的坐标和两者相对运动的参数并传输给解算装置；解算装置按选定的制导规律完成测量信息的运算处理，形成修正导弹弹道的制导指令；指令传输设备用于将制导指令传输给导弹上的制导装置；自动驾驶仪是弹上制导装置的基础，用于将制导指令与自身感受的弹体姿态信息进行综合处理，形成控制指令。控制指令由执行机构（一般为舵机）执行。执行机构的动作改变了作用在导弹上的力与力矩，从而改变了导弹的飞行方向和姿态，使导弹按制导指令的导引沿理想弹道飞向目标。导弹按制导指令改变了飞行弹道，测量装置又测定了导弹在空中新的坐标，从而开始下一个循环的制导控制过程，这一控制过程是一个典型的闭环控制过程。

防空导弹的制导系统和导弹之间所构成的闭环控制回路称为制导回路；导弹上的自动驾驶仪和弹体之间所构成的闭环控制回路称为稳定回路。制导回路和稳定回路是防空导弹武器系统中最重要的两个基本概念，是从总体角度了解防空导弹武器系统最重要的两个基本概念。

在制导回路中，导弹被视为质点，这是由于雷达测量的局限性所致的。在制导回路中，导弹只具有位于导弹质心的 3 个直角坐标 x、y、z 或极坐标 R，α，β（斜距、高低角、方位角），此时导弹具有 3 个自由度，控制指令是以质点控制原理形成的，控制导弹质点沿着理想弹道飞行。在稳定回路中，导弹被视为刚体，此时导弹除具有位于导弹质心的 3 个直角坐标或极坐标外，还具有刚体绕质心运动的 3 个姿态（俯仰、偏航和滚转），此时导弹具有 6 个自由度，导弹上的自动驾驶仪通过陀螺和加速度仪感受导弹自身的运动，通过计算，与地（水）面制导系统的控制指令合成形成控制导弹的执行指令。执行指令要完成两项工作，一是保持导弹自身稳定，二是按照地（水）面制导系统的导引指令控制导弹沿理想弹道飞行。

防空导弹跟踪制导系统的一般形式是制导雷达，有的防空导弹武器系统的制导雷达同时还担负对目标的照射任务，这种情况称为照射制导雷达。

3. 导弹系统

导弹是实现防空导弹武器系统作战目的的最终设备单元。导弹的构成、所选用的气动外形、制导装置、推进装置及战斗部组成形式等，取决于防空导弹的作战任务和与之相适应的战术技术性能，同时还取决于防空导弹武器系统的工作体制和所采用的技术手段。

4. 发射系统

发射系统是对导弹进行支撑、发射准备、随动跟踪、发射控制及发射导弹的专用设备的总称。发射系统主要由发射装置和发射控制设备组成。发射装置有固定式、半机动式、机动式等类型，发射方式有倾斜发射和垂直发射两种。

倾斜发射方式指导弹发射时处于倾斜状态，倾斜发射装置通常由发射臂、随动系统、基座和发控系统组成。

垂直发射方式指导弹发射时处于垂直状态，垂直发射的防空导弹通常装在发射筒（或发射箱）内，发射时靠导弹自身的动力或外加动力使导弹飞离发射筒。与倾斜发射相比，垂直发射具有全方位发射、反应时间短、发射速率高等特点。垂直发射技术是对付多方位、多批次饱和攻击、加大射击密度的有效途径，新型的防空导弹武器系统多采用垂直发射方式。

发射控制设备用于按规定的程序进行导弹发射前的准备和初始数据装订，并按指令发射导弹。

发射系统的具体结构取决于防空导弹武器系统的作战要求和系统结构形式。

5. 指挥控制系统

防空导弹指挥控制系统是指用于收集、处理、显示空中情报，进行威胁估算、目标指示、目标参数和射击诸元计算、目标分配和辅助决策，并对单个或多个防空导弹火力单元实施指挥控制的人机系统。它既是武器系统不可分割的组成部分，又是统一的防空指挥系统的重要组成部分。新型的防空导弹武器系统均配套装备有相应的指挥控制系统。

防空导弹指挥控制系统是一种多层次系统，按国际上一般通行的概念，它通常分为混编武器系统群的战术单位、作战单位、火力单元 3 个层次。3 个指挥控制层次逐级展开，每一层对应着不同的指挥控制级别、火力范围和火力配系。各级指挥控制中心既是上级指挥控制系统的控制节点，又是下级指挥控制系统的指挥控制中心，并通过通信网络进行沟通及与友邻之间的信息交换。

防空导弹指挥控制系统包括指挥控制设备、配套的通信系统和各种外部接口。

6. 支援保障系统

支援保障系统为防空导弹武器系统的作战系统提供电气能源、坐标定位、导弹补充装填、维修保障等技术支持。因此支援保障系统有时又称为技术支援系统。

支援保障系统通常包括电源设备、定位设备、准备和测试导弹的地面设备、导弹运输装填设备、各种模拟训练设备、维修设备、备件和文件运输保管设备等。

防空导弹武器系统的支援保障设备随着武器系统的发展变化逐渐现代化、自动化。早期的防空导弹型号，如第一代防空导弹武器系统的支援保障设备十分庞杂，尤其是采用液体推进剂的防空导弹。随着防空导弹武器系统的发展，特别是固体火箭发动机、微电子技术、计算机技术、自动测试技术、软件技术的发展和广泛应用。维修保障的手段和方式发生了深刻的变革，防空导弹武器系统基层级的技术保障日趋简易化和自动化。电子设备一般内装有自动在线监测系统，可随时发现装备故障和故障隐患；装在发射筒的导弹可数十年不检测、不维护。武器系统的其他分系统也配备了先进的支援保障设备，如故障自动检测和显示系统等。同时，整个武器系统的支援保障设备朝着自动化、通用化、小型化和多层次分级设置的方向发展，并有把训练模拟器纳入支援保障设备中的趋势。

防空导弹武器系统各分系统的具体组成和结构形式，取决于武器系统的作战任务、作战性能、使用原则及对整个武器系统组成的特殊要求。

5.1.3　典型作战过程

防空导弹武器系统的种类、型号繁多，由于各种防空导弹武器系统的构成和所采用的技术手段不同，因此其作战过程存在一定的差异。防空导弹武器系统的作战过程可分为搜索发现识别和指示目标、跟踪目标和射击诸元计算、发射导弹和制导导弹飞向目标、起爆战斗部摧毁目标 4 个主要阶段。这 4 个阶段有目标搜索、目标识别、威胁判定、拦截适宜性检查、目标分配、稳定跟踪、发射决策、跟踪制导、杀伤效果判定、转移火力等 10 项内容（见图 5-1）。

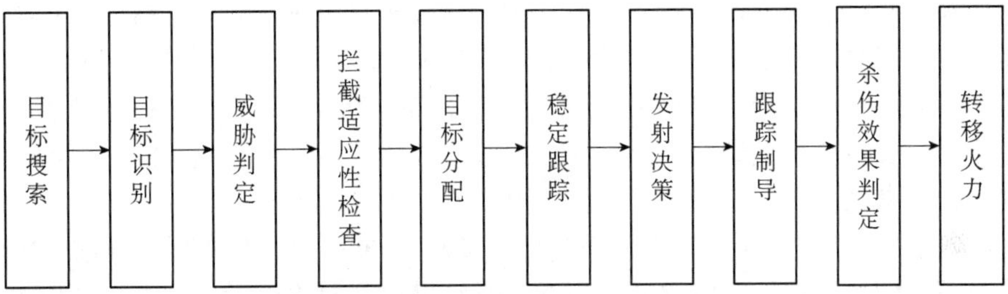

图 5-1　典型防空导弹武器系统作战过程

1. 搜索发现识别和指示目标

搜索发现识别和指示目标的过程包括目标搜索、目标识别、威胁判定、拦截适宜性检查和目标分配等内容，这些工作是指挥控制系统的重要任务。

目标搜索可采用自主搜索或接受上级空情通报，当无目标指示或目标指示数据不明确时，探测跟踪装置的波束在空间做大范围扫描搜索；如目标指示较明确，则波束在指示空间位置附近做小范围扫描搜索。上级空情通报可视为预警信息，由于地球曲率的限制，雷达的直视距离有限，因此为了尽早获得预警信息，为防空导弹武器系统提供更多的反应时间，可采用地面雷达网接力的方法提供预警信息，先进的情报体制采用预警机或预警卫星提供预警信息。对于抗击战术弹道导弹、巡航导弹等高速、低空、远距离目标，及早的预警信息起着至关重要的作用。

目标识别的任务是判别目标属性、类别等；威胁判定的目的是判别目标的威胁程度，防空作战中的威胁判定是指对来袭目标对被保卫对象威胁程度的预测，以确定射击的顺序，威胁判定是防空作战指挥控制过程中进行目标优化分配的主要依据之一。

拦截适宜性检查的内容是判别目标是否适宜拦截，判别导弹与目标遭遇是否在杀伤区内；目标分配的任务就是根据目标信息和武器状态，按预定的准则，向下属火力单元或目标通道指示射击目标，以最大限度地发挥整个武器系统或防空体系的作战效能。

2. 跟踪目标和射击诸元计算

当探测跟踪器搜索发现目标后，则控制探测跟踪波束对准目标并不断测出目标的数据，此过程称为跟踪。探测跟踪装置不断对目标进行跟踪，指挥控制装置根据探测跟踪装置送来的目标数据，不断计算目标的高度、航路捷径、在发射区内的停留时间和瞬时遭遇点位置等参数，这些参数称为射击诸元。

因此，跟踪目标就是指对目标进行稳定跟踪，并计算射击诸元的过程。在稳定跟踪目标的同时，指挥员做出发射决策，发射决策的工作内容是定下发射决心和确定射击一个目标的导弹数量、导弹通道、制导方式等，这一项工作由指挥员根据实际情况和预先制订的预案完成。

3. 发射导弹和制导导弹飞向目标

在稳定跟踪并计算出射击诸元条件下，当目标进入发射区后，即可下达发射指令，导弹发射起飞后，进入制导雷达波束，被制导雷达截获，制导雷达对导弹进行跟踪制导。

对全程雷达半主动自导引的导弹，在发出发射指令前的准备发射阶段，指挥控制系统控制弹上导引头将工作频率调谐到照射频率上，并使导引头天线在角度上对准目标。在引导阶段，地面照射装置不断照射目标，弹上导引头接收目标反射的照射能量，并按比例导引法形成导引指令，送至控制系统（自动驾驶仪），控制系统控制弹上飞行操作机构，控制导弹沿理想弹道飞向目标。

对遥控指令制导的导弹，导弹飞离发射架后先处于自由飞行阶段，然后被制导雷达的波束截获（即飞入雷达波束并被探测跟踪装置跟踪），探测跟踪装置不断测出目标、导弹的位置数据和运动参数，根据选定的制导规律（如三点法、前置点法），由指令产生装置计算产生引导指令，经指令发射装置发送给导弹。导弹接收引导指令后，由控制系统给出控制信号。控制执行机构和操纵面，产生控制力，控制导弹沿理想弹道飞行。

对复合制导的导弹，如采用初段程序制导+中段指令制导+末段 TVM（Track Via Missile—经由导弹跟踪目标）制导的防空导弹，当导弹垂直发射弹射出筒后，火箭发动机点火，导弹则按预先装定的程序转弯。飞至一定距离后导弹被照射制导雷达截获；中段采用遥控指令制导方式，由照射制导雷达发出引导指令，将导弹引向预定空间；导弹飞到距离目标一定距离（或至遭遇时刻前一空间隔时），转为 TVM 制导，由照射器制导雷达照射目标，弹上导引头接收目标信息和弹目相对运动信息，这些信息再下传至制导站，经地面处理后，按预定制导规律形成引导指令，再由制导站发送至导弹，弹上控制系统制导导弹飞向目标。

4. 起爆战斗部摧毁目标

导弹发射后，依据指令逐级解除引信保险，当导弹临近目标时，战斗部处于待爆状态。当导弹与目标遭遇时，引信依据起爆条件，适时起爆战斗部，毁伤目标。雷达依据目标的反射信号判断杀伤效果，而后根据上级的指示转移火力，射击下一批目标或停止射击。

5.1.4 主要战术技术性能分析

防空导弹武器系统的战术技术性能是描述防空导弹武器系统的作战性能和技术参数的一系列综合指标，防空导弹武器系统的战术技术性能集中体现了防空导弹武器系统的作战能力和技术结构特征。

防空导弹武器系统的作战性能通常是指在敌方以不同的空袭密度、使用电子压制、实施机动和其他对抗手段的条件下，防空导弹武器系统作战准备状态的转换能力，以及毁伤不同航向、不同距离、不同高度和不同速度范围目标的能力。防空导弹武器系统的作战性能与作战环境条件、执行任务的性质、攻击目标的特性、对抗措施及武器系统的固有技术性能、战斗过程的应变能力等密切相关。在不同的射击条件下，针对不同的目标，防空导弹武器系统所体现的作战性能是不同的。通常用一系列综合指标描述防空导弹武器系统与作战使用有关的性能，这一系列综合指标通常被称为防空导弹武器系统的战术指标。防空导弹武器系统的战术指标主要包括目标特性、杀伤区（高界、低界、远界、近界、最大高低角、最大航路角、最大航路捷径）、武器系统反应时间及作战准备时间等。

为使防空导弹武器系统具有预期的战术性能，在设计和制造时需要达到的技术参数统称为技术指标。技术指标主要描述系统的工作方式和具体的技术参数，如抗干扰措施和性能，各组成部分的工作状态及性能，设备的重量、几何尺寸、载车的类型等。如制导系统的技术指标就包括雷达的工作体制、频率、重复频率、辐射功率、雷达威力、精度、抗干扰措施及性能、目标和导弹通道数等。此外，除了有形的技术参数外，还包括武器系统的可靠性、维修性、保障性等技术参数，通常地空导弹武器系统技术性能越先进，战术性能就越好。

（一）基本术语

防空导弹武器系统是一个结构复杂、技术含量很高的武器系统，涉及许多技术领域的知识内容。在防空导弹武器系统的发展过程中，逐渐形成了一些基本的术语。

1. 防空导弹弹道

防空导弹弹道也称防空导弹飞行轨迹，它描述了防空导弹飞行时，导弹质心在空间相对于选定坐标系所经过的连续路线。防空导弹弹道包括射入段、引入段和引导段。导弹命中目标的准确程度，取决于导弹的弹道性能。导弹的弹道性能综合反映了弹体、动力装置、制导系统及发射装置等几乎全部分系统的性能。防空导弹弹道还取决于所攻击目标的运动规律和飞行参数，所采用的导弹制导规律和发射时的各项初始条件。采用不同的制导规律，攻击不同飞行参数的目标，会得出不同的导弹弹道。在防空导弹的设计和分析评定过程中，研究较多的有运动学弹道、理论弹道和实际弹道。研究弹道可以用理论方法和试验方法，理论方法是对导弹运动方程组进行分析和求解；试验方法是通过导弹飞行试验，对导弹的运动参数进行实测。飞行试验费用很高，但数据较为准确可靠，主要用以校准数学模型和验证理论计算的结果。

（1）防空导弹运动学弹道。将防空导弹视为一个可控质点，则运动学弹道描述了由运动学方程和理想约束方程所确定的导弹质心在空间相对于选定坐标系的运动轨迹。若导弹按制导规律飞行，则称为可导引运动学弹道。

（2）防空导弹理论弹道，也称防空导弹理想弹道或防空导弹质点理论弹道。理论弹道属于动力学弹道的范畴，考虑了作用在导弹上重力、发动机推力和空气动力。假设目标为直线运动或做规律性的机动运动，导弹飞行控制系统是在无误差、无延迟、无惯性的理想条件下工作的，大气参数是标准参数，导弹性能参数和结构外形均为理论设计值，飞行过程中无随机扰动，按给定的各项初始条件对目标运动方程、导弹运动方程（包括动力学方程和导引运动学方程）联立求解，得出的导弹质心运动的轨迹，就是防空导弹理论弹道。

（3）防空导弹实际弹道。防空导弹实际弹道也称防空导弹真实弹道，描述的是防空导弹在实际飞行中质心的运动轨迹。在防空导弹的实际飞行中，作用在导弹和飞行控制系统上的随机扰动因素很多，如：射入偏差与假设的初始条件不相符、大气参数不标准、飞行控制系统存在惯性与延迟、制导指令中存在起伏噪声、阵风引起的空气动力扰动、发动机的推力波动、导弹制造的工艺偏差、目标机动所具有的随机性及对目标和导弹测量的随机误差等。这些因素综合作用的结果必将使导弹的实际弹道偏离理论弹道，实际弹道只能在每一发导弹实际飞行过程中测得。由于随机因素的影响，即使同一型号，同一批产品，在相同的发射条件下，对相同条件的目标射击，各发导弹的实际弹道也存在差异。

2. 导弹截获

导弹在发射后，制导系统并不能马上对导弹进行控制，导弹先“自由”飞行一段时间后，进入制导雷达波束，制导雷达截获导弹的应答信号后，制导雷达才能对导弹进行控制。这一过程称为导弹截获。

3. 导弹与目标遭遇点

遥控导弹在制导系统的作用下飞向目标的过程中，制导站至导弹的斜距与制导站至目标的斜距相等时，称导弹与目标遭遇：斜距相等的瞬间称为遭遇瞬间。以这个瞬间的线偏差计算遭遇点线偏差，该距离称为遭遇距离。一般情况下，战斗部起爆点即为遭遇点。如果导弹与目标遭遇时战斗部未起爆，则定义在防空导弹接近目标过程中，目标质心至导弹相对于目标运动轨迹最小距离的空间位置点为遭遇点。遭遇点的脱靶距离即为脱靶量。在防空导弹武器系统给定的杀伤区内导弹与目标遭遇，应满足所要求的制导精度和单发杀伤概率。

4. 线偏差

在导弹实际飞行中，由于各种误差因素的存在，导弹实际飞行弹道不会与理想弹道重合。实际弹道上的一点与理想弹道上对应的点之间的距离称为制导误差，也称为导弹飞行的线偏差，简称线偏差。线偏差也可用导弹与制导站之间的距离与角偏差的乘积表示。

5. 脱靶量

脱靶量是评价导弹系统命中精度的一个重要指标，定义为防空导弹在接近目标过程中，导弹与目标相对距离的最小值，即导弹与目标遭遇点的线偏差。

6. 航路捷径

航路捷径的定义为：目标航迹在地面的投影与制导站的距离。航路捷径能够影响目标在杀伤区内停留的时间，有时目标虽处于导弹的射程之内，但由于航路捷径太大，在导弹发射后，飞向目标的过程中，目标可能已飞出武器系统的杀伤区。

（二）主要战技指标

1. 目标特性

防空导弹的攻击对象是空中目标，因此武器系统必然要与空中目标的特性相联系，而且时刻受到周围环境的影响。所谓目标特性，是指目标的类型、运动学特性和电磁特性等。所谓环境，是指武器系统所处的电磁环境和空气动力环境等。目标特性是防空导弹设计时首先应考虑的参数。作战需求是发展武器装备的牵引。任何一种地空导弹武器系统在设计时均设定一个典型目标，以此典型目标为主要射击对象确定地空导弹武器系统的战术技术指标。

目标的类型通常指防空导弹武器系统能拦截目标的种类，典型空袭体系中的主要空袭兵器分为两大类，即飞机类目标和导弹类目标。飞机类目标包括轰炸机、歼击轰炸机、强击机、歼击机、电子对抗飞机、侦察机、攻击直升机、预警机等；导弹类目标包括空地导弹、巡航导弹、战术弹道导弹等。由于不同类型的目标具有不同的特性，因此防空导弹能拦截的目标类型越多，其性能就越好。目前世界上尚没有一种能有效拦截空中所有类型目标的防空武器，特别是拦截高速、小反射截面目标（如战术弹道导弹、巡航导弹、空地导弹等）的能力有限。

目标的运动学特性包括目标的速度特性和机动特性。目标的速度特性是指能拦截目标的最大速度和最小速度。目前，防空导弹武器能拦截目标的速度约为 40～3000m/s，一般为 200～750m/s。采用机动规避是空袭目标突防的主要手段之一，目标的机动能力越强，说明其规避防空导弹射击的能力越好。因此，要求防空导弹武器系统能拦截机动能力很大的目标。通常用目标的机动过载来描述目标的机动能力。

目标的电磁特性主要是指目标的雷达反射截面，目标的雷达反射截面越小，防空导弹武器系统探测发现、跟踪目标的距离就越近，防空导弹武器系统射击准备时间就越短，跟踪射击难度就越大。目前世界军事强国都在大力发展各种隐身战斗机、隐身导弹，这对防空导弹武器系统的探测、跟踪能力提出了严峻的挑战。典型空袭目标的雷达反射截面如表 5-1 所示。目前，防空导弹武器系统拦截的典型目标雷达反射截面为 1～2m^2，当需拦截小于典型雷达反射截面的目标时，对目标的探测、跟踪距离要减小，实际的探测、跟踪距离可按雷达方程计算得到。

表 5-1　典型空袭目标的雷达反射截面

类型	轰炸机 侦察机	强击机 电子战飞机	歼击轰炸机	歼击机	巡航导弹
典型目标	B-52 SR-71	A-10 F/A-18	F-16	F-15	“战斧”
雷达反射面积/m^2	8～20	8～15	3～5	1～3	0.01～1

2. 目标容量

目标容量也称目标通道数，是指防空导弹武器系统能同时跟踪并拦截的目标数量。每次只能拦截 1 个目标的防空导弹武器系统，称为单目标通道武器系统，如 SA-2 防空导弹武器系统；可同时拦截 2 个及以上目标的地空导弹武器系统，称为多目标通道武器系统，如“爱国者”、C-300ПМУ 防空导弹武器系统等。

防空导弹武器系统的目标容量，由其结构特性决定，即探测跟踪器能探测并跟踪的目标数量、照射雷达的数量、发射装置的数量等。现代防空导弹武器系统能探测、监视的目标数量可达 100 批以上，能同时拦截的目标数可达 3 ～8 个。

为了提高杀伤概率，防空导弹武器系统拦截一个目标时可发射 2～3 发导弹。因此，防空导弹武器系统的每个目标通道对应数个导弹通道，如 SA-2 防空导弹武器系统有 1 个目标通道，对应有 3 个导弹通道；C-300ПМУ 防空导弹武器系统有 5 个目标通道。每个目标通道对应有 2 个导弹通道。

防空导弹武器系统的目标通道、导弹通道数越多，在单位时间内拦截目标的数量就越多，这对抗击密集、连续的空袭十分有益。

3. 杀伤区

杀伤区又称为作战空域，指防空导弹武器系统在规定的条件下以不低于规定概率杀伤空中目标的区域。杀伤区是描述防空导弹武器系统作战能力最基本的性能指标之一。杀伤区包括远界、近界、高界、低界等参数。

一般情况下，希望防空导弹的杀伤区越大越好，即高界越高、低界越低、远界越远、近界越近、航路捷径越大越好。现代防空导弹的设计杀伤区，通常由武器系统的下列因素决定。

（1）雷达发现、跟踪目标的距离。

（2）导弹制导回路的参数、制导体制和制导方法。

（3）引导指令的传输距离。

（4）截获导弹且引入段结束的距离。

（5）导弹发动机性能和主动段飞行距离及被动段的速度特性。

（6）导弹的可用过载和理想弹道需用过载。

（7）制导精度及引信、战斗部的特性及配合效率

（8）杀伤概率的给定值等。

同时，防空导弹的杀伤区还要受到目标特性的影响，如目标的飞行特性、雷达反射面积、易损性、干扰能力和性能均对防空导弹的杀伤区有明显影响。对于不同特性的目标，防空导弹具有不同的杀伤区。射击条件（是否有电子干扰和反导弹机动）和战场环境（电磁兼容情况）也对防空导弹的杀伤区有明显影响。

因此在实际作战中，实际杀伤区一般比设计给定的范围要小。因为在实际作战中会出现目标施放干扰、目标实施机动、目标低空飞行、隐身目标等情况，当上述因素的影响超出了设计时的理想约定，杀伤区便会相应缩小。

4. 反应时间

反应时间是指防空导弹武器系统从发现目标时刻到发射的第一枚导弹（弹从发射装置上运动）离架瞬时的时间间隔。反应时间是个非常重要的战术技术参数，它描述了防空导弹武器系统对发现的空情迅速做出反应的能力，因为反应时间越短就越能拦截距离近、速度快的目标，并对武器系统实现对空中目标的多次拦截十分有利。尤其是对于低空近程防空导弹武器系统，由于目标临近其上空的时间短暂，能否迅速地做出“反应”，直接影响对目标的拦截效率和武器系统的生存能力，如法国的“响尾蛇”防空导弹武器系统的反应时间为 6.4s，瑞典的 RBS-70 防空导弹武器系统的反应时间只有 6s。

反应时间短，还能减小目标机动干扰等因素对武器系统的影响，提高射击效率。反应时间与武器系统的结构、自动化程度和作战使用特点有关。目前防空导弹武器系统的反应时间大都在 5～15s 之间，而 20 世纪 50 年代防空导弹武器系统的反应时间达数分钟。

5. 杀伤概率

杀伤概率表示在给定的发射条件下，目标被毁伤的可能程度。杀伤概率的数值一般采用概率形式描述，由目标特性、战斗部性能、战斗使用条件等确定。

防空导弹的单发杀伤概率可表示为

$$P_1 = \int_{-\infty}^{+\infty}\int_{-\infty}^{+\infty}\int_{-\infty}^{+\infty} f(x,y,z)G(x,y,z)\mathrm{d}x\mathrm{d}y\mathrm{d}z \tag{5-1}$$

式中，$f(x,y,z)$——射击误差规律；$G(x,y,z)$——目标毁伤规律。

如果射击 1 个目标用 1 发导弹，其射击效果用单发杀伤概率 P_1 表示；用 n 发导弹射击 1 个目标时，其射击效果用 n 发导弹的目标杀伤概率 P_n 表示。目标的单发杀伤概率与防空导弹武器系统的可靠性、制导精度和引信的启动概率等因素有关。目前防空导弹武器系统单发杀伤概率一般为 0.5～0.9，因此，采用单发导弹杀伤目标往往不可靠，为获得较高的目标毁伤概率，一般采用 2 发以上导弹射击 1 个目标。若导弹的单发杀伤概率为 P_1，则采用 n 发导弹射击 1 个目标时的杀伤概率为

$$P_n = 1-(1-P_1)^n \quad (5\text{-}2)$$

对不同 P_1 值时，P_n 的计算结果如表 5-2 所列。

表 5-2　不同 P_1 时的 P_n 值

P_1	P_n				
	$n=2$	$n=3$	$n=4$	$n=5$	$n=6$
0.50	0.84	0.94	0.97	0.99	0.995
0.65	0.877	0.967	0.985	0.995	0.998
0.70	0.910	0.973	0.992	0.998	0.999
0.75	0.937	0.9894	0.996	0.999	0.9998
0.80	0.960	0.992	0.998	0.9997	
0.85	0.977	0.997	0.999		
0.90	0.990	0.999			
0.95	0.997	0.9999			

从表 5-2 中的数据可知，采用增加耗弹量的方式提高杀伤概率的效果并不都是显著的，所以当单发杀伤概率足够大时，一般采用 1 ～2 发导弹即可达到满意的杀伤概率，因此新型防空导弹武器系统一般采用 2 发导弹射击 1 个目标。

6. 制导体制和制导规律

制导体制和制导规律是防空导弹武器系统最有代表性的性能参数之一。制导是指按一定制导规律控制导弹飞向目标所需的信息收集、变换和指令执行的过程。制导体制则是指防空导弹武器系统所采用的制导系统的类型和制导方法，实际上就是实现导弹制导的技术手段，它描述了制导系统的结构特性。导弹在飞行过程中需经历初始起飞段、截获控制段、遭遇段等阶段，各个阶段的状态不同，因此在各阶段所采用的制导方式可能不同。早期的防空导弹武器系统一般采用单一的制导体制，如全程无线电指令制导、全程雷达半主动自导引制导。新型的防空导弹武器系统则多采用复合制导体制，如初段程序+中段无线电指令+末段雷达半主动（或雷达主动）制导或初段程序+中段无线电指令+末段 TVM 制导等。

制导规律指的是制导系统导引导弹飞向目标过程中所遵循的运动学关系，即导弹在飞向目标过程中，导弹、目标、制导站之间的位置、速度、速度矢量等参数的相互关系。

7. 抗干扰能力

抗干扰能力，是指在自然、人为电磁干扰环境下，防空导弹武器系统完成作战任务的能力。自然干扰指大气杂波（雨、云反射产生的干扰）、地面回波（植被、田野的散射和山峰、建筑物的反射等）、工业环境（输电线路、各种运动机械等产生的干扰）、多路径（低空目标、导弹同时收到雷达的直接照射、来自地（水）面的反射及目标的反射）和红外干扰（太阳、地面热辐射）等。人为电磁干扰指敌方为掩护（隐蔽）自己，采用多种技术措施造成的电磁干扰，以欺骗甚至破坏防空导弹武器系统的正常工作。目前采用的干扰通常有电子干扰和红外干扰，其分类如表 5-3 所示。

表 5-3　无线电、红外干扰的分类

电子干扰	有源干扰	压制式干扰：噪声、瞄准、阻塞、扫频干扰等
		欺骗式干扰：角度、距离、速度欺骗干扰
	无源干扰	箔条
		隐身
红外干扰	主动干扰	曳光弹、红外干扰机等
	被动干扰	喷含易分离的金属粉、撒悬浮微粒干扰物等

电子干扰是利用电子干扰装备，在敌方电子设备和系统工作的频谱范围内采取的电磁扰乱措施，以破坏、阻碍或降低敌方电子设备的使用效能。现代防空作战的电磁环境十分复杂，防空导弹武器系统的抗干扰能力直接决定防空作战的成败，是防空导弹武器系统最重要的战术技术指标之一。

干扰按能量来源分为有源电子干扰和无源电子干扰两种。有源电子干扰也称为积极干扰（主动干扰）。有源电子干扰通过发射或转发电磁信号对敌方电子设备进行压制或欺骗。有源电子干扰广泛应用于对雷达、无线电通信、制导导航、光电等电子设备的干扰。有源电子干扰的强度通常用干扰功率强度（W/MHz）描述。有源电子干扰通常的形式是噪声干扰和欺骗干扰。

噪声干扰又称为杂波干扰，噪声干扰是一种压制性干扰，是一种使敌方电子设备接收到的有用信号模糊不清或完全被掩盖的电子干扰。压制干扰有有源压制干扰（瞄准式杂波干扰）和无源压制干扰（箔条）两种。

欺骗干扰采用主动回答方式，使敌方电子设备接收虚假信息，以至产生错误判断和错误行动。欺骗干扰按干扰产生的方法，分为距离欺骗干扰和速度欺骗干扰。

无源电子干扰也称为消极干扰（被动干扰），它是利用本身不发射电磁波的器材反射或吸收敌方电子设备发射的电磁波而形成的电子干扰。按其干扰原理，可分为反射型无源干扰和吸收型无源干扰。被动干扰通常用每百米团（即每百米放多少箔条团）描述。

防空导弹武器的抗干扰能力，主要用雷达对在某种干扰功率强度下的发现、跟踪目标的距离来表示，例如，某型防空导弹武器的制导雷达，对雷达反射面积为 2.5m^2 的飞机，当机载干扰功率强度为 0.15W/MHz 时，发现距离可能不足 50km，而无干扰时的发现距离则可能达 150km。

现代防空导弹武器系统的雷达和导弹均采用了多种抗干扰措施，以对抗日益复杂的电子干扰环境。

8. 可靠性

可靠性是指防空导弹武器系统在给定时间内，在规定的使用条件下，保持正常工作的能力。由于防空导弹武器系统各分系统结构的不同和作战使用要求的差异。因此采用不同的可靠性指标来表征其可靠性。

任务可靠度指防空导弹武器系统在规定的使用条件下、在规定的时间内、成功完成规定的作战任务的概率，或防空导弹武器系统某独立部分正常工作的概率，通常用 $R(t)$ 表示。如导弹的任务可靠度，是指从导弹接电开始至战斗部引爆瞬间的时间间隔内，导弹正常工作的概率。雷达设备的可靠度，通常指从指挥所命令雷达开机时刻算起至战斗结束（即完成射击任务）这段时间间隔内雷达正常工作的概率。

对于具体的设备，一般采用平均无故障时间（Mean Time Between Failure，MTBF）描述其可靠性。平均无故障时间是指某一设备两个相邻故障之间正常工作时间的平均值。它适用于描述可修复设备的可靠性，如雷达、发射控制设备、电源设备、照射器和其他支援设备。导弹是一次性使用产品，因此一般用任务可靠度描述。

平均修复时间（Mean Time to Repair，MTTR）是一个重要的维修性能指标，也属于可靠性指标的范畴。平均修复时间是指设备故障修复时间的平均值。对由分离元件组成的防空导弹武器系统的设备，故障后的平均修复时间较长，可达 1h 以上；对由集成电路和插件板组成的防空导弹武器系统的设备，由于普遍采用自动检测装置和组合插件板更换修理方式，其平均修复时间一般在 0.5h 以下。

导弹的储存时间是导弹可靠性的另一种描述方式。导弹的储存时间是指导弹在一定条件下，保持给定可靠度的储存时间。对使用者，总是希望在满足给定的可靠度要求条件下，导弹的储存时间越长越好。但由于环境应力变化、材料和器件的老化、失调等原因，导弹的储存期是有限的。当储存条件较好时，如将导弹放在充氮气的箱（筒）内储存，储存期较长。20 世纪 70 年代服役防空导弹的储存期大都在 10 年以上，如“响尾蛇”导弹的储存期为 7～10 年；瑞典的 RBS-70 导弹储存期达 15 年以上，15 年后其可靠度仍可达 0.8。

其他的可靠性指标还有大修周期、无后勤支援下可工作时间、采用的维修体制等。如美国的“宙斯盾”舰空导弹武器的可靠性指标为，在无后勤支援情况下，能可靠地持续工作 40～60 天，大修周期为 4 年。

9. 机动能力

机动能力是指防空导弹武器系统在运动作战中完成掩护被保卫目标的作战能力。防空导弹武器系统的机动能力可用固定式、半固定式、机动式、便携式等进行粗略描述。固定式是指部署后不能移动；半固定式是指部署后仍可移动，但转移的时间较长、速度较慢；机动式是指根据作战任务，可随时机动，甚至可边行军边作战；便携式是指由单兵即可携带进行机动作战的防空导弹武器系统。

对于防空导弹武器系统机动能力的描述一般采用展开和撤收时间、最大行军速度、最大行军里程及越野性、可运输性等参数。展开时间是指从行军状态转入作战状态所需要的时间；撤收时间是指从作战状态转入行军状态所需要的时间；越野性是指武器系统在行军中对道路等级、坡度和转弯半径等的要求；可运输性是指武器系统行军或转移时所采用的运输工具和方式，如自行、专用车辆牵引、可否空运等，目前，先进防空导弹武器系统的展开、撤收时间一般为几分钟至几十分钟；最大的行军里程可达 500km 以上。

10. 工作环境条件

工作环境条件是指防空导弹武器系统被部署担负战备任务时所要求的环境条件，如海拔高度、环境温度、湿度、承受的风力及导弹的储存条件等。例如，有的防空导弹武器系统工作的海拔高度要求在海拔 3000m 以下，环境湿度为−50～40℃。

5.1.5　发展历程

防空导弹 20 世纪 40 年代开始出现，经过半个多世纪的发展，经受了多次战争考验，如越南战争、中东战争、英阿马岛战争、海湾战争、科索沃战争、伊拉克战争，产生了巨大的战果。目前，世界上能研制防空导弹的国家和地区有 13 个，已研制成功近百种型号，形成了现代军事武器库中一个庞大的武器家族。纵观防空导弹的发展历程，它在每一时期的发展主要受同一时期空袭战术和技术发展的刺激与推动，并往往与当时的工业技术，尤其是电子工业技术的发展水平密切相关。从世界范围看，防空导弹的发展大致经历了初始发展、新技术应用发展、高技术应用提高 3 个发展时期，相应地发展了三代防空导弹武器系统。

（一）第一代防空导弹

早在第二次世界大战之前，许多国家在改进高炮的同时已把注意力转向火箭和导弹的研究和试验。第二次世界大战后期，法西斯德国为对抗美、英轰炸机群，取得战争的主动权，在使用所谓“复仇武器”V-1 和 V-2 导弹的同时，研制了比高炮更有效的防空导弹，如“龙胆草”“莱茵女儿”“蝴蝶”和“瀑布”等。第二次世界大战后，在德国防空导弹研究的基础上，美、苏、英等国开始独立进行防空导弹武器的研制工作，特别是进入 20 世纪 50 年代后，美、苏两国军备竞赛开始并逐步升级，极大地推动了导弹武器的发展。20 世纪 50 年代，高空远程战略轰炸机成为空中主要威胁，针对这种空中威胁，从 20 世纪 50 年代中期开始，美、苏、英等国相继研制并装备了一系列防空导弹武器系统。这一时期发展的防空导弹被称为第一代防空导弹。

第一代防空导弹武器系统的特点是中高空、中远程，作战半径一般为 30～100km，最大射高达 30km。导弹采用多种推进系统，如液体火箭发动机、固体火箭发动机、液体火箭发动机和固体火箭发动机组合及冲压发动机和固体火箭发动机组合等。制导控制系统采用波束制导、指令制导和半主动雷达制导。这一时期防空导弹具有许多共同的特点，这与当时的空袭装备和作战方式有关，如均以当时的高空轰炸机和高空侦察机为主要作战对象，因此强调导弹的高空、远程射击能力。而一个系统只能射击 1 个目标（单目标通道）则是受当时技术条件的限制。这些特点被作为第一代防空导弹的主要划分标准。

第一代防空导弹主要采用 20 世纪 40 年代至 50 年代的技术，由于受当时技术条件的制约，第一代防空导弹采用分离元器件，电子设备以电子管为主体，体积大、稳定性差，导弹笨重（“波马克”B 导弹的发射质量为 7257kg），地面设备庞大（SA-2 导弹的地面车辆达 60 多部）。因此第一代防空导弹主要采用固定或半固定形式，地面机动性能较差，使用维护复杂，可靠性较差，抗干扰能力低。

第一代防空导弹的出现，使各国具备了一种全新的防卫高空、远程空中攻击的有效手段，并在射击纵深、高度和精度上远远超过了高炮。在 20 世纪 50 年代末、60 年代初典型的战场环境下，防空导弹一般可以达到 50%以上的单发杀伤概率，而同时期的高炮仅为 0.2%左右。这种新式武器同时还具有“面”防御能力，与高炮的“点”防御能力相比，它更能适应当时防空作战的需要。因此，从第一代防空导弹诞生开始，就很快受到世界各国的重视，并大量装备防空部队，成为 20 世纪 50 年代至 60 年代地面防空装备的主体。

从 20 世纪 60 年代初期开始，第一代防空导弹又出现了一系列的改进型，其中改进最多的是苏联的 SA-2 导弹。这些改进型虽然在总体作战性能上相对其原型普遍有一定的提高，但在本质上仍属第一代防空导弹。目前，除少数国家和地区外，第一代防空导弹大部分都已被淘汰，在役的均为其改进型。

在第一代防空导弹的众多型号中，应用最广泛的是 SA-2 导弹，SA-2 导弹是第一代防空导弹的典型代表，同时也是第一代防空导弹中唯一经过大量实战检验的防空导弹武器系统，因此 SA-2 导弹被公认为是第一代防空导弹中最为成功、最具代表性的型号。

（二）第二代防空导弹

进入 20 世纪 60 年代后，各种高性能飞机研制成功，防空导弹所面临的目标特性发生了较大变化。随着第一代中高空防空导弹武器系统在实战中的使用，迫使空中目标采用低空突防和电子对抗技术。新的空袭方式促进了防空导弹武器系统低空性能和抗干扰性能的提高和机动式低空近程防空导弹武器系统的发展。

从 20 世纪 60 年代开始，空袭作战在战术上发生了一些新的变化，低空、超低空突防成为一种常见而有效的作战手段，第一代防空导弹低空作战能力的不足成了一个致命的弱点。20 世纪 60 年代空中战场的另一个变化是出现了针对防空导弹武器系统的电子干扰，可以说，电子干扰与反电子干扰问题是防空导弹武器与空袭兵器对抗中出现的一个新矛盾。这一矛盾的优势取向直接决定着防空导弹的作战效能。

作战环境的变化对防空导弹的发展提出了新的要求，同时，新技术革命兴起所带来的电子技术、计算机技术、激光与红外技术的迅速发展，为研制新型防空导弹武器系统提供了必要的技术基础。在这些因素的刺激与推动下，防空导弹进入了一个新技术应用的全面发展时期。除了美、苏、英等国外，法国、德国、意大利、日本、以色列、瑞典、瑞士也相继加入了防空导弹研制国的行列。从 20 世纪 60 年代中期开始，新的防空导弹型号不断出现，到 70 年代末期，先后出现了近 30 种新型地空导弹和近 20 种舰空导弹，其中最具代表的型号有：苏联的 SA-6、SA-8 导弹，美国的“霍克”“小槲树”导弹，法国的“响尾蛇”导弹，英国的“长剑”“山猫”导弹，法、德联合研制的“罗兰特”导弹等。

这一时期的防空导弹多为低空近程型号，集中反映了各国在相关技术领域的实力。第二代防空导弹采用了大量的新技术与新体制，技术水平较第一代有了明显提高，因此这一时期研制的防空导弹武器系统被称为第二代防空导弹。与第一代防空导弹相比，第二代防空导弹具有以下特点。

1. 系统的低空性能

第二代防空导弹重点向中近程、中低空、超低空方向发展，其射程一般为 10～20km，作战高度集中于 50m～3km 的中低空与超低空空域。为了保证系统的低空性能，要求雷达系统具备较好的低空地物回波抑制能力，因此在搜索与制导雷达中广泛采用了动目标检测或多普勒工作体制。

2. 导弹机动能力与射击精度提高

针对第一代防空导弹弹体庞大、机动性差的缺点，第二代防空导弹大多采用了单级或多级一体的固体推进系统，不但使导弹的体积、质量降低，而且一体化结构使弹体保持了较好的气动外形，有利于提高其机动性能。第二代防空导弹一般具有 10～20g 的海平面机动能力，大大高于同一时期作战飞机的机动载荷，因此使反导弹机动成为一种过时的手段。

3. 系统的小型化与机动性

由于对防空导弹的射程射高的要求不再像第一代那么高，加上技术上的进步，第二代防空导弹普遍实现了系统的小型化，同时也提高了武器系统的机动能力，主要作战设备一般装载于轮式或履带式越野底盘上，具备在各种道路条件下的机动转移能力，从而使地面防空由固定式或半固定式向全机动式转变。

除此之外，第二代防空导弹还具有抗干扰性能较好和同时射击多目标的特点。实际上，早期的第二代防空导弹并没有解决多目标精确跟踪问题，多目标射击能力大多是通过采用多个独立的射击单元实现的。如法国的“响尾蛇”导弹采用 3 部发射制导车实现同时射击 3 个目标的能力。

在经历了 20 世纪 60 年代至 70 年代的高速发展之后，第二代防空导弹在各国均已形成较为完备的型号序列。80 年代后，随着战场环境的变化和技术上的进步，以中、低空为主的第二代防空导弹开始进入改进与提高时期。美、欧等西方国家和地区出于各自防务的需要，开始大力发展各自的改进型防空导弹。改进的重点是已比较成熟的第二代防空导弹，像法国的“响尾蛇”、英国的“长剑”、法德合作的“罗兰特”等导弹，都发展了一系列的改进型号，以适应不同时期、不同地域、不同环境下的防空作战需要，这些改进型号的特点是在已有成熟型号的基础上逐步改进，因此技术风险小，项目投资少，研制周期短。

在第二代防空导弹发展的同时，从 20 世纪 60 年代中期开始，仿照反坦克导弹的结构，出现了一种新型的防空导弹，这种导弹将制导系统、发射系统和导弹合为一体，在体积、质量上大大缩小，可适应单兵或轻型车辆运载与发射的需要，故称为便携式或肩扛式防空导弹。在分类上，它属于超近程、超低空防空导弹。早期的便携式防空导弹有苏联的 SA-7、“箭”Ⅱ，美国的“红眼睛”“毒刺”和英国的“吹管”。便携式防空导弹的出现使装备防空导弹的国家和地区的数量大幅增加。便携式防空导弹可由 1～2 名士兵携带，行军时背在肩上，作战时用立姿或跪姿肩扛发射。导弹采用红外寻的方式，发射后不管。

20 世纪 80 年代中期，便携式防空导弹进入了第二个发展高潮期，出现了后来被广泛使用的美国的“毒刺”导弹和苏联的 SA-14（SA-16）导弹，此外还有法国的“西北风”导弹和英国的轻型“标枪”导弹，一般称它们为第二代便携式防空导弹。这些导弹在作战空域、抗红外干扰能力、敌我识别能力和杀伤威力上相对第一代便携式防空导弹都有较大提高。后来，俄罗斯在 SA-16 导弹基础上发展了 SA-18 便携式防空导弹，SA-18 导弹实现了导引头技术的双信道化，这被认为是便携式导弹的一大突破，因此 SA-18 导弹也被称为第三代便携式防空导弹。同时，由便携式防空导弹与近程高炮构成的弹炮结合系统也在近年来得到了重视和发展。

（三）第三代地空导弹

到 20 世纪 60 年代，经过近 30 年的大力发展，西方各国基本上已具备了较为完整的防空体系。在这个体系中，第一代的中高空、中远程防空导弹主要担负中高空域的防空任务，而第二代的中低空、中近程防空导弹与便携式防空导弹和高炮构成了覆盖从几十米的超低空到几千米中空的复合型防空火力网。这种由多种不同型号兵器构成的综合体系在当时被认为是地面防空火力的最佳部署方式，其中最完备的是苏联的防空体系。但是，从 20 世纪 70 年代开始，经过越南战争，第三次、第四次中东战争等较大规模的地区性冲突后，对空袭作战重要性的认识被提高到了一个新的高度，空袭与反空袭作战的形式和内容都发生了一些新的变化，这些变化主要体现在以下两个方面。

第一，空袭与反空袭对抗的强度呈大幅度提高趋势。由多种高性能空袭兵器实施的全方位、全空域、大密度、高强度空袭成为空袭作战的一种典型形式，如何对抗这种饱和式空袭成为反空袭作战的基本问题。在这种高强度的对抗局面下，传统的防空体系很难处于有利的地位，一旦体系中的某个环节被突破，整个体系就面临全面崩溃的危险。

第二，空袭与反空袭对抗开始向多样化发展，除了传统的轰炸与反轰炸的火力对抗之外，还普遍出现了电子侦察与反侦察、电子干扰与反干扰、电子摧毁与反摧毁、电子隐身与反隐身等电子对抗形式，各种以削弱或摧毁地空导弹作战能力为目标的高技术兵器被广泛使用。防空导弹作战所面临的对象不再仅仅是空中的飞机，还包括敌方各种各样的侦察设备、干扰设备，以及反辐射导弹、精确制导炸弹等。

可以说，防空导弹开始面临着一种异常复杂的作战环境，第一代、第二代防空导弹已很难适应这一新情况。形势的变化推动着防空导弹装备的发展，针对干扰、机动、饱和攻击、隐身目标、反辐射导弹和战术弹道导弹等空中威胁的特点，防空导弹武器系统的发展着力于提高抗干扰能力，抗饱和攻击能力，提高对付多目标、小目标和反导能力及提高自动化程度等方面。同时，微电子技术、计算机技术、雷达技术、导弹技术等高新技术的进步为这一发展提供了坚实的技术支持。

20 世纪 70 年代，在传统雷达技术的基础上，相控阵天线、脉冲压缩、脉冲多普勒等新雷达技术与体制逐步趋于成熟；高性能固体火箭发动机的出现，为研制新型导弹提供了必要的动力装置；大规模数字集成电路技术和计算机技术的发展，使电子设备，尤其是弹上电子设备更加小型化、智能化和高性能化。正是具备了这样一些技术条件，从 20 世纪 70 年代末期开始，苏、美两国先后成功研制了新型的防空导弹武器系统，通常把这一时期及其以后发展的防空导弹武器系统称为第三代防空导弹。第三代防空导弹的典型型号有美国的“爱国者”系列和俄罗斯的 C-300 系列。

与第二代防空导弹相比，第三代防空导弹具有以下 3 个特点。

（1）具备了全空域内的作战能力。第三代防空导弹的射击空域同时覆盖高、中、低空。

（2）实现了真正的多目标射击能力。C-300 导弹一个火力单元可以同时射击 6 个目标，“爱国者”导弹可以同时射击 3～5 个目标，这与第二代防空导弹通过设置多个火力单元实现的多目标射击能力相比是一个质的提高。

（3）较强的电子对抗能力。第三代防空导弹具有较强的反电子干扰和一定的抗反辐射导弹攻击的能力，其中“爱国者”导弹的雷达还具有反电磁侦察的能力。

在技术上，第三代防空导弹采用了高性能的相控阵雷达，这种雷达天线的瞬时波束定向能力使制导雷达可以同时跟踪多批目标并引导多发导弹同时射击，这是第一代、第二代防空导弹的雷达无法达到的。相控阵雷达的使用使制导系统的总体性能有了极大提高，可以说，相控阵雷达是第三代防空导弹的一个典型标志。

第三代防空导弹广泛采用复合制导体制，制导精度高、抗干扰能力强，可在严峻的电子干扰环境下将导弹准确导引向目标。导弹采用单级高能固体火箭发动机和一体化筒弹结构，不但使用维护方便，而且发射速率高、射程远、机动性好、威力大。第三代防空导弹广泛采用了先进的计算机、电子电路和机械工艺技术，因此具有车辆少、机动性强、自动化程度高、反应时间短等特点，能广泛适应区域防空和野战防空作战的需要，系统的生存能力和独立作战能力很强。

第三代防空导弹是现代雷达技术、导弹技术、控制制导技术的集中体现，由于其技术难度大、研制成本高，目前除中、美、俄三国外，其他国家尚不具备独立研制的技术与经济实力。英、法、德等北约国家在近年来也一直试图通过共同投资、联合研制的方式发展第三代防空导弹。

第三代防空导弹从 20 世纪 80 年代中后期开始，进入了改进阶段。美国在“爱国者”地空导弹原型的基础上，先后发展了 3 种改进型：PAC-1、PAC-2、PAC-3。早在 20 世纪 80 年代初期，苏联就开始发展其 C-300 防空导弹武器系统的改进型，先后出现了 C-300П（北约代号 SA-10，П 代表机动性）、C-300ПМ、C-300ПМУ（北约代号 SA-10A）、C-300ПМУ-1（北约代号 SA-10B）、C-300B（北约代号 SA-12，B 代表高机动性）。

“爱国者”和 C-300 防空导弹基本体现了 20 世纪 80 年代至 90 年代世界防空导弹的主要发展方向，这两种导弹基本上走的是同一条发展道路，不管其原型还是改进型，都存在很强的相似性，总体作战性能也差别不大。但由于美、俄（苏）两国各自技术优势不同，两种系列兵器还存在一定的差异。“爱国者”导弹所采用的计算机技术比 C-300 导弹先进得多，在武器系统管理、情报信息处理、数字信号处理和智能化等“软”功能方面有较大的优势；C-300 导弹在导弹发动机、垂直发射等“硬”技术方面领先于“爱国者”导弹。其中 C-300 导弹首次在防空导弹武器系统中采用了导弹垂直发射技术，这种发射方式与传统的倾斜发射相比，反应快，灵活性高，消除了发射盲区，简化了发射设备，避免了由于发射架随动对系统作战带来的种种限制。同时，苏联和北约国家采用从陆用导弹移植的方法发展舰空导弹。美国则比较注重整个舰队防空的有机性，因此主要由海军进行独立发展，其中最先进、最具代表性的是以“标准”导弹为主体的“宙斯盾”舰载防空武器系统。

第三代防空导弹的性能有以下几个特点。

（1）作战空域大。射程可由 100m 至几百千米，射高可由几十米到几万米，可有效地构成高、中、低空，远、中、近程火力配系。

（2）多目标能力强。第三代防空导弹普遍具有多目标能力，从初期的可同时攻击 3 个目标到目前的可同时攻击 6～8 个目标。

（3）拦截目标种类多。第三代防空导弹不仅能拦截各种作战飞机，而且对隐身飞机、战术弹道导弹、巡航导弹、空地导弹等多种类型的目标具备一定的拦截能力。

（4）抗干扰性能好。第三代防空导弹普遍采用复合制导体制、相控阵雷达，雷达普遍采用全相参体制、自适应频率捷变等抗干扰措施，使第三代防空导弹的抗干扰性能得到很大程度的提高。

（5）自动化程度高，武器系统从搜索、跟踪目标、判明敌我到发射导弹、摧毁目标可实现自动控制。

（6）战斗部威力大，杀伤概率高。战斗部的杀伤半径一般为数十米，单发杀伤概率一般为 0.7，两发杀伤概率达 0.9 以上。采用直接碰撞杀伤方式（KKV）的导弹，甚至可直接与目标碰撞，利用高速动能毁伤目标。

5.2 制导体制与导引方法

导弹与普通炸弹（弹药）的根本区别在于它具有制导系统，制导系统的任务是确定导弹与目标的相对位置，在一定的精度条件下，按照预定的制导规律操纵导弹飞行，导引导弹沿预定弹道飞向目标。导弹命中目标的概率主要取决于制导系统的工作状况。

制导系统导引导弹飞向目标所依据的技术原理称为制导方式，也称为制导体制。制导系统导引导弹飞向目标所依据的运动学关系称为导引规律，也称为导引方法或制导规律。

导引规律是描述导弹在向目标接近的整个过程中所遵循的运动规律，它决定导弹的弹道特性及其相应的弹道参数。导弹的导引规律对导弹的速度、过载、制导精度和单发杀伤概率有直接影响，而速度、过载、制导精度和单发杀伤概率是决定导弹杀伤目标空域大小和特性的主要因素。

5.2.1 制导系统

导弹的主要任务是准确地命中目标。导弹制导系统的任务就是保证导弹飞行过程中，根据目标的运动情况，克服各种干扰因素，使导弹按照预订的弹道准确地命中目标。制导系统以导弹为控制对象，包括导引系统和控制系统两部分。制导系统是导引系统与控制系统的总称。

（一）制导系统的功用和组成

1. 制导系统的基本功用

将导弹导向并准确地命中目标是制导系统的核心任务。为了完成这个任务，制导系统必须具备下列两个基本功能：

（1）“导引”功能。即导弹在飞向目标的过程中，不断地测量导弹和目标的相对位置，确定导弹的实际运动相对理想运动的偏差，并根据所测得的运动偏差形成适当的操纵指令。

（2）“控制”功能。即按照导引系统所提供的操纵指令，通过控制系统产生一定的控制力，控制导弹改变运动状态，修正导弹的实际飞行弹道，使其尽量与理论弹道（基准弹道）相符，以使导弹准确地命中目标。

2. 制导系统的基本组成

制导系统的基本组成见图 5-2，包括导引系统和控制系统两大部分。

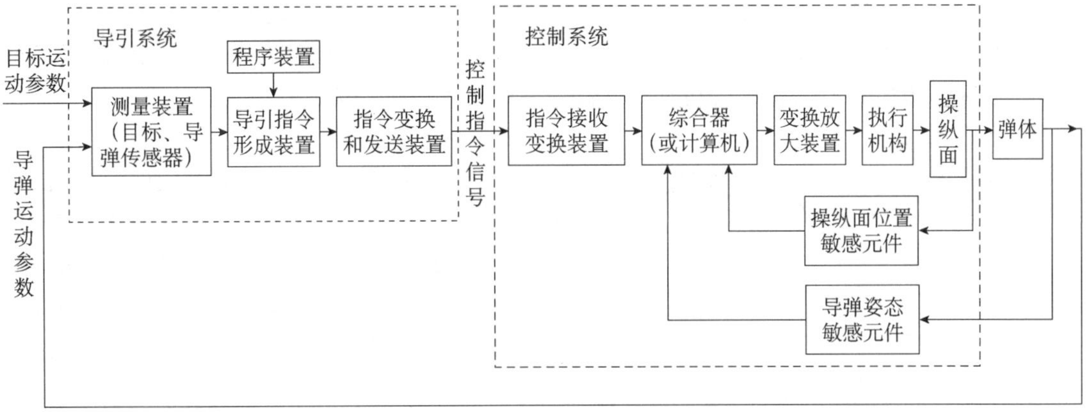

图 5-2　制导系统的基本组成示意图

导引系统通常由导弹、目标位置和运动敏感器（或观测器）及导引指令形成装置等组成。其功能是测定或探测导弹相对目标或发射点的位置，也就是测量导弹相对理论弹道或目标运动的偏差，按照预定的导引规律形成导引指令，并把导引指令送给控制系统去控制导弹的运动。

控制系统通常由导弹姿态敏感元件、操纵面位置敏感元件、计算机（或综合器）和操纵面等组成。其功能是响应导引系统传输来的指令信号，产生作用力迫使导弹改变航向，使导弹沿着要求的弹道飞行。控制系统的另一项重要任务使导弹稳定飞行。导弹的弹体一般是细长的圆柱体，当它受到扰动（如阵风等）时，其扰动运动可能不会平稳，如果没有控制系统，就可能失控翻滚以致自毁。

（二）制导系统的基本工作过程

制导系统的工作过程如下：导弹发射以后，目标、导弹敏感器不断地测量导弹相对要求弹道的偏差，并将此偏差送给导引指令形成装置。导引指令形成装置将该偏差信号加以变换和计算，形成导引指令，该指令要求导弹改变航向或速度。导引指令信号送往控制系统，经变换、放大，通过作动装置驱动操纵舵面偏转，改变导弹的飞行方向，使导弹回到要求的弹道上来；当导弹受到干扰，姿态角发生改变时，导弹姿态敏感元件检测出姿态偏差，并以电信号的形式送入计算机，从而操纵导弹恢复到原来的姿态，保证导弹稳定地沿要求的弹道飞行。操纵面位置敏感元件能感受操纵面位置，并以电信号的形式送入计算机。计算机接收导引信号、导弹姿态运动信号和操纵面位置信号，经过比较和计算，形成控制信号，以驱动作动装置。

（三）对制导系统的基本要求

对制导系统的基本要求是制导精度要高，对目标的分辨力要强，反应时间应尽量短，控制容量要大，抗干扰能力要强，并有高的可靠性及好的可维修性等。

1. 制导精度

制导精度是制导系统最重要的指标。这是因为，如果制导系统的制导精度很低，便不能把导弹的有效载荷（如战斗部）引向目标，就无法完成摧毁目标的任务。制导精度通常用制导误差来表示，制导误差是在每一瞬间，导弹的实际弹道相对于理想弹道的偏差。即实际弹道上的某点与理想弹道上对应点之间的距离，称为制导误差。制导误差越大，说明制导精度越低。脱靶量，是指在靶平面（通过目标质心且与导弹相对速度向量相垂直的平面）内的制导误差。导弹的脱靶量不能超出其战斗部的杀伤半径。否则，导弹便不能以预定概率杀伤目标。目前，战术导弹的脱靶量可达到几米甚至有的可与目标相撞。

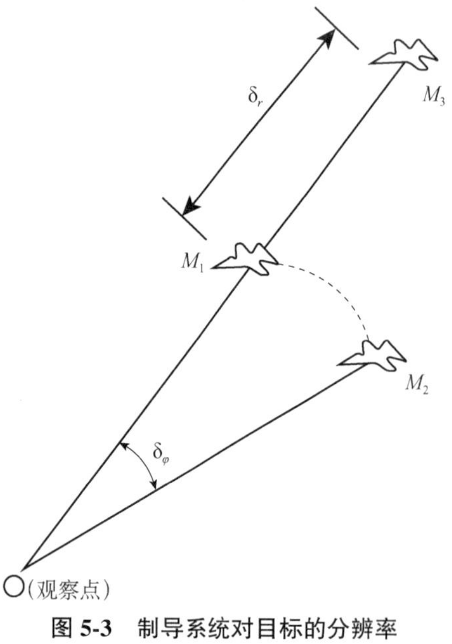

图 5-3　制导系统对目标的分辨率

2. 对目标的分辨率

当被攻击的目标附近有其他非指定的目标时，制导系统对目标必须有较高的距离、角度分辨能力。距离分辨率是制导设备在同一角度上，对不同距离目标的分辨能力，通常用制导系统所能分辨出的两个目标的最小距离 δ_r 来表示。角度分辨率则是制导系统在同一距离上，对不同角度目标的分辨能力，通常用制导系统所能分辨出的两个目标与观测点连线间的夹角 δ_φ 表示。制导系统对 M_1、M_3 目标距离分辨率为 δ_r，M_1、M_2 目标的角度分辨率为 $\delta\varphi$，见图 5-3。

制导系统对目标的分辨率，主要由其传感器的测量精度决定。要提高系统对目标的分辨率，必须采用高分辨能力的目标传感器。目前，制导系统对目标的距离分辨率，可达到几米以内；角度分辨率可达到毫弧度级以内。

3. 反应时间

反应时间是发现目标到第一发导弹弹动所用的时间。反应时间由指挥、控制、通信和情报系统（C^4I 系统）和制导系统的性能决定，但对攻击活动目标的防空导弹，则主要由制导系统决定。在武器系统的搜索探测设备对目标进行识别和威胁判定后，立即计算目标诸元并选定射击的目标。制导系统便接受被指定的目标，对目标进行跟踪（照射），并控制转动发射设备、捕获目标、计算发射数据、执行发射操作等。此后，导弹才从发射设备射出。制导系统执行上述操作所需的时间称为反应时间。随着科学技术发展，目标速度越来越快，因而难以实现在远距离上对低空目标的搜索、探测。因此，制导系统的反应时间必须尽量短。提高制导系统反应时间的主要途径，是通过提高制导系统准备工作的自动化程度实现的，例如，使跟踪、瞄准自动化，发射前测试自动化等。

4. 控制容量

控制容量是对防空导弹武器系统的主要要求之一。它是指制导系统能同时观测的目标和制导导弹的数量。在同一时间内，制导一枚或几枚导弹只能攻击同一目标的制导系统，称为单通道系统。制导多枚导弹能攻击多个目标的制导系统，称为多通道系统。单通道系统只能在一批（枚）导弹的制导过程结束后，才能发射第二批（枚）导弹攻击另一目标。因此，现代防空导弹多采用多通道系统，以增强武器系统对多目标入侵的防御能力。提高制导系统控制容量的主要途径是，采用具有高性能的目标、导弹敏感器和快速处理信号能力的导引设备，以便在大的空域内跟踪、记忆和实时处理多个目标信号及导弹信号，也可采用多个制导系统组合使用的方法。目前，技术先进的防空导弹导引设备，能够处理上百个目标的数据，跟踪几十个目标，制导几批导弹分别攻击不同的目标。

5. 抗干扰能力

抗干扰能力和生存能力是指遭到敌方袭击、电子对抗、反导对抗和受到内部、外部干扰时，制导系统保持其正常工作的能力。为提高制导系统的抗干扰能力，一是采用新开辟的技术，使制导系统对干扰不敏感；二是使制导系统的工作具有突然性、欺骗性和隐蔽性，使敌方不易觉察制导系统是否正在工作；三是制导系统采用多种模式工作，一种模式被干扰时，立即转成另一种模式。

6. 可靠性和可维修性

制导系统在给定的时间和条件下，不发生故障的工作能力称为制导系统的可靠性。它取决于系统内各组件、元件的可靠性及由结构决定的对其他组件、元件及整个系统的影响。

制导系统发生故障后，在特定的停机时间内，系统被修复到正常的概率，称为制导系统的可维修性。它主要取决于系统内设备、组件、元件的安装，人机接口，检测设备，维修程序，维修环境等。目前，技术先进的制导系统用计算机进行故障诊断，内部多采用接插件，维修场地配置合理，并采用最佳维修程序，因而大大提高了制导系统的可维修性。

5.2.2 制导方式

导弹可选用的制导方式类型有很多，按制导系统的特点和工作原理，可分为自主制导、遥控制导、寻的制导和复合制导等，如图 5-4 所示。按照制导中指令传输方式和所用能源不同，导弹制导方式可分为有线制导、无线制导、红外制导、激光制导及电视制导等。按飞行弹道导弹制导方式又可分为初始段制导、中段制导和末段制导。

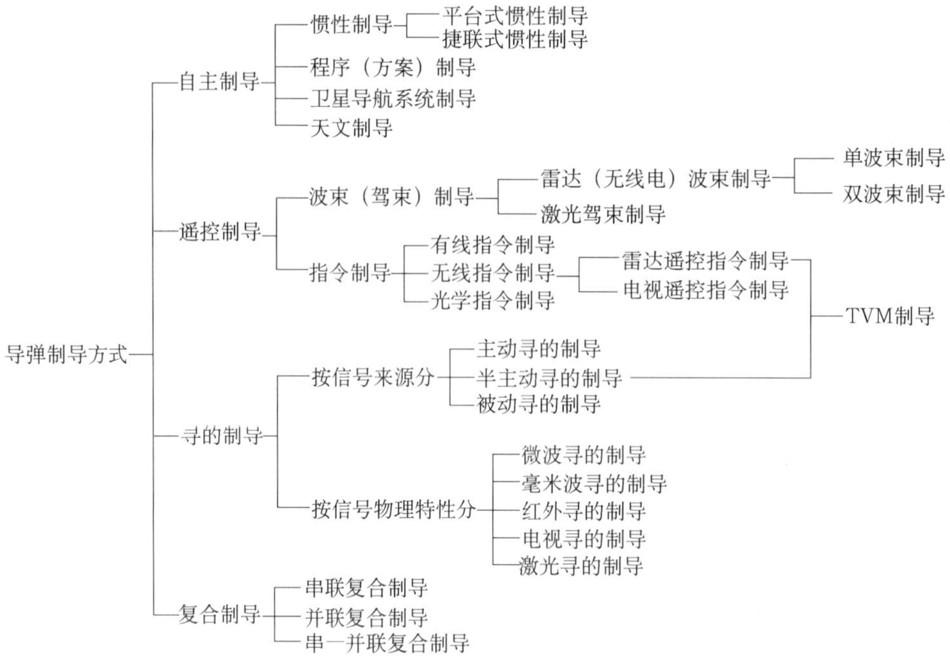

图 5-4　制导方式分类图

（一）自主制导

自主制导方式的显著特点是，制导系统全部安装在导弹上，不需要弹外设备配合，仅依靠弹上仪器设备独立工作。同时，导弹发射后，导弹、发射点、目标三者间没有直接的信息联系，制导信息、导弹的制导与控制、命中精度等也完全由弹上制导设备决定，不依赖于目标。惯性制导、地图匹配制导及卫星导航系统制导都属于这类制导方式的范畴。

1. 程序制导

程序制导又称方案制导，它是利用预先给定的弹道程序，控制导弹飞向目标的一种制导方式。

为保证导弹飞向目标，规定导弹飞行姿态随时间变化的规律称为程序。它包括给定弹道所需要的各种参数，如高度、俯仰角、偏航角等。程序机构常为时钟机构、电气-机械装置、计算机程序等。在飞行过程中，程序机构不断向弹上控制系统输入程序控制信号，控制导弹按预定弹道飞行。

程序制导的导弹上有自动稳定系统，在飞行中能消除由于干扰引起的弹道高度和横偏误差。

程序制导的优点是设备简单，制导与外界没有关系，抗干扰性好，但导引误差随飞行时间的增加而增加。它常用于弹道导弹的主动段、有翼导弹的初始段和中段制导及无人驾驶侦察机和靶机的全程制导。

2. 惯性制导

所谓惯性制导，是指利用弹上惯性测量设备测量导弹弹体相对惯性空间的运动参数，并在给定初始运动条件下，通过计算机计算出导弹的速度、位置及姿态等参数，形成制导控制指令，实施导弹制导控制任务的一种制导方式。

惯性制导系统中使用的测量元件是陀螺仪和加速度计，前者用来测量相对于惯性空间的角运动，后者用来测量相对于惯性空间的线运动。将这两种惯性元件安装在导弹上，由加速度计测量弹体质心运动的 3 个线加速度分量，利用陀螺仪测量弹体绕质心转动的 3 个角速度分量。计算机根据测得的数据和给定的运动初始条件，计算出弹体线速度、距离和位置（经、纬度），并经转换和进行综合处理后得出既定导引规律所要求的制导控制指令；弹上控制系统按照制导控制指令引导导弹飞向目标，直至最终命中目标。

按照惯性测量装置在弹上安装方式，惯性制导可分为平台式惯性制导和捷联式惯性制导两种。

（1）平台式惯性制导

平台式惯性制导系统一般由加速度计、陀螺稳定平台、计算装置、时间信号产生器及程序机构等组成。陀螺稳定平台给加速度计提供坐标基准，以保证加速度计在空间的角位置不变；同时，从陀螺稳定轴上获取导弹运动的姿态角信号。平台式惯性制导系统设备复杂，价格昂贵，只有精度要求较高的远程飞行器才采用。

（2）捷联式惯性制导

捷联式惯性制导方式是随计算机技术发展而出现的。它是将捷联惯性测量组合测量的导弹弹体信息处理成制导所需要的各种信息，形成控制指令，控制导弹按预定弹道飞行。

捷联式惯性制导的关键是高精度的惯性测量仪表和高性能的计算机及软件设计。其特点是将惯性测量元件加速度计和陀螺直接固连在导弹弹体上，这些元件测出沿弹体坐标系三轴的导弹角速度和线加速度，计算机实时地计算出姿态矩阵，通过姿态矩阵将加速度计测量的导弹弹体坐标系的轴向加速度信息变换到导航坐标系。通过导航计算求出导弹速度和位置，并确定出速度矢量在导航坐标系中的方位；同时从姿态矩阵中提取导弹的姿态信息用于制导和控制。

在捷联式惯性制导中，将测得的加速度转换成相对于固定方向的加速度，需要高速、大容量计算机进行大量计算，因此捷联式惯性制导系统相当于由计算机提供了一个假想的平台。捷联式惯性制导系统由于取消了平台系统，因而加工制造大大简化。

捷联式惯性制导由于不依赖外界的任何信息，不受外界的干扰，也不向外界发射任何能量，所以有较强的抗干扰能力和良好的隐蔽性。捷联式惯性制导常用于弹道导弹、空地导弹及巡航导弹的制导。

3. 卫星导航系统制导

卫星导航系统被称为全球定位系统。目前，全球定位系统在世界上已有多种，但应用最普遍的是美制 GPS（Global Positioning System）和俄制 GLONASS。采用这些系统制导称为全球定位系统制导，并分别叫作 GPS 制导和 GLONASS 制导。在工程实用中，还出现了一种兼容 GPS 和 GLONASS 的 GNSS 制导方式。

（1）GPS 制导

GPS 是美国的新一代导航卫星全球定位系统，它依靠分布在空间的 24 颗卫星进行定位。GPS 最初研制是为海上舰船、空中飞机和地面车辆等提供全天候、连续、实时、高精度的三维位置、速度和准确时间信息，后来扩展用作包括导弹在内的精确制导武器的复合制导手段。用于导弹制导时，其原理是利用弹上安装的 GPS 接收机接收 4 颗以上导航卫星播放的信号来修正导弹的飞行路线。通常，GPS 制导不独立使用，而是同其他主要制导方式（如惯性制导等）相组合的，以提高主要制导方式的精度，如 BGM-109C 战斧巡航导弹加装 GPS 接收机和无线电系统后，可使导弹武器系统的 CEP 值由 9m 降为 3m。

GPS 制导的优点是应用范围广，定位和计时精度高，且价格低廉，这是任何其他制导方式所不及的。但是，GPS 系统实质是一种无线电导航系统，因此，GPS 制导总归要同无线电波传输发生关系，同时也离不开地面庞大的支援设备，故认为在导弹制导中过分依赖 GPS 是十分危险的。这是因为 GPS 接收机容易受到干扰，从而使导弹无法命中目标。

（2）GLONASS 制导

GLONASS 是俄制全球卫星导航系统。GLONASS 与 GPS 非常相似，由 24 颗卫星组成导航卫星座。它们的主要区别是：①卫星信号区分方式不同。前者采用频分制，而后者采用码分制。②C/A 码（伪随机噪声码）不同。前者采用粗捕获码，仅有 511 个码元，而后者为哥尔得码，有 1023 码元。但两者 C/A 码周期却相同，均为 1ms。③星历参数不同。前者星历用直角坐标和速度分量表示，后者星历数据则使用轨道开普勒根数给出。应该指出，GLONASS 制导原理与 GPS 完全相同，这里不再重述。

（3）GNSS 制导

GNSS 制导是一种 GPS/GLONASS 的兼容组合制导方式。为了提高 GPS 和 GLONASS 制导的可靠性和制导精度，人们研制了一种 GNSS 兼容接收机。从制导方式上看，GNSS 制导灵活多样，可以进行 GPS 或 GLONASS 单独定位，而更多地采用 GPS 和 GLONASS 共同定位。从战略上讲，它可以打破美国垄断 GPS 的局面，在导弹制导中可以充分利用导航卫星资源。

（4）北斗制导

北斗制导，利用北斗卫星定位系统给导弹进行定位，确定导弹当前位置与预定弹道偏差，引导导弹飞向目标。北斗卫星导航定位系统采用和全球定位系统相似的体制和技术，即分为空间部分、地面监测及数据处理、用户接收机三大部分，由用户端、地面端和空间端三部分组成。北斗卫星导航定位系统是我国自主研制的三维卫星导航定位通信系统。

4. 天文制导

天文制导通过测量恒星相对于导弹的位置而确定导弹的位置，并对导弹实施导引。天文制导的基本原理是利用测量恒星的方法来确定导弹在地面上的位置。

星体跟踪装置用于测量导弹相对于恒星的相对方位，计算机参照导弹发射时的初始数据和预订方案，计算出导弹的地理位置。计算机将预订弹道与当前地理位置进行比较，形成导弹控制信号，送给控制系统控制导弹按预订弹道飞行。高度表用于导弹按预订高度飞行。

应该指出，在自主式制导体制中还有复合自主制导。复合自主制导多是由惯性制导系统与其他自主制导系统相结合，构成的并联复合自主制导体制，如星光—惯性制导、多普勒—惯性制导、景象匹配—惯性制导和卫星全球定位—惯性制导等。

采用复合自主制导的主要原因是，虽然惯性制导系统不受外界干扰和气象条件的影响，具有完全的自主性，但是它存在仪器误差和陀螺漂移等因素引起的制导误差，且随着时间的增长其积累误差越来越大。因此，需要采用其他自主制导技术来修正惯性制导系统的这种固有误差，以提高导弹惯性制导系统的精度。因此，复合自主制导实质上是一种以惯性制导为基础的修正制导方式。

（二）遥控制导

遥控制导是以设在导弹外部的制导站（可以是天基、空基、陆基或海基等）来完成目标与导弹的相对位置和相对运动的测定，然后引导导弹飞向目标的一种制导方式。遥控制导分为指令制导和波束制导两类。

1. 指令制导

指令制导是由弹外制导站产生遥控指令，并将指令通过有线或无线的形式传输到导弹上，控制导弹飞行轨迹，直至命中目标。因此，指令制导又可以分为有线指令制导和无线指令制导。有线指令制导依靠导线向导弹传输指令，且多是“光纤制导”。无线指令制导依靠无线方式传输给导弹，通常又有两种制导形式，即雷达遥控指令制导和电视遥控指令制导。

在雷达遥控指令制导中，由制导雷达分别测得目标和导弹的相对位置和速度，并经计算机形成控制指令，然后利用无线电设备发送出无线电遥控指令，纠正导弹飞行，直至命中目标。无线指令制导体制的优点是，在距离较近时制导精度高、弹上设备简单、受天气条件和能见度的影响小、指令信号经过编码后抗干扰性较强。但指令制导体制的制导精度随距离的增加而降低，且指令制导要求同时测量目标和导弹的参数，并且要给导弹发送指令，因此抗干扰性能较差。无线指令制导体制广泛应用于各种防空导弹武器系统。C-300 系列和“爱国者”系列的中段制导、SA-2 全程、“响尾蛇”等防空导弹均采用无线指令制导体制。

在电视遥控指令制导中，由导弹头部安装的电视摄像机将目标和背景的图像通过发射机用微波发送到制导站（如载机制导吊舱），在制导站形成控制指令。再通过无线电传输给导弹，从而引导导弹飞行，直至命中目标。这种制导方式的优点是在多目标条件下，容易识别被攻击的目标，操作人员（武器操作手）可以选择其最主要的目标进行攻击。其缺点是指令易受电子干扰，且受气象条件影响较大，一般只能在白昼和简单气象条件下作战。

2. 波束制导

波束（驾束）制导方式，在地面、飞机、舰船或卫星上设有制导站。制导站一旦发现目标后，便通过雷达波束或激光波束自动跟踪目标。导弹在发射后飞入波束，导弹上的制导设备能自动识别导弹偏离波束中心的方向及距离，并根据该偏差计算出操纵导弹飞行的控制指令，使导弹纠正偏离，始终沿着波束中心附近飞行。由于天线轴始终对准目标，因此能够导引导弹最终命中目标。这种制导方式的严重缺点是线偏离随着射程的增大而增加，导致制导精度随着导弹射程的增大而降低。由于这种制导线偏离与角误差相对应，为了减小线偏差，必须减小角误差，于是就要减小波束宽度。但是，采用窄波束会增大导弹射入窄波束的困难。为了解决此矛盾，在实际工程中，制导站可以采用捕获波束分离技术，即采用宽捕获波束对导弹进行捕获和初制导，而借助窄制导波束来瞄准目标，提高测角精度，这两种照射波束轴往往是重合的。

这种制导方式的另一个缺陷是，在导弹向目标接近过程中波束必须始终连续不断地指向目标，这样既暴露自己，又限制了导弹自身的机动性。再者，还会在跟踪快速目标和大机动目标时很容易丢失目标，或把导弹甩出制导波束。因此，采用这种制导方式使导弹射程受到了严重限制。

（三）寻的制导

寻的制导又称为自动导引制导或自动寻的制导，是指导弹能够自主地搜索、捕捉、识别、跟踪和攻击目标的制导方式。这是导弹武器系统最主要的现代制导体制。寻的装置是实现寻的制导的专用核心部件，被称为导引头。

寻的制导是由弹上设备接收目标辐射或散射的能量，测出目标的位置和运动参数，形成控制指令，使导弹按一定的制导规律飞向目标的制导体制。目标辐射的能量可以是热能（红外辐射)、无线电波、光波或声波等。在寻的制导系统中，制导站的作用是发现、监视、选择目标，测量目标的实时坐标，确定初始装订参数和给导引头提供照射能量等。在寻的制导系统中，对制导站测量目标的精度要求较低，但弹上设备比较复杂，一般用于近距制导或复合制导系统中。

按信号来源分，寻的制导可分为主动寻的制导、半主动寻的制导和被动寻的制导三种体制；也可按照信号物理特性来分，分为微波寻的、毫米波寻的、红外寻的、激光寻的和电视寻的制导等。

1. 按信号来源分

(1) 主动寻的制导

主动寻的制导是由弹上导引装置主动向目标发射能量(无线电波、激光等)，并接收目标散射的回波，按一定的制导规律形成导引信号，控制导弹飞向目标的制导体制。其中以雷达寻的制导体制应用最多。

主动寻的制导体制的优点是发射后导弹能独立工作，即发射后不管。其缺点是由于导弹的尺寸有限，弹上发射机的功率较小，因此作用距离受到限制，而且弹上辐射源暴露，易受干扰，导弹受到拦截的可能性大。

在复合制导体制中，主动寻的制导常用作复合制导体制中的末制导。例如，“爱国者”PAC-3 防空导弹末段采用主动寻的制导。

(2) 半主动寻的制导

半主动寻的制导是由照射站向目标发射能量(无线电波、激光等)，导弹接收经目标散射回来的回波，按一定的制导规律形成导引信号，控制导弹飞向目标的制导体制。在半主动寻的制导体制中，照射站连续不断地跟踪和照射目标，并通过副瓣将同一照射信号直接发送到导弹作为频率基准(称为直波信号)。导弹一方面接收目标散射的照射能量，另一方面通过直波天线接收照射站发送的直波信号，通过两个信号的比较获得多普勒频率频移。半主动寻的制导的照射能源由制导站提供，由于制导站的发射功率大、天线增益高，因此半主动寻的制导作用距离远，而且弹上设备简单、体积小、质量小。半主动寻的制导体制的不足是仍然需要制导站配合，同时对付多目标的能力受到限制。

(3) 被动寻的制导

被动寻的制导是由弹上导引装置接收目标福射的能量(无线电波、红外线等)，按一定的制导规律形成导引信号，控制导弹飞向目标的制导体制。反辐射导弹就是一种典型的被动寻的制导的导弹。

被动寻的制导的作用距离取决于目标的辐射特征和接收设备的性能，一般可达几千米或几十千米。被动寻的制导的特点是，由于不向目标辐射能量，因而保密性好，抗干扰性较强，但受气象条件和环境的影响较大。目前便携式防空导弹一般均采用被动寻的制导体制。

2. 按信号物理特性分

(1) 微波寻的制导

微波寻的制导装置主要工作在 3cm 以上频段，一般是 λ=3cm，λ=2cm 两个波段上。微波寻的制导分为主动寻的制导、半主动寻的制导和被动寻的制导。

(2) 毫米波寻的制导

毫米波寻的制导同上述微波寻的制导从方式到原理都基本相同，不再赘述。所不同的仅是它的工作波长在毫米波段，λ=1～10mm。

在毫米波寻的制导中，目前主要采用的是毫米波被动寻的制导，而毫米波主动寻的制导和毫米波半主动寻的制导实用的不多。

从原理上讲，任何温度高于绝对零度的物体都会有微弱的毫米波辐射，所以在毫米波被动寻的制导中通常需要借助弹载高灵敏度毫米波辐射计来测量目标与背景的毫米波辐射能量差异，再由计算机完成两者间的对比识别，从而实时地对目标信息提取和定位，并给出控制指令。

毫米波寻的制导的突出优点是既避免了电视、红外制导的全天候工作能力较差的弱点，又能获得较微波寻的制导的精度高、抗干扰能力强的优势。再者，它体积小，质量小，很适合于小型导弹武器使用。

（3）红外寻的制导

红外寻的制导是利用装在弹上的红外探测器，即红外导引头来识别、捕获和跟踪目标福射的红外能量而实现寻的制导的一种制导方式，它已广泛应用于各类导弹武器系统上。红外寻的制导分为红外非成像寻的制导（或称红外点源寻的制导）和红外成像寻的制导两大类。

（1）红外点源寻的制导

红外点源寻的制导是一种被动寻的制导方式，实现红外点源寻的关键部分是红外点源寻的器，即红外点源导引头，它主要由红外光学系统、调制器、光电转换器、误差信号放大器及角跟踪系统等部分组成。红外点源导引头用于探测目标的高温部分，如飞机发动机的尾喷口与喷射流、舰艇的烟囱等，在寻的制导中完成对目标的搜索、识别和跟踪，并引导导弹攻击和击毁目标。应该指出，从理论上讲，任何点源目标有一个共性，即比起背景是一个张角很小的物体，这样可利用空间滤波等背景鉴别技术，把目标从背景中识别出来。

红外点源寻的制导是目前导弹尤其是战术导弹最常用的寻的制导方式之一，其优点是制导精度高、攻击隐蔽性好，同时比红外成像寻的制导经济、实用。但是，它只能提供目标的方位信息，不能提供距离信息，易受曳光弹、红外诱饵、阳光和其他热源的干扰。

（2）红外成像寻的制导

红外成像寻的制导是发展中的新型红外寻的制导方式。它利用红外成像导引头获得目标红外图像，其图像同电视图像相近，具有很好的可视性，从而完成对目标的探测、识别和定位等。红外成像导引头主要由多元实时红外成像器和视频信息处理器组成。

红外成像寻的制导最突出的优点是具有高分辨率的目标识别能力，甚至可以识别出目标的薄弱部位，故制导精度高，具有全天候工作能力和抗干扰能力。当然，随之而来的缺点是技术复杂、成本高。

目前，红外成像寻的制导已进入实战应用阶段，如美军小牛 AGM-65D 和 AGM-65F 空地导弹、响尾蛇 AIM-9L 和 AIM-9M 空空格斗导弹，以及斯拉姆 AGM-86E 远距空地导弹等都采用了这种制导方式，并在局部战争中发挥了重要作用。

（4）电视寻的制导

电视寻的制导一般作为导弹武器系统的末制导。由于制导利用的是目标反射的可见光信息，所以也是一种被动寻的制导方式。它的制导工作原理同前述电视遥控指令制导基本相似，区别只是制导设备全部安装在导弹上，导弹一经发射，其飞行状态便由自身制导控制系统导引，控制导弹飞向目标。

电视寻的制导控制系统主要由电视摄像机、光电转换器、误差信号处理器、伺服机构、导弹控制系统等组成。导弹对准目标方向发射后，在寻的制导中，电视摄像机拍摄目标和周围环境图像，从有一定反差的背景中自动提取目标，并借助跟踪波门对目标实施跟踪。当目标偏离波门中心时，随之产生偏差信号，形成导引指令，并输出驱动伺服机构的信号，使摄像机光轴始终对准目标，同时自动控制导弹飞向目标，供操作手通过控制站（如地面、飞机或舰船上）在导弹发射前对目标进行搜索、截获，以便选择被攻击的目标；导弹发射后可视具体情况继续观察和跟踪目标，必要时可补射导弹再次攻击。

电视寻的制导具有制导精度高，可对付超低空目标（如巡航导弹）或低辐射能量的目标（如隐身飞机），可工作在广阔的光谱波段，有强烈的抗无线电干扰的能力，体积小，质量小、电耗低，适用于小型导弹等突出优点。因此，电视寻的制导是电视精确制导发展的方向，且已经成为当今电视精确制导的发展热点，获得了广泛应用。如在大量生产和使用的（美）小牛空地导弹家族中（已达十几万枚）AGM-65A、AGM-65 及新研制的 AGM-65H 导弹均采用了电视寻的制导方式。但电视寻的制导方式也有不足之处，主要是对气象条件要求高，在雨雾天气和夜间不能使用。此外，由于它属于被动寻的制导方式，所以导弹武器的射程受到了严重限制。

（5）激光寻的制导

激光寻的制导是由弹外或弹上的激光束照射在目标上，弹上的激光寻的器利用目标漫反射的激光，实现对目标的跟踪和对导弹的控制，使导弹飞向目标的一种制导方式。按照激光源所在位置不同，激光寻的制导又可分为激光主动寻的制导与激光半主动寻的制导。

①激光主动寻的制导。在这种制导方式下，激光源和激光寻的器均设置在弹上。导弹在发射后，能主动寻找被攻击目标，这是一种“发射后不管”的制导方式。由于激光源设备大而笨重，因此目前很难用于实战。但是，这种制导方式很有吸引力，是激光寻的制导的发展方向。

②激光半主动寻的制导。激光半主动寻的制导是目前应用最广泛、技术最成熟的一种激光寻的制导方式。在这种制导方式下，激光源放在弹外载体（平台）上，而激光寻的器则安置在弹上。激光半主动寻的制导系统主要由弹上寻的系统、弹外载体（平台）及安置在载体内的激光目标指示器构成。弹上寻的系统是其核心部分，一般由激光探测器、放大及逻辑运算器、信息处理器、指令形成装置和陀螺稳定平台组成。

在激光半主动寻的制导中，激光目标指示器向被攻击的目标发射激光束，为导弹指示目标；光学接收系统接收并汇聚目标反射的激光束能量，通过激光探测器被转换成电信号；放大器把电信号放大，并经逻辑运算产生角误差信号，于是便测量出了目标所处的位置及导弹飞行偏离。这样，信息处理器依据角误差信号求出纠正导弹偏离的导引信息，指令形成装置依据导引信息产生导引控制指令，操纵导弹沿着正确的弹道飞向目标，直至命中目标。

激光寻的制导的突出优点在于：

- 制导精度高。激光寻的制导可用于攻击固定或活动目标，其制导精度一般在 1m 以内，且导弹的首发命中率极高，这是目前其他制导方式难以达到的。
- 抗干扰能力强。由于激光是由专门设计的激光器产生的，因而不存在自然界的激光干扰。激光单色性好、亮度高、相干性好，特别是方向性好，光束的发散角小，使得敌方很难对激光制导系统实施有效干扰。
- 可用于复合制导。虽然激光制导与雷达制导、红外制导、电视制导物理性质不同，但就其寻的原理则有许多相同或相似之处，而且都属于导弹武器系统的末制导方式。因此，激光制导极容易同红外、雷达、电视等制导方式实现复合制导，有利于提高制导精度和适应越来越复杂的战场环境。

综上所述，寻的制导体制在导弹制导方式中占有相当重要的地位，且已获得越来越广泛的应用。

（6）TVM 制导

TVM（Track Via Missile）制导是指令制导与半主动雷达寻的制导的组合。它利用导弹上的半主动导引头测量导弹相对于目标的位置及速度，并将测量结果和弹上其他弹道参数，通过下行传输线一并传至制导站。制导站的计算机将制导站测量到的目标与导弹信息（包括外弹道参数）及下行线送来的信息一起进行综合处理和状态估计，并根据选定的导引规律要求形成控制指令，然后通过上行传输线由制导站传送到导弹上，控制导弹飞向目标，直至与目标遭遇。

这种制导方式的优点在于：

（1）由于利用弹上半主动导引头来测量，随着弹目距离的接近，其测量精度越来越高，这样便大大地扩大了导弹武器系统的杀伤范围。

（2）利用制导站计算机的巨大数据处理和计算能力，可对测量信息进行精确数据处理和状态估计，从而可能利用最优导引律来形成控制指令，使导弹命中精度大幅度提高。

（3）将弹上与制导站测量相结合，可提供引信和战斗部需要的参数，达到最佳引战配合，并为控制系统的某些参数（如天线罩折射补偿参数）提供了较有利的条件。

正因为上述优点，美、俄两国对于发展 TVM 制导技术高度重视，美制 SAM-D、“爱国者”PAC-1、PAC-2 导弹武器系统和俄 C-300 系列导弹武器系统都采用了这种制导体制。当然，应该指出，这种制导体制的弱点也很明显，这就是由于增加了下行传输通道，易被敌方发现和干扰。

（四）复合制导

随着战场环境的日益变化和高技术对抗兵器（如高速度、高精度和远射程的尖端空袭武器等）的严重威胁，对导弹武器提出严峻挑战和越来越高的要求（如要求导弹作用距离远、命中精度高、抗干扰性能好等），这就使得单一制导体制无法满足要求。因此，采用初制导来粗定向、定位，中制导提高射程，末制导提高命中精度的复合制导体制成了导弹武器系统发展的趋势。

所谓复合制导是指在引导导弹飞向目标的过程中，采用两种或多种制导方式相互衔接、协调配合共同完成制导任务的一种新型制导方式。简而言之，复合制导就是将前述几种制导体制以不同的方式分段组合起来成为一种集不同单一制导体制之长而避其短的制导体制。它通常把导弹的整个飞行过程分为“初制导+中制导+末制导”阶段。初制导段主要完成导弹起飞、转弯和进入制导空域，常采用程序控制方式或直接射入截获区域。中制导段使用的制导方式主要有指令制导和惯性制导，把导弹引导至目标附近。而末制导段的制导体制主要有主动、半主动和被动寻的制导，TVM 制导和多模复合寻的制导等。复合制导不仅增大了制导控制系统的作用距离，而且有效地提高了导弹武器系统的制导精度。

根据导弹在整个飞行过程或各飞行段上制导方式的组合方法不同，复合制导可分为串联、并联和串—并联等三种复合制导方式。串联复合制导就是在导弹不同飞行弹道上采用不同的制导方式。并联复合制导则是在导弹整个飞行过程中或在某段飞行弹道上同时采用几种制导方式。串—并联复合制导是既有串联又有并联的混合制导方式。

5.2.3 遥控制导导引方法

在研究遥控导弹引导规律和理想弹道特性时，需要将导弹、目标和制导站均视为质点，并设制导系统的工作是理想的，目标的运动规律已知，导弹的速度是已知的时间函数。遥控导弹常用的引导规律，即在导弹飞向目标的过程中，需要确定制导站、导弹、目标 3 个位置点之间应满足的运动学关系，称为三位置引导法，常用的有三点法（重合法）和前置法等。

“三点法”导引方法，要求地面探测点、导弹、目标三点在一条直线上，因此叫“三点法”导引，或“三点法”瞄准。

采用三点法导引时，若空中目标不动（如直升机），导弹飞行弹道是一条直线；若空中目标是运动的，导弹飞行弹道是一条曲线，如图 5-5(a)、(b)所示。目标速度越大，导弹接近目标时，弹道就越弯曲，导引的精度就越低，所以这种导引方法，用于射击小速度和不机动目标时，效果较好。

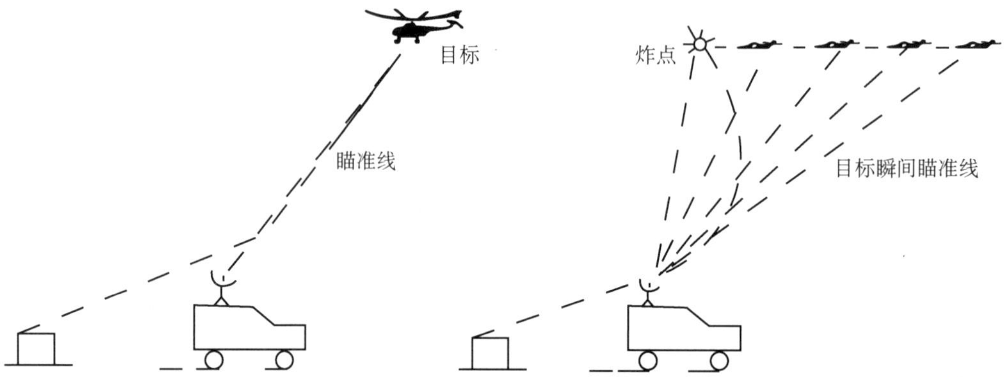

(a) 固定目标三点法引导　　(b) 活动目标三点法引导

图 5-5　三点法导引示意图

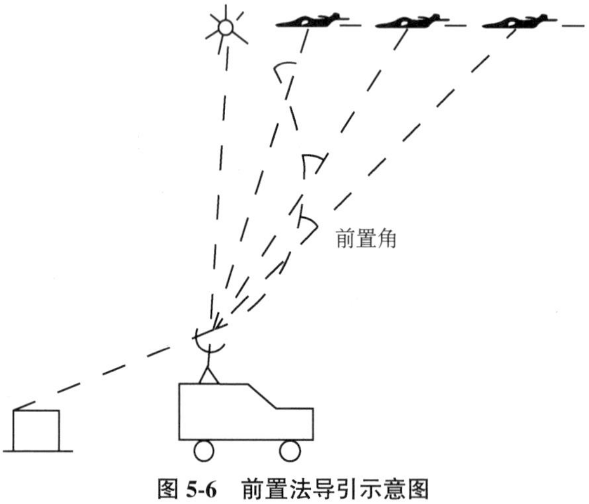

图 5-6　前置法导引示意图

“前置法”导引方法，要求在导弹发射后，从开始制导到与目标遭遇的整个飞行过程中，导弹瞄准线始终超前于目标瞄准线一个角度，这个角度叫位置前置角，因此，把这种导引方法叫“前置法”（见图 5-6）。显然，前置法的导弹弹道曲率小，导引精度比三点法要高，适用于射击高空、高速目标和机动目标。

（一）空中目标描述

为了描述空中目标的运动，通常采用极坐标系，如图 5-7 所示。空中目标的重心用（M）表示；在空间中目标位置参数常用（D）表示斜距，用（ε）表示俯仰角、用（q）表示方位角。而坐标原点一般是防空导弹发射平台上的发射装置所在点。

（二）基本原理

在遥控制导体制下，目标跟踪雷达和防空导弹跟踪雷达实时提供目标和防空导弹的位置坐标信息。设某一时刻目标跟踪雷达提供的目标坐标为（D_M、ε_M、q_M），防空导弹跟踪雷达提供的防空导弹坐标为（D_P、ε_P、q_P），它们被实时送入火控计算机中，用于计算并产生遥控引导控制指令。

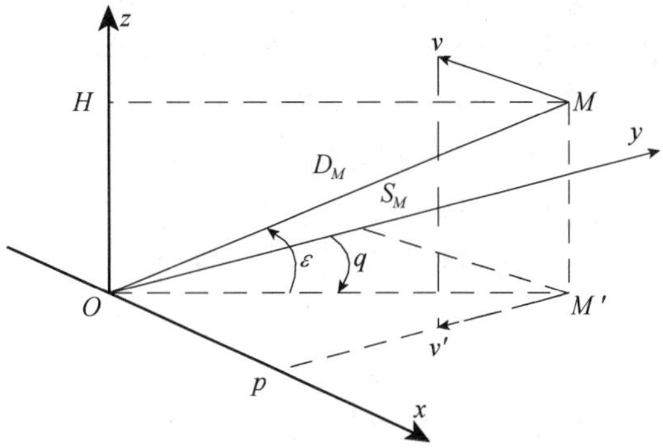

图 5-7　防空导弹武器系统对目标描述的极坐标系

为了确定防空导弹在空中的位置误差，必须确定每一个时刻防空导弹和空中目标的运动参数之间的关系方程，这个方程称为导引（函数）方程。通常，防空导弹的飞行控制，往往借助于两个相互垂直的平面的方向控制来实现，而无须考虑防空导弹的距离信息。基于这一控制原理，对于防空导弹的控制只需满足角度坐标的导引方程即可。

如图 5-8 所示，该方程的一般形式是：

$$\varepsilon_K = F_1(\varepsilon_m、D_M、D_P、\dot{\varepsilon}_M、\dot{D}_M、\dot{D}_P、\cdots\cdots) \tag{5-3}$$

$$q_K = F_2(q_M、D_M、D_P、\dot{q}_M、\dot{D}_M、\dot{D}_P、\cdots\cdots) \tag{5-4}$$

式中，ε_K、q_K—— 防空导弹俯仰角和方位角的理论计算值。

ε_M、q_M—— 空中目标的俯仰角和方位角的实际测量值，由目标跟踪雷达提供。

ε_P、q_P—— 防空导弹的俯仰角和方位角的实际测量值，由导弹跟踪雷达提供。

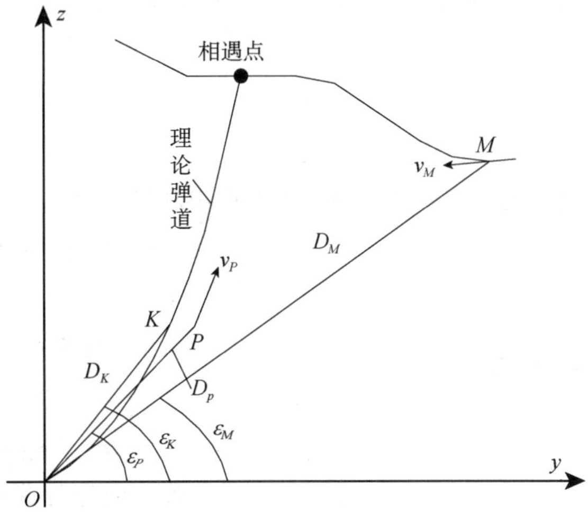

图 5-8　防空导弹与目标参数在极坐标系中的描述示意图

由式（5-3）和式（5-4）可知，防空导弹与目标相遇的充分必要条件是：在相遇点，防空导弹的理论角度坐标参数等于目标的角度坐标参数，即：

当 $D_M = D_P$ 时，$\varepsilon_K=\varepsilon_M$ 和 $q_K=q_M$。

导引方程的具体形式，也就是函数 F_1 和 F_2 的数学表达式，确定了防空导弹飞向目标的具体导引方法。

综上所述，防空导弹的导引方法是防空导弹逼近目标的运动规律，它根据目标的运动参数和坐标，确定防空导弹的理论运动弹道，并确保防空导弹击中目标。导引方程的具体数学描述形式不同，导致了导引方法的差异。

由导引方法所确定的防空导弹飞行弹道称为理论弹道（或运动学弹道）。该弹道是在目标运动已知的条件下，将防空导弹看作质点，通过分析导弹飞行过程中所受的外力，并按照防空导弹飞向目标的运动学原理而求得的。

防空导弹在空中实际飞行的弹道称为实际弹道，它与理论弹道有本质区别，主要由于：

- 外部扰动对系统的作用力。
- 防空导弹的惯性力。
- 防空导弹自身的结构误差。

当然上述外界影响不应该超出防空导弹导引精度所允许的范围。

导引方程（5-3）和（5-4）可以写成下列形式

$$\varepsilon_K = \varepsilon_M + A_\varepsilon \cdot \Delta D \tag{5-5}$$

$$q_K = q_M + A_q \cdot \Delta D \tag{5-6}$$

式中，A_ε、A_q—— 导引方法参数。在防空导弹飞向目标的过程中，A_ε 和 A_q 可以为常量，也可以为变量，这取决于某时刻目标的位置坐标和运动参数。

ΔD ——空中目标与防空导弹之间的斜距，$\Delta D = D_M - D_P$。

导引方程（5-3）和（5-4）之所以可以写成式（5-5）和式（5-6）的形式，是因为式（5-5）和式（5-6）两式给出了并满足防空导弹与目标相遇的充要条件，即

当ΔD=0 时，$\varepsilon_K = \varepsilon_M$ 和 $q_K = q_M$。

下面分析防空导弹偏离理论弹道的原因。防空导弹在空间的角度位置误差可以用下式表示

$$\Delta_\varepsilon = \varepsilon_K - \varepsilon_P \tag{5-7}$$

$$\Delta_q = q_K - q_P \tag{5-8}$$

式中，Δ_ε、Δ_q—— 防空导弹在空间的方位角和俯仰角的位置误差。

将式（5-7）和式（5-8）分别代入式（5-5）和式（5-6）得

$$\Delta_\varepsilon = \Delta\varepsilon + A_\varepsilon \cdot \Delta D \tag{5-9}$$

$$\Delta_q = \Delta q + A_q \cdot \Delta D \tag{5-10}$$

式中，$\Delta\varepsilon = \varepsilon_M - \varepsilon_P$；$\Delta q = q_M - q_P$。

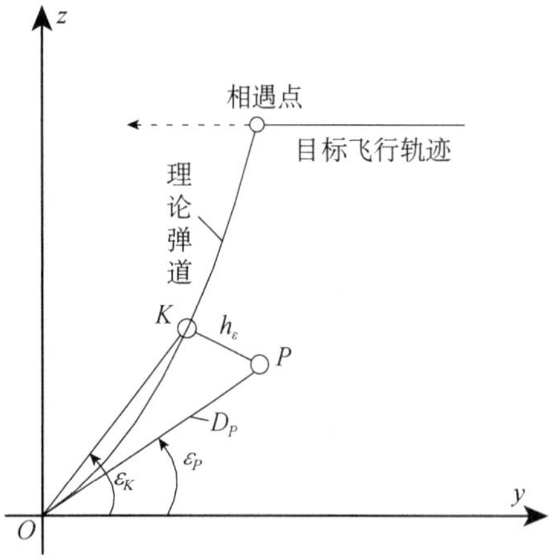

图 5-9　距离偏差量（h_ε）在极坐标系中的描述

通常，作为防空导弹的控制参数，习惯于使用距离误差来表示导弹飞行的实际弹道偏离理论弹道的大小。引入距离偏差量 $h_\varepsilon(h_q)$，如图 5-9 所示。图中，防空导弹应该在理论弹道上的 K 点，而由于外界因素的作用，导弹处于 P 点。K 点与 P 点之间的连线，就是距离偏差量 $h_\varepsilon(h_q)$。我们把 h_ε 和 h_q 定义为：在遥控制导体制下的防空导弹导引控制参数。

当Δ_ε和Δ_q较小时，导引控制参数h_ε和h_q可以分别用式（5-11）和式（5-12）近似表示

$$h_\varepsilon = \Delta_\varepsilon \cdot D_P = D_P(\Delta\varepsilon + A_\varepsilon \cdot \Delta D); \tag{5-11}$$

$$h_q = \Delta_q \cdot D_P = D_P(\Delta q + A_q \cdot \Delta D); \tag{5-12}$$

为了确定发射装置与导弹之间的距离D_P，可以近似地将D_P看作时间t的函数，即$D_P=F(t)$。在工程实现过程中，将函数$D_P=F(t)$嵌入火力控制系统的制导控制指令解算程序中，借助于程序定时装置，从防空导弹发射时刻开始计时，可以实时求得D_P的近似值。采用这种近似办法的目的是满足前面提到的，在建立防空导弹导引方程时，“无须考虑防空导弹的距离信息”的原则。

由图 5-9 可以看出，当导引控制参数$h_\varepsilon=0$和$h_q=0$时，防空导弹位于理论弹道上；当导引控制参数$h_\varepsilon\neq 0$和$h_q\neq 0$时，制导控制系统的火控计算机应该实时解算出与h_ε和h_q相一致的制导控制指令，控制防空导弹向减少h_ε和h_q的方向运动。由方程（5-11）和（5-12）可以看出，当导引方法参数$A=0$，或$A=\text{Const}$时，导引控制参数h_ε和h_q只与防空导弹和空中目标之间的相对位置有关，也就是说，只与防空导弹和空中目标之间的位置坐标之差有关。

以上讨论是在xOy和yOz两个相互垂直平面上的极坐标系中进行的。应该说明的是，在任意选择的两个相互垂直平面上的极坐标系中，都可以完成上述讨论。

（三）三点法

三点法（three-Point Method）又称目标重合法、目标覆盖法。当使用该方法引导防空导弹飞向目标时，防空导弹在飞向目标的整个过程中，始终处于制导控制系统和目标之间的连线上，即制导控制系统、防空导弹、目标三点成一直线的导引法（见图 5-10）。从制导控制系统看目标，目标好像被防空导弹的影子给覆盖了，故该方法又称为目标重合法或目标覆盖法。

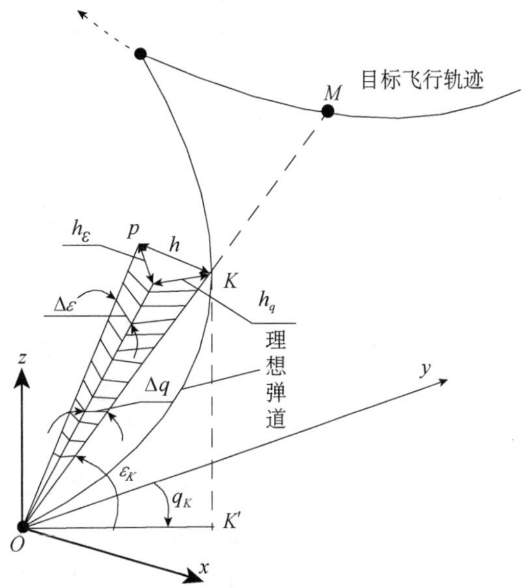

图 5-10　三点法”导引方法示意图

采用三点法导引时，导弹的弹道特性取决于目标的运动规律；也取决于武器平台的运动特点。其主要优点是：

（1）适用于射击角坐标变化率不大的目标（目标以低速飞行、俯冲等）。

（2）形成制导指令时不需要距离信息。

（3）在杂波干扰时，即使距离信息丢失，仍可导引。

（4）技术上容易实现。

其缺点是弹道弯曲率和需用过载较大。在制导体制上可以采用雷达波束制导，也可以用无线指令制导。综合“三点法”导引方法的优缺点，在主要打击高、中空低速目标的防空导弹制导系统中得到广泛应用。

由导引方程（5-5）和（5-6）可知

$$\varepsilon_K = \varepsilon_M + A_\varepsilon \cdot \Delta D$$

$$q_K = q_M + A_q \cdot \Delta D$$

当 $A_\varepsilon = 0$ 和 $A_q = 0$ 时，就得到三点法的导引方程

$$\varepsilon_K = \varepsilon_M$$

$$q_K = q_M$$

当防空导弹受到外部因素的干扰，一旦飞离理论弹道时，将不满足“三点法”方程，且产生失调量$\Delta\varepsilon$和Δq。在图 5-10 中，假设某时刻防空导弹飞离理论弹道而位于 P 点。这样，根据式（5-11）和式（5-12）两式，防空导弹偏离理论弹道的线性误差（或导引控制参数 h_ε 和 h_q）为

$$h_\varepsilon = \Delta_\varepsilon \cdot D_P = D_P(\Delta\varepsilon + A_\varepsilon \cdot \Delta D) = D_P\,\Delta\varepsilon = D_P(\varepsilon_M - \varepsilon_p) \tag{5-13}$$

$$h_q = \Delta_q \cdot D_P = D_P(\Delta q + A_q \cdot \Delta D) = D_P\,\Delta q = D_P(q_M - q_p) \tag{5-14}$$

当$\Delta\varepsilon \neq 0$（或$\Delta q \neq 0$）时，$h_\varepsilon \neq 0$（或 $h_q \neq 0$）。制导控制系统就产生导引控制指令，控制防空导弹返回理论弹道。由上节可知，距离 D_P 可以近似地看作时间 t 的函数，即 $D_P=F(t)$。这样，在实现“三点法”时，只需考虑防空导弹与目标之间的角度坐标信息。从式（5-13）和式（5-14）两式可知，按照“三点法”导引防空导弹时，无须测量防空导弹和目标的绝对角度坐标信息，只需测得防空导弹与目标之间的相对角度差信息即可。“三点法”引导防空导弹的理论弹道示意图，如图 5-11 所示。

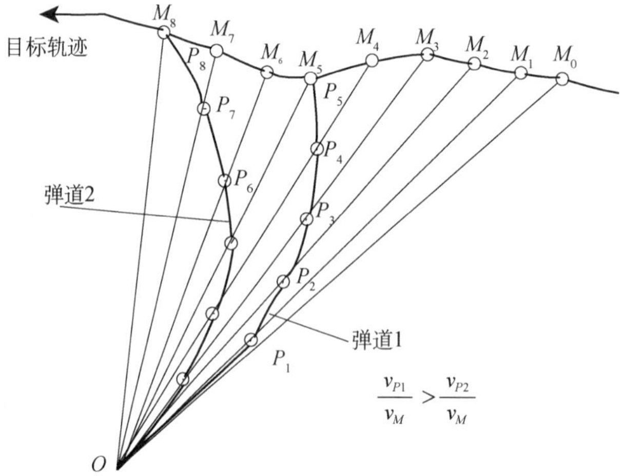

图 5-11 “三点法”引导的理论弹道示意图

根据图 5-11，设目标和防空导弹都在垂直平面内运动，且飞过防空导弹的发射点（O 点）。防空导弹发射瞬间 t_0，目标位于 M_0 点。此后，对应于 t_1，t_2，···，t_8 等时刻，目标分别位于 M_1，M_2，···，M_8 等位置。将 M_0～M_8 等 9 个位置点分别与 O 点（制导控制系统所处位置）相连接，那么，由“三点法”可知，每一时刻防空导弹应该位于直线上。也就是说，在 t_1 时刻，防空导弹应该位于 OM_1 直线上；在 t_2 时刻，防空导弹应该位于 OM_2 直线上；如此类推。在建立“三点法”条件下防空导弹理论弹道过程中，对于 t_1 时刻，以 O 点为圆心，以 $\frac{v_0 + v_1}{2} \cdot t_1$ 为半径，在直线 OM_1 上得到 P_1 点；对于 t_2 时刻，以 P_1 点为圆心，以 $\frac{v_1 + v_2}{2} \cdot (t_2 - t_1)$ 为半径，在直线 OM_2 上得到 P_2 点；如此类推。为了得到较精确的理论弹道，应注意将时间间隔 $(t_{i+1} - t_i)$

选得足够小，以保证在该时间间隔内，防空导弹的平均速度可以使用$\frac{v_i + v_{i+1}}{2}$来计算。

对于飞行速度不同的空中目标，在建立“三点法”条件下防空导弹理论弹道过程中经常利用“导弹-目标速率比”这样一个关系量（v_P/v_M）。对于给定的防空导弹飞行速度 v_P，其理论弹道的曲率与目标飞行速度有关，v_P/v_M的值越小，防空导弹理论弹道的曲率就越大。也就是说，当 $v_M=0$ 时，“三点法”条件下防空导弹的理论弹道为直线；随着目标速度的增大，防空导弹的理论弹道将变得更加弯曲。由于弹道弯曲率较大，防空导弹沿弯曲弹道飞行的法向需用过载也就较大，也就带来了较大的导引方法的动力学误差 h_D。当防空导弹“迎面拦截”空中目标时，由于弹道弯曲率随着导弹接近目标而迅速增大，防空导弹沿弯曲弹道飞行要求的法向需用过载也就迅速增大，这就使得“三点法”的动力学误差 h_D 在防空导弹与目标的相遇点达到最大值。这一缺点限制了“三点法”的使用范围。通常，“三点法”用于引导防空导弹打击慢速目标，或向防空导弹迎面俯冲的目标。

综上所述，“三点法”实现简单，对低速空中目标可以实现精确导引。但是，弹道末端曲率过大，导致防空导弹法向需用过载增大，精度降低，射程减少。

（四）前置点法

为了克服“三点法”的缺点，引入“前置点法（Lead Point Method）”。前置点法又称“修直弹道法”，该方法是在导引防空导弹飞向目标的过程中，防空导弹不是处于“制导控制系统-目标”之间的瞄准线上，而是位于某个“前置点”上，从而达到修直弹道的目的，以便降低弹道曲率、降低对防空导弹法向需用过载的要求，提高导引精度。根据前置点的选择方法不同，前置点法又分为“常前置点法”“全比例弹道修直法”和“半比例弹道修直法”三种。

由导引方程（5-5）和（5-6）可知，当引导方法参数 A_ε=Const 和 A_q=Const 时，就得到常前置点法（Constant Lead Point Method）。因此，常前置点法的导引方程是：$A_\varepsilon = C_1$，$A_q = C_2$，得到

$$\varepsilon_K = \varepsilon_M + C_1 \cdot \Delta D$$

$$q_K = q_M + C_2 \cdot \Delta D$$

将上面两式求微分得

$$\dot{\varepsilon}_K = \dot{\varepsilon}_M + C_1 \cdot \Delta \dot{D} \tag{5-15}$$

$$\dot{q}_K = \dot{q}_M + C_2 \cdot \Delta \dot{D} \tag{5-16}$$

在防空导弹飞向空中目标的过程中，$\Delta \dot{D}$ 的值始终是一个负数。为了达到修直弹道的目的，在防空导弹飞向空中目标的过程中，应该使 $\dot{\varepsilon}_K$ 和 $\dot{q}_K$ 的绝对值逐渐变小。也就是，由于 $\Delta \dot{D} < 0$，为使$|\dot{\varepsilon}_K| < |\dot{\varepsilon}_M|$和$|\dot{q}_K| < |\dot{q}_M|$，这就要求 C_1 和 C_2 的符号始终与 $\dot{\varepsilon}_M$ 和 $\dot{q}_M$ 的符号保持一致。这表明防空导弹的运动前置点始终沿目标运动的方向设立。

下面，我们讨论引导方法参数 C_1（或 C_2）的确定方法。设空中目标在垂直平面内运动，且飞过防空导弹的发射点（O 点），如图 5-12(a)所示，则有

$$\dot{\varepsilon}_M = \frac{v_M \cdot \sin \varepsilon_M}{D_M}$$

代入式（5-15）得

$$\dot{\varepsilon}_K = \frac{v_M \cdot \sin\varepsilon_M}{D_M} + C_1 \cdot \Delta\dot{D} \tag{5-17}$$

对于已知的一组目标运动参数 V_{M1}、ε_{M1}、D_{M1}，为使防空导弹飞行弹道的曲率（或法向需用过载）在相遇点处最小，即 $\dot{\varepsilon}_K=0$ 时，可求得 C_1 的值

$$C_1 = -\frac{V_{M1} \cdot \sin\varepsilon_{M1}}{D_{M1} \cdot \Delta\dot{D}}$$

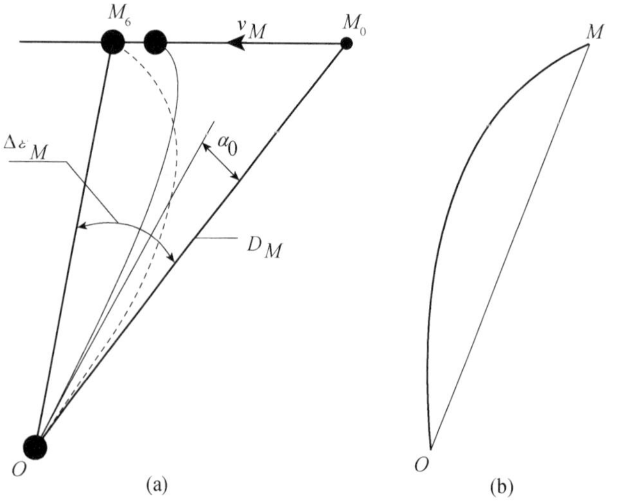

图 5-12 “常前置点法”的理论弹道示意图

需要说明的是，这样选出的引导方法参数 C_1（或 C_2）并不能保证对所有的目标运动参数（V_{Mi}、ε_{Mi}、D_{Mi}）使防空导弹飞行弹道的曲率（或法向需用过载）在相遇点处最小。

如图 5-12(a)所示，“实线”是“常前置点法”引导防空导弹飞行的理论弹道，“虚线”是“三点法”引导防空导弹飞行的理论弹道。显而易见，“常前置点法”引导防空导弹飞行的理论弹道的曲率小于“三点法”引导防空导弹飞行的理论弹道的曲率。这是因为，“三点法”的情况下防空导弹的角位移为 $\Delta\varepsilon_M$，而“常前置点法”的情况下防空导弹的角位移为 $(\Delta\varepsilon_M - \alpha_0)$。另外，“常前置点法”较“三点法”而言，防空导弹与目标的相遇点提前，也就是说，“常前置点法”的情况下防空导弹的飞行时间较短。

图 5-12(b)给出的是防空导弹攻击固定目标的情况下，“常前置点法”和“三点法”引导防空导弹飞行的理论弹道。同理，“粗线”是“常前置点法”引导防空导弹飞行的理论弹道，“细线”是“三点法”引导防空导弹飞行的理论弹道。

根据式（5-11）和式（5-12）两式，防空导弹偏离理论弹道的线性误差（或导引控制参数 h_ε 和 h_q）为

$$h_\varepsilon = D_P \cdot (\varepsilon_K - \varepsilon_p) = D_P(\Delta\varepsilon + A_\varepsilon \cdot \Delta D) \tag{5-18}$$

$$h_q = D_P \cdot (q_K - q_p) = D_P(\Delta q + A_q \cdot \Delta D) \tag{5-19}$$

式中，$\Delta\varepsilon = \varepsilon_M - \varepsilon_p$；$\Delta q = q_M - q_p$。

从式（5-18）和式（5-19）可以看出，采用“常前置点法”引导防空导弹时，制导控制系统形成制导控制指令必须已知目标和防空导弹之间的斜距，以及两者之间的相对角度。

通过对“常前置点法”引导防空导弹与目标相遇的过程，特别是对在相遇点附近导引精

度的分析可以得出，当 $\dot{\varepsilon}_M$ 和 $\dot{q}_M$ 较大时，“常前置点法”引导防空导弹飞向目标的过程中，导弹所受法向加速度较“三点法”要小；但当 $\dot{\varepsilon}_M$ 和 $\dot{q}_M$ 较小时，“常前置点法”引导防空导弹飞向目标的过程中，导弹所受法向加速度较“三点法”要大。

“常前置点法”导引方法的主要缺点与“三点法”相同，就是导弹的法向需用过载或导引精度取决于目标的角加速度；弹道末端曲率仍较大，随着目标速度和高度的增加，对防空导弹需用过载量的要求增加。这就限制了“常前置点法”的使用范围。

从上面的分析我们可以看到，无论是“三点法”，还是“常前置点法”，防空导弹的法向需用过载和动力学误差都是在导弹和目标的相遇点附近的区域内变大。那么，能否选择适当的导引方法，使防空导弹的法向需用过载和动力学误差在导弹和目标的相遇点附近的区域不是变大，而是减到最小。回答是肯定的。这就是下面要讨论的全比例弹道修直法和半比例弹道修直法。

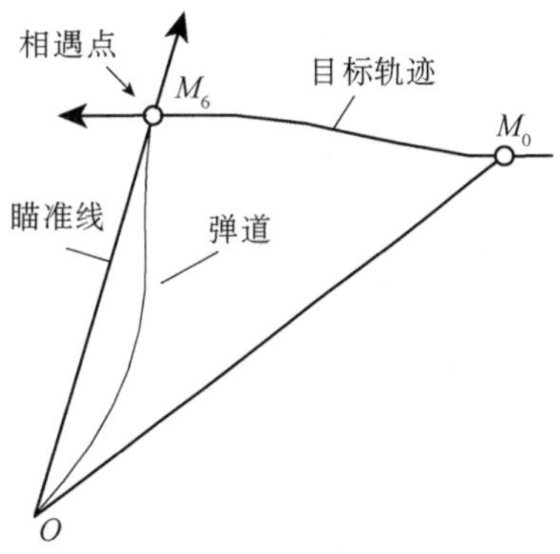

图 5-13　理论弹道在相遇点与瞄准线

“三点法”和“常前置点法”的缺点是，由于在相遇点附近，$\dot{\varepsilon}_K \neq 0$，$\dot{q}_K \neq 0$，从而导致末端弹道曲率加大。选择引导方法参数 A_ε 和 A_q，使得在导弹和目标的相遇点附近角加速度 $\dot{\varepsilon}_K$ 和 $\dot{q}_K$ 趋于零，而对于导弹弹道的其他飞行段，不做该要求。这意味着，防空导弹飞行的理论弹道在导弹和目标的相遇点与瞄准线相切，如图 5-13 所示。

设防空导弹在相遇点附近，满足以下条件

$$\text{当}\ \Delta D=0\ \text{时，}\begin{cases}\dot{\varepsilon}_K=0\\ \dot{q}_K=0\end{cases}$$

导引方程

$$\begin{cases}\varepsilon_K=\varepsilon_M-m\cdot\dfrac{\dot{\varepsilon}_M}{\Delta\dot{D}}\cdot\Delta D\\ q_K=q_M-m\cdot\dfrac{\dot{q}_M}{\Delta\dot{D}}\cdot\Delta D\end{cases}\tag{5-20}$$

当 $m=1$ 时，得到全比例修直弹道法。

当 $m=\dfrac{1}{2}$ 时，得到半比例修直弹道法。

对于等速直线运动的目标，利用“全比例修直弹道法”（m=1）引导防空导弹，在相遇点附近可以使导弹所受的法向过载趋近于零。但是，“全比例修直弹道法”的缺点是，在跟踪机动飞行的目标时，防空导弹的需用法向加速度与目标的法向加速度有很大关系，并且，由此产生的动力学误差也难于精确地补偿，从而导致了射击精度的降低。“半比例修直弹道法”（m=1/2）较“全比例修直弹道法”具有动力学误差小、易于补偿等优点。因此，“半比例修直弹道法”被称为“可实现动力学误差补偿”的导引方法。与“三点法”比较，“半比例修直弹道法”的飞行弹道的曲率小得多，而且动力学误差要减小到 1/3 左右。

当 m 取其他值时，可以得到其他形式的防空导弹理论飞行弹道。例如，用于拦截超低空飞行目标的“高抛弹道”。

5.2.4 寻的制导导引方法

自导引导弹的引导仅涉及导弹与目标的相对运动，比例导引法是自导引导弹广泛采用的引导规律，也称自动瞄准或速度导引，目前，经常采用的比例导引法有追踪法、固定前置角法、平行接近法和比例接近法等。

“追踪法”导引是指在导弹飞向目标遭遇点的整个过程中，导弹速度方向始终指向目标。追踪法的探测点在弹上，目标瞄准线是导弹与目标的连线；由于目标和导弹都在运动，所以瞄准线也在空中运动（见图 5-14）。这种导引方法，导弹的飞行弹道比较弯曲，适宜射击低速和固定目标（直升机），对高速、机动目标射击效果不好。

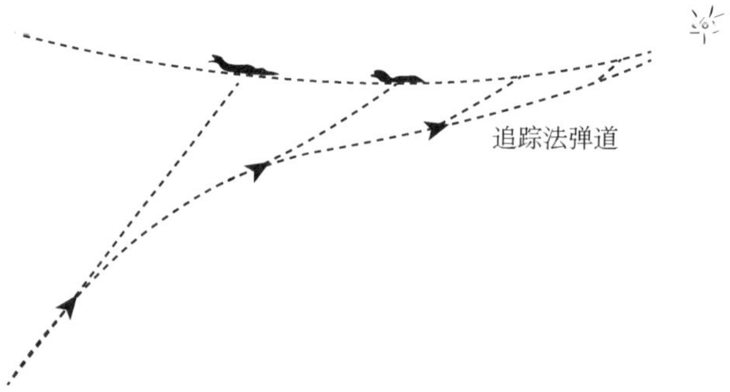

图 5-14 追踪法导引

“固定前置角法”导引是指在导弹飞向目标遭遇点的整个过程中，导弹速度方向和导弹与目标的连线间保持一定的夹角。这个角叫“速度前置角”。这种导引方法，导弹的飞行弹道的弯曲明显减小了，如图 5-15 所示。

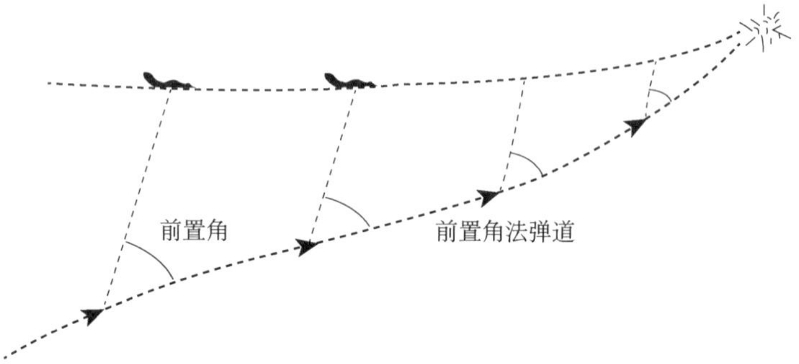

图 5-15 固定前置角法导引

“平行接近法”导引是指在导弹飞向目标遭遇点的整个过程中，导弹与目标间的连线始终平行于给定的方向。按这样的规律导引导弹接近目标，导弹的飞行弹道比较平直，如图 5-16 所示。特别当目标做匀速直线运动，且导弹的速度不变时，导弹的飞行弹道是一条直线。这就可以保证很高的精度将导弹引向目标。

“比例接近法”导引是指在导弹飞向目标遭遇点的整个过程中，导弹速度向量的转动角速度与导弹与目标间连线的转动角速度保持一定的比值。比例接近法实质上是修正了的平行接近法。其导弹飞行弹道的弯曲程度比追踪法要小，比平行接近法要大，如图 5-17 所示。

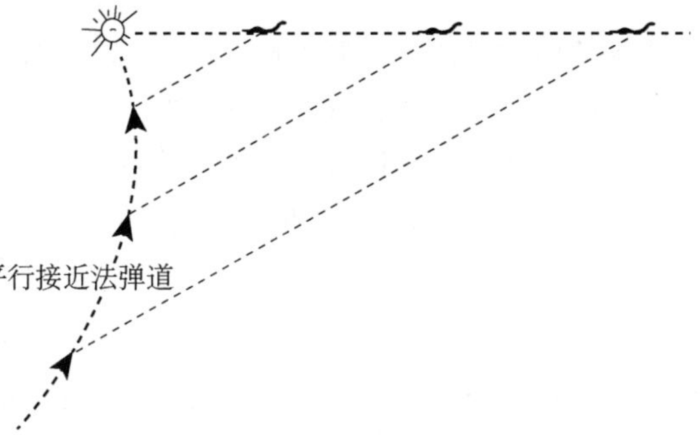

图 5-16　平行接近法导引

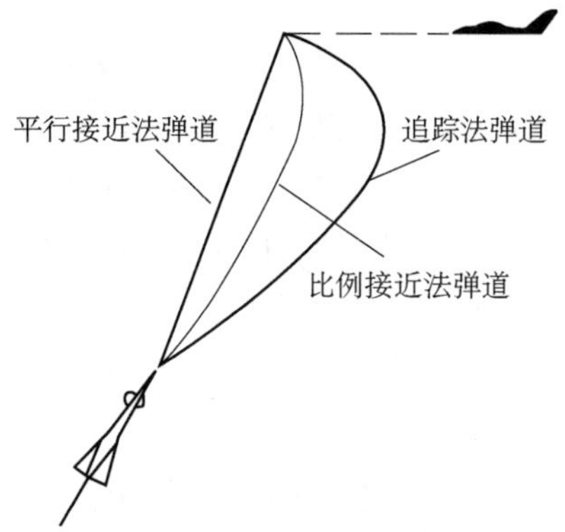

图 5-17　比例接近法导引

这种导引方法，使导弹与目标的速度可以在较大的范围内变化，非常适用于攻击低空目标，目前应用较广，如苏联的 SA-7，美国的"红眼睛""痛击"都采用这种导引方法。

（一）基本原理

对于自寻的制导体制，防空导弹相对于目标的位置决定于防空导弹与目标之间的距离和两者之间连线的方向。如图 5-18 所示，如果目标运动已知，对其运动参数进行实时测量就决定了防空导弹的飞行弹道（也称为两点法）。我们讨论垂直平面内的情况，当防空导弹与目标在垂直平面内运动时，两者之间连线的方向及其大小都在变化。图 5-18 中 P 点和 M 点及其连线变化的描述，可以用方程（5-21）和（5-22）表示

$$-\dot{D} = v_M \cos\eta + v_P \cos\varphi_\Gamma \tag{5-21}$$

$$D\dot{\varphi} = v_M \sin\eta - v_P \sin\varphi_\Gamma \tag{5-22}$$

式中，D——防空导弹与目标之间的距离；

$\dot{D}$——防空导弹与目标之间连线的距离变化率，即变化速率；

$\dot{\varphi}$——防空导弹与目标之间连线与水平线夹角的变化率，即变化角速率；

φ_Γ——前置角，即防空导弹飞行速度矢量与防空导弹与目标之间连线的夹角；

η——空中目标飞行速度矢量与防空导弹与目标之间连线的夹角；

θ——防空导弹飞行速度矢量与水平线之间的夹角；

θ_M——空中目标飞行速度矢量与水平线之间的夹角。

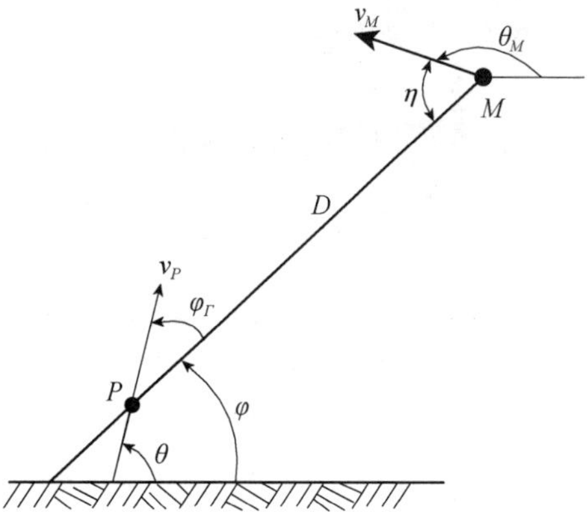

图 5-18　防空导弹自寻的制导体制导引方法在垂直平面中的描述示意图

从图 5-18 中可知

$$\begin{cases}\varphi_\Gamma = \theta - \varphi \\ \eta = 180^\circ - (\theta_M - \varphi)\end{cases}$$

将上式代入式（5-21）和式（5-22）得

$$\dot{D} = v_M \cos(\theta_M - \varphi) - v_P \cos(\theta - \varphi) \tag{5-23}$$

$$D\dot{\varphi} = v_M \sin(\theta_M - \varphi) - v_P \sin(\theta - \varphi) \tag{5-24}$$

对每一时刻而言，可以认为目标速度 v_M 和方向 θ_M 及防空导弹的速度 v_P 是已知的，而式（5-23）和式（5-24）两式中的未知变量为 D、φ、θ。这样，利用两个方程求解 3 个未知数，方程的解不是唯一的，也就是说，方程（5-23）和（5-24）并不能确定一条防空导弹的飞行弹道。必须补充一个方程，与式（5-23）和式（5-24）一起，才能求得唯一的解（D、φ、θ）。

补充方程应与 D、φ、θ 有关，其一般形式为

$$f(D, \varphi, \theta) = 0 \tag{5-25}$$

方程（5-25）确定了垂直平面上自寻的制导体制下防空导弹的导引方法，我们称该方程为自寻的制导体制下的导引方程。该方程的具体形式，反映了针对防空导弹和目标相互运动的具体导引方法。如同遥控制导体制，采用角度量作为控制参数，而不考虑防空导弹与目标之间的距离（D），来实现防空导弹的引导控制，故导引方程如下

$$f(\varphi, \theta) = 0 \tag{5-26}$$

实际上，确定自寻的制导体制下防空导弹的导引方法就是确定防空导弹与目标之间连线的位置或防空导弹轴线的位置。对于前置角 φ_Γ，可以是常量，也可以是变量，这取决于防空导弹的运动参数。

对于自寻的制导体制下防空导弹的导引方法，导引方程（5-26）具有下列形式。

（1）追踪法

$$\theta - \varphi = 0 \tag{5-27}$$

（2）常值前置角法

$$\theta - \varphi = \varphi_{\Gamma 0} = \text{Const} \tag{5-28}$$

$\varphi_{\Gamma 0}$——给定的常值前置角。

（3）平行接近法

$$\varphi = \varphi_0 \tag{5-29}$$

φ_0——自寻的制导方式开始工作时，防空导弹与目标之间连线与水平线夹角的初始角。

（4）比例导引法

$$\dot{\theta} = k \cdot \dot{\varphi} \tag{5-30}$$

$\dot{\theta}$——防空导弹速度矢量的变化角速度；

k——比例常数；

$\dot{\varphi}$——防空导弹与目标之间连线与水平线夹角的变化角速度。

从式（5-26）～式（5-30）可以看出，对于自寻的制导体制，导引控制参数（误差信号）取决于角度的测量信号或导弹—目标之间连线的角速率信号，即角度（角速率）的给定值与测量值的差，从而描述了防空导弹飞离给定弹道的偏差。

（二）追踪法

追踪法（Pursuit Method）也称为尾追法，是指在防空导弹的飞行过程中，导弹的速度矢量始终指向目标的导引方法。这种导引方法的优点是制导控制系统结构简单；其缺点是要求导弹具有较高的机动性能。

由图 5-18 可知，$\theta-\varphi=\varphi_\Gamma$。对于追踪法而言，$\varphi_\Gamma=0$，则导引方程具有下列形式

$$\theta-\varphi=0 \text{ 或 } \theta=\varphi$$

在追踪法的条件下，要建立防空导弹的飞行弹道必须已知目标的运动参数和导弹的速度。图 5-19 描述了利用追踪法引导防空导弹攻击做匀速直线运动的目标的理论弹道。这里讨论 $v_P=2v_M$，且仅在垂直平面内导引防空导弹的情形。

设防空导弹在 t_0 时刻处于 P_0 点，其自寻的导引头开始工作，而目标此时位于 M_0 点。我们选择若干个足够小的时间间隔Δt_i，在目标轨迹上截取若干个小线段，使其等于 $V_M\cdot\Delta t_i$。并依次标明 M_1、M_2、M_3、…；对应时刻 t_1、t_2、t_3、…。连接 P_0 和 M_0 两点，并在其上截取线段，该线段长为 $v_P\cdot(t_1-t_0)$，并标注 P_1，即在 t_1 时刻，防空导弹位于 P_1 点。连接 P_1 和 M_1 两点，并在其上截取线段，该线段长为 $v_P\cdot(t_2-t_1)$，并标注 P_2，即在 t_2 时刻，防空导弹位于 P_2 点。如此类推。需要注意的是，随着接近相遇点，时间间隔Δt_i逐渐减小。最后用平滑的曲线，连接 P_0、P_1、P_2、…，就得到了在追踪法的条件下防空导弹的理论弹道。

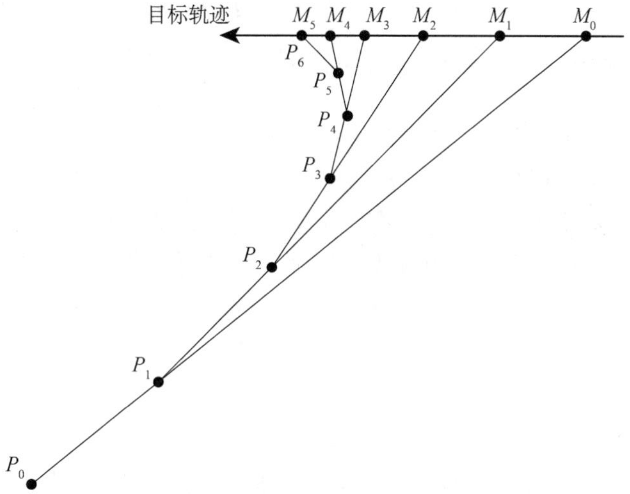

图 5-19　防空导弹“追踪法”及其理论弹道

由图 5-19 可见，利用“追踪法”引导防空导弹攻击匀速直线运动的目标，在飞行弹道的末段防空导弹通常是从目标的后半球逼近目标的。这也是“追踪法”这一名称的来历。显然，此时防空导弹飞行弹道的转弯能力取决于导弹拥有过载和需用过载的关系。

防空导弹的需用法向过载与导弹和目标的速度乘积成正比。因而，为了推迟防空导弹偏离理论弹道的时刻，也就是降低脱靶量，就必须降低导弹和目标的速度乘积的数值。因此，只有当打击低速、不运动的目标或从目标的后半球追击目标时，“追踪法”的导引精度较高。

（三）恒前置角法

恒前置角法又称为“广义追踪法”，是指防空导弹以恒定的前置角 φ_{Γ_0} 飞行逼近目标，即在防空导弹飞向目标的整个过程中，防空导弹飞行速度矢量与防空导弹与目标之间连线的夹角——前置角 φ_Γ 保持常值，如图 5-20 所示。

在垂直平面内，恒前置角法（Constant Lead Angle Method）导引方程的具体形式是

$$\theta-\varphi=\varphi_{\Gamma_0}=\text{Const} \tag{5-31}$$

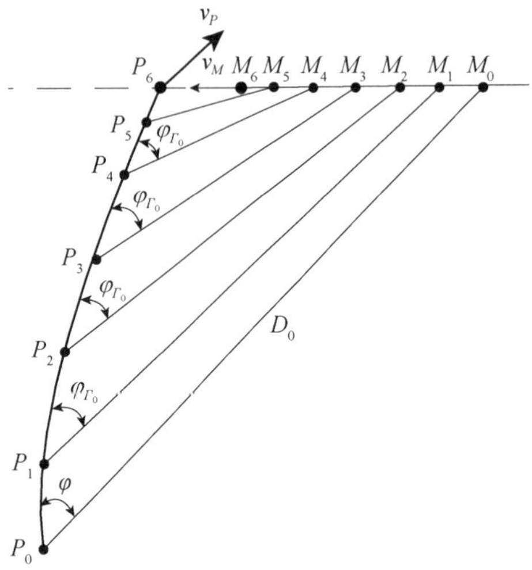

图 5-20　防空导弹“恒前置角法”理论弹道示意图

我们以垂直平面内理论弹道绘制方法为例，讨论防空导弹采用恒前置角法导引方法飞行的理论弹道绘制方法。设防空导弹在 t_0 时刻处于 P_0 点，其自寻的导引头开始工作，而此时目标位于 M_0 点。我们选择若干个足够小的时间间隔Δt_i，在目标轨迹上截取若干个小线段，使其等于 $V_M\Delta t_i$。并依次标明 M_1、M_2、$M_3\cdots$；对应时刻 t_1、t_2、$t_3\cdots$。为了确定 t_1 时刻导弹的位置，连接 P_0 和 M_0 两点，选择与 P_0M_0 线夹角为 φ_{Γ_0} 的线段，该线段长为 $v_P\cdot(t_1-t_0)$，并标注 P_1，即在 t_1 时刻，防空导弹位于 P_1 点。连接 P_1 和 M_1 两点，选择与 P_1M_1 线夹角为 φ_{Γ_0} 的线段，该线段长为 $v_P\cdot(t_2-t_1)$，并标注 P_2，即在 t_2 时刻，防空导弹位于 P_2 点，如此类推。需要注意的是，随着接近相遇点，时间间隔Δt_i 逐渐减小。最后用平滑的曲线，连接 P_0、P_1、$P_2\cdots$，就得到了在恒前置角法的条件下防空导弹的理论弹道，如图 5-20 所示。

恒前置角导引方法对目标飞行速度有一个下限要求，就是目标的飞行速度不能低于某个下限值，并且，该导引方法不能在目标飞行速度变化的整个范围内，保证防空导弹与目标相遇。当然，当前置角 φ_{Γ_0} 很小时，防空导弹可以打击速度变化范围较大的目标，但此时已经接近于“追踪法”的情形了。

（四）平行接近法

在防空导弹逼近目标的飞行过程中，导弹-目标连线在空间始终保持平行，导弹-目标连线的角速度等于零（$\dot{\varphi}=0$）的导引方法。在目标做机动运动时，平行接近法（Constant-bearing Method）的飞行弹道曲率比其他导引方法小，需用法向过载也小，可实现防空导弹的全向攻击。

在垂直平面内，平行接近法导引方程的具体形式是

$$\varphi=\varphi_0=\text{Const} \tag{5-32}$$

式中，φ_0——自寻的开始时刻，导弹-目标连线的初始夹角。

由式（5-32）可以看出，平行接近法导引方法要求防空导弹-目标连线夹角的角速度 $\dot{\varphi}=0$。我们以垂直平面内理论弹道绘制方法为例，讨论防空导弹采用平行接近导引方法飞行的理论弹道绘制方法。设防空导弹在 t_0、t_1、t_2、$t_3\cdots$时刻处于 P_0、P_1、P_2、$P_3\cdots$点，而目标位于 M_0、M_1、M_2、$M_3\cdots$点。为了绘制理论弹道，我们进行如下操作。

（1）从 M_0、M_1、M_2、$M_3\cdots$点绘制 P_0M_0 的平行线。

（2）计算防空导弹在 t_1—t_0、t_2—t_1、t_3—$t_2\cdots$等时间间隔内的飞行距离

$$\Delta D_i=v_M\cdot(t_i-t_{i-1})$$

（3）为了确定 t_1 时刻防空导弹所处的位置，以 P_0 为圆心，以 ΔD_1 为半径，圆弧与 P_1M_1 连线的交点，即为 P_1 点；同理，为了确定 t_2 时刻防空导弹所处的位置，以 P_1 为圆心，以 ΔD_2 为

半径，圆弧与 P_2M_2 连线的交点，即为 P_2 点，依次类推。

（4）最后用平滑的曲线，连接 P_0、P_1、P_2…，就得到了在平行接近法的条件下，防空导弹的理论弹道，如图 5-21 所示。

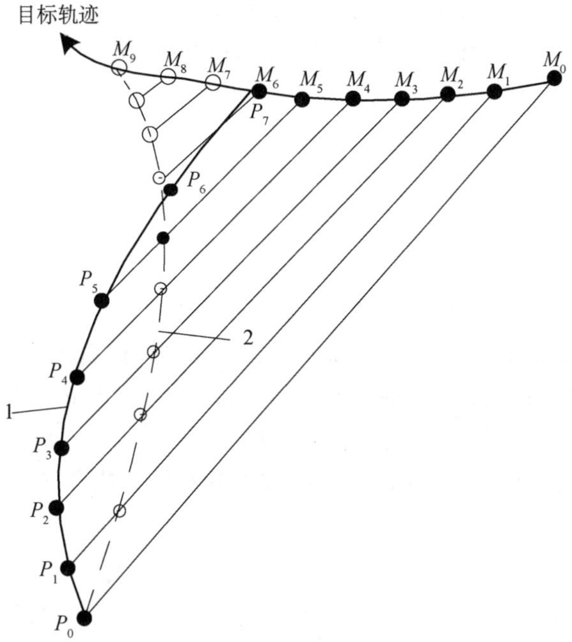

图 5-21　“平行接近法”的理论弹道

在“平行接近法”的条件下，当假设空中目标做匀速直线运动时，改变防空导弹的飞行速度将导致飞行理论弹道的弯曲。针对平行接近法有以下结论：

（1）防空导弹-目标连线夹角转动的角速度 $\dot{\varphi}=0$ 。

（2）防空导弹在加速运动和减速运动的情况下，将得到不同的飞行理论弹道。

（3）平行接近法对防空导弹过载要求比前面讨论过的几种导引方法要小得多。

（4）当 $v_M = \text{Const}$、$v_P = \text{Const}$、$\varphi = \varphi_0 = \text{Const}$，可得

$$\sin\varphi_\Gamma = \frac{v_M}{v_P}\cdot\sin\varphi$$

因此，$\varphi_\Gamma = \text{Const}$ ，得到直线弹道。

（5）目标机动后，弹道变得比较复杂，如图 5-22 所示。

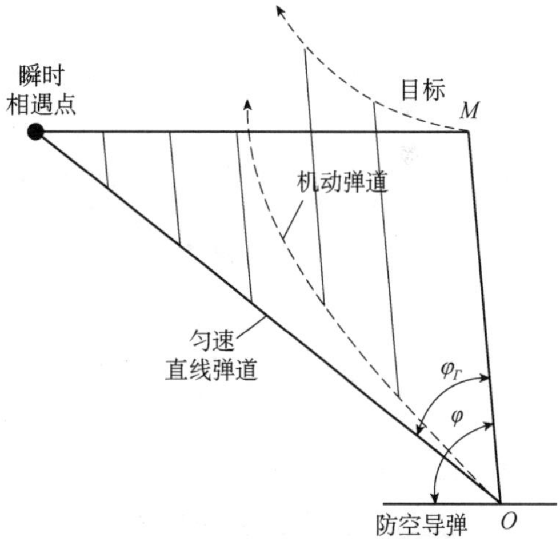

图 5-22　“平行接近法”的示意图

（五）比例导引法

比例导引法指在防空导弹接近目标飞行过程中，导弹速度矢量转动角速度 $\dot{\theta}$ ，正比于导弹-目标连线夹角转动的角速度 $\dot{\varphi}$ 的导引方法。该导引方法的优点是飞行弹道比较平直，而且

易于工程实现。因此，在自寻的制导系统中应用较多。

在垂直平面内，比例导引法（Constant-bearing Method）导引方程的具体形式是

$$\dot{\theta}=k \cdot \dot{\varphi} \tag{5-33}$$

其中，$\dot{\theta}$——自寻的开始后，防空导弹速度矢量转动角速度；

$\dot{\varphi}$——自寻的开始后，导弹-目标连线夹角转动的角速度；

k——比例系数。

将式（5-33）两边积分得

$$\theta=K \cdot \varphi + C \tag{5-34}$$

其中，$C=\theta_0 - k\varphi_0$。

由式（5-34）可以看出：

（1）当 $K=1$，$\theta_0=\varphi_0$ 时，$\theta=\varphi$，得到“追踪法”。

（2）当 $K=1$，$\theta_0 \neq \varphi_0$ 时，$\theta=\varphi+C=\varphi+\varphi_\Gamma$，得到“恒前置角法”。

（3）当 $K=\infty$，对于有限值 $\dot{\theta}$，应该有 $\dot{\varphi}=0$，即 $\varphi=\varphi_0=\text{Const}$，得到“平行接近法”。

这样，在比例导引法条件下，随着比例系数 k 的不同选择，防空导弹飞行的理论弹道是一组“曲线族”，而且它们位于“追踪法”和“平行接近法”两者的理论弹道之间，如图 5-23 所示。

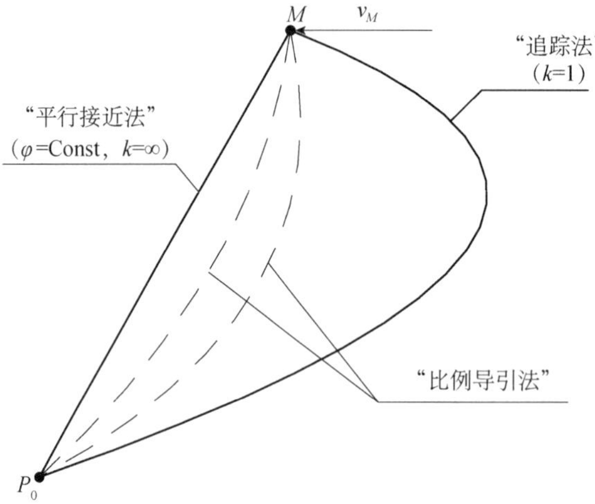

图 5-23 “比例导引法”示意图

为了在工程中实现“比例导引法”，必须在每一时刻测量“导弹-目标连线夹角转动的角速度 $\dot{\varphi}$”，并与“防空导弹速度矢量转动角速度 $\dot{\theta}$”进行比较。因此，防空导弹弹上控制系统应该具有两种类型的测量元件：①目标的角跟踪器；②导弹速度矢量转动角速度测量元件。当然，也应该使用法向加速度测量元件。“比例导引法”的导引误差可以用下面的差式表示

$$\Delta_{\dot{\varphi}}=k \cdot \dot{\varphi} - \dot{\theta}$$

在“比例导引法”条件下，防空导弹既可以从前半球攻击目标，也可以从后半球攻击目标。但是，从弹道曲率和相遇条件的角度考虑，选择从后半球攻击目标更加合理。

5.3　杀伤区与发射区

5.3.1　防空导弹杀伤区

（一）杀伤区基本概念

1. 杀伤区含义

防空导弹的杀伤区是一个空间区域，在此区域内，防空导弹杀伤目标的概率不低于给定数值。

杀伤区的大小和形状，由武器的物理特性及目标特性、射击条件决定。

（1）防空导弹武器物理特性。如跟踪制导雷达发现和跟踪目标距离及其低空性能；导弹引入段距离；导弹发动机工作特性或导弹速度特性；导弹的可用过载及弹道的需求过载；制导精度；导弹引信、战斗部特性；控制指令传输距离（对遥控指令制导导弹）；给定目标杀伤概率等。

（2）目标特性。如飞行特性（速度、机动能力、高度、航路捷径等）；易损性；雷达反射面积等。

（3）射击条件。如阵地遮蔽角大小、目标是否机动；目标有无干扰等。

2. 典型防空导弹杀伤区空间形状和主要参数

一般在地面参数直角坐标系内描述杀伤区。射击水平、等速、直线飞临的目标时，典型防空导弹杀伤区空间形状，如图 5-24 所示。

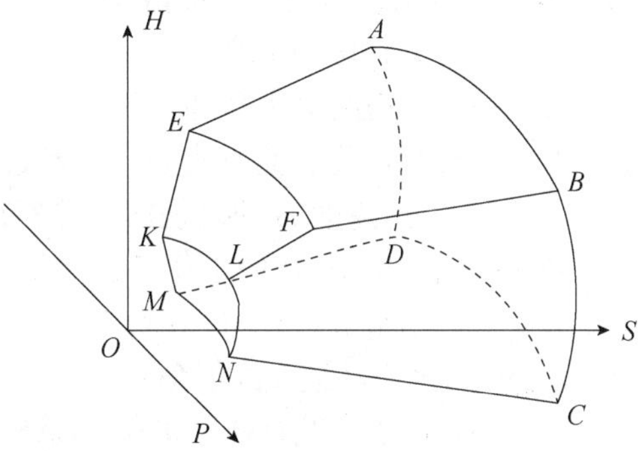

图 5-24　典型防空导弹杀伤区空间形状示意

O——防空导弹火力单元阵地中心；*ABFE*——杀伤区高界面，典型为水平扇面一部分；*CDMN*——杀伤区低界面，典型为水平扇面一部分；*ABCD*——杀伤区远界面，一般是曲面；*EFLK*——杀伤区高近界面，典型为锥面一部分，锥顶在 *O* 点；*ADMKE*，*BCNLF*——杀伤区低近界面，典型为球面一部分，球心在 *O* 点；*ADMKE*，*BCNLF*——杀伤区的两个侧近界面，分别在两个通过 *O* 点的铅垂平面内，这两个铅垂平面与航路捷径为零的铅垂平面夹角相等。

杀伤区形状看起来似乎复杂，但它左右对称，剖面呈现出明显规律性。下面分别讨论垂直剖面一垂直杀伤区、水平剖面一水平杀伤区的形状和参数。

（1）垂直杀伤区形状和参数

用垂直于航路捷径轴的平面切割杀伤区得到剖面，叫垂直杀伤区。航路捷径 P=0 的垂直杀伤区及其参数标志，如图 5-25(a)、(b)所示。

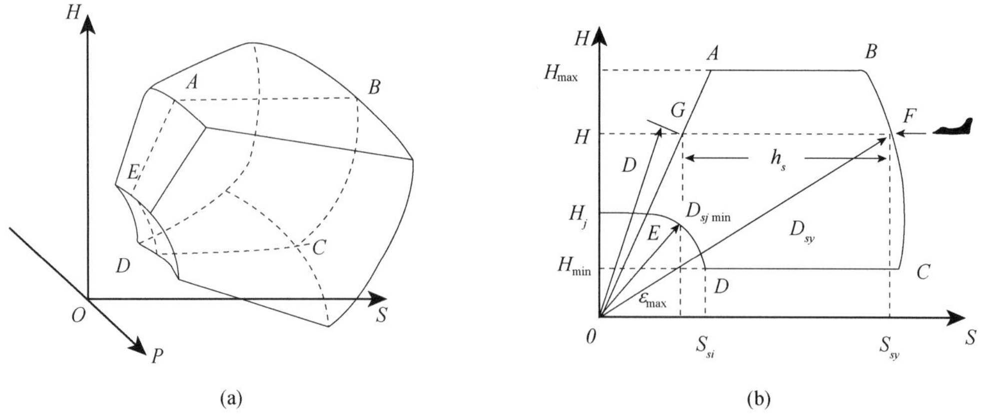

图 5-25 典型防空导弹垂直杀伤区

（a）垂直杀伤区的截取；（b）垂直杀伤区及参数

AB——杀伤区高界，是一段水平线段；*CD*——杀伤区低界，也是一段水平线段；*BFC*——杀伤区远界，是一段曲线；*AGE*——杀伤区高近界，是一段斜线，其延长线通过 *O* 点；*ED*——杀伤区低近界，是一段圆弧，圆心在 *O* 点。

表征垂直杀伤区的主要参数是：

H_{max}——杀伤区最大高度；

H_{min}——杀伤区最小高度；

H_j——交界高度，是垂直杀伤区高近界与低近界交点的高度；

D_{sy}——给定高度 *H* 的杀伤区远界斜距；

D_{sj}——给定高度 *H* 的杀伤区近界斜距；

$D_{sj\,min}$——杀伤区最小近界斜距；

ε_{max}——杀伤区最大高低角；

h_s——高度 *H*、航路捷径 *P*=0 的杀伤区纵深。

（2）水平杀伤区形状和参数

用给定高度水平面切割杀伤区得到的截面，叫水平杀伤区。水平杀伤区的截取如图 5-26(a)所示。将水平杀伤区投影到 *OSP* 平面，其边界和参数如图 5-26(b)所示。

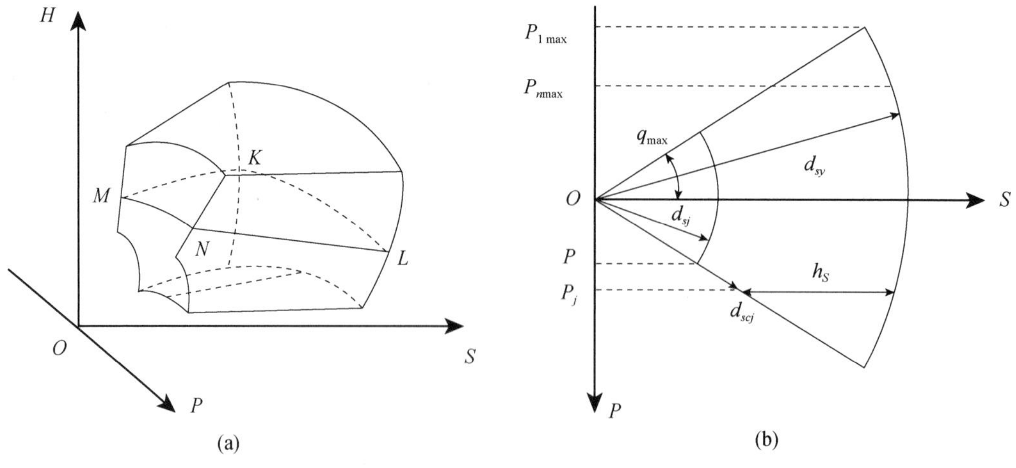

图 5-26 典型防空导弹水平杀伤区的边界和参数

（a）水平杀伤区的截取；（b）水平杀伤区及参数

KL——杀伤区远界，是以 *O* 为圆心的一段圆弧；*MN*——杀伤区近界，是以 *O* 为圆心的一段圆弧；*KN*、*ML*——杀伤区侧近界，是两段斜线，延长线过 *O*，与 *OS* 夹角相等。

表征水平杀伤区的主要参数是：

d_{sy}——高度 *H* 的杀伤区远界水平距离；

d_{sj}——高度 *H* 的杀伤区近界水平距离；

d_{scj}——高度 *H*，航路捷径 *P* 的杀伤区侧近界水平距离；

$q_{\max}$——杀伤区最大航路角；

$p_{1\max}$——高度 *H* 时，保证 1 发导弹在杀伤区内遭遇的目标最大航路捷径；

$P_{n\max}$——高度 *H* 时，保证 *n* 发导弹在杀伤区内遭遇的目标最大航路捷径；

P_j——水平杀伤区近界与侧近界交点对应的航路捷径，叫交界航路捷径；

h_s——高度 *H*、航路捷径 *P* 的水平杀伤区纵深。

从 *P*=0 的典型垂直杀伤区、高度 *H* 的水平杀伤区及空间杀伤区形状可看出，如果以 *OH* 为轴，将 *P*=0 的垂直杀伤区向左右各转动一个最大航路角 $q_{\max}$，垂直杀伤区扫过的空间区域便是典型的空间杀伤区。

实际上，很多在平坦地域部署的防空导弹武器，有拦截从任何方向来袭空中目标的能力，可用拦截覆盖区描述。拦截覆盖区，是以 *OH* 为轴，将 *P*=0 的垂直杀伤区沿方位 360° 旋转扫过的空域，如图 5-27 所示。拦截覆盖区是防空导弹阵地周围的一个空域，杀伤区仅是拦截覆盖区的一部分，它在拦截覆盖区的位置，根据拦截目标运动方向而定。因此，很多防空导弹武器著作和手册，画出水平拦截覆盖区，以表示该地空导弹武器拦截目标的可能区域。

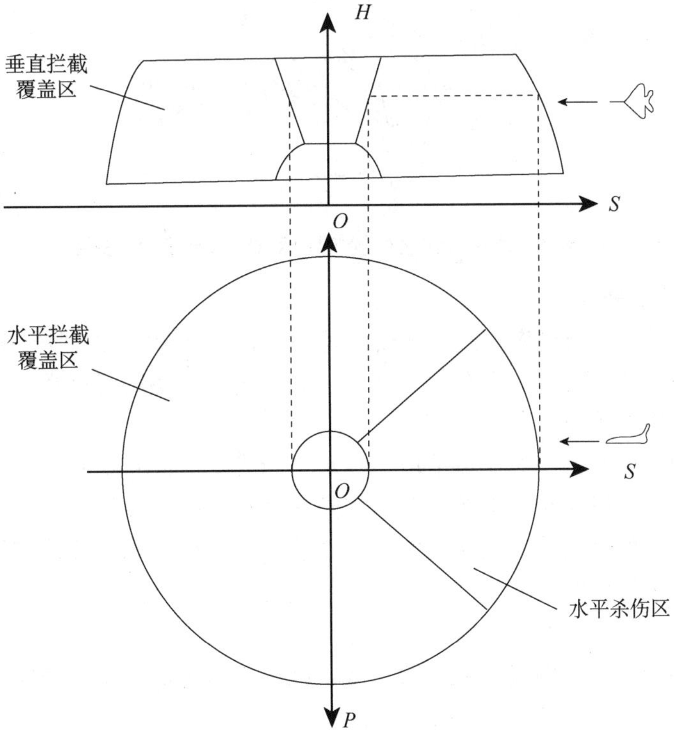

图 5-27　防空导弹拦截覆盖图

当目标临近时，怎样确定它是否将进入杀伤区呢？首先找出与目标高度、速度对应的水平杀伤区，然后以发射点为圆心转动水平杀伤区，使 OS 轴与目标航向水平投影线平行且反向，如目标航向延长线与水平杀伤区相交，则目标进入杀伤区，否则不进入。

杀伤区相对导弹发射点的位置，由目标航路水平投影线决定，杀伤区 P=0 垂直截面（SOH）的 OS 轴，始终与目标航路水平投影线平行且反向，当目标从不同方向临近火力单元时，杀伤区的位置随之变化，图 5-28 中画出了对目标 T_1、T_2 的杀伤区。当多目标通道的防空导弹火力单元只有一部制导雷达时，如果同时对不同来袭方向的目标进行射击，则对不同来袭方向目标的杀伤区的 OS 轴，分别平行于相应目标的航路投影线。由于制导雷达探测跟踪方位范围的限制，只有落入制导雷达观测扇区范围内的杀伤区才是有效的，如图 5-28(b)所示，对目标 T_1、T_2 的杀伤区带阴影部分是可使用的；若有目标 T_3 虽能进入杀伤区，但在制导雷达跟踪扇区之外，对它不能射击。图中水平杀伤区远界和纵深的差别是由 T_1、T_2 目标飞行高度不同引起的。

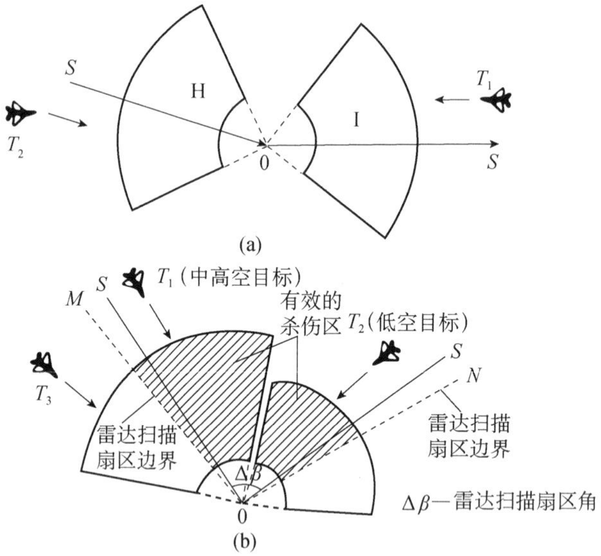

图 5-28　水平杀伤区位置与目标航路水平投影的关系

3. 一般杀伤区的形状

根据不完全统计，目前世界各国已服役的防空导弹约有 80 余种型号，以杀伤区远界（即射程）来区分，可将防空导弹武器分为远程、中程、近程和短程等四类。各类防空导弹的杀伤区形状大体有下述的规律：

（1）低界面和高界面。一般比较平坦，是水平面或有一定坡度平面的一部分。

（2）侧近界面。一般为铅垂平面或有一定倾斜度平面的一部分。

（3）远界面。一般是曲面，很多防空导弹杀伤区远界面和水平面的交线与圆弧相近。因此，不同高度上水平杀伤区远界面，可用以发射点为圆心的圆弧近似。

（4）近界面。一般为锥面或球面的一部分，锥顶或球心在发射点。

中远程防空导弹垂直杀伤区一般是若干线段围成的多边形；水平杀伤区一般由圆弧和线段围成。

近程和短程防空导弹垂直、水平杀伤区一般不太规则，但在航路捷径 P=0 附近，水平杀伤区远界线与圆弧相近。

典型中远程、近程和短程防空导弹杀伤区形状，如图 5-29(a)(b)(c)所示。

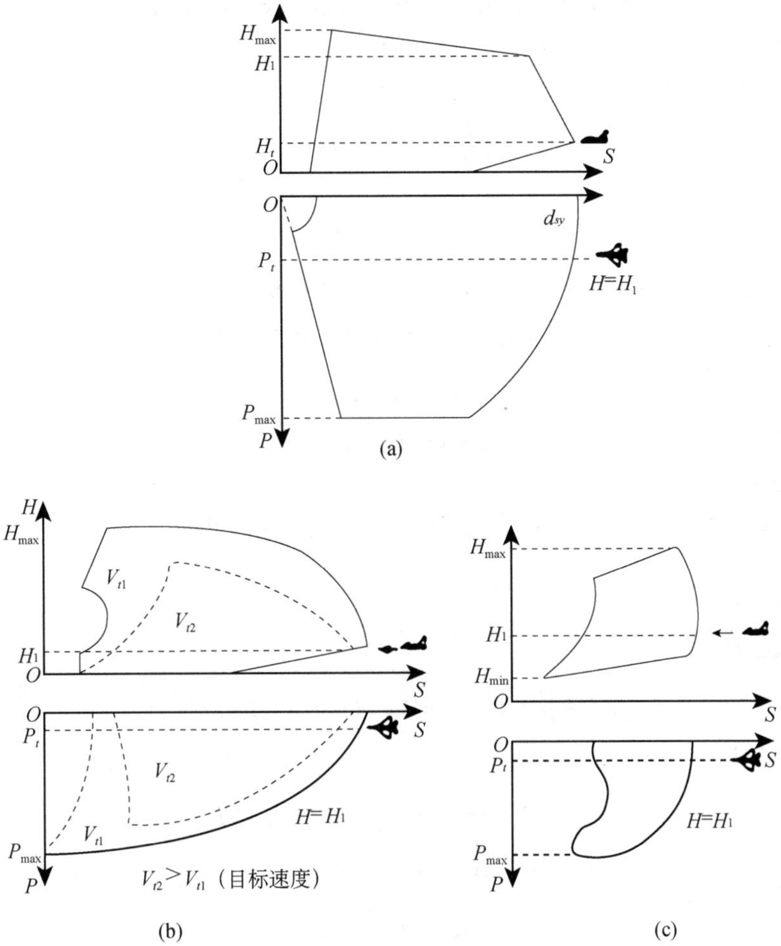

图 5-29　典型防空导弹杀伤区形状

（a）中远程地空导弹杀伤（S-300）；（b）近程地空导弹杀伤区（响尾蛇）；（c）短程地空导弹杀伤区（SA-7）

（二）典型杀伤区数学模型

杀伤区数学模型，是指垂直、水平杀伤区和空间杀伤区边界的数学描述。

1．垂直杀伤区数学模型

典型的垂直杀伤区如图 5-25(b)所示，对 P=0 的垂直杀伤区，其边界可用下列 5 个拟合数学式表达，即

高界 AB　　$H=H_{max}$

低界 CD　　$H=H_{min}$

远界 BFC　　$S_{sy}=aH^2+bH+c$（$H_{min}\leqslant H\leqslant H_{max}$）

其中，a、b、c 为常数。

高近界 AGE　　$S_{sj}=H\cot\varepsilon_{max}$（$H_j<H\leqslant H_{max}$）

低近界 ED $S_{sj}^2+H^2=D_{sj\min}^2$ （$H_{\min}\leqslant H\leqslant H_j$）

2. 水平杀伤区数学模型

典型的水平杀伤区如图 5-26(b)所示，对某一高度 H 的水平杀伤区边界，可用下面 4 个数学式表示，即

远界边界 KL

$$S^2+P^2=d^2$$

$$d_{sy}=a'H^2+b'H+c'$$

其中，a'、b'、c'为常数。

近界 MN

$$S_{sj}^2+p^2=d_{sj}^2$$

$$d_{sj}=\begin{cases}H\cot\varepsilon_{\max}(H_j<H\leqslant H_{\max})\\ \sqrt{D_{sj\min}^2-H^2}(H_{\min}\leqslant H\leqslant H_j)\end{cases}$$

侧近界 ML $S_{scj}=P\cot q_{\max}$

侧近界 NK $S_{scj}=-P\cot q_{\max}$

3. 空间杀伤区数学模型

典型的空间杀伤区如图 5-24 所示，其边界分 7 个部分，即

高界面 $ABFE$ $H=H_{\max}$

低界面 $CDMN$ $H=H_{\min}$

远界面 $ABCD$

$$\sqrt{S_{sy}^2+p^2}=aH^2+bH+c(H_{\min}\leqslant H\leqslant H_{\max})$$

高近界面 $EFLK$

$$H=\left(\sqrt{S_{sj}^2+p^2}\right)\tan\varepsilon_{\max}(H_j<H\leqslant H_{\max})$$

低近界面 $LKMN$ $S_{scj}^2+P^2+H^2=d_{sj\min}^2\left(H_{\min}\leqslant H\leqslant H_j\right)$

侧近界面 $ADMKE$ $S_{scj}=-P\cot q_{\max}$

侧近界面 $BCNLF$ $S_{scj}=P\cot q_{\max}$

5.3.2 防空导弹的发射区

（一）发射区定义

发射区是一个空间区域，如果目标处于此区域内发射导弹，则导弹将与目标在杀伤区内遭遇。

发射区大小和形状，与杀伤区大小和形状、目标速度、导弹飞到杀伤区各点的时间及目标航迹等因素有关。仍将空间发射区切成垂直发射区和水平发射区，用与航路捷径轴垂直的平面切割发射区得到的剖面，称为垂直发射区。用水平平面切割发射区得到的剖面，称为水平发射区。

迎面拦截目标时，$P=0$ 的垂直、水平杀伤区如图 5-30 中虚线所示，对应 $P=0$ 的垂直、水平发射区如图 5-30 中实线所示。

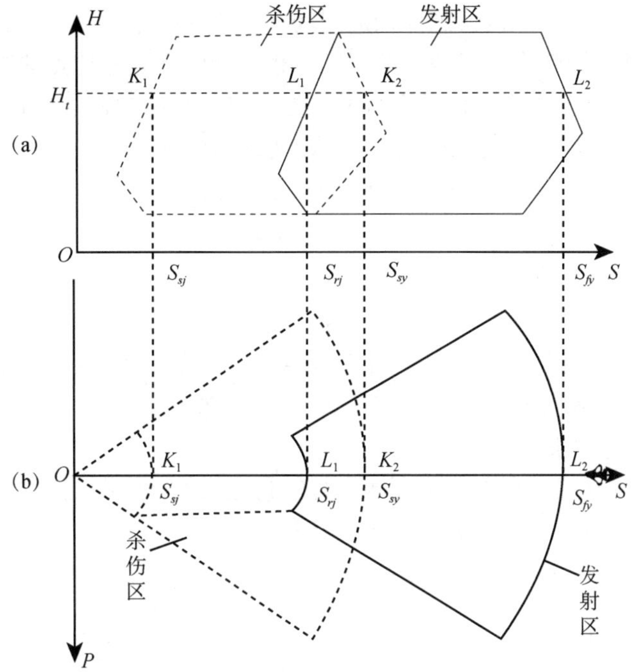

图 5-30　防空导弹的发射区示意图

（a）垂直杀伤区和发射区（P=0）；（b）水平杀伤区和发射区

（二）发射区的确定

1. 发射点的确定方法

设目标做水平等速直线飞行，如图 5-31 所示，目标飞到 $T_0(S_0, H_t, P)$点时刻发射导弹，目标飞到 $T_z(S_z, H_t, P)$点时刻，导弹与目标遭遇，T_z点称为遭遇点。T_0点为与 T_z点对应的发射点。显然，从按下“发射”按钮至导弹飞到遭遇点 T_z的时间 t_z（称为遭遇时间），应当等于目标从 T_0点飞到 T_z点的时间。因此，发射点 T_0与遭遇点 T_z在 OSH 坐标系内的坐标关系为

$$\begin{cases} S_0 = S_z + \Delta S \\ \Delta S = V_t t_z \\ t_z = t_{qf} + t_{df} \end{cases}$$

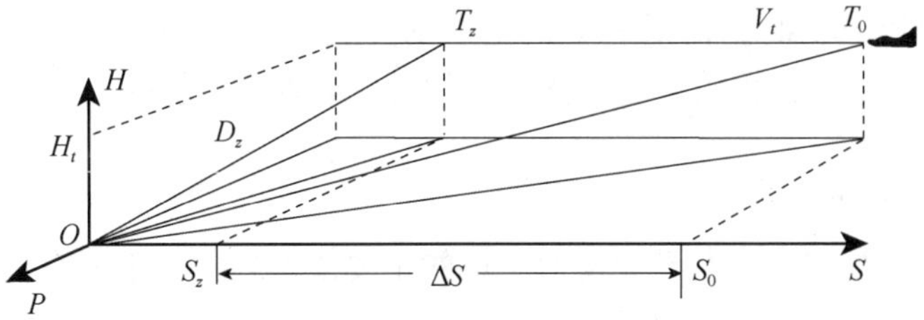

图 5-31　导弹发射点的确定

式中，S_0——发射点在 OS 轴坐标（m）；

S_z——遭遇点在 OS 轴坐标（m）；

ΔS——遭遇前目标飞行距离（m）；

t_z——遭遇时间（s）；

t_{qf}——从按下“发射”按钮到弹动的时间，也叫导弹起飞时间（s）;

t_{df}——从弹动至导弹飞到遭遇点的时间，也叫导弹飞到遭遇点的时间（s）。

由上式可见，对做水平等速直线飞行的目标，只要给出遭遇点坐标（S_z，H_t，P）、目标速度 V_t、t_{qf}和 t_{df}，就可求出发射点的目标坐标，求解步骤如下。

（1）根据遭遇距离 D_z～t_{df}关系，求出与 D_z对应的 t_{df}，计算

$$t_z=t_{qf}+t_{df}$$

（2）计算发射点到遭遇点的水平距离

$$\Delta S=V_t t_z$$

（3）在通过遭遇点且与目标航路平行的直线上，以遭遇点为起点，向目标航向的反方向截取 ΔS，截取点即为导弹发射时刻目标所在点，简称发射点。

2. 发射区的确定方法

现以航路捷径 P=0 且做水平等速直线飞行的目标为例，说明确定垂直发射区的方法，如图 5-32 所示。

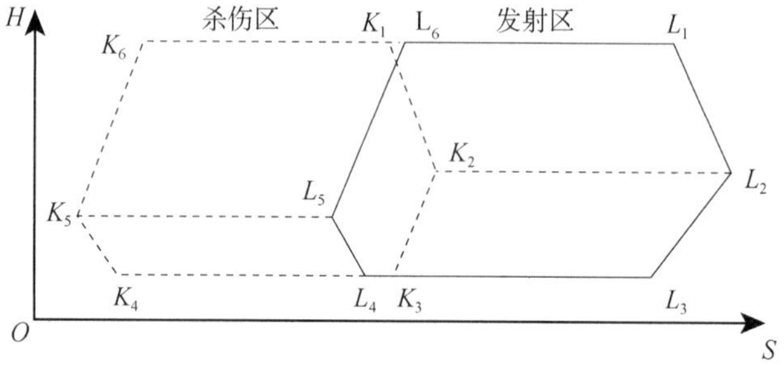

图 5-32 确定发射区的方法

（1）在垂直杀伤区边界上选取有代表性的遭遇点，即特征点，如图 5-32 中 K_1、K_2、K_3、…、K_6。特征点一般选择边界折线的连接点。

（2）求出与各特征遭遇点对应的发射点，即 L_1、L_2、L_3、…、L_6。

（3）将各相邻发射点用折线相连，便得垂直发射区。

可用相同的方法确定水平发射区。由于水平杀伤区近界、远界线多为圆弧或与圆弧相近的曲线，可在圆弧对应的航路捷径范围内选择航路捷径间隔相等的足够多点，计算得到对应的发射点，将这些发射点用平滑曲线连接，便是发射区的近界和远界。

当目标航路捷径 $P\neq0$ 时，依据 P=0 的基本垂直杀伤区，采用 5.3.1 节介绍的方法得到对应航路捷径的垂直杀伤区，再用上述方法，得到对应的垂直发射区。

（三）发射区主要参数

发射区的参数，是实施防空导弹发射决策的主要依据之一，主要有发射区纵深、目标在发射区的飞行时间（逗留时间）、发射区远（近）界斜距等。

1. 发射区远（近）界斜距 $D_{fy}(D_{fj})$

某高度上，发射区远（近）界点到导弹发射点的距离，称为发射区远（近）界斜距，通常用 $D_{fy}(D_{fj})$表示。

设目标平直等速飞近导弹发射阵地点 O，如图 5-33 所示，可得

$$D_{fy} = \left\{ D_{sy}^2 + V_t^2 t_{zy}^2 + 2V_t t_{zy} \left[D_{sy}^2 - (H_t^2 + P^2) \right]^{\frac{1}{2}} \right\}^{\frac{1}{2}}$$

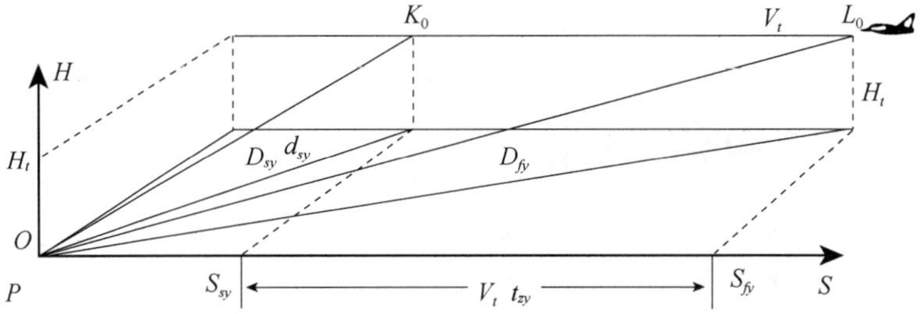

图 5-33 发射区远界斜距 D_{fy} 的确定

如图 5-33 中 D_{fy}、D_{sy} 改为 D_{fj}、D_{sj} 则上式便可表达发射区近界斜距，即

$$D_{fj} = \left\{ D_{sj}^2 + V_t^2 t_{zj}^2 + 2V_t t_{zj} \left[D_{sj}^2 - (H_t^2 + P^2) \right]^{\frac{1}{2}} \right\}^{\frac{1}{2}}$$

式中，$D_{fy}(D_{fj})$——发射区远（近）界斜距（m）;

$D_{sy}(D_{sj})$——杀伤区远（近）界斜距（m）;

$t_{zy}(t_{zj})$——导弹至杀伤区远（近）界的飞行时间（s）;

V_t——目标的飞行速度（m/s）;

H_t——目标的飞行高度（m）;

P——目标的航路捷径（m）。

2. 发射区纵深 h_f

目标高度、航路捷径给定时，发射区远界、近界点间的距离，称为给定高度和航路捷径的发射区纵深，用 h_f 表示。

当 P=0 时，图 5-30 中的 L_1L_2 便是发射区纵深 h_f

$$h_f = S_{fy} - S_{fj}$$

$$S_{fy} = S_{sy} + V_t t_{zy}$$

$$S_{fj} = S_{sj} + V_t t_{zj}$$

将 S_{fy}、S_{fj} 代入 h_f，得

$$h_f = (S_{sy} - S_{sj}) + V_t(t_{zy} - t_{zj})$$

式中，t_{zj}——导弹飞到杀伤区近界时间（s）。

如果采用杀伤区纵深 h_s 表示，则

$$h_f = h_s + V_t(t_{zy} - t_{zj})$$

3. 目标在发射区的飞行时间 t_f

目标从发射区远界飞到近界所用时间，称为目标在发射区的飞行时间，用 t_f 表示。显然，目标在发射区的飞行时间 t_f 应为

$$t_f = h_f / V_t$$

如将上式代入，则得

$$t_f = \frac{(S_{sy} - S_{sj})}{V_t} + (t_{zy} - t_{zj})$$

或

$$t_f = \frac{h_s}{V_t} + (t_{zy} - t_{zj})$$

5.3.3 射击机动目标的发射区

从对杀伤区（发射区）研究可见，目标航路捷径 P 直接影响了杀伤区、发射区的纵深。因此，本节只讨论目标水平机动时对杀伤区、发射区的影响。

1. 目标水平机动对发射区的影响

空袭飞机遇到防空导弹拦截时，将采用机动对抗，称为反射击机动。典型的水平机动方式有下面三种：

（1）以水平、等速直线临近飞行。发现对方发射防空导弹时，以盘旋方式水平转弯，使其与导弹在转弯航线上遭遇，如图 5-34 中航线 a 所示。

（2）以水平、等速直线临近飞行。发现对方发射防空导弹时，盘旋 180°水平转弯，然后以水平直线远离飞行，在离远航线上与导弹遭遇，如图 5-34 中航线 b 所示。

（3）以水平、等速直线临近飞行。发现对方发射防空导弹，盘旋水平转弯，后沿径向水平直线远离飞行，在离远航线上与导弹遭遇，如图 5-34 中航线 c 所示。

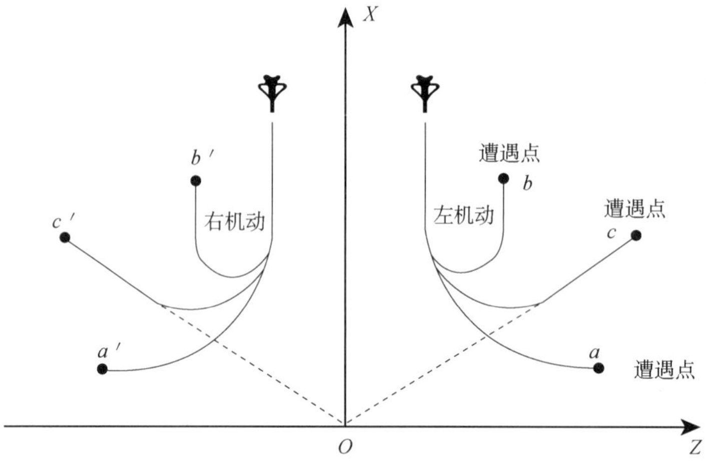

图 5-34 典型的三种反射击水平机动

研究射击水平机动目标的杀伤区和发射区，采用地面直角坐标系 $OXYZ$，原点 O 为导弹发射点，并令 OX 轴指向与发射第 1 发导弹时目标航路水平投影平行、反向，按射击平直等速飞行目标发射区确定方法，根据杀伤区边界点坐标求对应发射点坐标。设高度为 H，目标做水平机动，航迹水平投影如图 5-35 所示。

当目标位于 $M_f(X_f, Y_f, Z_f)$时，发射第 1 发导弹，经 t_0 时间，目标开始做水平左机动，导弹与目标在 $M_z(X_z, Y_z, Z_z)$点遭遇，则可得到下列关系式

$$\begin{cases} X_f = X_z + \Delta X \\ Y_f = Y_z = H \\ Z_f = Z_z - \Delta Z \end{cases}$$

$$\begin{cases} \Delta X = r\sin\varphi + V_t t_0 \\ \Delta Z = r(1-\cos\varphi) \end{cases}$$

$$\begin{cases} r = V_t^2 / gn_z = V_t^2 / g\tan\gamma \\ \varphi = V_t(t_z - t_0)57.3 / r \end{cases}$$

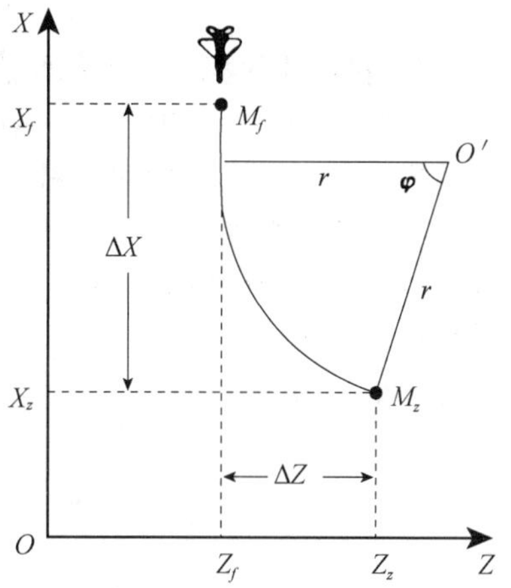

图 5-35　航迹水平投影
（对左水平机动目标的射击）

式中，X_f，Y_f，Z_f ——导弹发射时刻的目标坐标；

X_z，Y_z，Z_z ——遭遇点的坐标；

ΔX，ΔZ ——发射点与遭遇点的坐标差；

r ——目标水平机动半径；

φ ——目标水平机动转角；

γ ——目标机动坡度；

t_0——目标机动开始时刻（从发射导弹瞬间算起）；

t_z ——遭遇时刻（从导弹发射瞬间算起）。

可见，只要知道杀伤区数据和目标机动参数，即机动时刻、机动过载、速度等，便可用以上各式，求出发射点坐标和发射数据，即

发射时目标斜距

$$D_f = \sqrt{X_f^2 + Y_f^2 + Z_f^2}$$

发射时目标航路捷径

$$P = |Z_f|$$

计算上式时，遭遇时间 t_z，可以根据杀伤区边界斜距和导弹速度特性得出。图 5-36 给出了射击左机动目标的发射区。假定目标位于 f 点时发射导弹，在杀伤区远界 z 点导弹与目标遭遇，由于遭遇时刻目标航路捷径已变为 P_z，因此，遭遇时刻杀伤区应向左旋转，根据此杀伤区边界数据，算出的发射区也应向左旋转。

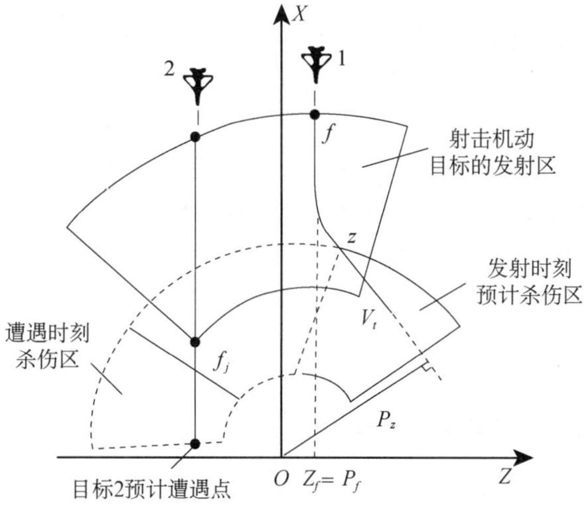

图 5-36　射击左机动目标的发射区

2. 拦截水平机动目标保险发射区

射击机动目标和射击不机动目标的共同发射区，称为保险发射区。由于目标是在发射导弹后机动的，而发射导弹后可能面临目标实施和不实施水平机动两种情况。由于拦截机动目标时，导弹的单发杀伤概率要降低，为保证规定的杀伤概率，通常需连续发射 n（$\geqslant 2$）发导弹。为保证 n 发导弹都在杀伤区内与目标遭遇，应首先求得目标不机动时第 1 发导弹发射区，然后根据以上各式计算目标在发射导弹后，左、右机动的发射区。它们的共同发射区，便是保证 n 发的保险发射区，如图 5-37 中带阴影的区域。

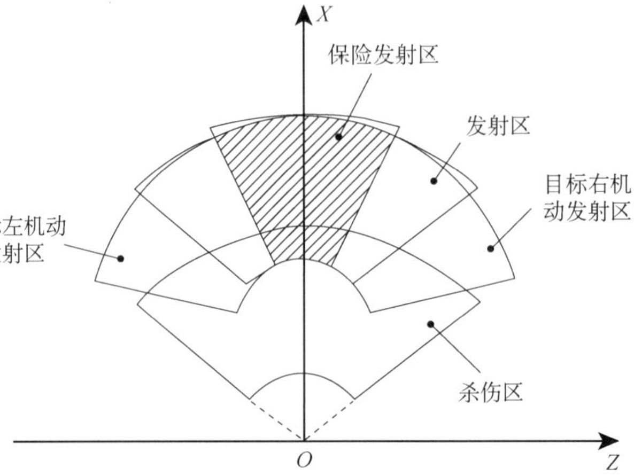

图 5-37　保证 2 发命中概率为规定值的保险发射区
（目标左、右机动）

5.4　防空导弹射击原理

5.4.1　防空导弹的攻击特点

1. 制导方式

与反舰导弹不同的是，防空导弹发射后，一般需要由火控系统组成的地面站对导弹进行制导，防空导弹的制导方法不同，它们的射击原理也将有所区别。

2. 飞行弹道

从射击控制角度看，防空导弹的飞行弹道一般可划分为以下两个阶段。

发射段：在发射段上飞行的导弹，通常按防空导弹火控系统事先给定的发射条件，以程序控制方式控制导弹飞行，其目的是保证导弹可靠准确地达到理想的制导起控条件。

引导段：导弹从发射段终点开始接收制导站引导飞行，其飞行弹道按预定的导引规律变化，并以尽可能高的概率使导弹与目标在提前点上相遇并杀伤目标。

5.4.2　防空导弹射击条件假设

防空导弹火控解算时根据具体系统和条件的不同，通常进行如下假设。

1. 目标运动规律假设

（1）对投掷炸弹的飞机

- 在空中做等速直线运动。
- 在空中做等加速直线运动。
- 在一定高度上做水平盘旋运动。
- 做俯冲或跃升运动。

（2）对反舰导弹

- 在掠海高度上做等速直线运动。
- 做俯冲运动。

在一些先进的防空导弹火控系统中，可以事先不对目标运动规律做出具体假设，而从实时采集的目标观测数据中自动拟合出最优的符合目标运动规律的数学模型，由于防空导弹绝大部分都在中、近程范围内作战，快速反应是武器系统特别重要的性能，因此，只要在导弹允许的过载能力条件下，应当尽可能简化目标运动规律的模型。

2. 导弹运动参数

防空导弹运动规律，需要考虑两个基本因素进行假设：第一是根据导弹实际飞行试验中得到的统计标准弹道数据给出导弹的速度特性，第二是根据导弹的飞行力学性能给定的制导飞行的导引规律。由于防空导弹的动力装置几乎全部使用固体火箭发动机，其作战空域面临从接近海面的超低空到 10km 以上的稀薄大气层的复杂环境，在这个宽广的活动空间内导弹的飞行力学性能有很大差异。因此，实际上使用的导弹飞行弹道，将可能由两种以上不同的导引规律组合而成。例如，在发射时，为防止导弹失控，通常采用目标、导弹和跟踪制导站三者近似成一直线的三点式导引规律，而在导弹接近目标时的末制导阶段，为保证导弹脱靶量小，则采用导弹向目标前置点飞行的比例导引规律。即使导弹在使用同一种导引规律时，也可能在不同高度、不同距离上采用不同的导引规律常数。

5.4.3　防空导弹解命中问题

根据防空导弹攻击方式的特点，防空导弹“解命中”问题的实质是保证导弹的弹上制导装置能可靠地截获目标和使制导站截获导弹，并在截获目标和导弹后，按预定的导引规律以尽可能高的引导概率使导弹命中目标。

防空导弹在空中飞行，其飞行弹道可以按射击方向分解成在水平与垂直面内两条投影弹道来分析。若要使导弹在引导段上按预定的导引规律命中目标，就要使导弹在发射段终点上的位置、速度和姿态角等控制参数，同时满足导弹制导系统在水平面和垂直面内进行制导的最佳初始条件即可。

防空导弹射击命中原理解决的具体问题，基本上有以下几个方面：

（1）导弹发射瞄准时，必须尽可能保证导弹的发射段终点（即制导站对导弹的起控点）以最大概率落在制导波束中轴上（即制导雷达视场的中心）。

（2）导弹在发射段终点上的飞行姿态，应与导弹自导飞行时预定的导引规律相接近，以保证导弹的引导概率最大。

（3）由射击控制与制导雷达、火控计算机和弹上制导装置组成的制导站，对导引段上飞行的导弹按相对于目标的空间态势，提供实时的制导信息，使导弹尽可能沿着理想的命中弹道飞行，以尽可能小的脱靶量命中目标。

（4）向射击指挥员提供必需的辅助作战功能，其中包括估算防空导弹的杀伤区、发射区包络（作战空域边界的标志）、开火时机和制导持续时间等。

（一）近程防空导弹解命中问题

近程防空导弹通常采用倾斜发射方式，发射装置能够旋转，制导体制采用"自主（初段）+寻的（末段）"的复合制导体制。下面以倾斜发射寻的制导防空导弹为例介绍其解命中原理，并假设其寻的制导飞行过程中采用比例导引方法。

1. 解命中问题的几何关系

解命中的几何关系如图 5-38 所示。射击基线（观弹距离）为 $OC=L$，高度为 H_0，水平投影距离为 d_m，发射段终点为 A_t 即导弹起控点。导弹发射段长度为 S_0，发射方位瞄准角为 β_c，发射高低瞄准角为 ε_c，导弹在起控点的姿态角在不考虑风力的影响时，可以认为与发射姿态角相同，导弹起控点的位置决定于发射瞄准角和发射段长度 S_0。导弹的射入时间一般为 3～6s，它是一个常量。为遮盖射入误差保证导弹被制导雷达截获，使导弹可靠地起控，制导雷达对导弹采用宽波束照射。

根据防空导弹解命中的特点，防空导弹发射的基本要求如下：

（1）确定发射瞄准角（β_c，ε_c），使 OA_tM 为一直线。

（2）确定初始视线角（β_t，ε_t），使弹上制导雷达电轴指向目标 M，即弹轴与弹目视线 A_tM 间水平投影角为 β_t，垂直面投影角为 ε_t。

当导弹按火控系统给定的初始视线角（β_t，ε_t），在起控点上截获目标后，导弹便在制导系统引导下沿预定导引规律飞行，直到在目标提前点上与目标相遇杀伤目标。

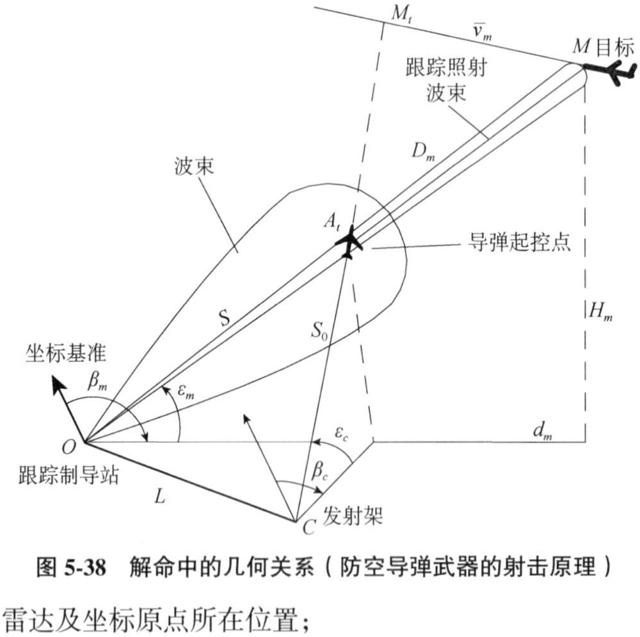

图 5-38　解命中的几何关系（防空导弹武器的射击原理）

其中，O——制导雷达及坐标原点所在位置；

C——发射架位置；

M_0——导弹发射时目标位置坐标 $M_0\ (D_0,\varepsilon_0,\beta_0)$；

β_c——导弹发射瞄准角；

ε_c——导弹发射高低瞄准角；

A_t——导弹发射段终点（起控点）；

M——导弹到达 A_t 点时目标位置：

M_t——相遇点位置。

2. 射击控制参数计算

防空导弹武器所需计算的射击控制参数，按它们的用途可区分为三大类，即防空导弹发射瞄准控制参数；导弹制导飞行控制参数；射击指挥控制参数（辅助作战功能战术数据）。

（1）防空导弹发射瞄准角

如图 5-38 所示，假设目标做等速直线运动，防空导弹武器系统采用单站跟踪制导雷达进行射击控制和制导。

导弹以方位瞄准角 β_c 和高低瞄准角 ε_c 发射，在正常的发射条件下，导弹的发射瞄准角（β_c，ε_c）应能保证导弹到达发射段终点（起控点）时，跟踪制导雷达应能同时观测跟踪导弹和目标，即 OA_tM 应当是一条直线。此外，导弹的发射瞄准时给定的导弹空间姿态角，在 A_t 点上正好能以尽可能高的截获概率搜索跟踪目标。并且，要求导弹能以理想的飞行弹道在预测的炸点 M_p 上与目标相遇（见图 5-39）。

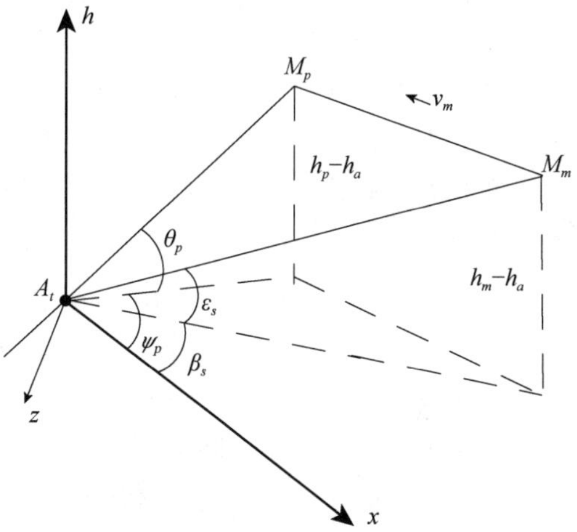

图 5-39　预测的炸点坐标

以 A_t 为坐标原点 O，坐标系的纵轴 x 指向取与目标进入航路水平面投影平行的反方向，h 轴与水平面垂直建立火控坐标系 O_{xhz}，设导弹发射时目标的位置 $M_0(D_0,\varepsilon_0,\beta_0)$ 点在该坐标系内的坐标为 $M_0(x_0,H_0,z_0)$，预测目标在导弹起控时刻的位置坐标为 $M_m(x_m,H_m,z_m)$，预测导弹命中目标时的炸点的坐标为 $M_p(x_p,H_p,z_p)$，则有

$$\begin{cases} x_m = x_0 + v_{mx}t_a \\ H_m = H_0 + v_{mh}t_a \\ z_m = z_0 \end{cases}$$

$$\begin{cases} x_p = x_m + v_{mx}t_p \\ x_p = x_m + v_{mh}t_p \\ z_p = z_m \end{cases}$$

式中，v_{mx},v_{mh}——目标速度 v_m 在轴 x，h 上的分量；

t_a——导弹从发射到起控点的飞行时间；

t_p——导弹从起控点到预测炸点所需的飞行时间。

设导弹在起控点上的坐标为 $A_t(x_a,h_a,z_a)$，则

$$t_p = \frac{1}{v_p}\sqrt{(x_p-x_a)^2+(h_p-h_a)^2+(z_p-z_a)^2} \tag{5-35}$$

式中，v_p——导弹平均速度。

显然，设导弹在起控点上的姿态角为（ψ，θ），其中 ψ 为偏航角，θ 为俯仰角，则

$$\psi = \arctan\frac{-z_p}{x_p} \tag{5-36}$$

$$\theta = \arctan\frac{h_p}{\sqrt{x_p^2 + z_p^2}} \tag{5-37}$$

由式（5-35）、式（5-36）和式（5-37）迭代可求解有关参数。

防空导弹在发射时，除必须使导弹的起控点位于斜距视线 OM 附近外，同时，又必须使导弹在起控点上满足上述空间姿态角的要求。从导弹离开发射架飞到起控点，导弹将受到重力、风力、发动机推力等的作用。由于发射架与跟踪制导雷达之间的基线距离与导弹射击距离 D 相比，是一个很小的量值。因此，这些因素对导弹发射段弹道的姿态角的影响，都可以用近似的小修正量来描述。对于重力的作用，由于它不仅与导弹本身的重量有关，而且与导弹俯仰姿态角有关。因此，控制防空导弹发射的稳定发射姿态瞄准角（β_c，ε_c），将可用下式来表达

$$\begin{cases}\beta_c = \psi + \Delta\psi_1 + \Delta\psi_2 + \Delta\psi_3 \\ \varepsilon_c = \theta + \Delta\varepsilon_1 + \Delta\varepsilon_2 + \Delta\varepsilon_3 + \Delta G\cos\varepsilon_c\end{cases} \tag{5-38}$$

式中，$\Delta\psi_1,\Delta\varepsilon_1$——发射基线修正量；

$\Delta\psi_2,\Delta\varepsilon_2$——风力修正量；

$\Delta\psi_3,\Delta\varepsilon_3$——发动机药温修正量；

$\Delta G\cos\varepsilon_c$——重力修正量。

（2）防空导弹导引头无线电轴预定角

由于导弹按导引规律采用向目标提前点发射，使导弹射入起控点时导弹的速度向量按理想的最优弹道指向预测命中目标的炸点。此时，导弹实际的弹体纵轴指向，将偏离导弹在起控点上观测目标实际位置的视线方向。为使导弹在起控点上能及时准确可靠地截获到目标，就必须使弹上导引头天线的电轴瞄准目标点 M 的散布中心，这就必须在导弹发射时向弹上制导系统提供导引头天线电轴相对于弹体纵轴的初始视线角——方位预定角 β_t 和高低预定角 ε_t 信号。

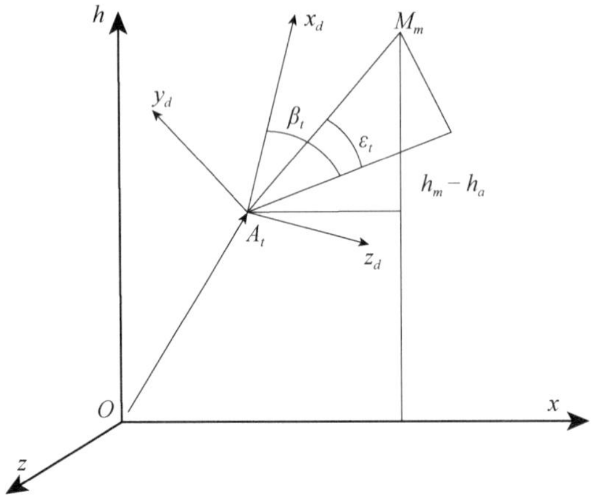

图 5-40　导引头天线电轴预定角

求解的基本思路是先求解出在火控坐标系中的空间视线角坐标，通过坐标变换求解初始视线角，如图 5-40 所示。

设导弹在起控点上观测目标 A_tM 的空间视线在 $Oxhz$ 坐标系内的视线方位角和视线高低角分别为 β_s 和 ε_s，则

$$\begin{cases}\beta_s = \arctan\dfrac{-(z_m - z_a)}{x_m - x_a} \\ \varepsilon_s = \arctan\dfrac{h_m - h_a}{\sqrt{(x_m - x_a)^2 + (z_m - z_a)^2}}\end{cases} \tag{5-39}$$

由于导引头天线的控制坐标的基准是弹体坐标系，导引头天线必须按弹体坐标系调转一个方位预定角 β_t 和高低预定角 ε_t，以便使天线电轴指向与视线 A_tM 方向重合。

取视线 A_tM 上单位向量在火控计算坐标系各轴上的投影

$$\begin{cases}x = \cos\beta_s \cos\varepsilon_s \\ h = \sin\varepsilon_s \\ z = -\sin\beta_s \cos\varepsilon_s\end{cases} \tag{5-40}$$

由于弹体坐标系 (x_d, y_d, z_d) 与火控计算坐标系 (x, y, z) 各轴之间，相差一个导弹空间姿态角 (ψ, θ, γ)。

将视线单位向量在火控计算坐标系的各投影分量转换成弹体坐标系中的分量，利用方向余弦矩阵 $\boldsymbol{A}$ 进行坐标变换可得

$$\begin{bmatrix}x_d \\ y_d \\ z_d\end{bmatrix} = \boldsymbol{A}\cdot\begin{bmatrix}x \\ y \\ z\end{bmatrix}$$

$$\boldsymbol{A} = \begin{bmatrix}\cos\theta\cos\psi + \sin\theta\sin\gamma\sin\gamma & \sin\theta\cos\gamma & -\cos\theta\sin\psi + \sin\theta\sin\gamma\cos\psi \\ -\sin\theta\cos\psi + \cos\theta\sin\gamma\sin\psi & \cos\theta\cos\gamma & \sin\theta\sin\psi + \cos\theta\sin\gamma\cos\psi \\ \cos\gamma\sin\psi & -\sin\gamma & \cos\gamma\cos\psi\end{bmatrix}$$

若将上述表达式展开可得

$$\begin{cases}x_d = \cos\varepsilon_s \cos\beta_s(\cos\theta\cos\psi + \sin\theta\sin\gamma\sin\psi) + \sin\varepsilon_s \sin\theta\cos\gamma \\ +\cos\varepsilon_s \sin\beta_s(\cos\theta\sin\psi - \sin\theta\sin\gamma\cos\psi) \\ y_d = \cos\varepsilon_s \cos\beta_s(\sin\theta\sin\gamma\sin\psi - \sin\theta\cos\psi) + \sin\varepsilon_s \cos\theta\cos\gamma \\ -\cos\varepsilon_s \sin\beta_s(\sin\theta\sin\psi - \cos\theta\cos\gamma\cos\psi) \\ z_d = \cos\varepsilon_s \cos\beta_s \cos\gamma\sin\psi - \sin\varepsilon_s \sin\gamma - \cos\varepsilon_s \sin\beta_s \cos\gamma\cos\psi\end{cases} \tag{5-41}$$

视线上单位向量 I 在弹体坐标系各轴上投影分量，还可以采用直接投影方法得到，这时的投影分量表达式为

$$\begin{cases}x'_d = \cos\varepsilon_t \cos\beta_t \\ y'_d = \sin\varepsilon_t \\ z'_d = -\cos\varepsilon_t \sin\beta_t\end{cases}$$

由于同一条视线在空间同一个弹体坐标系中的各投影分量应该是相同的，因此有

$$\begin{bmatrix}x'_d \\ y'_d \\ z'_d\end{bmatrix} = \begin{bmatrix}x_d \\ y_d \\ z_d\end{bmatrix}$$

由此可得导引头天线预定角有关的公式为

$$\begin{cases}\sin\varepsilon_t = y_d \\ \tan\beta_t = \dfrac{-z_d}{x_d}\end{cases} \tag{5-42}$$

考虑到实际视线的方向与防空导弹的发射飞行方向之间夹角不大，用上述公式计算导引头天线预定角时只取主值范围内的数值即可，将式（5-41）代入式（5-42），可得防空导弹发射时导引头天线的预定角，即初始视线角。

（3）其他参数

①导引头速度门（目标径向速度）多普勒预定信号。防空导弹的作战环境，一般均面向多目标或集群目标的威胁，为保证防空导弹能有选择地拦截威胁等级较高的指定目标，导弹的导引头天线电轴除按照预定角（β_t，ε_t）方向搜索外，在径向上还必须利用指定目标的运动特征信号加以识别。防空导弹采用的是半主动制导的导引头，由于目标相对于导弹在起控点上的径向速度使制导无线电波的返回频率发生变化，形成多普勒频率，在导引头接收电路中设置一个与上述多普勒频率相对应的速度门，只要导引头实际接收到的目标反射波信号中解调出的多普勒频率落在预定的速度门范围内，即可认为导弹搜索发现所指定的攻击目标。

②导弹初始航向误差修正信号。为保证快速反应，防空导弹一般采用向目标提前位置概略瞄准发射。采用概略瞄准自然会使导弹在发射时实际的初始航向与火控系统计算出的理想的初始航向之间存在误差。虽然导弹具有自动引导能力，一般情况下导弹会在截获目标后自动消除初始航向误差的影响。但当射程较近时（在射击位于近界附近的目标时），导弹发射时初始航向误差的存在，会使导引精度下降，使导弹与目标交会时脱靶量增大，影响导弹命中目标。为此，导弹火控计算机应计算出导弹的初始航向误差信号，并将这个信号送入导弹的航向控制回路，控制导弹的方向舵与俯仰舵预定一个修正舵角，以便导弹在发射离轨后，自动沿理想的准确的航向飞行。

③导弹允许发射的瞄准误差。为保证防空导弹的快速反应，导弹采用概略瞄准方式发射。为补偿修正由于概略瞄准带来的射击误差，防空导弹火控系统需要计算导弹初始航向误差和初始倾斜误差。但是，考虑到实际的上述修正误差的执行过程是一个随机动态过程，修正误差不仅需要一定的时间，而且修正动作总会存在一定的残留误差。为便于防空导弹的发射瞄准控制，导弹火控系统计算机应当根据导弹发射瞄准的实际条件，预测出一个允许发射的瞄准误差的边界条件，以便与实际残留的瞄准误差作比较，只要瞄准操作残留的实际误差不超出允许发射的瞄准误差的边界条件，即可控制导弹发射。

④防空跟踪制导雷达外推跟踪信号。防空导弹，除采用主动式或被动式自动寻的方式制导的以外，这类导弹具有发射后不管的使用特点，其他方式制导的防空导弹，它们在发射以后，跟踪制导雷达（或光电跟踪系统）均必须在导弹制导飞行时间内始终对目标和导弹保持跟踪制导状态。鉴于现代防空导弹武器作战环境的复杂性，导弹在发射制导飞行过程中，将面临敌方严重的电子对抗环境，导弹和跟踪制导雷达有可能因干扰或战斗操作等意外事故而丢失已经跟踪的目标。为确保在任何情况下不使发射出的导弹失控，维持跟踪制导雷达对目标和导弹的精确跟踪能力，是保证防空导弹武器系统战斗有效性的关键，跟踪制导雷达在向火控系统计算机提供目标和导弹信息的同时，还接收由火控计算机外推的目标和导弹的预测位置信息，这个反馈的外推信息将作为跟踪制导雷达的备用控制信号。一旦跟踪制导雷达不能完成对目标和导弹跟踪制导任务时，跟踪制导雷达就转入记忆跟踪制导状态，利用由导弹

火控计算机外推的信号控制跟踪目标和导弹，引导导弹沿丢失目标前的弹道继续飞行向目标接近。当在记忆跟踪制导过程中重新搜索跟踪到目标时，跟踪制导雷达恢复原有的战斗工作状态，保证对导弹的精确制导。

为便于防空导弹武器系统的作战指挥，防空导弹火控系统计算机，还应能提供协调导弹和友邻防空火力、防止误伤空中友邻目标的射击禁区及确保本作战单元安全等其他辅助作战功能所需的控制信号。

（二）中远程防空导弹解命中问题

中远程防空导弹通常采用垂直发射方式，制导体制采用“自主（初段）+遥控（中段）+寻的（末段）”的复合制导体制。下面以中远程垂直发射防空导弹为例介绍其解命中原理。

相比近程防空导弹，中远程防空导弹为了有效增加射程，通常采取提高导弹的飞行高度的方法来实现。在初始阶段，防空导弹高抛射入较高的空域，高空的大气密度低，导弹所受空气阻力减小，使得导弹能够飞行更长的距离。这样一来中远程防空导弹解命中要解决的主要问题就是在防空导弹完成垂直转弯后，必须尽可能保证防空导弹在起控点获得有利的抛射角，即预置弹道倾角和偏角，抛射角是起控点相对于预测遭遇点而言的，因此，抛射角的计算主要是完成预测遭遇点的解算。

1. 发射区远、近界

对于特定的防空导弹武器系统，杀伤区数据通常用表格或多项式函数进行描述，杀伤区远、近界斜距可以根据来袭目标特性和杀伤区数据计算得出。发射区与杀伤区关系如图 5-41 所示。

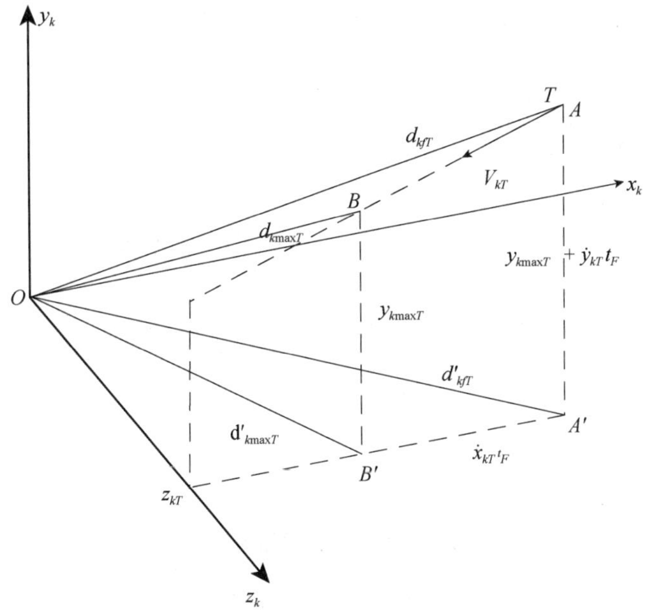

图 5-41　发射区与杀伤区关系示意图

图中，B 点为防空导弹对目标 T 的杀伤区远界点，B' 为 B 在 Ox_kz_k 面的投影，A 点为防空导弹对目标 T 的发射区远界点，A' 为 A 在 Ox_kz_k 面投影。

由图 5-41 可得，目标 T 的发射区远界

$$\begin{cases} d'_{k\max T} = \sqrt{d^2_{k\max T} - (y_{k\max T})^2} \\ d'_{kfT} = \sqrt{d'^2_{k\max T} + \dot{x}^2_{kT} t^2_F + 2\dot{x}_{kT} t_F \sqrt{d'^2_{k\max T} - z^2_{kT}}} \\ d_{kfT} = \sqrt{d'^2_{kfT} + (y_{k\max T} + \dot{y}^2_{kT} t_F)^2} \end{cases} \tag{5-43}$$

其中，V_{kT} 为目标速度，$(\dot{x}_{kT}, \dot{y}_{kT}, \dot{z}_{kT})$ 为目标速度分量，(x_{kT}, y_{kT}, z_{kT}) 为目标位置坐标，$d_{k\max T}$ 为防空导弹对目标 T 的杀伤区远界，$y_{k\max T}$ 为远界点 Oy_k 轴坐标，$d'_{k\max T}$ 为 $d_{k\max T}$ 在 $Ox_k z_k$ 面的投影，d_{kfT} 为发射区远界，d'_{kfT} 为 d_{kfT} 在 $Ox_k z_k$ 面上的投影，t_F 为导弹飞行时间。

同理，防空导弹对目标 T 的发射区近界

$$\begin{cases} d'_{k\min T} = \sqrt{d^2_{k\min T} - (y_{k\min iT})^2} \\ d'_{klT} = \sqrt{d'^2_{K\min T} + \dot{x}^2_{kT} t^2_F + 2\dot{x}_{kT} t_F \sqrt{d'^2_{k\min T} - z^2_{kT}}} \\ d_{klT} = \sqrt{d'^2_{klT} + (y_{k\min T} + \dot{y}^2_{kT} t_F)^2} \end{cases} \tag{5-44}$$

其中，$d_{k\min T}$ 为防空导弹对目标 T 的杀伤区近界，$y_{k\min T}$ 为近界点 Oy_k 轴坐标，$d'_{k\min T}$ 为 $d_{k\min T}$ 在 $Ox_k z_k$ 面的投影，d_{klT} 为发射区近界，d'_{klT} 为 d_{klT} 在 $Ox_k z_k$ 面上的投影。

2. 最大航路捷径

防空导弹对目标 T 的最大航路捷径

$$P_{k\max T} = \sqrt{d^2_{k\max T} - y^2_T - C} \tag{5-45}$$

其中，y_T 为目标当前时刻 Oy 轴的坐标，常数 $C > 0$ 为确保目标穿过杀伤区有一定的纵深。

3. 到达发射区、杀伤区远、近界时间

目标 T 与发射区的位置关系如图 5-42 所示。

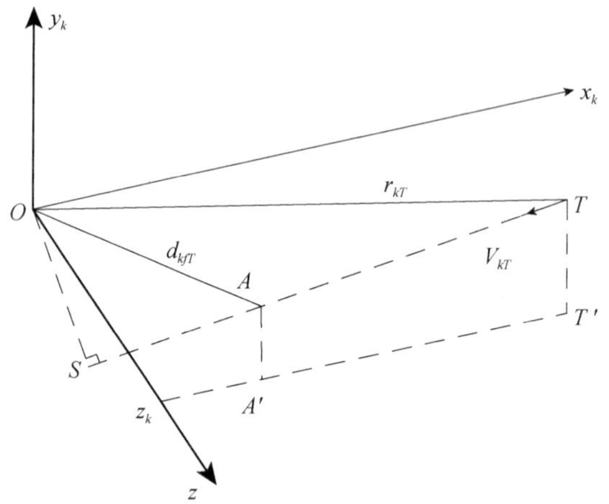

图 5-42 目标 T 与发射区的位置关系

其中，A 点为目标发射区远界点，A' 为 A 在 $Ox_k z_k$ 面投影，T 为目标，T' 为 T 在 $Ox_k z_k$ 面投影。

由图 5-42 可得，当 $r_{kT} > d_{kfT}$ 时，目标 T 到达发射区远界的时间

$$t_{fT} = \frac{-F + \sqrt{F^2 - EG} \cdot \mathrm{sign}(F)}{E} \tag{5-46}$$

其中，$E=\dot{x}_{kT}^2+\dot{y}_{kT}^2+\dot{z}_{kT}^2$，$F=x_{kT}\dot{x}_{kT}+y_{kT}\dot{y}_{kT}+z_{kT}\dot{z}_{kT}$，$G=r_{kT}^2-d_{kfT}^2$，$r_{kt}=\sqrt{x_{kT}^2+y_{kT}^2+z_{kT}^2}$。

目标 T 到达杀伤区远界的时间

$$t_{kfT}=t_{fT}+t_F \tag{5-47}$$

同理，当 $r_{kT}>d_{klT}$，目标 T 到达发射区近界的时间

$$t_{lT}=\frac{-F+\sqrt{F^2-EG_1}\cdot\text{sign}(F)}{E} \tag{5-48}$$

其中，$G_1=r_{kT}^2-d_{klT}^2$。

目标 T 到达杀伤区近界的时间为

$$t_{klT}=t_{lT}+t_F \tag{5-49}$$

4. 预测遭遇点

预测遭遇点可采用迭代法计算，其迭代方程组如下

$$t_c=\frac{-F_2+\sqrt{F_2^2-E_2G_2}\text{sign}(F_2)}{E_2} \tag{5-50}$$

其中，$E_2=\dot{x}_{kT}^2+\dot{y}_{kT}^2+\dot{z}_{kT}^2$，$F_2=x_{kT}\dot{x}_{kT}+y_{kT}\dot{y}_{kT}+z_{kT}\dot{z}_{kT}$，$G_2=r_{kT}^2-\hat{r}_{kC}^2$。

$$\begin{cases}\Delta t_C=t_C-t_F\\ \Delta t=\begin{cases}0 & |\Delta t_C|\leqslant\varepsilon\\ \dfrac{\Delta t_C\bar{V}_m}{\bar{V}_m-\bar{V}_{kT}} & |\Delta t_C|>\varepsilon\end{cases}\\ \bar{V}_{kT}=F_2/r_{kT}\\ \bar{V}_m=\hat{r}_{kC}/t_F\end{cases} \tag{5-51}$$

$$\begin{cases}\hat{x}_{kT}=x_{kT}+\dot{x}_{kT}(t_C-\Delta t)\\ \hat{y}_{kT}=y_{kT}+\dot{y}_{kT}(t_C-\Delta t)\\ \hat{z}_{kT}=z_{kT}+\dot{z}_{kT}(t_C-\Delta t)\\ \hat{r}_{kT}=\sqrt{\hat{x}_{kT}^2+\hat{y}_{kT}^2+\hat{z}_{kT}^2}\end{cases} \tag{5-52}$$

预测遭遇点计算步骤为：

（1）计算 $d_{k\min T}$ 和 $d_{k\max T}$。

（2）第一次计算当 $t_{fT}\geqslant 0$s 时，则令 $\hat{r}_{kC}=d_{k\max T}$；当 $t_{fT}<0$s 时，则令 $\hat{r}_{kC}=d_{k\min T}$；否则（非第一次计算）令 $\hat{r}_{kC}=\dfrac{d_{k\max T}+d_{k\min T}}{2}$。

（3）按取定 $\hat{r}_{kC}$，由式（5-50）计算 t_C，同时计算 t_F。

（4）按式（5-51）计算 Δt_C，Δt。

（5）按式（5-52）计算 $\hat{r}_{kT},\hat{x}_{kT},\hat{y}_{kT},\hat{z}_{kT}$。

（6）当 $|\Delta t_C|>\varepsilon$，则取 $\hat{r}_{kC}=\hat{r}_{kT}$，重新计算“（1）～（5）”直到满足 $|\Delta t_C|\leqslant\varepsilon$；当 $|\Delta t_C|<\varepsilon$，则取 $\hat{r}_{kC}=\dfrac{\hat{r}_{kT}+\hat{r}_{kC}}{2}$，其中，$\varepsilon$ 为根据计算精度要求而选取的正常数。

（7）当 $|\Delta t_C|<\varepsilon$，其对应的预测遭遇点为

$$\begin{cases} x_{kT}^* = \hat{x}_{kT} \\ y_{kT}^* = \hat{y}_{kT} \\ z_{kT}^* = \hat{z}_{kT} \\ r_{kT}^* = \hat{r}_{kT} \\ t_C^* = t_C \end{cases} \tag{5-53}$$

5.5 本章小结

本章重点讨论防空导弹的制导体制与导引方法、杀伤区与发射区，以及解命中原理；介绍了防空导弹制导体制与导引方法的相关概念、分类、遥控制导导引方法的基本原理和三点法、前置点法、比例弹道修直法；寻的制导导引方法的基本原理和追踪法、恒前置角法、平行接近法、比例导引法；分析了防空导弹的攻击特点和射击假设条件，利用射击三角形推导了防空导弹的解命中原理。

习题 5

1. 简述防空导弹武器系统的系统构成及功能。
2. 简述防空导弹武器系统典型作战过程。
3. 简述防空导弹常用的制导方式及导引方法。
4. 列写出防空导弹寻的制导体制下导引方法的导引方程。
5. 简述杀伤区、发射区的定义，以及它们的相互关系。
6. 阐述近程防空导弹与中远程防空导弹解命中的区别。

第 6 章　火炮火力控制原理

在战斗中，火炮武器的射击目的是使弹头与目标相遇，命中目标，这也是武器火控系统与武器制导系统共同的根本任务。火控系统与制导系统的分工：前者的任务是，在弹头发射瞬间，赋予弹头一个确定的初速方向，对有时间引信的弹头，同时还赋予一个确定的弹头飞行时间，弹头将在该初速作用下及相应的弹头飞行时间上，以尽可能小的脱靶量进抵目标；后者的任务是，在弹头发射后，不断地修正弹头的飞行姿态，使其以尽可能高的概率命中目标。实际上，火控系统是通过控制炮管姿态角来控制弹头初速方向、通过在发射瞬间装定引信分划来控制弹头飞行时间的。一旦弹头被发射出去，火控系统将不再起作用，故而，对无控（非制导）弹头而言，火控系统是提高弹头对目标命中率的关键。无论有控弹头还是无控弹头，从射击计算方面来讲，解命中问题的实质就是解决射弹与目标相遇的问题。由于各种舰载武器的性能不同，目标的运动规律不同，使得解命中计算的内容和方法也不尽相同。但是，从总体来看，有许多地方是相似的。本章介绍火炮火控系统完成射击计算的一般原理。

6.1　火炮解命中相关概念

6.1.1　解命中问题名词术语

为了进一步理解火炮火控领域里有关命中的概念，这里再以空中目标为例简要介绍一下解命中一般原理，并界定几个名词术语，见图 6-1。

1. 目标现在点与瞄准矢量

武器发射时刻 t 目标所在点 M 称为目标现在点，以观测装置回转中心 O 为始端、以目标现在点 M 为终端的矢量称为瞄准矢量，记为 $D=\overrightarrow{OM}$，$D(t)$的终端是目标航迹。为书写方便，也可约定粗写字母为矢量。

2. 命中点与命中矢量

弹头与目标相遇点 Mq 称为命中点。显然，命中点既在弹道上，又在目标航迹上。以武器发射管或发射架回转中心 O 为始端、以命中点 M_q 为终端的矢量称为命中矢量，记为 $D_q=\overline{O\cdot D_q}$，图 6-1 中假设观测装置回转中心 O 和武器发射管回转中心 O 重合情况，显然，$\boldsymbol{D}_q(t)$的终端也在目标航迹上。

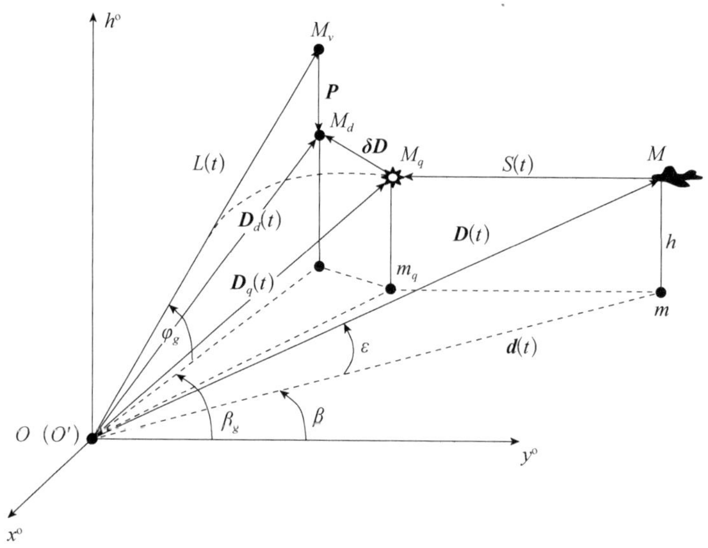

图 6-1　命中原理矢量图

3. 武器线与射击诸元

以武器发射管或发射架回转中心 O'为始端，沿着武器身管中轴线或滑轨上的弹头中轴线的射线称为武器线。由于发射过程中的强烈冲击与振荡，在弹头脱离身管或滑轨前后的一个极为短暂的时间间隔内，武器线会有一个微小的跳动，弹头离管或离轨前后两个瞬时的武器线的方向通常不会一致。记弹头离管或离轨瞬时前武器线的方位角为β_g、高低角为φ_g，弹头离管或离轨瞬时后武器线的方位角为β_0，高低角为θ_0，并分别称为武器方位角β_g、武器高低角φ_g、射向β_0、射角θ_0，则有

$$\Delta\varphi_g = \theta_0 - \varphi_g \tag{6-1}$$

$\Delta\varphi_g$称为定起角，又称跳角。其值取决于武器及弹药类型，可在相应的射表中查到。此外还有

$$\Delta\beta_g = \beta_0 - \beta_g \approx 0 \tag{6-2}$$

其值很小，通常多予忽略。

如果在武器方位角与高低角处于β_g与φ_g时发射弹头，在经历了飞行时间 t_f后，弹头又恰好命中目标，则此时的武器线称射击线，而相应的（β_g，φ_g，t_f）称为武器的射击诸元，β_g、φ_g分别称为武器的方位、高低瞄准角。如果弹头上没有设置时间引信，则射击诸元专指两元数（β_g，φ_g）。很明显，射击诸元指的是发射瞬时前能使弹头命中目标的武器线姿态角（β_g，φ_g），如果有时间引信的话，还应包括弹头飞行时间（t_f），或与其等价的引信装定分划（N），而不是表述弹头初速方向的射向与射角。

由于跳角较小又有一定的随机性，多数火控系统中都忽略了它的影响，认为射击诸元确定的武器射击线方向和弹头的初速方向相同。然而，在研究火控系统精度及同精度有关的命中率与毁伤率时，跳角的影响是不能忽略的，因为它是产生射击误差、引起弹道散布的原因之一。

4. 弹道点、虚拟射点与射击矢量

图 6-1 中 M_d 为弹道点，$\delta D = \overrightarrow{M_q M_d}$ 为非标准弹道、气象条件与标准射击条件的偏差引

起的弹道偏差的修正量，简称弹道气象修正量。当武器线处于可使弹头命中目标的位置（β_g，φ_g）时，在武器线上肯定存在一点 M_v，该点与弹道点 M_d 的连线垂直于地平面，该点称为虚拟点。以武器回转中心 O'为始端，以虚拟点 M_v 为终端的矢量称为射击矢量，记为 $L=\overrightarrow{O'M_v}$。而以虚拟射点 M_v 为始端，弹道点 M_d 为终端的矢量 $P=\overrightarrow{M_vM_d}$ 称为弹道下降量，如图 6-1 所示。弹头的地心引力是造成弹道下降量的主要因素。

弹道气象修正量 $\boldsymbol{\delta D}$ 可分解为：垂直于弹道点矢量 $\boldsymbol{D}_d$ 的水平分量 δz（或 $\delta\beta$）、平行于弹道点矢量 $\boldsymbol{D}_d$ 在水平面上投影的水平分量 δd、与水平面垂直的分量 δh。δz（或 $\delta\beta$）为方向修正量，横风与旋转弹的陀螺效应（偏流）是造成弹道横偏的主要因素。δd、δh 为水平距离和高度修正量，弹头初速、弹重、气温、气压等相对于标准射击条件的变化量及纵风是造成弹道纵偏（水平距离偏差、高度偏差）的主要因素。

弹道学理论揭示，在弹道与气象条件完全已知的条件下，$\boldsymbol{L}$、$\boldsymbol{P}$ 与 $\boldsymbol{\delta D}$ 可由（β_g，φ_g，t_f）完全决定，也可由命中矢量 $\boldsymbol{D_q}$ 完全决定。也就是说，如果给定了目标坐标 $\boldsymbol{D_q}$，即可根据弹道学理论决定射击矢量 $\boldsymbol{L}$，从而得到射击诸元。

很显然，射击矢量 $\boldsymbol{L}$ 的方向应是射击诸元（β_g，φ_g）确定的射击线的理想方向。

5. 稳定瞄准角与不稳定瞄准角

β_g、φ_g 是假设在平台没有摇摆的情况下的瞄准角，分别称为武器的方位、高低稳定瞄准角。如果平台是摇摆的，自然会给火炮的瞄准带来影响，最后还必须变换成符合平台摇摆状态的瞄准角，称为不稳定瞄准角。

从以上可以看出，解命中计算需要根据目标的现在坐标、目标运动参数、载体平台运动参数及弹道气象条件等有关参数才能完成。对不同的武器和不同的目标来说，要求计算的数据不一定相同。例如，当采用定时的空炸引信时，除了要求计算火炮瞄准角外，还要求计算出引信装定分划。这些在射击中用于解决命中目标的数据，总称为射击诸元。其中关于发射炮（架）的瞄准角是主要的也是各种武器共同性的射击诸元，因而是本章介绍的重点。

6.1.2　常用参照系和坐标系

1. 参照系

在解命中问题计算中，涉及多种形式的物体位置和运动。为描述物体位置和运动而选定的参照物体，称为参照系，参照系也称为参照物或参考系。参照系不同，得出的目标运动规律和运动参数值就不同。参照系选择视研究问题性质与方便而定。

（1）参照系的特征

参照系主要特征有原点、参照线、参照面和稳定性。

①原点。为了定量确定目标相对于参照系的位置，应在参照系上选一零点，称为原点。有了参照系的原点，就可以测量目标距原点的直线距离。例如，目标距离 3km，其含义为目标相对于参照系的原点距离（见图 6-2）。

②参照线。通过原点并用以度量角度大小的一个零基准线，称为参照线。参照线通过原点并形成参照系的轴（见图 6-2）。例如，地面上的真北线是常用的参照线。

③参照面。度量角度大小所在的平面，称为参照面。距离原点 3km 与参照线成 60°角的

目标实际上有无限个可能的位置，而当确定测量平面后，只有唯一一个位置相对应。图 6-2 给出了两个不同平面上测量的距离和角度而得到的两个可能位置，而图 6-3 给出了水平和垂直两个不同的参照面。

由上述三个特征可以建立一个一般参照系，武器系统观测器材确定目标位置是用线量和角量表示的。对空中目标参照系由三个参照轴 X、Y、H 组成，并且规定 Y 轴作为方位参照线，指向真北方向。水平参照面由 X 轴和 Y 轴组成，垂直参照面为包含 H 轴的平面。图 6-3 描述了一般参照系。

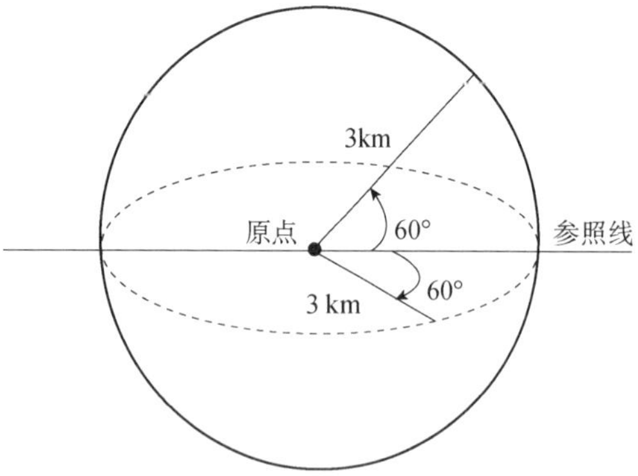

图 6-2　参照系原点

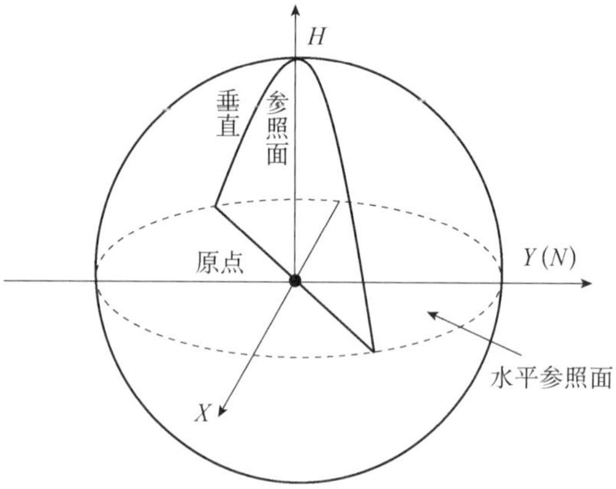

图 6-3　参照面

④稳定性。参照系的稳定性直接影响目标运动规律的描述。稳定参照系指参照系固定在地球上，相对于大地不动。在这种类型参照系中，目标位置、状态等所有参数只与目标本身有关，目标运动描述极为方便，常用来描述敌我速度、航向、风速、风向等。

（2）常用的参照系

在火控系统中常用的参照系有惯性参照系、地球参照系和平台参照系。

①惯性参照系。惯性参照系是以太阳或其他恒星的方向作参考的参照系。在火控系统中，当分析有关陀螺仪器的运动时，需要采用惯性坐标系。

②地球参照系。在火控系统中往往将地球坐标系称为绝对坐标系。在研究目标运动规律时，常采用地球参照系。关于真风向、真风速等数据都是以此参照系为参考的。

③平台参照系。平台参照系又称为相对参照系。相对参照系有以下两种情况：

- 平台稳定参照系。以保持水平的稳定平台作为参照系。这种稳定平台一般用于安装观测设备的传感器（探测装置），如火控雷达天线、光学和光电观测器材等。
- 平台不稳定参照系。这一参照系不仅随平台移动，而且随平台摇摆。

为了方便，通常解命中的大部分计算，首先在平台稳定坐标系中进行，当求出稳定的射击诸元（瞄准角）后，再转入不稳定坐标系，求出不稳定射击诸元（瞄准角）。

2. 坐标系

能够充分确定目标位置的坐标组合，称为坐标系。坐标系如果按不同的参照系来分类，有惯性坐标系、绝对坐标系、相对稳定坐标系和相对不稳定坐标系等。若按照采用的坐标参数不同来分类，解命中问题中常用坐标系有以下几种。

（1）球坐标系

确定空中目标位置时，用目标斜距离 D_t、高低角 ε_t 和目标方位 B_t 三个坐标量表示，D_t、ε_t、B_t 三个坐标量组成的坐标系称为球坐标系，如图 6-4 所示。在球坐标系中，描述运动目标的参数为方向角速度 ω_β、高低角速度 ω_ε 和斜距离变化率 $\dot{D}_t$。

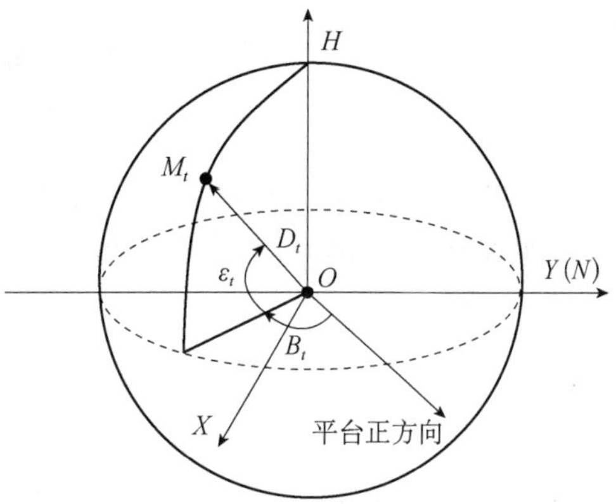

图 6-4　球坐标系

（2）平面极坐标系

平面极坐标系包括一个距离和一个角度，常用于确定海上或岸上目标位置，以目标方位 B_t 和目标水平距离 d_t 表示，这两个量就形成了一个极坐标系。相比球坐标系它减少一个维度。

平面极坐标系多用于观测设备测定海（岸）上目标现在坐标。如果观测器安装在稳定平台上，此坐标系是相对稳定极坐标系，否则是相对不稳定极坐标系。

（3）直角坐标系

由两（三）个相互垂直坐标轴上的分量确定平面（空间）某点的位置，称为平面（空间）直角坐标系。武器系统解命中问题常用的直角坐标系都是右手坐标系。当坐标系的原点设在运动物体上时，此时坐标系相对地球是运动的，所建坐标系为相对坐标系。当坐标系原点设在地球上某一固定点时，所建坐标系为绝对坐标系。根据参照系的不同，分为以下几种。

①绝对直角坐标系。坐标系原点 O 建立在地球表面某一点的地理直角坐标系称为绝对直角坐标系，可以分为平面绝对直角坐标系和空间绝对直角坐标系。

- 平面绝对直角坐标系（$O-XY$）。在地球参照系中建立直角坐标系，其坐标原点 O 建立在地球表面上，XY 平面为水平面，Y 轴指向真北（N），如图 6-5 所示。这种坐标系便于求取目标绝对运动参数，直角坐标系中描述目标运动参数时用 X、Y 坐标轴上的速度分量 V_x、V_y 表示。目标开始位于 M_t 点，经过 Δt 时刻后到达 M_1 点，坐标变化量 Δx、Δy 为

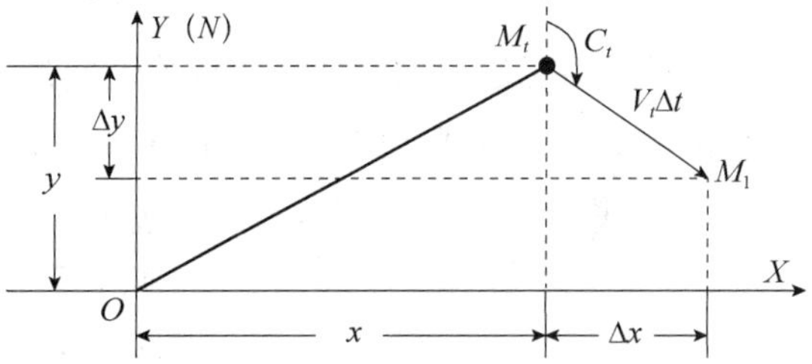

图 6-5　平面绝对直角坐标系坐标变化量示意图

$$\begin{cases}\Delta x = V_t \Delta t \sin C_t \\ \Delta y = V_t \Delta t \cos C_t\end{cases} \tag{6-3}$$

所以

$$\begin{cases}\dfrac{\Delta x}{\Delta t} = V_t \sin C_t \\ \dfrac{\Delta y}{\Delta t} = V_t \cos C_t\end{cases} \tag{6-4}$$

式中，C_t 为目标航向。

当 $\Delta t \to 0$ 并取极限，得到 X、Y 轴的速度分量 V_x、V_y 为

$$\begin{cases}\dfrac{\mathrm{d}x}{\mathrm{d}t}=V_x=V_t\sin C_t\\ \dfrac{\mathrm{d}y}{\mathrm{d}t}=V_y=V_t\cos C_t\end{cases} \tag{6-5}$$

● 空间绝对直角坐标系（$O-XYH$）。垂直于水平面的为H轴，向上为正，其他两轴定义同平面绝对直角坐标系。在空间直角坐标系中目标位置M_t坐标由x、y、h三个量确定，如图 6-6 所示。

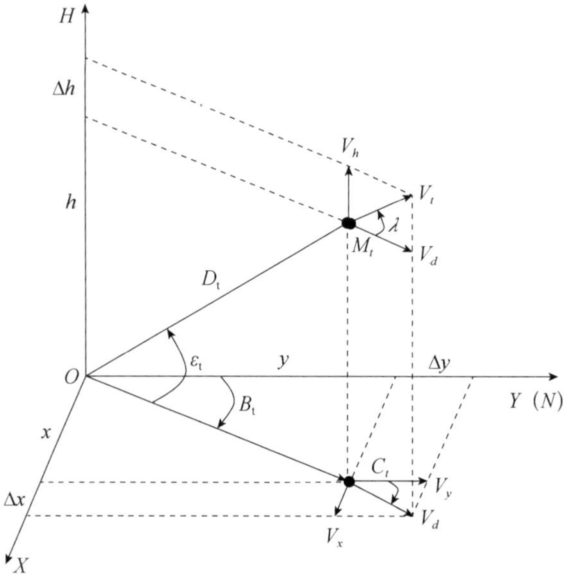

图 6-6　空间直角坐标系坐标变化量示意图

设描述目标运动的参数为目标速度向量V_t沿三个坐标轴的分速度V_x、V_y、V_h，则它们和目标速度V_t、目标航向C_t、目标俯冲角λ具有如下关系

$$\begin{cases}\Delta x=V_t\Delta t\cos\lambda\sin C_t\\ \Delta y=V_t\Delta t\cos\lambda\cos C_t\\ \Delta h=V_t\Delta t\sin\lambda\end{cases} \tag{6-6}$$

所以

$$\begin{cases}\dfrac{\Delta x}{\Delta t}=V_t\cdot\cos\lambda\sin C_t\\ \dfrac{\Delta y}{\Delta t}=V_t\cdot\cos\lambda\cos C_t\\ \dfrac{\Delta h}{\Delta t}=V_t\cdot\sin\lambda\end{cases} \tag{6-7}$$

当$\Delta t\to 0$并取极限，得到X、Y、H轴的速度分量V_x、V_y、V_h

$$\begin{cases}\dfrac{\mathrm{d}x}{\mathrm{d}t}=V_x=V_t\cos\lambda\sin C_t\\\dfrac{\mathrm{d}y}{\mathrm{d}t}=V_y=V_t\cos\lambda\cos C_t\\\dfrac{\mathrm{d}h}{\mathrm{d}t}=V_h=V_t\sin\lambda\end{cases}\tag{6-8}$$

②相对地理直角坐标系（$O-XYH$）。其坐标系建在平台稳定参照系上，坐标系原点 O 建立在平台上，但 XY 平面为水平面，Y 轴指向真北 N，如图 6-7 所示。此坐标系与绝对直角坐标系的区别仅在于其坐标原点是随武器平台移动的。这一坐标系对于按相对运动计算目标提前点比较方便。因为坐标系原点相对武器平台的速度为零，可不单独计算武器平台运动对射击的影响。而且，在相对地理直角坐标系中，提前点的三个坐标可以分别独立计算。

（4）圆柱坐标系

由目标的水平距离、高度和方位角三个量确定的坐标系称为圆柱坐标系（见图 6-8）。由水平距离构成的圆柱形表面、由高度构成的平面和由方位角构成的垂直平面共同交于 M_t 点，该点就是空中目标位置。在圆柱形坐标系中，高度和水平距离为线坐标量，方位为角坐标量。

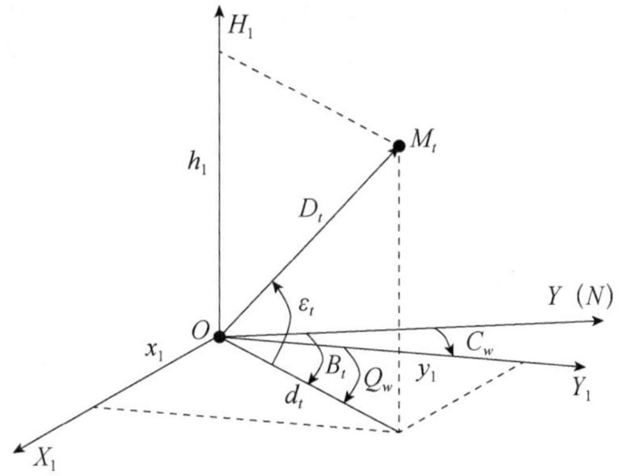

图 6-7　相对地理直角坐标系示意图

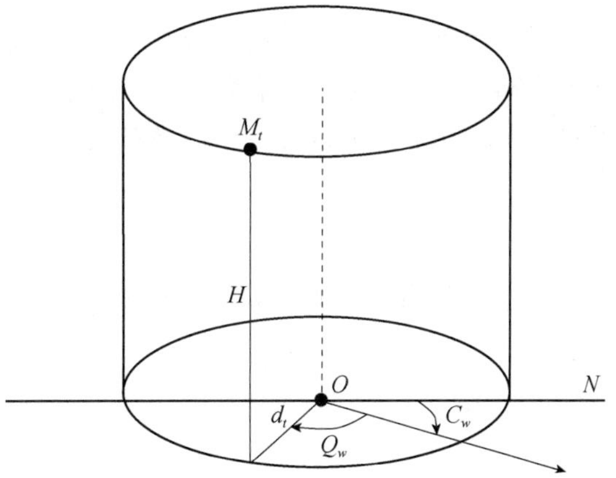

图 6-8　圆柱坐标系

6.2　弹道方程

弹道是弹头（弹丸）质心运动轨迹，分为内弹道和外弹道。内弹道是指武器发射时，由弹头开始运动点到离管或离轨点弹头质心运动轨迹；外弹道是指弹头由离管或离轨点到落点弹头质心运动轨迹；这里所说的弹道是指后者。命中点是目标与弹头的相遇点，它既在目标航迹上又在弹头的弹道上。将目标航迹的数学模型与弹道的数学模型联立求解，应能求得命中点坐标，进而换算出武器的射击诸元。这里，将仅以理解火控公式系为目的，对弹道的数学模型做一扼要介绍。

6.2.1 空气阻力与空气阻力加速度

空气阻力 **R** 是静止空气对运动弹头产生的阻碍力，它由弹头附面层空气产生的摩擦阻力、弹头高速运动时弹底涡流区产生的涡流阻力、弹头跨音速或超音速运动时弹道激波产生的波动阻力三部分组成。空气阻力 **R** 的大小与空气密度ρ、弹头特征横截面积 S 及弹头形状、弹头相对空气运动速度 v_r 等因素有关；空气阻力的方向与弹头质心运动速度 $\boldsymbol{V}_r$ 方向相反。弹道理论分析与实验验证表明，空气阻力 **R**（矢量）可表示为

$$R = -\frac{\rho v_r^2}{2} \cdot C_{x0}(\mathrm{Ma}) \cdot S \cdot \frac{\boldsymbol{V}_r}{v_r} \tag{6-9}$$

式中，ρ为空气密度，单位是 kg/m^3；S 为弹头横截面积，单位是 m^2；$\boldsymbol{V}_r$ 为弹头相对大气的相对速度矢量，单位是 m/s，其量值为 v_r；$C_{x0}(\mathrm{Ma})$为阻力系数。式中的负号表示空气阻力 **R** 的方向与弹头相对于大气的速度矢量 $\boldsymbol{V}_r$ 反向。

阻力系数 $C_{x0}(\mathrm{Ma})$是弹头速度 v_r 与当地音速 v_c 的比值马赫（Mach）数 Ma 的函数，$C_{x0}(\mathrm{Ma})$下标中的“0”表示测定阻力系数实验中弹头的章动角为零

$$C_{x0}(\mathrm{Ma}) = C_{x0}\left(\frac{v_r}{v_c}\right) \tag{6-10}$$

当地音速 v_c 就是弹头所在位置近旁的音速，其与弹头所在位置近旁空气温度有关。从声学理论知，由于大气为一弹性体，气温愈高、声速传播愈快，若以τ表示弹头所在位置近旁的绝对气温，τ_0 表示海拔为零处的绝对气温，则有

$$\frac{v_r}{v_{c0}} = \sqrt{\frac{\tau}{\tau_0}} \tag{6-11}$$

式中，v_{c0} 为气温等于 τ_0 时，声音在空气中的传播速度。考虑到

$$\mathrm{Ma} = \frac{v_r}{v_c} = \frac{v_r}{v_{c0}} \cdot \frac{v_{c0}}{v_c} = \frac{v_r}{v_{c0}}\sqrt{\frac{\tau_0}{\tau}} \tag{6-12}$$

定义

$$v_{r\tau} = v_r\sqrt{\frac{\tau_0}{\tau}} \tag{6-13}$$

为弹头的虚拟速度，则有

$$C_{x0}(\mathrm{Ma}) = C_{x0}\left(\frac{v_{r\tau}}{v_{c0}}\right) \tag{6-14}$$

当将风洞内的温度调整到τ_0，并计算出相应的速度 v_{c0} 后，即可进行吹风试验，从而求得被测弹头的阻力系数曲线 $C_{x0}(\mathrm{Ma})$。

弹道学实验表明，几何形状相同或相似的弹头，不论尺寸和重量是否相同，均有相同的阻力系数曲线 $C_{x0}(\mathrm{Ma})$。如果弹头形状不同，阻力系数曲线也不同。图 6-9 是对两个形状相近的弹头Ⅰ、Ⅱ测得的两条阻力系数曲线 $C_{x01}(\mathrm{Ma})$和 $C_{x02}(\mathrm{Ma})$，它们虽不重合，但相差不大，且对不同的马赫数 $C_{x01}(\mathrm{Ma})$与 $C_{x02}(\mathrm{Ma})$的比值近似相等，即

$$\frac{C_{x01}(1)}{C_{x02}(1)} \approx \frac{C_{x01}(2)}{C_{x02}(2)} \approx \frac{C_{x01}(3)}{C_{x02}(3)} \approx \cdots \tag{6-15}$$

根据这一性质，可预先选定一个或一组特定形状的弹头作为标准弹头，测出其阻力系数

曲线 $C_{\overline{x0}}(\mathrm{Ma})$，其他形状相近的弹头，只需测出任意一个马赫数的阻力系数 $C_{x0}(\mathrm{Ma})$ 值，即可得出

$$i=\frac{C_{x0}(\mathrm{Ma})}{C_{\overline{x0}}(\mathrm{Ma})} \tag{6-16}$$

i 为该弹相对于某标准弹的弹形系数。任何弹头的阻力系数均可近似地表示为其对应的标准弹头阻力系数与弹形系数的乘积。即

$$C_{x0}(\mathrm{Ma})=i\cdot C_{\overline{x0}}(\mathrm{Ma})=i\cdot C_{\overline{x0}}\left(\frac{v_{r\tau}}{v_{c0}}\right) \tag{6-17}$$

标准弹形阻力系数 $C_{\overline{x0}}(\mathrm{Ma})$ 与 Ma 的函数关系，又称为空气阻力定律。弹长 h=（1.2～1.5）d（见图 6-10，h 为弹高，d 为弹头特征直径）时的 $C_{\overline{x0}}(\mathrm{Ma})$ 曲线称为西亚切阻力定律；弹长 h=（3～3.5）d 时的 $C_{\overline{x0}}(\mathrm{Ma})$ 曲线称为 1943 年阻力定律。对于近代旋转稳定弹，按 1943 年阻力定律，弹形系系数 i_{43}=0.85～1；按西亚切阻力定律，弹形系系数 i_c=0.40～0.50。

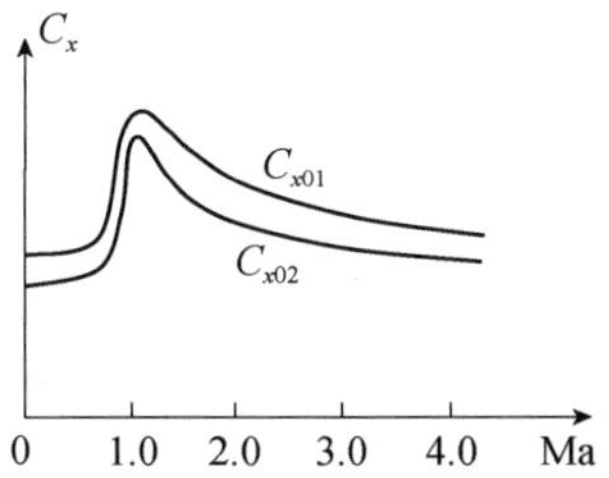

图 6-9　阻力系数曲线

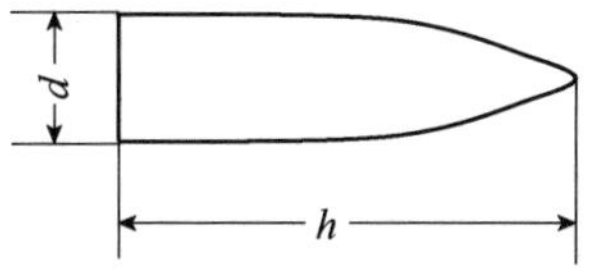

图 6-10　弹头形状

各种实用的空气阻力定律均可在有关弹道手册上查到。而对外型奇特的非标准弹形，只需测量少数几个马赫数下的阻力系数，再用最小二乘法，即可很快地求得其阻力系数函数。

记弹头特征直径为 d，则弹头横截面积 S 为

$$S=\frac{\pi}{4}d^2 \tag{6-18}$$

将式（6-17）、式（6-18）代入式（6-9），记弹重为 G_b，并将各参量按性质分类组合，则有空气阻力加速度

$$\boldsymbol{J}=-\frac{g\boldsymbol{R}}{G_b}=-\left(\frac{i\cdot d^2}{G_b}\times10^3\right)\left(\frac{\rho}{\rho_0}\cdot\sqrt{\frac{\tau}{\tau_0}}\right)\cdot\left[\frac{\pi}{8}g\cdot\rho_0\cdot v_{r\tau}\cdot C_{\overline{x0}}\left(\frac{v_{r\tau}}{v_{c0}}\right)\times10^{-3}\right]\boldsymbol{V}_r \tag{6-19}$$

式中，$g=9.81\mathrm{m/s^2}$ 为重力加速度。

第一个组合

$$C=\frac{i\cdot d^2}{G_b}\times10^3 \tag{6-20}$$

定义为弹道系数，是一个仅与弹头本身特性有关的量，表示弹头本身特征对弹头运动的影响。式中，d 单位为 m，G_b 单位为 $\mathrm{kg\cdot m/s^2}$。

式（6-19）中第二个组合

$$H_\tau(h_q)=\frac{\rho}{\rho_0}\cdot\sqrt{\frac{\tau}{\tau_0}}=\frac{P\cdot\tau_0}{P\cdot\tau}\cdot\sqrt{\frac{\tau}{\tau_0}}=\frac{P}{P_0}\cdot\sqrt{\frac{\tau_0}{\tau}}=\frac{P}{P_{0N}}\cdot\sqrt{\frac{\tau_0}{\tau}}\cdot\frac{P_{0N}}{P_0}$$
$$=(1-2.1905\times10^{-5}h_q)^{5.4}\sqrt{\frac{\tau_0}{\tau}}\cdot\frac{P_{0N}}{P_0} \tag{6-21}$$

定义为虚拟气压函数。式中，P 是海拔高度为 h_q 处的气压，P_0 是海拔为零处的气压，$P_{0N}=$ 1000kbar（750mmHg）是海拔为零处的标准气压，ρ_0=1.206kg/m³ 是海拔为零处的标准空气密度。它最后一个等号右部前面的系数为经验公式，当 h_q 以米为单位，且 $h_q\leqslant$9300m 时成立。由于 $H_\tau(h_q)$取决于弹头的飞行高度，因而有的书也称其为高度函数。此外，绝对气温 τ 随高度 h_q 的变化有经验公式

$$\tau=\begin{cases}\tau_0-6.328\times10^{-3}h_q & h_q\leqslant 9300\text{m}\\ 236-6.328\times10^{-3}(h_q-9300)+1.172\times10^{-6}(h_q-9300)^2 & 9300\text{m}<h_q\leqslant 12000\text{m}\\ 221.5 & h_q\geqslant 12000\text{m}\end{cases} \tag{6-22}$$

这里的 h_q 依然以米为单位。

式（6-19）中第三个组合

$$G(v_{r\tau})=\frac{\pi}{8}g\cdot\rho_0\cdot v_{r\tau}\cdot C_{\bar{x}}\left(\frac{v_{r\tau}}{v_{c0}}\right)\times10^{-3}$$
$$=4.737\times10^{-4}v_{r\tau}\cdot C_{\bar{x}}\left(\frac{v_{r\tau}}{v_{c0}}\right) \tag{6-23}$$

定义为虚拟阻力函数，它表示了弹头相对空气的运动速度对弹头运动的影响。当 v_{c0} 取地面标准音速时，式（6-23）有经验公式

$$G(v_{r\tau})=\begin{cases}7.45\times10^{-5}v_{r\tau} & 0<v_{r\tau}<250\text{m/s}\\ 6.2961\times10^{2}v_{r\tau}^{-1}-6.0255+1.8756\times10^{-2}v_{r\tau}-1.8613\times10^{-5}v^{2}_{r\tau} & 250\text{m/s}\leqslant v_{r\tau}<400\text{m/s}\\ -26.63v_{r\tau}^{-1}+0.1548-6.325\times10^{-5}v_{r\tau}+6.394\times10^{-3}v^{2}_{r\tau} & 400\text{m/s}\leqslant v_{r\tau}<1400\text{m/s}\\ 1.2315\times10^{-4}v_{r\tau} & v_{r\tau}\geqslant 1400\text{m/s}\end{cases} \tag{6-24}$$

综上所述有空气阻力加速度

$$J=-C\cdot H_\tau\left(h_q\right)\cdot G\left(v_{\gamma\tau}\right)\cdot V_\tau \tag{6-25}$$

令弹头在地理坐标系内的绝对速度为 $\boldsymbol{V}$，风速为 $\boldsymbol{W}$，显然有

$$\boldsymbol{V}_r=\boldsymbol{V}-\boldsymbol{W} \tag{6-26}$$

将上式代入式（6-25），得

$$\boldsymbol{J}=-C\cdot H_\tau(h_q)\cdot G(v_{r\tau})\cdot(\boldsymbol{V}-\boldsymbol{W}) \tag{6-27}$$

为空气阻力加速度的最后表达式。

6.2.2 弹道方程描述

要描述弹头运动、建立弹道方程，首先要建立相应的坐标系。设所建坐标系为 $O'—d_qz_qh_q$：

它的坐标原点 O' 与大地固连，位于弹头离开身管或发射架瞬时弹头的质心所在位置；通过弹头初速 $\boldsymbol{V}(t_0)$ 且与地平面垂直的平面称为射面，射面与过 O' 点的地平面的交线构成了坐标系的第一个坐标轴 d_q^0，d_q^0 与 $\boldsymbol{V}(t_0)$ 夹角小于 90 °所对应的 d_q^0 的方向为 d_q^0 的正方向；过 O' 点垂直于地平面、方向向上的射线构成了坐标系的第三个坐标轴 h_q^0；根据右手法则，按 $\mathbf{z}_q^0 \times \boldsymbol{d}_q^0 = \boldsymbol{h}_q^0$ 的关系，规定第二个坐标轴 $\mathbf{z}_q^0$，如图 6-11 所示。

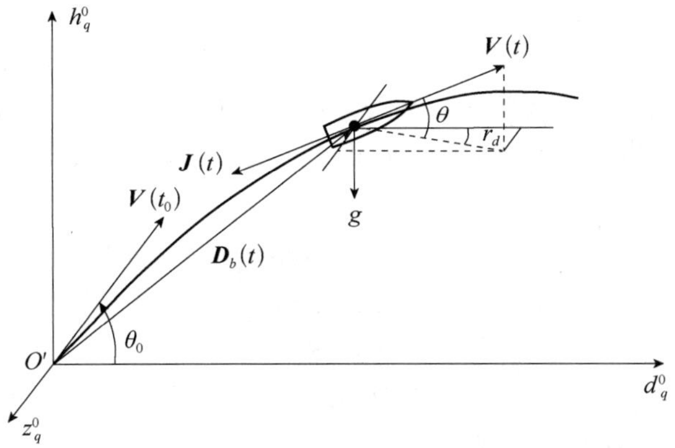

图 6-11　弹头与描述其运动的坐标系

记 t 瞬时弹头在 O'-$d_q z_q h_q$ 坐标系中的位置 $\boldsymbol{D}_b(t)$ 与速度 $\boldsymbol{V}(t)$ 分别为

$$\begin{cases} \boldsymbol{D}_q(t) = \left(d_q(t), z_q(t), h_q(t)\right)^{\mathrm{T}} \\ \boldsymbol{V}(t) = \left(\dot{d}_q(t), \dot{z}_q(t), \dot{h}_q(t)\right)^{\mathrm{T}} = \left(v_d(t), v_z(t), v_h(t)\right)^{\mathrm{T}} \end{cases} \tag{6-28}$$

又设风速 $\boldsymbol{W}$ 在上述坐标系中的表示为

$$\boldsymbol{W}(t) = \left(w_d, w_z, w_h\right)^{\mathrm{T}} \tag{6-29}$$

式中，w_d 称为纵风，是风速沿着 d_q^0 方向的分量；w_z 称为横风，是风速沿着 z_q^0 方向的分量；w_h 称为垂直风，是风速沿着 h_q^0 方向的分量。

将弹头的全部质量集中于其质心，将它当作一个质点来研究时，其状态 $\boldsymbol{X}_b(t)$ 应是六维的，即

$$\boldsymbol{X}_q(t) = \left(d_q(t), z_q(t), h_q(t), v_d(t), v_z(t), v_h(t)\right)^{\mathrm{T}} = \left(D_q^{\mathrm{T}}(t), V^{\mathrm{T}}(t)\right)^{\mathrm{T}} \tag{6-30}$$

考虑到在整个弹道上，作用在弹头上的力仅有空气阻力 $\boldsymbol{R}$ 与重力 $\boldsymbol{G}$，因而弹头上也仅存在着两个加速度，即空气阻力加速度 $\boldsymbol{J}$ 与重力加速度 $\boldsymbol{g}$。将上述两个加速度分别向坐标系 O'—$d_q z_q h_q$ 的三个轴上投影，可得弹头的状态方程，亦即直角坐标弹头质心运动弹道方程

$$\begin{cases} d_q'(t) = v_d(t) \\ z_q'(t) = v_z(t) \\ h_q'(t) = v_h(t) \\ v_d'(t) = -C \cdot H_\tau(h_q) \cdot G(v_{r\tau}) \cdot \left[v_d(t) - w_d\right] \\ v_z'(t) = -C \cdot H_\tau(h_q) \cdot G(v_{r\tau}) \cdot \left[v_z(t) - w_z\right] + k_z \cdot b \cdot v_d(t) \cdot v^{-2}(t) \\ v_h'(t) = -C \cdot H_\tau(h_q) \cdot G(v_{r\tau}) \cdot \left[v_h(t) - w_h\right] - g \end{cases} \tag{6-31}$$

式中

$$a_z = k_z \cdot b \cdot v_d(t) \cdot v^{-2}(t) \tag{6-32}$$

称为偏流加速度，表示了旋转弹的陀螺效应，仅在高速旋转弹头的弹道方程中才存在这一项。其中 k_z 称偏流修正系数，决定武器及其弹头的种类，为一常数，而

$$b = \frac{2\pi I_x h_x g v_0^2}{d^2 l G_b \eta} \tag{6-33}$$

式中的 I_x 为弹头相对于其纵轴的转动惯量；h_x 为弹头长度；g 为重力加速度；v_0 为弹头初速；d 为弹头特征直径；l 为身管膛线导程；G_b 为弹重；η为身管膛线缠度。$k_z b$ 合称偏流系数。

右旋膛线弹道向右偏，左旋膛线弹道向左偏。这里以火炮为右旋膛线炮为例，弹道右偏，故此项取正号。

$$\begin{cases} v_d = v\cos\theta\cos r_d \\ v_z = v\cos\theta\sin r_d \\ v_h = v\sin\theta \end{cases} \tag{6-34}$$

式中，θ为弹道倾角，r_d 为弹道横偏角，见图 6-11。

对式（6-31）而言，还存在着联系方程

$$\begin{cases} v^2 = v_d^2 + v_z^2 + v_h^2 \\ v_r^2 = (v_d - w_d)^2 + (v_z - w_z)^2 + (v_h - w_h)^2 \\ v_{r\tau} = v_\tau\sqrt{\dfrac{\tau_0}{\tau}} \end{cases} \tag{6-35}$$

求解弹道方程需要已知的条件分为两类，一类是弹道条件，一类是气象条件。弹道条件包括：

（1）弹道初始条件

$$\begin{cases} d_q(t_0) = 0 \\ z_q(t_0) = 0 \\ h_q(t_0) = 0 \\ v_d(t_0) = v_0\cos\theta_0 \\ v_z(t_0) = 0 \\ v_h(t_0) = v_0\sin\theta_0 \end{cases} \tag{6-36}$$

式中，v_0 为弹头初速；t_0 为弹头离膛或离轨瞬时；θ_0 为射角。

（2）弹道系数 C。

（3）偏流系数 $k_z b$。

气象条件包括海拔为零处的绝对气温 τ_0、气压 P_0；纵风 $w_d(h_q)$、横风 $w_z(h_q)$、垂直风 $w_h(h_q)$。

在已知弹道气象条件后，任意弹道高度 h_q 下的 τ 由式（6-22）给出，$H_\tau(h_q)$由式（6-21）给出，v、v_r、$v_{r\tau}$则由式（6-35）计算。再将给定的 C、$k_z b$ 及由式（6-24）给出的 $G(v_{r\tau})$ 代入式（6-31），利用式（6-36）给定的初始条件，就可由任何一种微分方程的数值解法，得到任意 $t>t_0$ 瞬时弹头的状态 $\boldsymbol{X}_q(t)=(\boldsymbol{D}_q^{\mathrm{T}}(t),\ \boldsymbol{V}^{\mathrm{T}}(t))^{\mathrm{T}}$。

由式（6-20）知，弹道系数 C 是一个仅与弹头外形、重量有关的常数。实际上，它还同

弹速与弹轴间夹角（攻角）有关，而攻角的平均值又主要取决于射角，所以，为了能够计算出更为符合实际的弹道，还必须根据不同的射角对弹道系数加以修正。这也就是说，弹道系数 C 还应是射角 θ_0 的函数，其具体的函数关系则是在国家级试验靶场中用射击试验决定的。其具体做法是：将武器置于某一特定射角 θ_0 之下，用指定的弹药进行 m 次独立发射（射击），以高精度的测试系统在常用弹道段上录取 n 个弹道点 $\boldsymbol{D}_i^*(t_j)$，$i=1$，2，…，m；$j=1$，2，…，n。同时，用 $\boldsymbol{D}_q(C,\ \varphi,\ t_j)$ 表示由式（6-31）给出的计算弹道，若 C 使

$$\sum_{i=1}^{m}\sum_{j=1}^{n}\left\|\boldsymbol{D}_i^*(t_j)-\boldsymbol{D}_{qi}(C,\varphi,t_j)\right\|=\min \tag{6-37}$$

则此 C 即为该种武器与弹药在射角 θ_0 下的弹道系数，在不同射角下，重复上述射击试验，即可求得实用的弹道系数 $C(\theta_0)$。

若将弹头看作是具有一定外形的刚体，而不是一个质点，相应的状态方程中还应引入更多的状态分量；对火箭弹，在弹道方程中还应加入推力项；对有翼弹，还得考虑升力；种种复杂条件下的弹道方程均可在有关弹道学的专著中找到。

对于无控的火炮弹丸，将弹丸看作质点，按式（6-31）～式（6-36）计算弹丸弹道已有相当高的精度，完全可满足火控系统和编制射表要求，无须考虑更多因素，使弹道方程复杂化。

由于微分方程的初值问题已经得到了圆满解决，所以在已知弹头初速 v_0、射向 β_0、射角 θ_0 的条件下，全弹道上的任何状态均可由递推法求解完成。然而，火控中的弹道方程求解问题不属初值问题，而是两点边值问题，即：已知弹头初速 v_0，命中点 M_q 的坐标 $\boldsymbol{D}_q$ 的条件下，如何求得其余状态，特别是射向 β_0 与射角 θ_0 的问题。由于微分方程的两点边值问题直到今天人们也没有找到一个可以一次成功的解法，包括递推法，所以只有使用试探法，又称试射法，即经多次试探，找出一个非常靠近命中点的弹道所相应的射角 θ_0 与射向 β_0。

对静止目标射击的武器而言，由于其实时性要求不高，火控计算机在求解弹道方程的两点边值问题时，完全可以使用试探法。当实时性要求很高时，例如，对空中快速目标射击时，试探法计算时间过长，满足不了实时控制要求，较长一段时间主要从两条技术途径解决这一问题：一是简化弹道方程，得到两点边值问题的近似显式解；二是事先离线求得弹道方程初值问题解，列成射表，以查表法求得两点边值问题的解。目前，随着解弹道算法的不断改进和计算机技术的发展，火控计算机求解弹道的实时性已经能够满足实时性的要求。

使弹道方程在一定精度要求下简化，再解简化后的弹道方程，求出弹道函数的近似解析解。这种方法多用于射程较短、初速较大、弹道低伸，也就是说重力效应使弹道弯曲较小的一类弹道计算中。由于简化方法不同，解的形式各异，没有统一的格式可循。

6.2.3　基本射表

基本射表是弹道方程在标准射击条件下的数字解按便于查找射击诸元的格式排列成的数表。不同类型的武器，弹道诸元不同；同类型武器，弹种和装药不同，弹道诸元也不同。因此，每一种武器及其配属的每一种弹药均有自己的基本射表。例如，海军火炮分别有对空高射基本射表和对海及对岸平射基本射表。由于武器性能与使用方法不同，查找射击诸元的传统习惯也各异，因而，射表的格式也不存在统一的规范。但是，在军兵种内部同类型武器的

基本射表还是基本相同的。

1. 基本射表的标准射击条件

由于实弹射击时的地形、弹道、气象条件不同，射击时弹头的轨迹也不同。实际上，射击条件经常发生变化，人们又不可能将所有可能的射击条件都列出来，更不可能对每种射击条件都建立相应的射表。人们只能选择某种有典型意义的条件作为标准以制定射表。射表中的数据，都是已经换算成标准射击条件下的结果。不同的海拔高度上，标准射击条件的数据不完全一致。

根据我国的国家标准，海拔高度为零米时的标准射击条件包括标准弹道条件、标准气象条件、标准地形和地球条件，具体规定如下。

（1）标准弹道条件

①弹头初速为射表规定初速值。

②弹重等于设计时规定的弹重值。

③装药量符合设计标准，装药温度 288K（+15K）。

④武器、弹药业经检验，弹形、尺寸、弹重及质量分布均符合图纸要求。

⑤偏流为零。

（2）标准气象条件

①气温在高度上按式（6-22）所示规律分布，而海拔为零处的标准气温τ_{0N}=288K，即摄氏温度 15℃，相对湿度 50%。

②气压在高度上按式（6-21）所示规律分布，而海拔为零处的标准气压 P_{0N}=1000 kbar（750mmHg），海拔为零处的空气质量密度为ρ_{0N}=1.206kg/m^3。

③无风、无雨，即 W= 0。

（3）标准地形和地球条件

①地表面为平面。

②重力加速度 g=9.8 m / s^2，方向铅直向下。

③不考虑地球自转而产生的科氏加速度对弹道的影响。

④武器静止不动，方位回转轴垂直地平面，高低回转轴（炮耳轴）平行地平面。

⑤平射时，发射点与目标均在炮口水平面上。

上述标准条件下，整个弹道将全部处于射面之中，所谓射面即过弹头初速矢量 $\boldsymbol{V}(t_0)=\boldsymbol{V}_0$ 的铅垂面。火炮弹道示意图如图 6-12 所示。

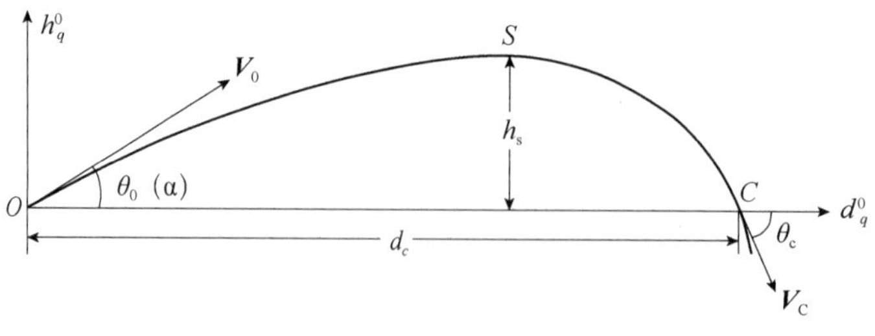

图 6-12 火炮弹道示意图

在火炮射击中，所谓弹道修正量主要是指初速修正量、药温修正量和弹重修正量。初速改变的原因是膛蚀和药温。用测膛器可以测出初速降低的百分比，根据药温也可以从射表中查出初速变化量，将二者综合起来就可以得出总的初速变化百分比。所以，初速修正量可以包括药温修正量。

所谓气象修正量主要包括空气密度修正量和风的修正量。空气密度差可以根据气温和气压从专门的表格中查出。

火控计算机根据初速变化量、空气密度差、风向、风速等条件，可以计算出在各个坐标上的射击修正量，总称为弹道气象修正量。

需要指出，按照标准的射击条件，发射炮应是不动的。当火炮随平台运动时，弹丸在出炮口时的初速改变了，应计算平台运动的修正量，但是在火炮火控系统中，为了使计算简化，往往采用相对运动的方法来进行解相遇计算；风的修正量应按相对风来计算。当采用相对运动的方法解相遇时，计算的过程与图 6-1 是相似的，不过其中的 $S(t)$应该换成目标的相对位移，在弹道气象修正量$\boldsymbol{\delta D}$中，有关风的修正量应按相对风来计算。

在目标提前坐标的基础上加上弹道气象修正量，便得到目标的弹道坐标。

2. 基本射表的内容

（1）基本射表说明

在射表说明中，规定了编制基本射表的标准条件，并说明使用射表的有关问题。

（2）基本弹道诸元

基本弹道诸元是射表中主要诸元，也称主要行、列。

平射基本射表的基本弹道诸元包括射距（d_c）、射角（θ_0）、落角（θ_c）、飞行时间（t_f）、落速（V_c）、弹道最大高度（h_s）。

高射时，由于目标高度不同，弹道诸元也不同，所以高射基本射表列有不同高度的弹道诸元。高射基本射表的基本弹道诸元包括高度（h_q）、水平距离（d_q）或斜距（D_q）、距离角（α）、偏流角（r_d）、飞行时间（t_f）、引信装定分划（N），参见图 6-13。

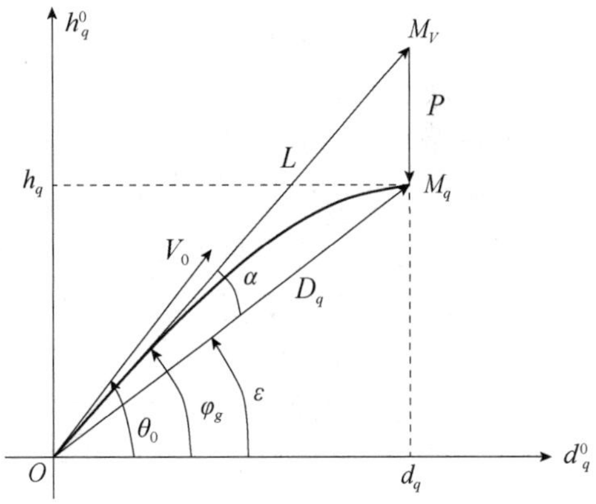

图 6-13 高射弹道诸元示意图

（3）修正诸元

平射基本射表修正诸元包括偏流角（r_d）、横风 10m/s 的方向修正量（fz_{wz}）、纵风 10m/s 的距离修正量（fd_{wd}）、空气密度偏差 10%ρ_{0N}的距离修正量（fd_ρ）、初速改变 1%v_0的距离修正量（fd_{vo}）、弹重改变一个符号（2/3%G_b）距离修正量（fd_G）、炮耳轴倾斜 1 °时的方向修正量（fz_e）。

高射基本射表的修正诸元包括初速改变 1%v_0的水平距离和高度修正量（fd_{vo}、fh_{vo}）、空气密度偏差 10%ρ_{0N}的水平距离和高度修正量（fd_ρ、fh_ρ）、空气温度改变 10 °的水平距离和高度修正量（fd_τ、fh_τ）、弹重改变一个符号（2/3%G_b）的水平距离和高度修正量（fd_G、fh_G）、纵风 10m/s 的水平距离和高度修正量（fd_{wd}、fh_{wd}）、横风 10m/s 的方向修正量（fz_{wz}）。

和基本弹道诸元一样，修正诸元在高射基本射表中以高度 h_q 和水平距离 d_q 为宗标，平射射表中以射距 d_c 为宗标，已知海（地）面目标距离 d_c 或空中目标高度 h_q 和水平距离 d_q，从射表中便可查出各修正诸元。

（4）散布诸元

散布诸元包括弹道距离、方向、高低散布概率误差（$E_{\Delta d}$、$E_{\Delta z}$、$E_{\Delta h}$）。

弹丸在空间运动，在其飞行的全过程中，包括内弹道过程，与其相联系的各种因素都会对弹丸产生影响。在射击过程中，武器的震动，炮身温度的增高，人员操作水平的差异，每门炮、每发弹的制造公差，气象条件的微小变化，每次发射跳角的微小变化，火炮旋回俯仰装置及瞄准机构的空回对武器线指向性的影响等诸多因素都具有随机性，这些因素的影响很难，甚至是无法实时修正的。因此，一门炮即使在同一射击条件下，每发射弹的弹道也不会是完全一样的，它们形成了一个弹道束，此现象称为射弹散布。

用一平面正截弹道束，每一条弹道与该平面都有一个交点，这些交点散布在平面上的一定范围内，射击学中称为散布范围；又因射弹散布范围在所截平面内是一个椭圆，因而又称其为散布椭圆。散布椭圆的中心称为散布中心。通过散布中心的弹道称为中央弹道或平均弹道。射弹散布或弹丸相对于散布中心的偏差服从正态分布。

（5）辅助诸元

平射基本射表的辅助诸元包括距离表尺改变 1 密位和 1 / 4 链时弹着点的距离和高低改变量。

高射基本射表的辅助诸元包括与水平距离 d_q 和高度 h_q 相对应的弹道点上的弹丸速度（存速）；与水平距离 d_q 和高度 h_q 相对应的弹道点上的切线倾斜角；散布椭圆的倾斜角等。

3. 基本射表的作用

基本射表是保证有效射击的重要文件，也是设计指挥仪、瞄准装置的基本依据，还可用来进行射击的有关计算。

射距和射角的关系是射表中最基本的关系。在测出了目标水平距离后，就可以由射表查出进行射击所必需的射角 θ_0；由落角可计算命中界和射击死区，还可作为判定是否产生跳弹的参考；落速可用于估算弹丸在落点的动能和穿透力的大小；飞行时间主要用来计算对活动目标射击的提前量及确定定时引信的装定分划；弹道最大高度可用作计算弹道参数平均值时的分层参考、判定对岸射击能否越过障碍物及与空军协同时规定友机的最低飞行高度。

散布诸元主要用来评估射击效果或计算摧毁某一目标时所需弹药数量。

基本射表由专门机关负责，用实验射击和理论计算相结合的方法编制而成。

6.3 火炮火控解命中原理

6.3.1 命中三角形

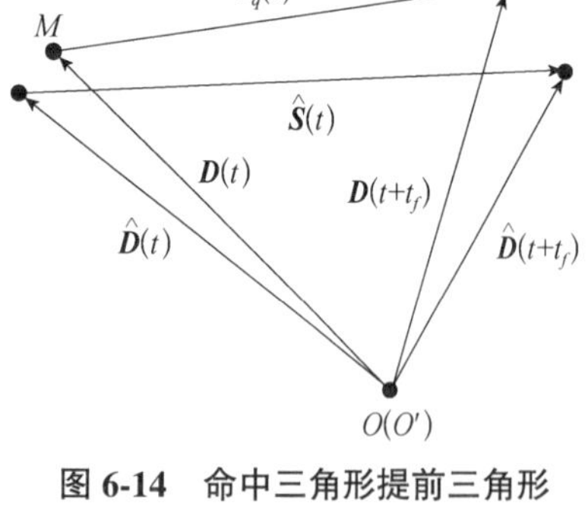

图 6-14 命中三角形提前三角形

假定瞄准装置回转中心 O 与武器回转中心 O' 同处于一点，当目标处于运动状态时，瞄准矢量的终端 M、命中矢量的终端 M_q 与它们的始端 O' 将构成一个三角形，这个三角形称为命中三角形，如图 6-14 所示。

以瞄准矢量终端 M 为始端，以命中矢量终端 M_q 为终端的矢量称为提前矢量，记为 $\boldsymbol{S}_q(t)=\overrightarrow{MM_q}$，显然

$$\boldsymbol{S}_q(t)=\boldsymbol{D}_q(t)-\boldsymbol{D}(t)=\boldsymbol{D}(t+t_f)-\boldsymbol{D}(t) \qquad (6\text{-}38)$$

在武器、目标航迹、气象条件完全确定的条件下，$\boldsymbol{D}_q$ 与 $\boldsymbol{D}$ 两者，只要知其一，就可知其二，所以，命中三

角形是一个约束条件，它对瞄准矢量与命中矢量间的相对位置给出了一个定量的约束。

已知 $\boldsymbol{D}_q$ 求 $\boldsymbol{D}$ 称为命中三角形的逆解法，这是一种验后解法。其方法较为简单，即在武器有效射程之内的航迹上指定一点 $\boldsymbol{D}_q(t)=\boldsymbol{D}(t+t_f)$，再根据弹道学公式，计算出弹头飞抵 $\boldsymbol{D}_q(t)$ 所需的飞行时间 t_f，以该指定点为起点，逆航路上行 t_f 时间后，就可找到射击瞬时 t 目标在航迹上的位置 $\boldsymbol{D}(t)$，此即为所求，一个命中三角形被完全确定。对一条具体的航迹而言，存在着一个时变的命中三角形序列。

已知 $\boldsymbol{D}$ 求 $\boldsymbol{D}_q$ 称为命中三角形的顺解法，这是一种验前解法。具体言之，先根据 $\boldsymbol{D}(t)$ 在 $[t-T_m, t]$ 区间上的实测值 $\boldsymbol{Y}(t)$ 估计出 $\boldsymbol{D}(t)$ 的滤波值 $\hat{\boldsymbol{D}}(t)$ 与预测值 $\hat{\boldsymbol{D}}(t+t_f)$，将 $\hat{\boldsymbol{D}}(t)$ 看作是实际航路的估计值，以逆解法为工具，用试探法终归可以在估计的航路上找到 $\hat{\boldsymbol{D}}(t)$ 所对应的命中点 $\hat{\boldsymbol{D}}(t+t_f)$，记

$$\hat{\boldsymbol{S}}_q(t)=\hat{\boldsymbol{D}}(t+t_f)-\hat{\boldsymbol{D}}(t) \tag{6-39}$$

称为提前矢量 $\boldsymbol{S}_q(t)$ 的估计值，而

$$\hat{\boldsymbol{D}}(t+t_f)=\hat{\boldsymbol{D}}_q(t) \tag{6-40}$$

称为命中点的估计值。

以 $\hat{\boldsymbol{D}}(t),\hat{\boldsymbol{S}}_q(t),\hat{\boldsymbol{D}}(t+t_f)$ 为边构成的三角形称为提前三角形。

6.3.2　矢量命中方程

命中三角形实质上就是命中方程的几何表述形式。为了方便求解，首先应把命中三角形用命中多边形做等价替换。考虑到观测器材的回转中心 O 与武器的回转中心 O' 不可能置于同一点，以 O' 为始端、O 为终端的矢量称为观测——武器基线，简称观武基线，记为 $\boldsymbol{J}=\overrightarrow{O'O}$。若 $\boldsymbol{J}\neq 0$，则图 6-14 中的 $\boldsymbol{D}(t)$ 应该用 $\boldsymbol{D}(t)+\boldsymbol{J}$ 替换，如图 6-15 所示。

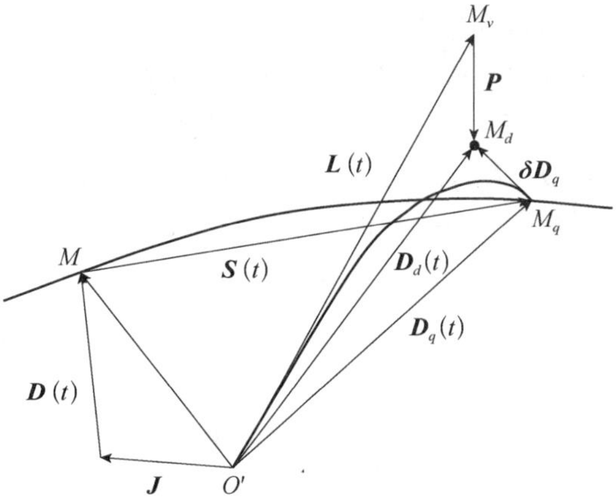

图 6-15　命中原理

图中 $\boldsymbol{D}(t)$ 为观测器材在 O 点时的瞄准矢量，而 $\boldsymbol{D}(t)+\boldsymbol{J}$ 相当于将观测器材由 O 点移到 O' 后，对同一个目标所形成的等价的新瞄准矢量。$\boldsymbol{D}_q(t)$ 为命中矢量，M_q 为命中点或提前点。$\delta\boldsymbol{D}_q$ 为实际弹道气象条件下的弹道偏差修正量，简称弹道气象修正量。M_d 为弹道点，$\boldsymbol{D}_d(t)=\boldsymbol{D}_q(t)+\delta\boldsymbol{D}_q$

为弹道点矢量。也就是说，实际弹道气象条件与标准弹到气象条件不符时，应在提前点基础上修正实际弹道气象条件与标准弹到气象条件偏差引起的弹道偏差量（$-\delta\boldsymbol{D}_q$），即将命中矢量$\boldsymbol{D}_q(t)$加上弹道气象修正量$\delta\boldsymbol{D}_q$求得弹道点矢量$\boldsymbol{D}_d(t)$，然后按弹道点矢量$\boldsymbol{D}_d(t)$查射表求出射击诸元，按此射击诸元控制武器射击方能保证弹头通过命中点M_q。可见弹道点矢量相当于非标准弹道气象条件下的命中矢量，在标准弹到气象条件下按命中矢量$\boldsymbol{D}_q(t)$求射击诸元，在非标准弹道气象条件下，按弹道点矢量$\boldsymbol{D}_d(t)$求射击诸元。事实上，在标准弹道气象条件下，$\delta\boldsymbol{D}_q=0$，$\boldsymbol{D}_q(t)=\boldsymbol{D}_d(t)$，命中矢量与弹道点矢量重合，弹道点就是命中点。

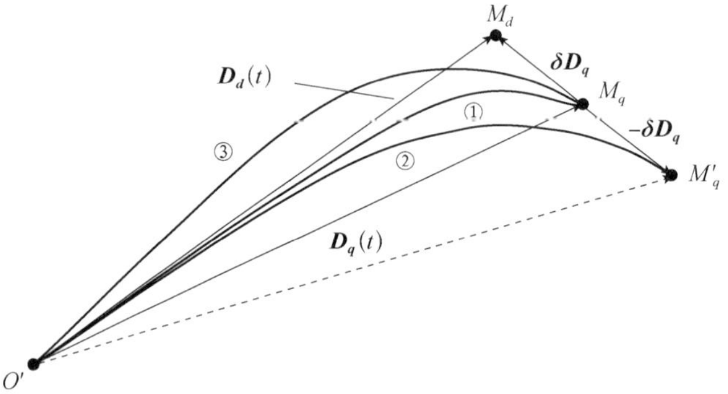

图 6-16　命中矢量、弹道点矢量和道气象修正量间的关系

图 6-16 可更加明确地解释命中矢量、弹道点矢量和气象修正量间的关系。图中有 3 个弹道，弹道①是实际弹道气象条件与标准弹道气象条件相同条件下，按$\boldsymbol{D}_q(t)$查射表求得射击诸元进行射击的弹道，无疑弹道①通过命中点M_q。弹道②是实际弹道气象条件与标准弹道气象条件不同的条件下，按$\boldsymbol{D}_q(t)$查射表求得射击诸元，即以和弹道①相同的射击诸元进行射击的弹道，由于实际与标准弹道气象条件偏差的影响，弹道②偏离M_q而通过M'_q点。$\overrightarrow{M_qM'_q}$就是实际与标准弹道气象条件偏差引起的弹道偏差量。弹道③是实际弹道气象条件与弹道②相同条件下，按弹道点矢量$\boldsymbol{D}_d(t)$查射表求得射击诸元进行射击的弹道，该弹道在实际与标准弹道气象条件偏差的影响下恰好通过命中点M_q。

弹道气象修正量$\delta\boldsymbol{D}_q$是弹道点矢量$\boldsymbol{D}_d(t)$与命中矢量$\boldsymbol{D}_q(t)$之差，显然，图 6-16 中的$\boldsymbol{D}_q(t)$应以$\boldsymbol{D}_d(t)-\delta\boldsymbol{D}_q$代之。在上述替换下，图 6-14 中由$\boldsymbol{D}(t)$、$\boldsymbol{S}(t)$、$\boldsymbol{D}(t+t_f)=\boldsymbol{D}_q(t)$构成的命中三角形将转化为完全等价的，由$\boldsymbol{J}$、$\boldsymbol{D}(t)$、$\boldsymbol{S}(t)$、$\delta\boldsymbol{D}_q$、$\boldsymbol{D}_d(t)$构成的命中多边形，见图 6-15。而与命中三角形相应的式（6-38）亦应改作与命中多边形相应的公式

$$\boldsymbol{D}_d(t)-\boldsymbol{D}(t)-\boldsymbol{S}(t)-\boldsymbol{J}-\delta\boldsymbol{D}_a=0 \tag{6-41}$$

由于上式中的$\boldsymbol{D}_q(t)$与标准弹道气象条件下的弹道点矢量重合，因此，偏流应作为修正量归入弹道气象修正量$\delta\boldsymbol{D}_q$，由图 6-15 还可看出

$$\boldsymbol{D}_d(t)=\boldsymbol{L}(t)+\boldsymbol{P} \tag{6-42}$$

式中，$\boldsymbol{L}(t)$为射击矢量，$\boldsymbol{P}$为弹道下降量。将上式的$\boldsymbol{D}_d$代入式（6-41），得由$\boldsymbol{J}$、$\boldsymbol{D}(t)$、$\boldsymbol{S}(t)$、$\delta\boldsymbol{D}_q$、$\boldsymbol{L}(t)$、$\boldsymbol{P}$构成的另一等价的命中多边形及相应的公式

$$\boldsymbol{L}(t)+\boldsymbol{P}-\boldsymbol{D}(t)-\boldsymbol{S}(t)-\boldsymbol{J}-\delta\boldsymbol{D}_a=0 \tag{6-43}$$

式（6-41）与式（6-43）是两种等价的由矢量形式给出的命中方程。由于现代火控计算机一律使用数字形式计算，而不使用矢量形式计算，所以，还必须将上述方程，也就是命中三

角形或多边形向某些坐标轴上投影，将其转换为标量方程组，再由数字计算机求解这个方程组，获得弹道点坐标和射击诸元。

6.3.3 命中方程组

将命中多边形，或者说，式（6-41）或式（6-43）向某个指定的坐标系的坐标轴投影即得命中方程组。这已不存在任何技术难点，而只需提醒一点：命中方程组的待求量应与基本射表中的基本诸元和修正诸元的自变量相一致。

一般基本射表多以命中点坐标（x_q，y_q，h_q）为自变量，由于基本射表是在标准弹道气象条件下编制的，不存在方位上的方向性，其自变量可减缩为 $d_q=(x_q^2+y_q^2)^{1/2}$ 及 h_q 两个。本节已详细论述了弹道点矢量 $\boldsymbol{D}_d(t)$、命中矢量 $\boldsymbol{D}_q(t)$、弹道气象修正量 $\delta\boldsymbol{D}_q$ 的关系，得出的结论是：在标准弹道气象条件下按命中矢量 $\boldsymbol{D}_q(t)$ 求射击诸元，在非标准弹道气象条件下按弹道点矢量 $\boldsymbol{D}_d(t)$ 求射击诸元。而在标准弹道气象条件下，$\delta\boldsymbol{D}_q=0$，$\boldsymbol{D}_q(t)=\boldsymbol{D}_d(t)$，命中矢量与弹道点矢量重合，弹道点就是命中点。

将式（6-41）逐项地向地理直角坐标系各坐标轴投影，为了简化投影表达式，不妨假定目标做等速直线运动，此时有

$$\begin{cases} x_d - x - v_x \cdot t_f(d_d,h_d) - \delta \boldsymbol{D}_{qx}(d_d,h_d) - \boldsymbol{J}_x = 0 \\ y_d - y - v_y \cdot t_f(d_d,h_d) - \delta \boldsymbol{D}_{qy}(d_d,h_d) - \boldsymbol{J}_y = 0 \\ h_d - h - v_h \cdot t_f(d_d,h_d) - \delta \boldsymbol{D}_{qh}(d_d,h_d) - \boldsymbol{J}_h = 0 \end{cases} \tag{6-44}$$

式（6-44）中，$\boldsymbol{D}=(x,\ y,\ h)^{\mathrm{T}}$ 为目标现在点坐标；$\boldsymbol{V}=(v_x,\ v_y,\ v_h)^{\mathrm{T}}$ 为目标现在点速度；$\boldsymbol{J}=(J_x,\ J_y,\ J_h)^{\mathrm{T}}$ 为观测基线在地理直角坐标系上的投影。此外

$$d_d^2 = x_d^2 + y_d^2 \tag{6-45}$$

由于修正量是以柱坐标形式给出的，为计算弹道气象修正量的方便，将式（6-44）转换到柱坐标系有

$$\begin{cases} d_d - \sqrt{[x + v_x \cdot t_f(d_d,h_d) + J_x]^2 + [y + v_y \cdot t_f(d_d,h_d) + J_y]^2} - \delta d_q(d_d,h_d) = 0 \\ h_d - h - v_h \cdot t_f(d_d,h_d) + \delta h_q(d_d,h_d) - J_h = 0 \\ \beta_d - \arctan\dfrac{x + v_x \cdot t_f(d_d,h_d) + J_x}{y + v_y \cdot t_f(d_d,h_d) + J_y} - \delta\beta_q(d_d,h_d) = 0 \end{cases} \tag{6-46}$$

式中，δd_q、δh_q、$\delta\beta_q$ 为弹道气象修正量的水平距离、高度和方向分量。

式（6-46）即为求解弹道点坐标（d_d，h_d，β_d）的命中方程组。如果此方程组有解，且求得了这组解，则射击诸元可由下式计算

$$\begin{cases} \varphi_g = \arctan(h_d / d_d) + \alpha(h_d,d_d) \\ \beta_g = \beta_d \\ t_f = t_f(d_d,h_d) \end{cases} \tag{6-47}$$

式中的 $\alpha(d_d,\ h_d)$ 和 $t_f(d_d,\ h_d)$ 可以查射表或按其逼近函数求得。

如果计划利用式（6-43）的投影直接计算射击诸元（φ_g，β_g，t_f），则应先将射表的自变量改为（φ_g，t_f）。这里去掉 β_g 也是因为这些射表对 β_g 具有不变性。不妨将基本射表的基本诸

元改为

$$\begin{cases} L = L(\varphi_g, t_f) \\ P = P(\varphi_g, t_f) \end{cases}$$

很显然，改换投影坐标系、射表表达形式或中间变量，还可以得到其他形式的命中方程组，不再多叙。

以上建立的命中方程组适用于对空中目标高射弹道的命中方程。对海上或地面目标平射弹道来说，应去掉命中方程组中与高度有关的所有项。

6.4 火炮闭环校射原理

分析射击误差产生的原因的目的是寻找避免和减小产生误差的措施；分析射击误差的性质的目的是确定射击误差修正的可能性，分析射击误差规律的目的是确定射击误差的修正方法及评估射击效果。射击误差是射击原理中的重要内容，本书不做详细分析，这里只列出支撑后续闭环校射理论的相关基础内容。

6.4.1 射击误差分析

（一）弹目偏差定义

为完成射击而进行的各项工作中所产生的误差，称为射击误差。把由射击误差所引起的弹着落点与目标的误差成为射击偏差或弹目偏差，对空时又称脱靶量。上述定义是将带有因果关系的误差在名词上加以区别时的准确说法，通常情况下，“射击误差”“射击偏差”更加宏观，多在定性描述时使用，而“弹目偏差”和“脱靶量”更多地用于定量描述，它们的含义本质上是一样的，无特殊说明，不加以区分。

为了对射击误差进行定量分析，下面给出弹目偏差的严格定义。设 T_g 点为目标易毁区域中心（或目标几何中心），t_f 为射弹从发射瞬间到抵达目标易毁区域中心的时间，射弹在 T_g 点的存速为 $\boldsymbol{V}_b(t_f)$，目标在 T_g 点的速度为 $\boldsymbol{V}(t_f)$，则

$$\boldsymbol{V}_b^*(t_f) = \boldsymbol{V}_b(t_f) - \boldsymbol{V}(t_f) \tag{6-48}$$

为射弹对目标的相对存速。t_f、$\boldsymbol{V}_b(t_f)$ 可由弹道方程求取，$\boldsymbol{V}(t_f)$ 可由目标状态滤波值外推求取。$\boldsymbol{V}_b^*$ 的方向称为迎弹方向，过 T_g 点垂直于迎弹方向的平面称为迎弹面。

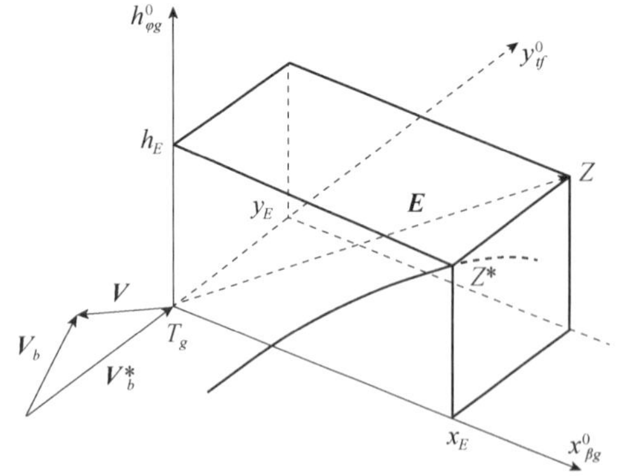

图 6-17　坐标系 T_g— $x^0_{\beta g}y^0_{tf}h^0_{\varphi g}$（弹目偏差示意图）

定义弹目偏差坐标系：以 T_g 点为坐标原点，沿 $\boldsymbol{V}_b^*$ 的有向直线规定为纵轴 y^0_{tf}；过 $\boldsymbol{V}_b^*$ 的垂直平面与迎弹面的交线规定为高低轴 $h^0_{\varphi g}$，向上为正方向；在迎弹面内垂直于 $h^0_{\varphi g}$ 的直线规定为方位轴 $x^0_{\beta g}$，依右手定则从 y^0_{tf} 旋转 90° 到 $h^0_{\varphi g}$ 的旋转方向为 $x^0_{\beta g}$ 的正方向。坐标系 T_g— $x^0_{\beta g}y^0_{tf}h^0_{\varphi g}$，如图 6-17 所示。

对装有时间引信并按计算的 t_f 起爆的射弹，其弹目偏差定义为目标中心 T_g 到炸点中心 Z 所构成的三维矢量，记为 $\boldsymbol{E}=\overrightarrow{T_gZ}$，$\boldsymbol{E}$ 在弹目偏差坐标系上的表示

$$\boldsymbol{E}=(x_E,y_E,h_E)^{\mathrm{T}} \tag{6-49}$$

x_E，y_E，h_E 分别称为弹目方位偏差、弹目纵深偏差与弹目高低偏差。

对非时间引信射弹，弹目偏差定义为目标中心 T_g 到弹道与迎弹面的交点 Z^* 所构成的二维矢量，记为 $\boldsymbol{E}=\overrightarrow{T_gZ^*}$，$\boldsymbol{E}$ 在弹目偏差坐标系上的表示

$$\boldsymbol{E}=(x_E,h_E)^{\mathrm{T}} \tag{6-50}$$

x_E，h_E 分别称为弹目方位偏差与弹目高低偏差。设弹头恰好命中目标时的射击诸元是（β_{g}，t_f，φ_{g}），而弹头飞抵 Z 点所相应的射击诸元是 $(\hat{\beta}_{gb},\hat{t}_{fb},\hat{\varphi}_{gb})$ 则

$$\tilde{\boldsymbol{Q}}=(\beta_g-\hat{\beta}_{gb},t_f-\hat{t}_f,\varphi_g-\hat{\varphi}_{gb})^{\mathrm{T}}=(\tilde{\beta}_{gb},\tilde{t}_f,\tilde{\varphi}_{gb})^{\mathrm{T}} \tag{6-51}$$

对非时间引信弹头，如果飞抵 Z^* 点的射击诸元是 $(\hat{\beta}_{gb},\hat{\varphi}_{gb})$，则

$$\tilde{\boldsymbol{Q}}=(\beta_g-\hat{\beta}_{gb},\varphi_g-\hat{\varphi}_{gb})^{\mathrm{T}}=(\tilde{\beta}_{gb},\tilde{\varphi}_{gb})^{\mathrm{T}} \tag{6-52}$$

式（6-51）和式（6-52）表示的偏差为射击诸元误差。射击诸元误差与弹目偏差一一对应。

弹目偏差坐标系是一种数学坐标系，它的坐标轴难以同某个实在的物理轴联系在一起，从而给在该坐标系内表示的弹目偏差的直接测量带来困难。最便于表示测量值的是观测坐标系 T_g—$\beta_q{}^0D_q{}^0\varepsilon_q{}^0$。

命中矢量 $\boldsymbol{D}_q$ 的方向称为观测方向，过 T_{g} 点垂直于观测方向的平面称为观测面。观测坐标系如图 6-18 所示，坐标原点为命中点 T_{g}；沿着 $\boldsymbol{D}_q$ 的有向直线规定为观测坐标系的距离轴 $D_q{}^0$；过 $\boldsymbol{D}_q$ 的铅垂面与观测面的交线规定为观测坐标系的高低轴 $\varepsilon_q{}^0$，它与地理坐标系铅垂轴 h^0 间的张角为锐角的方向规定为 $\varepsilon_q{}^0$ 的正方向；在观测面内，垂直于 $\varepsilon_q{}^0$ 的直线规定为观测坐标系的方位轴 $\beta_q{}^0$，依右手定则从 $D_q{}^0$ 旋转 90 °到 $\varepsilon_q{}^0$ 的旋转方向规定为 $\beta_q{}^0$ 的正方向。

对装有时间引信的弹头，它的三维弹目偏差在观测坐标系内的表示记为

$$\boldsymbol{E}_q^*=(x_{E_q},y_{E_q},h_{E_q})^{\mathrm{T}} \tag{6-53}$$

同式（6-49）相比，它的每一维都更便于观测。由于观测的是炸点 Z，它不会随坐标系而改变，所以式（6-49）与式（6-53）表示的是同一个弹目偏差，只不过坐标系不同而已。

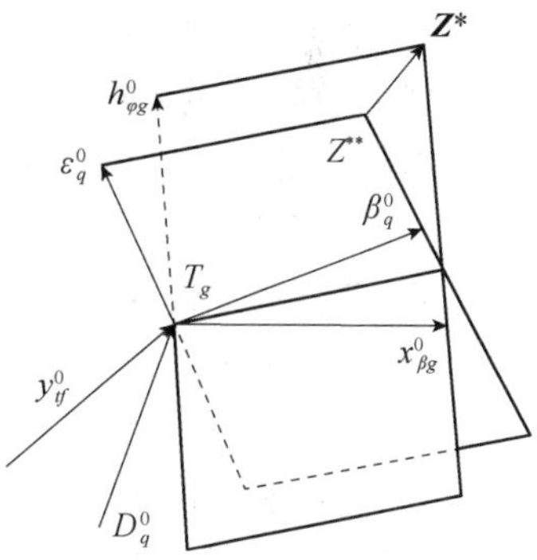

图 6-18　观测坐标系

对非时间引信弹头，观测并被记录的是弹道与观测面的交点 Z^{**}，而不是弹道与迎弹面的交点 Z^*。在 Z^* 与 Z^{**} 之间，$\boldsymbol{V}_b{}^*$ 多可近似为常量，此时，根据迎弹面的定义，Z^* 应是 Z^{**} 沿着 $y_{tf}{}^0$ 方向（弹头相对目标的速度矢量 $\boldsymbol{V}^*$ 的方向）在迎弹面上的投影，由于 $\boldsymbol{E}=\overrightarrow{T_gZ^*}$ 已定义为弹目偏差，所以，目标中心 T_{g} 到弹道与观测面的交点 Z^{**} 所构成的二维矢量定义为视在的弹目偏差，记为 $\boldsymbol{E}_q=\overrightarrow{T_gZ^{**}}$，它在观测坐标系内的表示为

$$\boldsymbol{E}_q^*=(x_{E_q},h_{E_q})^{\mathrm{T}} \tag{6-54}$$

显然，视在的弹目偏差不是真正的弹目偏差。

（二）弹目偏差来源

弹目偏差的均值定义为射击准确度。弹目偏差的方差定义为射击精确度（射击精度），射击精度同射击误差源内每一个元素的方差及其相关性有关。弹目偏差的相关系数 $r_x(k, j)$定义为射击相关度。

射击误差源导致的弹头在弹道终端的散布效应用弹目偏差来描述，且多用线量来表示；射击误差源导致的弹头在弹道始端的散布效应用射击诸元误差来描述，一般用武器姿态角误差与弹头飞行时间误差来表示。不论是论证射击精度，还是分析武器系统精度，提取出射击误差源内所有元素，并找出其方差与相关系数是必须做的基础性工作。射击精确度分析就是分析各种射击误差源产生的弹目偏差，及其随机特征：误差均值、方差、相关系数等。现将射击误差源分成若干部分，如图 6-19 所示。

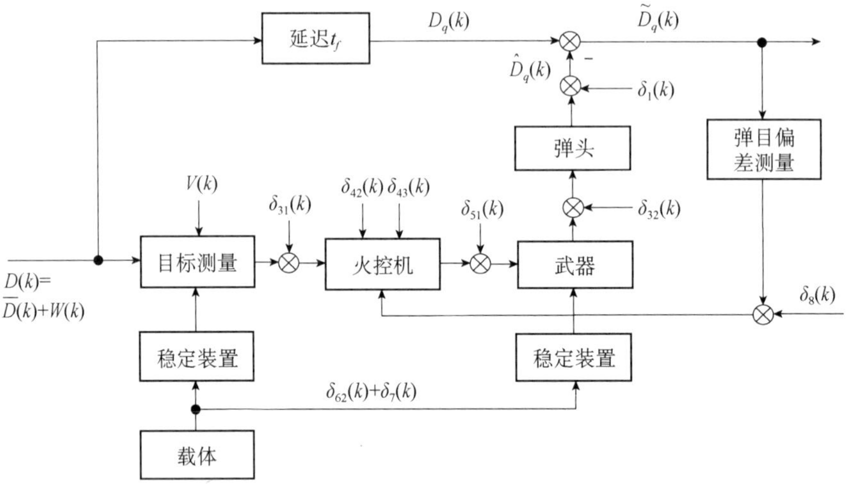

图 6-19 射击误差、误差源及其关系

1. 射弹散布误差

弹道系数 C 的随机散布造成的射击诸元误差称为射弹散布误差，记为$\delta_1(k)$。它是射击诸元误差的一部分，它的产生原因是弹药生产过程的不一致性，是一种不相关误差，其方差可在武器射表上查到。

2. 目标预测误差

目标机动噪声与测量噪声导致目标预测误差$\delta_2(k)$，它所导致的射击诸元误差是弱相关误差。

3. 目标跟踪误差

它包括三部分，即目标跟踪随动系统在跟踪瞄准矢量时的稳态误差$\delta_{31}(k)$；武器随动系统在跟踪射击线时的稳态误差$\delta_{32}(k)$；武器随动系统在跟踪射击线时，对目标机动噪声造成的失真误差$\delta_{33}(k)$。上述三种误差的原始误差为跟踪误差，它们导致的射击诸元误差对同一航次的目标是相关的，对不同航次的目标是不相关的。

4. 数学模型误差

实际的物理现象与描述它的数学方程之差称为数学模型误差。在火控系统中，有关目标的数学模型误差与有关弹道的数学模型误差是最主要的数学模型误差。

有关目标的数学模型误差指的是在火控计算机中实际运行的、被表示成规范化的航迹状态及其测量方程同实际航迹之差所导致的目标预测误差，记为$\delta_{41}(k)$。它包括目标机动噪声、目标测量误差方差的设置误差；状态及其测量方程的各个参数设置误差；状态方程的阶次设置误差。有关状态方程的阶次设置，若设置阶次大于实际阶次，虽不会破坏估计的无偏性，但将使预测误差方差急剧增大，应力求避免，若设置阶次小于实际阶次，预测可能有偏、发散，应采用抑制发散的技术。在设计航迹处理算法时，应保证这些算法对上述三种误差均有充分的鲁棒性。

有关弹道的数学模型误差可分为两类：一类是弹道条件误差$\delta_{42}(k)$；一类是气象条件误差$\delta_{43}(k)$。

属于弹道条件误差有基线测量与装定误差$\delta_{421}(k)$、武器水平与基准方位标定误差$\delta_{422}(k)$、观测装置水平与基准方位标定误差$\delta_{423}(k)$、弹头初速测量与装定误差$\delta_{424}(k)$、射表函数分解误差$\delta_{425}(k)$等。其中，除射表分解误差近似弱相关外，其余诸种误差在两次装定或标定之间是强相关的，在一次装定或标定前后是不相关的。

属于气象条件误差有气温测量与装定误差$\delta_{431}(k)$、气压测量与装定误差$\delta_{432}(k)$、风测量与装定误差$\delta_{433}(k)$。

5. 仪器误差

武器系统各个组成部分在工作时产生的干扰噪声及它们在处理信号时导致的目标与弹头信息的损失谓之仪器误差。计算机仪器误差$\delta_{51}(k)$，它包括采样误差；D / A、A / D 变换误差；计算舍入误差。随动系统仪器误差$\delta_{52}(k)$，它是由随动系统中的非线性因素（齿隙、不灵敏区、机械摩擦）、结构参数不一致性及磨损等原因导致的误差，分为武器随动系统的仪器误差和目标测量装置随动系统的仪器误差。电源波动误差$\delta_{53}(k)$，它是武器系统各种电源波动所导致的误差。

6. 载体扰动误差

这是不平的路面对车辆的扰动、起伏的浪涌对舰船的扰动、颠簸的气流对飞机的扰动所导致的误差。这种扰动又分平移扰动$\delta_{61}(k)$与转动扰动$\delta_{62}(k)$。

7. 射击冲击误差

火药推进弹头在身管中或滑轨上运动时，有一反作用力使身管或滑轨后坐，而复进机又使其复位。此短暂的后坐与复进形成一个冲击，一次射击相当于有一个脉冲沿着武器线的反方向作用于载体之上。此脉冲所相应的脉冲过渡函数如果在下次射击之前已经衰减到零，则此种误差可以略而不计。对于连续射击的武器，在连续射击脉冲的作用下，载体会出现一个附加的平稳随机扰动。当已知射击频率、射击后坐力、载体结构参数后，可以计算出上述附加随机扰动$\delta_{7}(k)$的协方差，或协方差的傅里叶变换（射击冲击谱）。此随机扰动称射击冲击误差。

8. 弹目偏差测量误差

弹目偏差实际值与测量值之差称为弹目偏差测量误差，记为$\delta_{8}(k)$。测量此值的目的是利用弹目偏差的历史值与现在值对未来的射击进行校正。此种误差的性质取决于测量装置的特性。

6.4.2　减小射击误差的方法

减小射击误差的方法，应根据射击误差产生的原因、性质和规律综合考虑。武器系统中的误差种类繁多、性质各异，寄希望于某种特定的方式方法消除所有误差的影响是不现实的。通常根据弹目偏差中各个不同成分的相关程度与相关持续时间的不同，用不同的方式逐次估计、适时修校，以达到较为理想的射击效果。为了减小和消除武器系统中各种误差对射击效能的影响，通常用的做法有射前校正、逐次校射。

（一）射前校正

射前校正是对武器射击前减小和消除射击误差各项校正措施的总称，通常包括精密法射击诸元准备、静态误差校正、动态误差校正。

精密法射击诸元准备是射前校正的典型代表。在射击前尽可能精确地测量出尽可能多的弹道、气象条件及目标的参数，然后装入火控计算机，以不断更新的弹道与气象条件参与求解命中方程，从而得到免于试射的高精度射击诸元。一般精密射击准备可以免去试射而直接进入效力射，有利于作战意图的隐蔽，停止间对固定目标射击时，这种方法往往有效。然而，精密法射击诸元准备中，弹道条件准备时间较长，气象条件参数由平台气象设备提供，通常只能反映炮位附近的气象条件，所以校射通常是不可少的。

静态误差校正是消除火控系统内部强相关误差的好办法。这些强相关误差，如电源漂移、模拟器件参数的不一致性及零漂等仪器误差所导致的弹目偏差，在相当长的时间内保持常值。在火控计算机上装入若干固定目标，控制武器线到位，测试其射击诸元，再与装入固定目标的准确射击诸元相比，得到射击诸元偏差。经多次测量，得到其均值，并在射击诸元中予以修正，此即静态误差校正。

动态误差校正是消除系统动态误差的好办法。利用火控计算机产生目标仿真航迹，驱动目标测量装置跟踪仿真航迹，求解射击诸元，并驱动武器随动系统跟踪求出的射击诸元，不断地测量武器系统实际的射击诸元，再与火控计算机求得的、仿真航迹所相应的准确射击诸元相比较，得出整个武器系统动态误差的历程值，逼近出等效的动态误差系数，以综合修正动态误差。显然，动态误差校正也是消除武器系统误差的重要举措。

（二）逐次校射

如能利用弹目偏差一系列实测值预先估计出弹目偏差的未来值，并在弹头出膛或离轨前，校正射击诸元，消除这尚未出膛或离轨的弹头可能形成的弹目偏差，称为校射。校射是提高射击效能指标的重要举措。校射由三部分工作组成：测量弹目偏差、预测弹目偏差、控制武器线与弹头引爆时间以修正弹目偏差，简言之：测量、预测、修正。

实现校射的前提与关键是测量弹目偏差，不管这个弹目偏差是真实的还是虚拟的。校射的理论核心是预测，理论上已经证明，控制武器的精度可达到与预测的精度等同的程度，因而，预测的效益就是校射的效益。

在实施校射时，通常要逐次进行。

1. 实弹对虚拟目标校射

对虚拟目标进行实弹射击的校射又称虚拟试射。所谓的虚拟目标，指的是火控计算机产生的仿真航路上的目标。此种校射应在发现或目标构成威胁前进行。如果静态误差校正与动态误差校正均已实施后再做此项校射，那么，此时的弹目偏差将主要来源于弹道与气象条件偏差。它所导致的弹目偏差及其测量模型可表示为

$$\begin{cases} x(k+1)=x(k) \\ y(k+1)=x(k)+v(k) \end{cases} \tag{6-55}$$

利用卡尔曼滤波可以很方便地将它估计出来，为修正弹道与气象条件偏差创造了条件。在仓促应战时，此种校射可代替或部份代替弹道与气象条件准备。

2. 虚拟弹对真目标校射

对已知真目标的实时跟踪数据用计算机给出的仿真弹进行校射称为虚拟弹对真目标校射，又称准大闭环校射。以光电跟踪设备为例说明此种校射的工作过程：先瞄准与跟踪目标，并将目标引入具有图像处理功能的光学视场之中，使之成像于显示器。一旦火控计算机给出有射击诸元信号，即由火控计算机产生实时的、连发的仿真弹头，并将距离等于目标到武器距离的那个仿真弹头也显示在显示器上。由于显示器上的目标与虚拟弹头位置都是实时的、等距离的，所以目标影像中心与弹头影像中心的距离表示了弹目偏差，而此偏差可用图像处理技术提取出来。如果此项校射在实弹射击虚拟目标后执行，弹目偏差将主要来源于航迹模型误差，通常可以假定为

$$\begin{cases} \begin{bmatrix} x_1(k+1) \\ x_2(k+1) \end{bmatrix} = \begin{bmatrix} 1 & T \\ 0 & 1 \end{bmatrix} \begin{bmatrix} x_1(k) \\ x_2(k) \end{bmatrix} \\ y(k)=\begin{bmatrix} 1 & 0 \end{bmatrix} \begin{bmatrix} x_1(k) \\ x_2(k) \end{bmatrix} + v(k) \end{cases} \tag{6-56}$$

式中，$v(k)$是测量误差。这种弹目偏差是发散的，但利用卡尔曼滤波时，其估计误差的方差却是收敛的，即弹目偏差是可测得的，因而也是可校正的。

3. 大闭环校射

大闭环校射，又称大闭环射击校正，或简称为闭环校射，是指实时观测射弹与目标之间的偏差（脱靶量），应用反馈控制原理，对武器瞄准角自动进行校正的过程。

大闭环校射的基本思想是：鉴于火炮射击中存在着既不能在火炮系统设计阶段排除又不能用常规的预先校正所能去掉的误差，以及该误差存在于射弹脱靶量中的事实，利用脱靶量检测装置，对射击过程中的射弹脱靶量连续、自动地加以检测，然后通过一套算法对脱靶量进行处理，得到后续射弹脱靶量的最佳预测值，再对该预测值进行变换处理便得到最佳射击校正量，将该校正量加到开环射击诸元中便得到闭环射击诸元，以期用闭环射击诸元控制火炮，使发射的弹丸能命中目标，实现火炮武器系统的最佳控制。

大闭环校射是以实弹对真目标的校射。对静止目标，它可用试射方式完成；对运动目标，同效力射一并完成。在各种校正与校射中，唯有大闭环校射时测得的弹目偏差反映了射击误差的全部分量与所有性质，能综合修正所有类型的相关弹目偏差，因而大闭环校射效益最好。实战中，除非仓促应战，否则，应尽可能使用包括大闭环校射在内的多种校射方式。

（三）完备的校射程式

在整个射击准备与射击实施过程中，如能依次实施精密法射击诸元准备、静态误差校正、动态误差校正、实弹对虚拟目标校射、虚拟弹对真目标校射、大闭环校射，则称之为完备的校射程式。在这种程式下，各种不同来源的弹目偏差、各种不同相关深度与相关时间的弹目偏差均被分配在不同修校方式上分时地予以校正。由于各司其责，最具针对性，因而这种完备的校射程式有着最好的校射效益。若在射击准备与实施的过程中只使用上述 6 种修

正、校正、校射方式中的一部分，则谓之简化的校射程式。校射程式愈简化，校射效益也就愈差。

6.4.3 大闭环校射原理

（一）概述

为了与传统的闭环校射概念相区别，把能实现自动测偏、自动校正的闭环校射称为大闭环校射，也可简称为闭环校射，如无特殊说明，以下提到的闭环校射均指大闭环校射。

1. 大闭环校射火控系统的组成

闭环校射火控系统是相对于开环校射火控系统而言的。所谓开环校射火控系统（简称开环火控系统）是指对于射击效果不能进行实时自动校正的火控系统。开环校射火控系统主要由目标跟踪器、射击诸元解算装置等部分组成，如图 6-20 虚线框中所示。

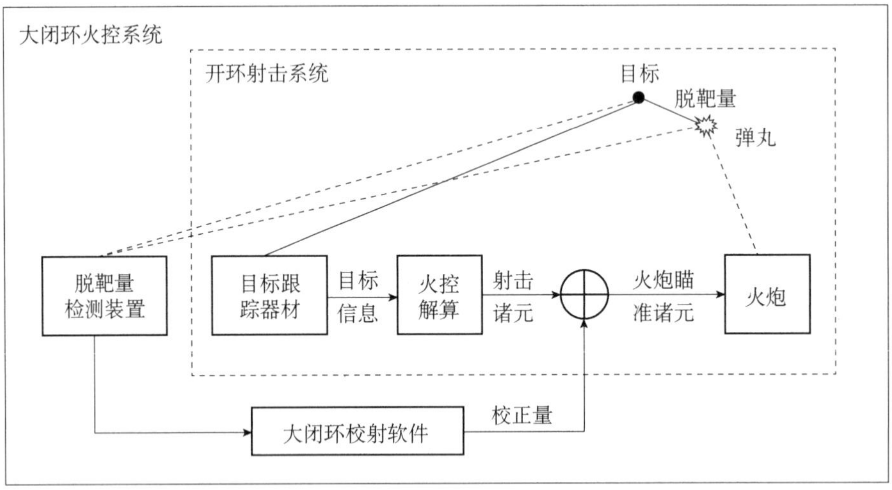

图 6-20 大闭环校射火控系统组成图

闭环校射火控系统（简称闭环火控系统）是指基于开环火控系统的装备脱靶量检测装置和大闭环校射软件，并将最佳校正量预测值实时加入火炮射击诸元中进行自动射击校正的火控系统。因此，大闭环火控系统的基本组成为开环射击系统、脱靶量检测装置和大闭环校射软件，如图 6-20 中实线框所示。通常，目标跟踪与脱靶量检测由同一目标跟踪器完成，如炮瞄雷达、光电观测器材等。

大闭环校射软件的主要功能是根据脱靶量检测装置给出的脱靶量信息，把信息序列看作一个随机过程，对它进行处理，并对未来的脱靶量进行预测，将预测值转换成校正量加到火炮射击诸元中，预先把将要发射的弹丸的脱靶量补偿掉。

2. 大闭环校射的条件、特点和方法

（1）大闭环校射的条件

大闭环校射中弹丸脱靶量的检测、预测和校正都是由仪器设备自动地进行的。因此，火炮武器系统实现大闭环校射的条件如下：

①要有脱靶量检测装置，且能连续、自动、准确地获得指定序号射弹的脱靶量，确保最佳射击校正在射击全过程中连续进行。

②射击过程中依一定准则的可预测误差或可校正误差分量在总误差中要占有不可忽视的比重，确保闭环校正的效果。为此，要研究射击误差的可预测度，计算闭环火控系统的最大改进极限，并寻找更多的提高随机误差可预测度的途径，努力改进那些产生较多不可预测误差分量的子系统。

③建立可靠的最佳校正量预测模型。该模型确实能找出可校正误差，正确确定各误差参数，同时因闭环校正引入的误差要尽可能小。

④弹丸初速要快，飞行时间要短，确保校正量预测效果。闭环校射至少要提前一个弹丸飞行时间进行预测。误差的可预测度随时间增长衰减较快，长期预测可靠性差。

（2）大闭环校射的特点

大闭环校射的特点为最佳校正、综合校正、连续校正、滞后校正。

①最佳校正。闭环校正量是根据随机最优控制理论，利用连续射击过程中各弹脱靶量的相关性，进行最优估计得到的。相对人工校射而言，大闭环校射要精确得多。

②综合校正。弹丸脱靶量是系统在射击过程中各种误差综合作用的结果，所以根据弹丸脱靶量进行校正，就能对系统的各种误差和射击条件的各种偏差进行综合校正。

③连续校正。闭环校射是利用弹与弹之间脱靶量的相关性进行脱靶量的预测和校正，因此，它必须要逐发获得脱靶量，校正也应逐发、连续地进行。

④滞后校正。脱靶量在弹丸射出后要经过一个弹丸飞行时间才能得到，因此校正量形成也要滞后一个弹丸飞行时间。这可从闭环校射过程看出，参见图 6-21。

为简单起见，我们以对空中某一固定点射击为例，弹丸发射间隔时间固定为 1 秒，弹丸飞行时间固定为 3 秒，则发射、观测、校正等时序图，如图 6-21 所示。发射第 1 发弹后，必须等一个弹丸飞行时间才能观测到其脱靶量，即弹丸在 t_i 时刻发射，其脱靶量在 t_{i+3} 时刻才能观测到（$t_i=t_0+i$，$i=0, 1, 2, \cdots$）。有了第一次脱靶量观测后，便可进行下一发弹即第 5 发弹的闭环校正量观测，此处假设校正量预测处理时间小于 1 秒。经闭环校正后的第 5 发弹其脱靶量要等一个弹丸飞行时间即 3 秒钟后才能观测到。可见，在上述假设条件下，对任意一发弹的校正要滞后其发射 4 秒钟。

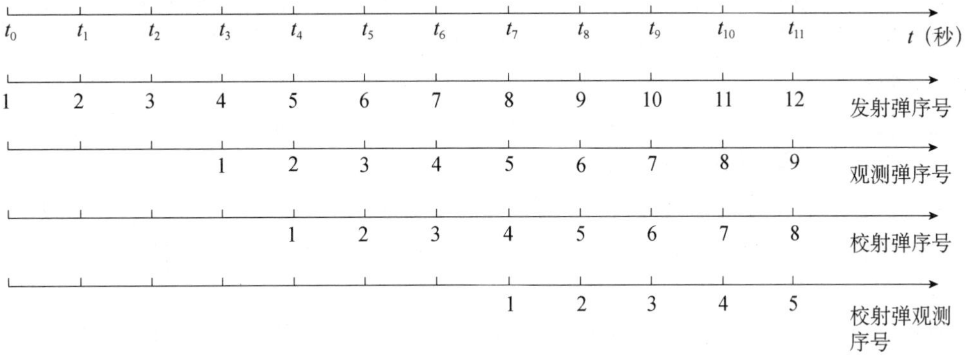

图 6-21　大闭环校射时序图

尽管大闭环校射有许多突出优点，但这种校射方法在实际应用中也不是十全十美的，还存在一些不足之处。例如，校正作用在射击开始一段时间后才能实现，这限制了大闭环校射效果的发挥。由于弹丸脱靶量之间的相关性随弹丸飞行时间的增大而减弱，因此，大闭环校射目前仅限于用在弹丸飞行时间较短的系统中。

（3）大闭环校射的方法

实现大闭环校射可以有多种途径，目前在工程实践中得到应用的主要有以下两种：

①弹目偏差测量法闭环校射。通过雷达在跟踪目标的同时检测出弹丸的脱靶量，然后通过建立的脱靶量模型进行脱靶量的滤波和求取最佳闭环校正量，实现闭环校射。这类闭环校射方法称为弹目偏差测量法闭环校射，主要用于近程防空小口径火炮系统。

②弹丸跟踪法闭环校射。通过测量弹丸弹道某个区段上的一连串弹迹，由软件对测量到的弹迹进行滤波、预测进而求取脱靶量，然后再求取最佳校正量进行闭环校射。这类闭环校射方法称为弹丸跟踪法闭环校射，目前在中口径火炮系统中得到应用。

（二）弹目偏差测量法大闭环校射原理

1. 脱靶量测量

（1）脱靶量测量的要求和难点

大闭环校射工程实现的关键问题是弹丸脱靶量的测量。大闭环校射的效果首先取决于脱靶量测量精度。对脱靶量测量的基本要求是逐发、连续、准确地测量。提高脱靶量测量精度有硬件方面的要求，也有软件方面的考虑。

脱靶量测量存在以下几个难点：

①弹丸与目标的分离。脱靶量测量是在目标与弹丸相遇点附近进行的，因此必须解决目标背景对弹丸检测的干扰问题，即弹丸与目标的分离问题。导弹目标的雷达反射面积比小口径弹丸的雷达反射面积通常大几个数量级，因此分离弹丸和目标是实现大闭环校射的关键技术。

②在跟踪目标的同时对弹丸进行检测。当检测目标和检测弹丸用同一传感器时，这就要解决目标跟踪与弹丸脱靶量测量同步进行的问题，即在保持对目标跟踪的同时对弹丸脱靶量进行测量。

③实时逐发测量。在连续射击过程中，由于目标的运动使每发弹丸的瞄准点也随着变化，这就要求弹丸脱靶量测量要逐发进行。也就是说，除了分离目标和弹丸外还需分离相邻两发弹丸。由于反导火炮的射速很高，弹丸之间的空间间距很小，分离相邻弹丸也是很困难的。因此，脱靶量测量主要解决弹丸与目标间的分离及弹丸与弹丸间的分离问题。

（2）等效脱靶量

脱靶量是在相对运动过程中，弹丸与目标之间的最小偏差向量。但在实际的闭环火控系统中，往往根据脱靶量获取方法和处理的需要，在不至于造成较大误差的前提下自行对脱靶量进行定义，这样定义的脱靶量称为等效脱靶量。目前较为常见的有等距离点脱靶量、t_f时刻脱靶量及 Q 平面上的脱靶量。其中 Q 平面上的脱靶量应用在弹丸跟踪法闭环校射中，后续再进行介绍。

①等距离点脱靶量。当弹丸和目标在相对运动过程中与射击原点的斜距离相等时，弹丸与目标之间的距离定义为等距离点脱靶量。

②t_f时刻脱靶量。弹丸和目标在相对运动过程中，当弹丸飞行时间为预测的飞行时间 t_f 时，弹丸与目标间的距离定义为 t_f时刻脱靶量。

等距离点脱靶量与一般定义的脱靶量最接近，而且便于实际测量。

上述定义的脱靶量是线脱靶量，可分解为距离上和角度上的脱靶量。一般来说，等距离点脱靶量是二维的空间向量（方向和高低脱靶量），而 t_f时刻脱靶量是三维的空间向量（方向、高低和距离脱靶量）。等距离点和 t_f 时刻脱靶量定义可通过图 6-22 来说明。

图 6-22 中各符号的含义为：O——射击原点；D_Q——等距离点目标斜距；l_T——目标运动轨迹；l_B——弹丸运动轨迹；T_Q——等距离点目标位置；T_f——t_f 时刻目标位置；B_Q——等距离点弹丸位置；B_f——t_f 时刻弹丸位置；X_Q——等距离点脱靶量；X_f——t_f 时刻脱靶量。

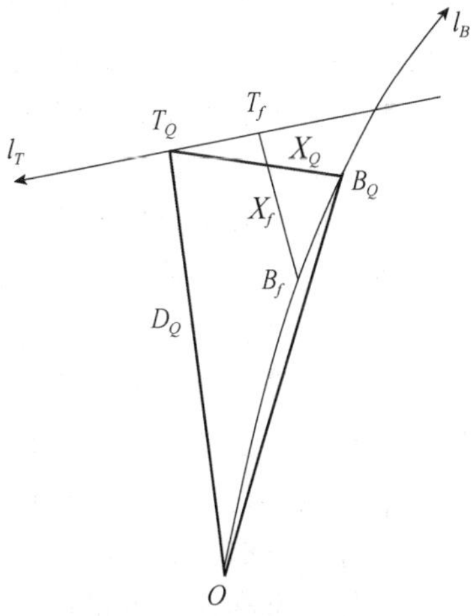

图 6-22　等效脱靶量

2. 脱靶量分离

跟踪传感器测得的脱靶量是综合脱靶量，是由不同的误差因素引起的。由于各种误差对脱靶量的影响方式不同，因而校正方法也不同，因此有必要将综合脱靶量分离。脱靶量分离的目的是将不同误差因素引起的脱靶量从综合脱靶量中分离出来，以便有针对性地分别进行校正。只有当综合脱靶量很小时，才可以不将脱靶量分离而进行综合校正。

3. 最佳校正量预测

研究大闭环校射的根本目的就是建立实用、顶用、可靠的最佳校正量预测模型，以便获得最佳校正量，提高闭环武器系统的射击效果。

（1）最佳校正量预测

在逐发测得弹丸脱靶量的前提下，根据脱靶量模型，应用最优估计理论可求出可校正误差的最佳预测估计，该估计值的负值即为最佳校正量。其实质可归结为脱靶量滤波问题，即通过对脱靶量进行滤波找出可校正误差的最优估计。

（2）等效初速校正

在大闭环校射时，对弹道气象条件误差的校正还可以采用等效初速校正的方法实现。所谓等效初速校正就是实时测量弹丸存速，由弹丸存速求取等效初速，用等效初速代替实际初速进行火控解算，以实现对弹道气象的实时修正。

①等效初速校正的概念。等效初速校正是近程反导火炮武器系统中提出的新问题，它是一种实时、精确地进行弹道气象修正的新方法。“密集阵”系统采用的“测量弹丸存速修正弹丸初速”就是等效初速校正的概念。

弹丸存速是弹丸在弹道终点（相遇点）的瞬时速度，它是弹丸历经内、外弹道后的最终结果。因此，弹丸存速包含了弹丸历程中全部弹道气象信息，只要实时测量弹丸存速，就能实时获得弹道气象信息。

等效初速校正不同于初速修正。初速修正只需实时测量初速，因而也只能修正初速。因为初速测量只是在炮口进行的，从而不能包含如空气密度、风等气象因素对弹道的影响结果。由弹丸存速求取的等效初速不仅反映了弹丸初速，还反映了其他弹道气象条件的影响。用等效初速进行初速修正是对全部弹道气象的综合修正。

②等效初速校正的必要性。等效初速校正的必要性在于以下几点：

● 近程反导火炮弹道气象修正仍很重要。一般地说，在火炮射击中弹道气象修正是必不可少的，而且已有了一套成熟的修正办法。特殊地说，近程反导火炮口径小、弹丸小、弹丸初速快，在近距射程内弹道平直，弹道气象修正量小，似乎修正的必要性不大。但近程反导火炮对付的目标速度快、命中面积小。虽然不大的弹道气象修正量，但相对于目标尺寸来说还是相当大的，仍必须修正。

● 连射中初速变化要实时修正。在各种弹道气象修正量中，初速修正量往往是主要的，因此应实时修正弹丸初速的变化。

● 初速修正有局限性。有些近程反导系统如“海上卫士”装有初速测量装置，对弹丸初速进行实时修正。但对于转管炮，安装炮口初速测量装置有困难。此外，对于脱壳穿甲弹，其脱壳过程对弹丸速度有影响。而脱壳距离约距炮口 10～40m，是炮口初速测量装置测不到的。炮口的弹丸初速实质上并没有完全反映弹道解算中所用的弹丸初速。

综上所述，对于近程反导火炮武器系统，弹道气象修正仍然是很重要的。预先制定修正量的方法不能满足实时修正的要求，而仅仅用炮口初速修正不仅工程实现有困难，对弹道气象的修正也不全面，因而有必要采用等效初速校正。

③等效初速校正的可行性。实现等效初速校正必须解决下列问题：实时测量弹丸存速；由弹丸存速求取等效初速；各弹道气象因素等效为初速的等效关系。

测量弹丸存速比测量弹丸脱靶量要易于工程实现，用脉冲多普勒雷达即可实现。另外，由于目标速度方向和弹丸速度方向几乎相反，且速度相差远，因而易于采用多普勒频率分辨来分离目标和弹丸。

当然，逐发测量弹丸存速仍是比较困难的，但比逐发测量角脱靶量还是要容易。至于弹丸存速与等效初速的关系，以及其他弹道气象因素与弹丸初速之间的等效关系这是要解决的新问题。但对于近射程平直弹道来说，解决这一问题是可能的。

（三）弹丸跟踪法大闭环校射原理

1. 基本概念

通过跟踪弹丸，测量弹迹点而求取脱靶量进行闭环校射的方法，称为弹丸跟踪法闭环校射。上节介绍的弹目偏差测量法闭环校射偏重于从硬件上解决，而弹丸跟踪法闭环校射则偏重于用软件解决脱靶量的测量。

（1）原理

弹丸跟踪法基本原理是利用雷达在某一范围内同时跟踪两批目标的性能，一批跟踪目标，另一批跟踪弹丸。炮弹出膛的这一瞬间，由炮位的复进到位传感器给火控系统提供击发后坐信号。火控系统得到此信号后闭环模块开始工作，先给雷达作弹丸的三坐标指示（简称波门指示）。待弹丸进入波门后跟踪弹丸，跟踪弹丸至离目标距某一距离 D_L 为止，这一距离 D_L 必须大于雷达的距离波门宽度。当测得一定组数的弹迹点数后，即可转入跟踪下一发弹丸。根据雷达测得的一串弹迹，由闭环软件模块处理推算脱靶量。当连续测得 m 发弹丸的脱靶量后，通过解算预测校正量，进行闭环校正。

在校正的同时火控系统继续引导雷达的第 2 个波门跟踪下一发弹丸，火控系统用递推公式求出脱靶量的系统误差，不断刷新校正量，进行闭环校射，直到全航路结束。

（2）特点

弹丸跟踪法闭环校射有以下特点：

①使用弹丸跟踪法闭环校射时，系统必须具有一个能同时跟踪一批目标和一批弹丸（目标附近）功能的探测器，通常为火控雷达。

②由于主要靠软件预测脱靶量，故火控系统的闭环校射功能不需要增加额外的硬设备，只需从炮位到火控系统引出击发信号即可。

③解决了对脱靶量测量的困扰。若用雷达直接测量脱靶量，则必须在目标与弹丸相遇点附近进行，因此必须解决目标背景对弹丸检测的干扰问题，即弹丸与目标的分离、弹丸与弹丸的分离。由于雷达跟踪弹丸的第 2 个波门受火控系统控制，火控系统通过解算使弹丸与目标之间的距离始终大于雷达的距离波门，所以第 1 个波门跟踪的是目标，第 2 个波门跟踪的必然是弹丸，不需要再做人为的分离。

④可有效地消除测量误差。在闭环校射时，若测量弹丸和测量目标的测量误差大于系统的脱靶量时，则闭环校射将会失败。由于测量目标和弹丸用同一观测器材，误差数量级相等，脱靶量又用某一瞬时的弹丸位置和目标位置之差来表示，故而有效地消除了测量误差。

⑤减少了尾弹数。当用观测器材直接测脱靶量时，只有当弹丸飞到炸点时才能测取，在整个弹丸飞行时间内对于高发射率的火炮已经射出了许多发尾弹，而弹丸跟踪法闭环校射在弹丸还未飞到炸点就跟踪弹丸，由软件来预测脱靶量，这样使尾弹数减少，在全航路增加了被校正的发数，提高了效射效能。

2. 波门指示

为了使雷达尽快发现和跟踪预定弹丸，火控系统在得到火炮击发信号后应给雷达作波门指示。所谓波门指示是指火控系统给雷达进行弹丸的三坐标（斜距离、舷角和高低角）指示。

（1）波门指示的原则

雷达波门指示的原则如下：

①波门指示应满足雷达的特性。波门指示区域必须使弹丸的末速度小于雷达的最大跟踪速度。若雷达的最大跟踪速度为 800m/s，则波门指示的区域必须设在弹丸末速度降为 800m/s 以下的弹道上，否则雷达跟不上弹丸；雷达受距离分辨率的限制，跟踪弹丸不能跟到弹丸穿过目标，而必须使弹丸和目标间的距离大于距离分辨率之前停止跟踪，这样也保证了弹丸和目标的分离。

②波门指示的位置必须满足脱靶量预测精度的要求。波门指示的位置不能离目标太近，若离目标太近，雷达没有测完预测脱靶量所需的弹迹点数，弹丸就穿过了目标，这对弹迹线的平滑和脱靶量的预测都带来了困难。故而波门指示的位置应在离目标较近、在测完预测脱靶量所需的弹迹点数后，离目标的距离正好大于雷达的距离分辨率。

③波门指示位置的斜距离必须大于弹丸实际飞行的斜距离。对同一发弹丸，从同一击发信号开始，波门指示的斜距离必须大于弹丸实际飞行的斜距离，即把波门预先置在弹丸必经的弹道上，不用雷达去搜索，只等待弹丸通过即可截获跟踪弹丸。一旦弹丸实际位置的斜距离比波门指示位置大时，波门指示失去意义，该发弹丸也无法捕获跟踪。为了准确地给出波门指示位置，必须考虑火炮的初速误差、雷达的测量误差及气象误差等随机因素。

波门指示和弹丸跟踪可以用图 6-23 来说明。图中各符号含义为：$OX_SY_SH_S$——相对稳定直角坐标系，X_SY_S 平面为水平面，Y_S 轴指向平台正前方，O 为火炮发射瞬间原点；l_B——弹丸运动轨迹；A_{10}——炸点（弹着点）；$A_{10}A_9$ 间的距离为 1.1 倍雷达距离分辨率；A_4——从 A_4 点开始雷达稳定跟踪，到 A_9 点必须测定所需的弹迹点数；A_1——波门指示位置，雷达开始跟踪弹丸；A_2A_1 的距离为 ΔD_1，当 ΔD_1 为正误差时；A_3A_1 的距离为 ΔD_1，当 ΔD_1 为负误差，

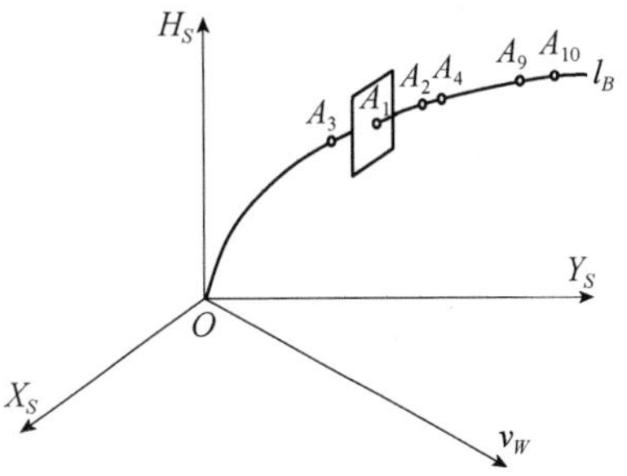

图 6-23　波门指示和弹丸跟踪图

意即当波门指示在弹道上的 A_1 位置，由于各种误差的影响，弹丸仅飞到 A_3 。这种情况对于弹丸跟踪并无影响，波门指示在 A_1 ，等待弹丸穿过即可，在波门指示的公式中可以不考虑。仅当 ΔD_1 为正误差时，即波门指示在 A_1 位置弹丸已飞到了 A_2 ，则必须估算出弹丸从 A_1 飞到 A_2 的时间为 t_a ，提前 t_a 时刻指示。同样根据各不同的火炮系统，火炮的初速及在多大斜距离内进行闭环校射就可以算出相应段距离所需的时间。如要在斜距离 5000m 内进行闭环校射，可查射表求出 5000m 时弹丸末速度，即可算出弹丸从 A_9 到 A_{10} 所需的时间 t_e 。弹丸从 A_4 到 A_9 的时间完全由雷达的采样频率和所需测的弹迹点数确定，设为 t_d 。弹丸从 A_1 到 A_4 的时间是雷达从捕获到跟踪好，并选出有效数据的时间，设为 t_c 。

对应取 ΔD_1 的弹丸飞行时间为 t_a ，取 $t_g = \max(t_a, t_c)$ ，则弹丸从 A_1 到 A_{10} 所需的时间为

$$t_h = t_g + t_d + t_e \tag{6-57}$$

设弹丸从炮口出发到弹着点 A_{10} 的时间为弹丸飞行时间 t_f ，则波门指示的时刻为

$$t_b = t_f - t_h \tag{6-58}$$

t_b 即为弹丸从 O 点飞至 A_1 点的时间。

（2）波门指示时刻

在得到波门指示的坐标后还要考虑什么时候进行波门指示。首发弹波门指示的时间不能太早也不能太晚。

若指示得太早，如在弹丸到达 A_1 点前提前 T_S 指示，火炮在高射速，发射间隔在 Δt_1 的情况下，T_S 内约有 $T_S / \Delta t_1$ 发弹丸通过。当弹丸进入预置波门，就有可能被截获跟踪，而在闭环校射前很可能已有许多发用于开环射击的弹丸，这样就使已被截获的弹丸和所要指示跟踪的弹丸不一致，闭环校射无法进行下去。

若指示得太晚，有可能所要被指示的弹丸早已穿过波门而产生漏测，所以首发弹丸的波门指示应在弹丸到达 A_1 点前提前不到四分之一个发射间隔的时刻进行。由式（6-58）知，弹丸从 O 点飞至 A_1 点的时间为 t_b ，所以波门指示时刻应在火控系统待到击发信号后延长 $t_b - \Delta t_1 / 4$ 时进行。以后各发弹的波门指示，在雷达测到所需的弹迹点数后，立即进行下发弹丸的波门指示。

3. 脱靶量

（1）Q 平面上脱靶量的定义

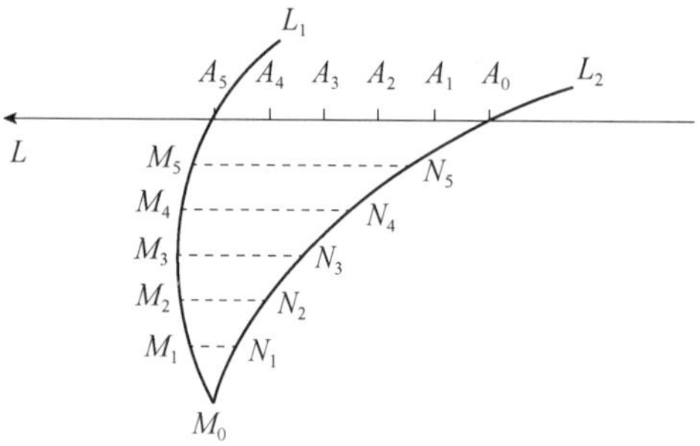

图 6-24　相对弹道图

①相对弹道。相对弹道是表示弹丸对目标相对运动的轨迹，可用图解法来表示。在图 6-24 中，设 L 为目标航路，L_1 为绝对弹道，L_2 为相对弹道。

设在某一时刻，弹丸在 M_0 点，目标在 A_0 点，经过各单位时间后，弹丸在弹道上的位置为 M_1 、M_2 、…、M_j 、…。目标在航路上的相应位置为、A_2 、…、A_j 、…。

在 $M_i (i=1,2,\cdots)$ 点按目标运动反方向做等于 A_0A_i 的位移 M_iN_i ，这样得出诸点 N_1 、N_2 、…、N_i 、…。把点 M_0 、N_1 、N_2 、…、N_i 、…以光滑曲线连接，得出相对弹道曲线 L_2 。相对弹道任一点的切线方向即为相对速度方向。设相对速度为 v_{rm}，则

$$v_{rm} = v_{re} - v_m \tag{6-59}$$

式中，v_{re} 为弹丸末速度；v_m 为目标速度。

②Q 平面。Q 平面为通过目标，且垂直于相对弹道切线（即相对速度 v_{rm}）的平面。图 6-25 为 Q 平面和脱靶量示意图，坐标系 $OX_PY_PH_P$ 为相对地理直角坐标系，Y_P 轴指正北。图中各符号的含义为：L——目标航迹；L_1—弹丸轨迹；O_2、O_1——某一瞬间的目标位置和弹丸位置；v_{re}——弹丸在 O_1 点的弹丸末速度，在 O_1 点的切线方向；v_m——目标在 O_2 点的目标速度；v_{rm}——相对速度，$v_{rm} = v_{re} / v_m$。

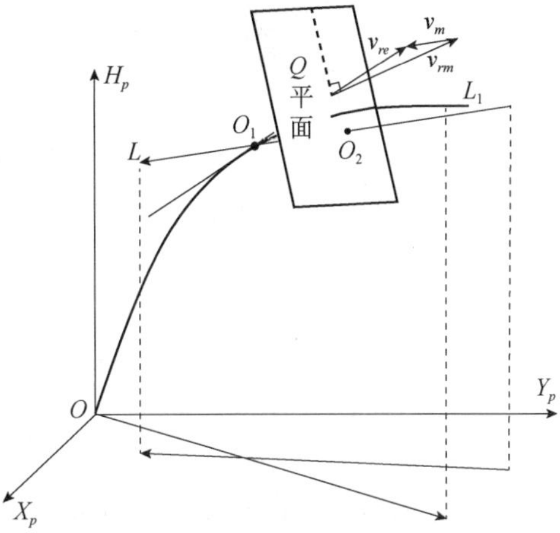

图 6-25　Q 平面和脱靶量示意图

③Q 平面上的脱靶量。当弹丸和目标在做相对运动的过程中，同时穿过 Q 平面的 t_j 时刻，O_1 和 O_2 之间的偏差即为 Q 平面上的脱靶量，它包括方向偏差 $\Delta\beta$ 和高低偏差 $\Delta\varphi$。显然，Q 平面上的脱靶量是推算值。

（2）弹着点的预测

欲求 Q 平面上的脱靶量，首先必须知道 t_j 时刻的目标和弹丸位置。t_j 时刻的目标位置可以由火控系统预测得到，弹丸位置由雷达测量的几个弹道点通过公式预测到 t_j 时刻而得。

弹着点即弹丸穿过 Q 平面时的那一点，弹着点的预测是在相对稳定直角坐标系中进行的。设在 t_j 时刻的弹着点坐标为 (x_k, y_k, h_k)，则弹着点预测公式为

$$\begin{pmatrix} x_k \\ y_k \\ h_k \end{pmatrix} = \begin{pmatrix} C_{11} & C_{12} & C_{13} \\ C_{21} & C_{22} & C_{23} \\ C_{31} & C_{32} & C_{33} \end{pmatrix} \begin{pmatrix} 1 \\ t_j \\ t_j^2 \end{pmatrix} \tag{6-60}$$

矩阵 $\boldsymbol{C}$ 中各元素根据雷达测得的 t_i $(i = 1, 2, \cdots 8)$ 时刻弹道点坐标 (x_i, y_i, h_i) 计算得到，在矩阵 $\boldsymbol{C}$ 确定后，弹着点坐标 (x_k, y_k, h_k) 也即确定。

弹着点的预测是在相对稳定直角坐标系中进行的，而目标坐标在相对地理直角坐标系中预测。因此，为求得脱靶量，需将弹着点坐标 (x_k, y_k, h_k) 转换为相对地理直角坐标系坐标 (x_j, y_j, h_j)

$$\begin{cases} x_j = x_k \cos C_w + y_k \sin C_w \\ y_j = x_k \sin C_w + y_k \cos C_w \\ h_j = h_k \end{cases} \tag{6-61}$$

式中，C_w 为平台正前方。

（3）脱靶量的求取

由 Q 平面上的脱靶量定义可知，脱靶量是弹着点和目标在 Q 平面上的偏差。

①Q 平面的求取。根据 Q 平面的定义，Q 平面通过目标并垂直于相对弹道的切线。相对弹道的切线即相对速度方向。已知一点（目标点）和一个法线矢量（相对速度方向），则这个平面被唯一确定。

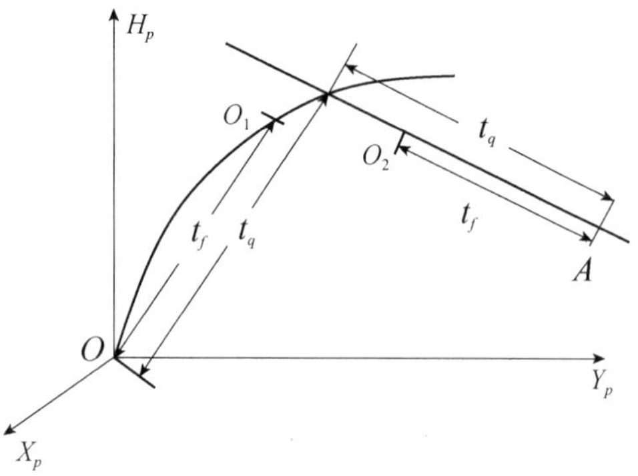

图 6-26 迭代法图示

当目标在现在点 A_0 时，炮弹从炮口飞出，目标和弹丸沿各自的航迹飞行，其航迹不管是直线还是曲线，经 t_j 后目标和弹丸必同时穿过 Q 平面。当 t_j 一旦被确定，目标和弹丸位置也相应被确定。

② t_j 的求取。t_j 的求取方法是用逐步迭代求得。迭代的初值是火控计算机解相遇得到的弹丸飞行时间 t_f。

在图 6-26 中设弹丸从 O 到 O_1、目标从 A 到 O_2 的飞行时间均为 t_f，命中目标的飞行时间为 t_q。因为在火控计算机解相遇得到的弹丸飞行时间 t_f 中，尚有许多误差源未予考虑，如跳角、实际的弹道气象条件等，所以实际的弹丸飞行时间 t_q 和 t_f 不相等。

衡量弹道点 $O_1(x_j,y_j,h_j)$ 是否在 Q 平面上，只需求该点到 Q 平面的距离 $\delta(t)$ 是否足够小（满足迭代精度要求）。

③脱靶量的求取。脱靶量由弹目偏差的方向偏差和高低偏差来描述。

方向偏差 $\Delta\beta_i$ 和高低偏差 $\Delta\varphi_i$ 为

$$\begin{cases}\Delta\beta_i=\arctan\left(\dfrac{x_j}{y_j}\right)-\arctan\left(\dfrac{x_m}{y_m}\right)\\ \Delta\varphi_i=\arctan\left(\dfrac{h_j}{\sqrt{x_j^2+y_j^2}}\right)-\arctan\left(\dfrac{h_m}{\sqrt{x_m^2+y_m^2}}\right)\end{cases} \tag{6-62}$$

6.5 本章小结

火炮解命中，是利用已经得到的目标运动参数（目标位置、速度、加速度等）、平台姿态数据、实际的弹道气象条件（弹丸初速、气温、气压、风等）、射击校正数据（方向、距离、高低校正等）及基线修正（传感器对于武器的位置向量）等，在火炮武器作用范围内确定射弹与目标在空间相遇的坐标并计算武器射击诸元（或攻击要素）的过程。保证武器系统将射弹射抵（或投至）理想目标区域或与目标相遇，是火控系统的根本任务。然而，由于受探测设备精度、信息传送与变换精度、计算系统精度、武器瞄准随动系统精度及弹道气象条件等因素的影响，通常不会一次性实现这一任务。当射弹偏离目标易毁区域中心时，称为出现了弹目偏差或射击误差。为了消除和减小射击误差，必须采取相应措施。本章在分析射击误差的基础上，探讨火炮火控领域减小射击误差的方法及原理，最后着重介绍大闭环校射原理。

习题 6

1．解释瞄准矢量、瞄准线、跟踪线、目标现在点坐标及它们之间的关系。
2．解释射击矢量、武器线、射击线、射击诸元及它们之间的关系。
3．何谓基本射表？其标准条件是什么？基本射表有何作用？
4．何谓弹道刚性原理？有何应用价值？应用条件是什么？
5．什么是命中方程？它与弹道方程、目标运动方程有何关系？
6．火炮火控解命中理论中常用坐标系有哪些？其各坐标轴和原点是如何定义的？
7．简述火炮解命中的一般过程。
8．什么是射击诸元误差，它与弹目偏差有何区别与联系？
9．什么是射击误差源？
10．什么是校射？校射工作一般由哪几部分组成？
11．完备的校射程式应包括哪些？
12．说明大闭环校射的基本原理与一般工作过程。
13．大闭环校射的先决条件、特点与优点是什么？

第 7 章　火控与指控系统的信息融合基础

7.1　概述

7.1.1　概况

在 20 世纪 80 年代初，有关信息融合方面的文献尚且少见，但到 80 年代末，美国便每年举行两个关于数据融合领域的会议。近几年来，随着科学技术的发展，多传感器数据融合已经发展成为一个新的学科方向和研究领域。

实际上，在第二次世界大战（二战）期间就已经把多传感器数据融合应用到实际系统中了，当时在高炮火控雷达上加装了光学测距系统，综合利用雷达和光学传感器给出的两种信息，不仅大大地提高了系统的测距精度，同时也大大提高了系统的抗干扰能力。不过那时没有使用计算机，对数据的处理、综合、判断都是由人工完成的。从这种意义上说，多传感器数据融合系统在二战期间就达到了实用程度，但数据融合（Data Fusion）一词是 20 世纪 70 年代出现的。另外，在民航的交通管制系统中，一次雷达和二次雷达应用的也是数据融合的概念，所以在 20 世纪 70 年代之前，多传感器数据融合在民用领域也已经得到了应用。

近 20 年来，随着各种先进武器系统的出现与发展，世界各国都在发展或完善自己的指挥控制系统，以完成指定的战略和战术任务。指挥控制系统如何将利用各类传感器所收集的大量信息和情报进行分析、处理、综合，做出正确的决策，就成了数据处理的一个新的和重要的分支，即指挥控制系统的数据融合技术。

到 20 世纪 90 年代初，美国已经研制了几十个军用数据融合系统。如“军用分析系统”“多传感器多平台跟踪情报相关处理系统”等。美国国防部将“多传感器数据融合”列为 20 世纪 90 年代重点研究、开发的主要关键技术之一，从 1992 年起，每年投巨资用于数据融合技术的开发与研究。其他国家的研发成果，如英国的“炮兵智能数据融合示范系统”等，也早已面世。从目前看到的资料，诸如此类已经应用的系统已超过 80 个，涉及陆、海、空各军兵种。

国内关于信息融合的研究是 20 世纪 90 年代以后才被重视起来的，可以说起步较晚，但目前已经有部分高校和研究所从事此领域的研究工作，已有部分专著面世，每年约有几百篇学术论文在国内外学术刊物和会议土发表。

7.1.2　数据融合的定义

从军事角度上讲，数据融合的定义是“对来自多源的信息和数据进行检测、关联、相关、估计和综合等多级多方面的处理，以得到精确的状态和身份估计和完整、及时的态势和威胁估计”。这个定义强调数据融合的三个主要方面：

（1）数据融合是在几个层次上对多源数据的处理，每个层次表示不同的数据提取级别。

（2）数据融合的过程包括数据的检测、关联、相关、估计和组合。

（3）数据融合的结果包括低层次的状况和身份估计与较高层次的整个战术态势的评估。

因此，数据融合的基本目标简单来说就是通过组合获得比从任何单个输入元素更多的信息。这是最佳协调的结果，即通过多传感器协调和联合运行的优势来提高传感器系统的有效性。

按照信息抽象的 5 个层次，融合可分为 5 级，即检测级融合、位置级融合、属性（目标识别）级融合、态势评估与威胁评估。

（一）检测级融合

检测级融合是直接在多传感器分布检测系统中检测判决或信号层上进行的融合。它最初仅应用在军事指挥、控制和通信中，现在它的应用已拓广到气象预报、医疗诊断和组织管理决策等众多领域。它在多雷达系统中的应用可以提高反应速度和生存能力、增加覆盖区域和监视目标数，并且提高系统在单个传感器情况下的可靠性。

在经典的多传感器检测中，所有的局部传感器将检测到的原始观测信号全部直接送给中心处理器，然后利用由经典的统计推断理论设计的算法完成最优目标检测任务。在多传感器分布检测系统中，每个传感器对所获得的观测先进行一定的预处理，然后将压缩的信息传送给其他传感器，最后在某一中心汇总和融合这些信息产生全局检测判决。通常有两种信号处理形式，一种是硬判决融合，即融合中心处理 0/1 形式的局部判决；另一种是软判决融合，中心除了处理硬判决信息外，还处理来自局部节点的统计量。在分布检测系统中，对信息的压缩性预处理降低了对通信带宽的要求。分散的信号处理方式可以增加计算容量。在利用高速通信网的条件下可以完成非常复杂的算法。

统计推理理论可以粗略地分为假设检测和估计，相应地，分布式信号处理也可分为分布式检测和分布式估计。在分布式检测系统中，由于融合中心只能得到经过压缩后的观测信息，因此相对于集中式检测会有性能损失。通过对传感器信息的最优局部处理和融合可以减小性能损失。大多数的研究就是开发高效的局部处理算法和融合算法。此外，还有网络结构的研究，例如，网络在通信或传感器故障时的结构重构问题，以及传感器间的通信及传感器与融合中心间的通信问题。

（二）位置级融合

位置级融合是直接在传感器的观测报告或测量点迹和传感器的状态估计上进行的融合，包括时间和空间上的融合，是跟踪级的融合，属于中间层次，也是最重要的融合。对单传感器跟踪系统来说，主要是按时间先后对目标在不同时间的观测值即检测报告的融合，如边扫描边跟踪（TWS）雷达系统，红外和声呐等传感器的多目标跟踪与估计技术都属于这类性质的融合。在多传感器跟踪系统中，主要有集中式、分布式、混合式和多级式结构。

在集中式多传感器跟踪系统中，首先按对目标观测的时间先后对测量点迹进行时间融合，然后对各个传感器在同一时刻对同一目标的观测进行空间融合，它包括了多传感器综合跟踪与状态估计的全过程。这类系统常见的有多雷达综合跟踪和多传感器海上监视与跟踪系统。

在分布式多传感器跟踪系统中，各传感器首先完成单传感器的多目标跟踪与状态估计，也就是完成时间上的信息融合，接下来各传感器把获得的目标航迹信息送入融合节点，并在融合节点完成坐标变换、时间校准或对准，然后基于这些传感器的目标状态估计进行航迹关联（相关）处理，最后对来自同一目标的航迹估计进行航迹融合，即实现目标航迹估计的空间融合。这类系统常见的有空中交通管制系统、舰载多传感器分布跟踪系统和机载多传感器信息综合系统等。

混合式位置信息融合是集中式和分布式多传感器系统相组合的混合结构。传感器的检测报告和目标状态估计的航迹信息都被送入融合中心，在那里既进行时间融合，也进行空间融合。由于这种结构要同时处理检测报告和航迹估计，并进行优化组合，它需要复杂的处理逻辑。混合式方法也可以根据所运行问题的需要，在集中式和分布式结构中进行选择变换。这种结构的通信和计算量都比其他结构大，因为控制传感器同时发送探测报告和航迹估计信息，通信链路必须是双向的；另外，在融合中心除加工来自局部节点的航迹信息外，还要处理传感器送来的探测报告，使计算量成倍增加。

多级式位置信息融合是上述三种结构的直接发展，它主要根据来自下一层融合中心的航迹估计信息，通过坐标变换、时间对正和航迹关联后，完成高层次空间融合，即航迹间的状态融合。这类系统主要是指海上多平台、各种战略和战役指挥控制系统。

（三）目标识别级的融合

目标识别亦称属性分类或身份估计。在军事上，信息融合的目的是对观测实体进行定位、表征和识别。一个具体的例子是在一架作战飞机上装载威胁告警传感器，以便确定武器制导装置何时照射到该飞机；另一个例子是使用雷达截面积（RCS）数据来确定一个实体是不是一个火箭体、碎片或再入大气层的飞船。敌—我识别（IFF）设备使用特征波形和有关数据来识别敌我飞机；有时需要进行更详细和耗时的分析以辨别或识别发射机或武器平台。身份估计的非军事运用包括复杂系统设备故障的识别和隔离，使用传感器数据监视生产过程，及借助医学监示器对人的健康状况进行半自动监视等。用于目标识别的技术主要有模板法、聚类分类、自适应神经网络，或识别实体身份的基于知识的技术。

目标识别（属性）级的信息融合有三种方法，即决策级融合、特征级融合和数据级融合。

1. 决策级融合

在决策级融合方法中，每个传感器都完成变换以便获得独立的身份估计，然后再对来自每个传感器的属性分类进行融合。用于融合身份估计的技术包括表决法、Bayes 推理、Dempste-Shafer 方法、推广的证据处理理论、模糊集法及其他各种特定方法。

2. 特征级融合

在特征级融合方法中，每个传感器观测一个目标并完成特征提取以获得来自每个传感器的特征向量，然后融合这些特征向量并基于获得的联合特征向量来产生身份估计。在这种方法中，必须使用关联处理把特征向量分成有意义的群组。由于特征向量很可能是具有巨大差别的量，因而位置级的融合信息在这一关联过程中通常是有用的。

3. 数据级融合

在数据级融合方法中，对来自同等量级的传感器原始数据直接进行融合，然后基于融合的传感器数据进行特征提取和身份估计。为了实现这种数据级的信息融合，所有传感器必须是同类型的（例如若干个红外（IR）传感器）或是相同量级的（如红外（IR）和可见光图像传感器）。通过对原始数据进行关联，来确定已融合的数据是否与同一目标或实体有关。有了融合的传感器数据之后就可以完成像单传感器一样的识别处理过程。对于图像传感器，数据级融合一般涉及图像画面元素级的融合，因而数据级融合也常称为像素级融合。像素级融合主要用于多源图像复合、图像分析和理解、同类雷达波形的直接合成等。

（四）态势评估

态势评估（Situation Assessment，SA）是对战场上战斗力量分配情况的评价过程。它通过综合敌我双方及地理、气象环境等因素，将所观测到的战斗力量分布与活动和战场周围环境、敌作战意图及敌机动性能有机地联系起来，分析并确定事件发生深层原因，得到关于敌方兵力结构、使用特点的估计，最终形成战场综合态势图。如在综合电子战系统中，态势评估的功能是对战场监视区域内所有目标的状态与其先验的可能情况加以比较，以便获得战场兵力、电子战武器部署情况、军事活动企图及敌我双方平台的分布、航向、速度等变化趋势的综合文件。

现代战争是信息化的战争，敌我双方都将采用一系列手段破坏对方指挥控制系统的正常工作，以达到控制战场上兵力布局的目的。态势评估不仅可以识别观测到的敌方事件和行为的可能态势，给出一个具有实际意义的评估，而且还能对抗敌方的包括伪装、隐蔽和欺骗在内的破坏手段，帮助指挥员做出正确的判断。因而，态势评估在现代战争中起着非常重要的作用。

态势评估首先要确定态势要素，态势要素的估计结果实际上是提供给指挥员的战场态势综合视图，它包括红色视图——我方态势；蓝色视图——敌方态势；白色视图——天气、地理等战场环境，它们合成一幅战场综合态势图，并为威胁估计提供依据。在态势评估要素的确定过程中还必须进行某些对抗要素的估计，然后努力确定上下关系环境、社会政治背景及双方的兵力布局、使用、定位。

SA 的理想结果为：反映真实的战场态势；提供事件、活动的预测，并由此提供最优传感器管理的依据。因而，SA 处理的是正在发生的及前面已经发生且现在正在进行的事件或活动，它重点描述所关心区域内的行为样式。目前的研究结果一般只包含了这些功能的一部分，并且各功能的复杂性和适用性会随着应用领域的不同而变化。

关于态势评估目前尚无完整的定义，但可以明确，它具有以下的几个特点：

（1）态势评估是分层假设描述和评估处理的结果，每个备选假设（态势）都有一个不确定性关联值。

（2）认为不确定性最小的假设是最好的。

（3）态势评估是用认为最好的态势要素的当前值来描述。

（4）态势评估是一个动态的、按时序处理的过程，其结果水平将随时间的增长而提高。

（五）威胁评估

同态势评估的概念一样，“威胁”的定义同样存在差异。通常，威胁判定是通过将敌方的威胁能力，以及敌人的企图进行量化来实现的。可见，态势评估建立了关于作战活动、事件、机动和位置及兵力要素组织形式的视图，并由此估计出发生的和正在发生的事情。威胁评估（有时称为威胁估计）的任务是在此基础上，综合敌方破坏能力、机动能力、运动模式及行为企图的先验知识，得到敌方兵力的战术含义，估计出作战事件出现的程度或严重性，并对作战意图做出指示与告警。其重点是定量表示敌方作战能力，并估计敌方企图。

威胁评估也是一个多层视图的处理过程，该处理用我方兵力有效对抗敌方的能力来说明致命性与风险估计。威胁评估也包括对我方薄弱环节的估计，以及通过对技术、军事条令数据库的搜索来确定敌方意图。

态势与威胁评估（Situation and Threat Assessment，STA）作为战场中的高层次信息处理过程，具有以下特点：

（1）STA 是多级的活动，其信息流几乎总是跨越不同的层次来进行融合处理的，并且在不同的层次上进行控制，这就要求 STA 的分析处理必须对级内或跨级的控制有较敏感的操作。

（2）STA 是多功能的处理技术，它包括概念和信息管理、决策生成和实现等，其核心是推理技术。因此，需要大范围的辅助系统和方法库，以得到精确、合理的推论，以及易理解、易管理、易通信的选择集合。STA 包括和平时刻、危急关头和战争期间的多级工作态势。此外，STA 还受心理学等因素的影响。

STA 的这些特征使其变得非常复杂，是信息融合技术研究的薄弱环节。目前，对这类很复杂的问题只能部分解决，所实现的部分算法有多样本假设检验、经典推理、模糊集理论、模板技术、品质因数法、专家系统技术、黑板模型和基于对策论与决策论的评估方法等。

7.1.3　数据融合的功能模型和结构模型

（一）数据融合的功能模型

20 世纪 90 年代初期，美国国防部实验室联合指导委员会数据融合小组（DFS）给出了一个数据融合在军事领域应用的通用模型。该模型开始分 3 级，后来发展成 4 级。我国的学者根据融合的功能层次，把信息融合分为 5 级，即 5 个层次。在信息融合的 5 级模型中，第一个层次为检测判决融合；第二个层次为位置融合；第三个层次为目标识别（属性）信息融合；第四个层次为态势评估；第五个层次为威胁估计。在这种功能模型描述中，前 3 个层次的信息融合适合于任意的多传感器信息融合系统，而后两个层次主要适用于军事应用系统中的信息融合。这是一种广义的信息融合功能分级法，这种从信息融合功能的角度出发把它分为 5 个层次，更有利于信息融合技术的研究。图 7-1 是这种分级方法的功能框图。

在图 7-1 中左边是传感器的监视跟踪环境及数据的采集源。辅助信息包括人工情报、先验信息和环境参数。融合功能主要包括第一级处理；预滤波；采集管理；第二级、第三级、第四级、第五级处理；数据库管理；支持数据库；人机接口和评估计算。

第一级处理是信号处理级的信息融合，也是一个分布检测问题，它通常是根据所选择的检测准则形成最优化门限，以产生最终的检测输出。近几年的研究方向是，传感器向融合中心传送经过某种处理的检测和背景杂波统计量，然后在融合中心直接进行分布式恒虚警（CFAR）检测。

预滤波根据观测时间、报告位置、传感器类型、信息的属性和特征来分选和归并数据，这样可控制进入第二级处理的信息量，以避免融合系统过载。

数据采集管理用于控制融合的数据收集，包括传感器的选择、分配及传感器工作状态的优选和监视等。传感器任务分配要求预测动态目标的未来位置，计算传感器的指向角，规划观测和最佳资源利用。

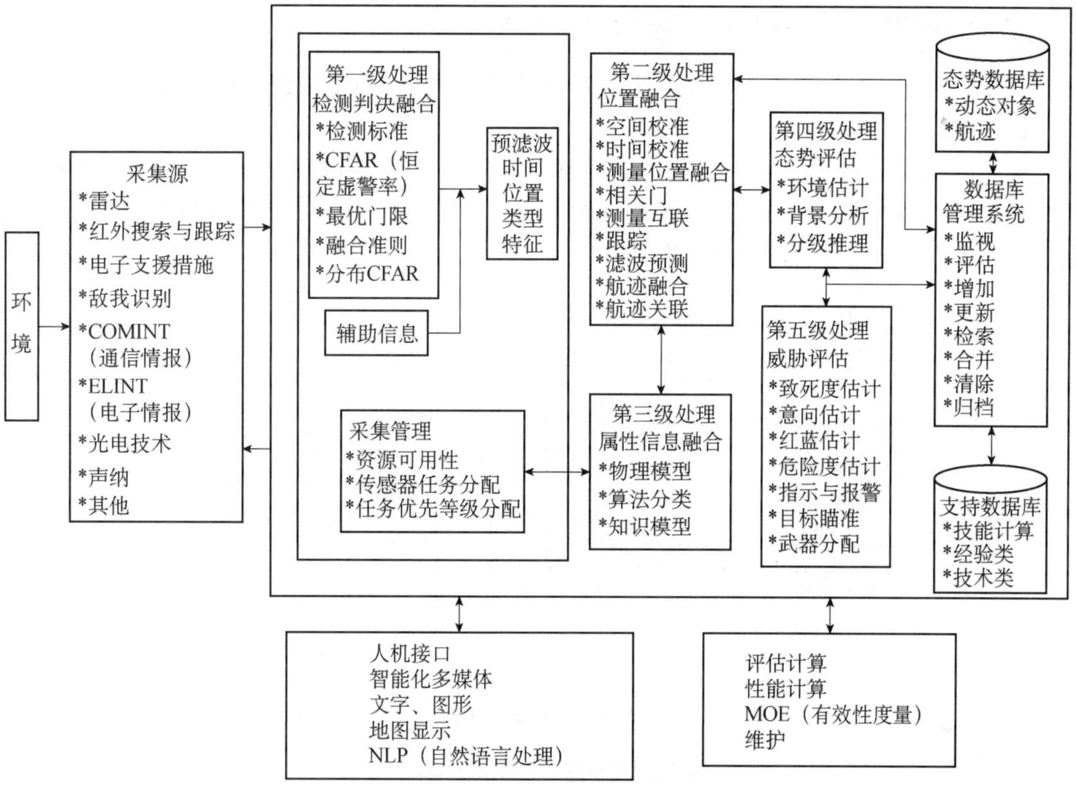

图 7-1　数据融合分级方法的功能框图

第二级处理是为了获得目标的位置和速度，它通过综合来自多传感器的位置信息建立目标的航迹和数据库，主要包括数据校准、互联、跟踪、滤波预测、航迹关联及航迹融合等。

第三级处理是属性信息融合，它是指对来自多个传感器的目标识别（属性）数据进行组合，以得到对目标身份的联合估计，用于目标识别（属性）融合的数据包括雷达横截面积（RCS）、脉冲宽度、重复频率、红外谱或光谱等。

第四级处理包括态势的提取与评估。前者指由不完整的数据集合建立一般化的态势表示，从而对前几级处理产生的兵力分布情况有一个合理的解释；后者通过对复杂战场环境的正确分析和表达，导出敌我双方兵力的分布推断，绘出意图、告警、行动计划与结果。

第五级是威胁程度处理。即从我方有效地打击敌人的能力出发，估价敌方的杀伤力和危险性，同时还要估计我方的薄弱环节，并对敌方的意图给出提示和告警。

辅助功能包括数据库管理、人机接口与评估计算，它们也是融合系统的重要组成部分。

从处理对象的层次上看，第一级属于低级融合，它是经典信号检测理论的直接发展，是近十几年才开始研究的领域，目前绝大多数多传感器信息融合系统还不存在这一级，仍然保持集中式检测，而不是分布式检测，但是分布式检测是未来的发展方向。第二级和第三级属于中间层次，是最重要的两级，它们是进行态势评估和威胁估计的前提和基础。实际上，融合本身主要发生在前 3 个级别上，而态势评估和威胁估计只是在某种意义上与信息融合具有相似的含义。第四级和第五级是决策级融合，即高级融合，它们包括对全局态势发展和某些局部形势的估计，是指挥控制系统指挥和辅助决策过程中的核心内容。

（二）指挥控制系统融合系统的结构模型

本节介绍指挥控制系统融合系统中应用较广的位置级和目标识别级融合结构。

1. 位置融合结构

从多传感器系统的信息流通形式和综合处理层次上看，在位置融合级，其系统结构模型主要有 4 种，即集中式、分布式、混合式和多级式。图 7-2～图 7-5 分别是集中式、分布式、混合式和多级式融合系统的结构框图。

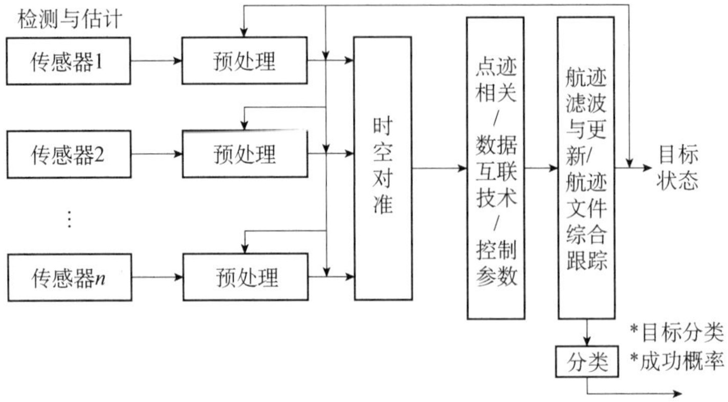

图 7-2　集中式融合

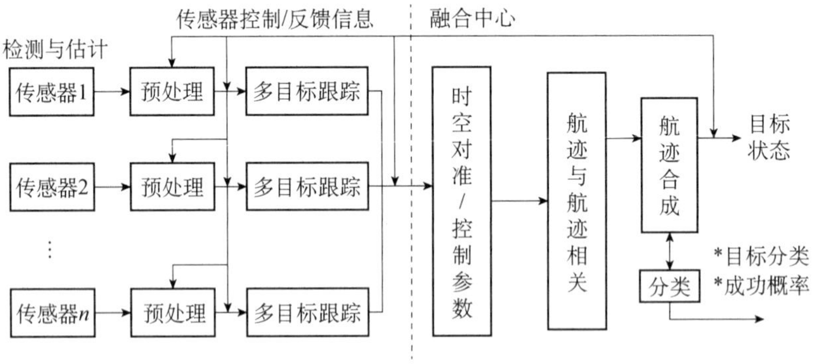

图 7-3　分布式融合

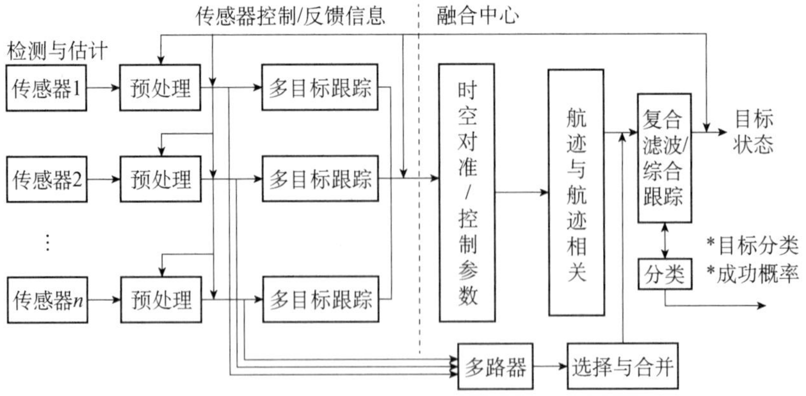

图 7-4　混合式融合

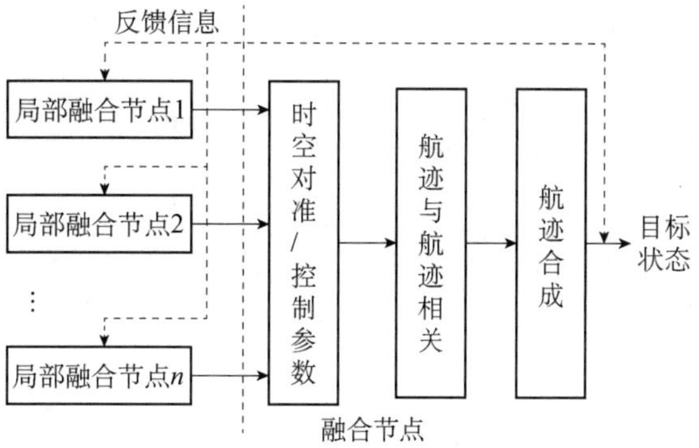

图 7-5　多级式融合

集中式结构将传感器录取的检测报告传递到融合中心，进行数据对准、点迹相关、数据互联、航迹滤波、预测与综合跟踪。这种结构的最大优点是信息损失最小，但数据互联较困难，并且要求系统必须具备大容量的能力，计算负担重，系统的生存能力也较差。

分布式结构的特点是：每个传感器的检测报告在进入融合以前，先由它自己的数据处理器产生局部多目标跟踪航迹，然后把处理后的信息送至融合中心，中心根据各节点的航迹数据完成航迹关联和航迹融合，形成全局估计，这类系统应用很普遍。特别是在军事指挥控制系统中，它不仅具有局部独立跟踪能力，而且还有全局监视和评估特征的能力。系统的造价也可限制在一定的范围内，并且有较强的自下而上能力。分布式结构可以进一步细分成分级式和委员会结构。在委员会结构中各节点联结成类似于环形的结构，或许还有相互交叉的信息传输。

混合式结构同时传输探测报告和经过局部节点处理后的航迹信息，它保留了上述两类系统的优点，但在通信和计算上要付出昂贵的代价。对于安装在同一平台上的不同类型传感器，如雷达、敌我识别（IFF）、红外搜索与跟踪、电子支援措施（ESM）组成的传感器群也许用混合式结构更合适。例如，机载多传感器数据融合系统。

在多级式结构中，各局部节点可以同时或分别是集中式、分布式或混合式的融合中心，它们将接收和处理来自多个传感器的数据或来自多个跟踪器的航迹，同时系统的融合节点要再次对各局部融合节点传送来的航迹数据进行关联和融合，也就是说目标的检测报告要经过两级以上的位置融合处理，因而把它称作多级式系统。

2. 目标识别融合结构

如前所述，目标识别（属性）的数据融合结构主要有三类：决策层属性融合、特征层属性融合和数据层属性融合。图 7-6 给出了决策层属性融合结构。在这种方法中，每个传感器为了获得一个独立的属性判决要完成一个变换，然后顺序融合来自每个传感器的属性判决。其中 $\mathrm{I/D}_i$ 是来自第 i 个传感器的属性判决结果。

图 7-7 表示了特征层属性融合结构。在这种方法中，每个传感器观测一个目标，并且为了产生来自每个传感器的特征向量要完成特征提取，然后融合这些特征向量，并基于联合特征向量做出属性判决。另外，为了把特征向量划分成有意义的群组必须运用关联过程，对此，位置信息是有用的。

属性融合的最后一种结构表示，即数据层融合结构，如图 7-8 所示。在这种数据层融合方法中，直接融合来自同类传感器的数据，然后是特征提取和来自融合数据的属性判决。为了完成这种数据层融合，传感器必须是相同的（如几个红外（IR）传感器）或者是同类的（例如，一个红外传感器和一个视觉图像传感器）。为了保证被融合的数据对应于相同的目标或客体，关联要基于原始数据完成。

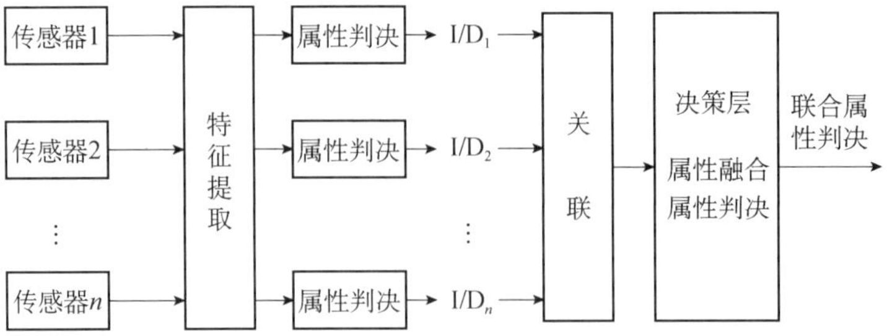

图 7-6　决策层属性融合

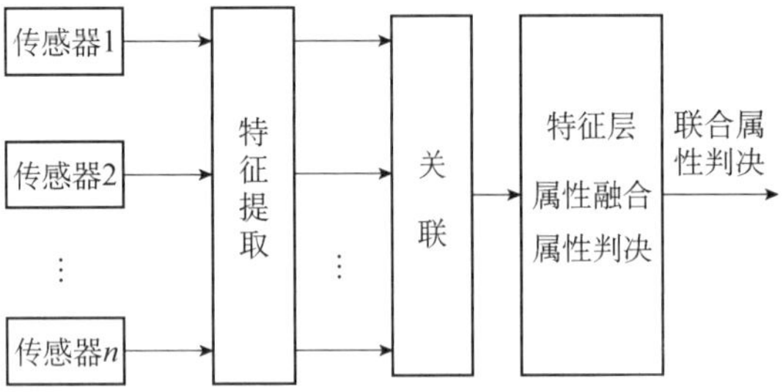

图 7-7　特征层属性融合

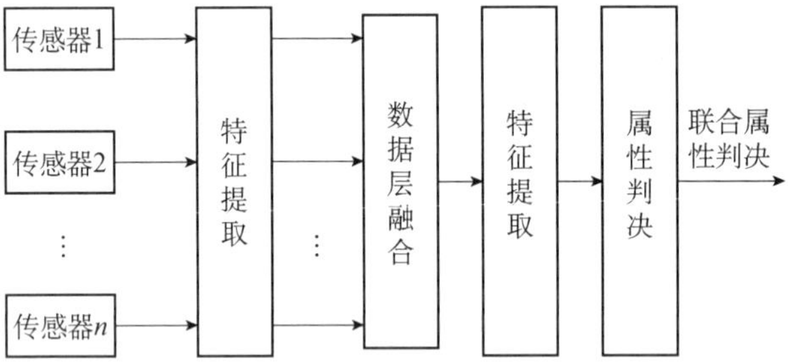

图 7-8　数据层属性融合

与位置融合结构类似，通过融合靠近信源的信息可获得较高的精度，即数据层融合可能比特征层融合精度高，而决策层融合可能最差。但数据层融合仅对产生同类观测的传感器是适用的。当然通过这三种方法也可以组成其他混合结构。另外，就融合的结构而论，位置与属性融合是紧密相关的，并且常常是并行同步处理的，这就是有人把它们看成是一级融合的原因。

7.1.4　当前指挥控制系统中数据融合的主要任务

在指挥控制系统中，数据融合技术目前应用最广的是位置级和目标识别级的融合。

在位置级融合中，指挥控制系统主要解决两类技术问题：单传感器的多目标跟踪技术和数据关联技术。单传感器多目标跟踪技术的核心是滤波，滤波的目的是获得优于传感器测量的目标位置和运动状态的估计。数据关联技术包括单传感器/单雷达的点点相关和点航相关及多传感器/多源数据的相关技术两大部分，前者主要为了在多目标环境中，特别是在目标密集的环境中，正确地完成雷达测量点迹与目标航迹的配对，维持目标的自动跟踪；后者主要是为了完成融合中心的目标“去重复”任务。

在目标识别级融合中，指挥控制系统主要解决目标的军事属性、种类和类型的判定。军事属性判定是为了区分目标是敌方、我方、中立或是不明，这是指挥控制系统首先要明确的任务；种类判定是为了区分目标为空中目标、水面目标还是水下目标；类型判定则是进一步判定目标的机型或舰型。

在位置级融合中，指挥控制系统当前主要采用多级式结构模型，因为它与军队的指挥体制和情报报知关系一致，也符合当前计算机技术的发展水平。

随着指挥控制系统的发展，在态势评估和威胁估计方面，数据融合技术将提供越来越多的技术支持，有越来越多的实用技术在指挥控制系统中获得应用。

7.2　单传感器的多目标航迹处理

7.2.1　概述

多目标航迹处理是指控系统中情报子系统的主要问题。多目标航迹处理问题分为军用和民用两个方面，在军事方面，有弹道导弹防御、空防（敌人的飞机、导弹）、海防、区域防御的海洋监视（水面舰艇和潜艇）、作战监视（靶场飞行器和军用设备）等。此处所谓的航迹，是把同一目标的若干点结合在一起得到的目标的轨迹。而航迹处理是将搜索获得的多目标数据，经过互联、交接、汇编，得到目标航迹的过程。搜索传感器（如搜索雷达、搜索声呐、电子侦察机等）每次环扫可获得多个信号，其中有的可能是真目标，有的可能是假目标、虚警杂波或干扰。如何根据多次扫描获得的信号，确定目标的个数和航迹，这就是多目标航迹处理中的互联问题；所谓交接，是指确定两个不同的观测站获得的目标航迹是否是属于同一目标的过程；所谓汇编，是指从多个传感器搜索的目标数据，汇集得到目标航迹的过程。多目标航迹处理问题的研究，在综合指控系统中意义重大。它的研究成功将摆脱搜索传感器回波用人工标图的方法指示跟踪传感器捕获和跟踪，从而，可自动地解决边跟边扫（track-while-scan）问题。因此，可以大大缩短系统的反应时间。

在民用方面，多目标航迹处理问题有机场空中管制、码头的船舶交通管制、城市交通管制、生物繁殖监视等。

在此我们主要关心的是军事方面的应用，特别是互联问题。

（一）多目标航迹处理问题有关各词术语

在进行航迹处理前，先要完成目标检测、识别和点迹的录取。

（1）目标检测：把目标与噪音分离的过程，滑窗检测是有效的方法。

（2）识别：把真假目标分开的过程。

（3）点迹：表征目标大小、形状、位置、速度、标志的数据或符号的一个向量，分为自由点迹和相关点迹。与已建立的航迹均不相关的点迹谓之自由点迹，与已知航迹相关的点迹称为相关点迹。将点迹引入系统计算机称为点迹的录取，它有 3 种方法：人工录取方法，即人工在显示器画面上根据回波的方位和距离刻度线读出目标位置参数的录取方法；半自动录取方法，人工在显示器画面上用跟踪球或光笔套住目标回波后由显示器的编码器自动送出目标位置的录取方法；自动录取方法，录取目标位置参数的整个过程完全由设备自动完成，无须人工干预的录取方法。

（4）相关域：以某点（初始录取点和后续估值的外推点）为“中心”的符合一定约束的区域。特别称以初始录取点为“中心”的区域为初始相关域，以后续外推点为“中心”的区域称为后续相关域，简称相关域。

（5）虚警：所谓虚警就是把干扰背景误判为目标。这种不存在目标而判为目标的事件称为“虚警”，这是一种错误的判断，它的概率称为虚警概率。

（6）航迹质量：表征航迹优劣的数。

（二）多目标航迹处理的基本内容

1. 点迹的分类

所谓点迹分类是确定点迹归属关系的过程。

如果有办法将各次扫描回波按目标分类的话，则多目标跟踪问题就变成了多个单目标的跟踪问题。一般地，多目标分类不是件容易的事，在密集环境下，更是如此，到目前为止，还没理想的分类方法，当有交叉目标、机动目标、搜索传感器量测误差较大、检测概率小于1且有假量测或漏测存在又系统干扰较大时，则更为困难。

然而，分类问题是多目标航迹处理的基本问题，必须进一步去努力取得更完善的解决方法。

2. 点迹的滤波和预测

一旦将点迹进行了分类，接下来的问题就是单目标跟踪时的滤波问题。

然而，由于分类不是彻底的，就有可能是对假量测进行滤波，或是在数据漏测的情况下进行滤波。这时，通常所用的滤波器，如最小二乘滤波、α-β-γ 滤波、卡尔曼滤波，对此都不能取得令人满意的结果。

目前，国内外研究的算法绝大多数是边分类边滤波，用滤波值帮助再分类，如此重复进行；也有些算法是先分类后滤波和预测的。分类、滤波和预测是通过门（相关域）联系起来的。落入门内的点才可能与点迹和航迹相关。

3. 建立航迹质量评估的方法

按建立的方法评定航迹质量，从而将航迹分为撤销航迹、可能航迹、试验航迹和确认航迹。

多目标航迹处理的主要困难是计算量大。随着目标批数的增加，组合航迹的数量可能相当大。如何淘汰大量的假航迹，找到真航迹，这就要求计算机完成大量的计算和逻辑判断。从已有指控系统来看，数据处理计算机，70%～80%的计算量和存储量用于航迹处理。其他如综合火控、辅助作战指挥、显示逻辑等约占计算机20%～30%的计算量和存储量。

从1964年斯特尔（R.W.Sittler）的论文开始，多目标航迹处理的研究已有40多年的历史，对其主要成果可概括为最大似然法和贝叶斯方法两大类方法。至今为止，多目标航迹处理问题仍处于边应用边研究的状态，还没有统一的理论。另外有些问题尚待进一步解决，如机动目标的处理；交叉目标问题；环境的统计参数的测定，以及给出诸如航迹、检测、误差、虚警等恰当的数学模型；非线性系统问题，探讨航迹头和航迹质量评估的新方法等。

7.2.2 多目标航迹处理的基本方法

舰艇指控系统要将本舰周围的空中、水面和水下的目标，经过计算机的处理，实现对这些目标进行自动跟踪，建立航迹，并在综合显示器上显示出来，也就是要对目标实现航迹处理。航迹处理是指控计算机的主要任务之一，包括航迹的建立、点迹与已有航迹的相关、波门的选择、航迹的滤波与外推计算等。

雷达信号检测系统检测到目标点迹信息后，便立即送作战指挥系统的有关计算机进行航迹处理。我们知道，航迹就是目标运动的轨迹，它是由检测到的多个点迹连接起来的。航迹处理是指在初始阶段如何建立航迹，对新检测到的点迹与已有航迹的相关，进行平滑计算、确定目标的坐标和运动参数，根据已有点迹，外推它未来（一般是雷达扫描一个周期）可能出现的位置及航迹的撤销等。以上一系列的工作，也叫跟踪。一般要求系统能对海、空和水下几十批甚至几百批目标实现跟踪。因此，跟踪目标的批数的多少，是衡量系统性能的重要指标之一，它通常由系统中采用的计算机运算能力及传感器等硬设备的性能来决定。

要建立目标的航迹，首先要实时地检测到这些目标的点迹（即目标的实时坐标），可是，这些检测的目标点迹本身是弧立的，它可能是已被跟踪目标的新点迹，但也可能是刚刚在波门内被检测到的新出现目标的点迹，或者是该点迹是受干扰引起的。所以，计算机应对新检测到的点迹，根据一定的判别准则，首先判断它是属于上述三种情况中的哪一种，如果是属于已经建立航迹的目标的新点迹，还要进一步确认它是属于哪一个目标的。这种对点迹与已有航迹之间归属问题的判断，叫作航迹相关。

点迹与航迹相关处理以后，下一步就是对目标的位置进行平滑和外推计算。外推也叫预测，它是按照已有的目标航迹数据，根据一定的外推准则，计算出下一个扫描周期目标可能出现的位置，并以此建立外推波门，以便在下一周期在该波门内再次检测该目标的点迹；平滑则是按照当前检测到的坐标和上一次外推的当前坐标，按一定的准则，计算出目标的应有的坐标，这个计算结果显然要比外推值和检测值要准确一些。当连续检测到目标的数个点迹后，便可比较有把握地建立起目标的航迹，而对已经建立的航迹，随着目标的运动远离，当其检测的点迹不能满足一定的航迹质量指标时，则需撤销该航迹（亦称去批）。

根据上述航迹处理的基本内容，可以列出图 7-9 所示的航迹数据处理流程，这个流程表示了处理内容的相互关系，并可根据此编制计算机处理程序。下面我们分别对航迹处理的几个主要问题加以讨论。

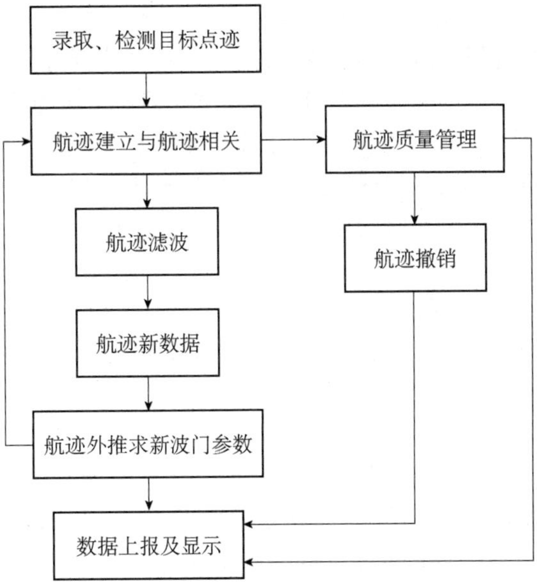

图 7-9　航迹数据处理流程

（一）航迹的建立

在舰艇作战指挥系统中，目标航迹的建立采用自动或半自动的方法。半自动方法建立航迹时，首先依靠雷达信号录取操作手，在录取显示器上发现、识别目标，录取目标的一个或两个点迹，其余的工作则均由系统的计算机和检测器配合，按一定的检测和跟踪准则去完成。

1. 理想情况下航迹建立

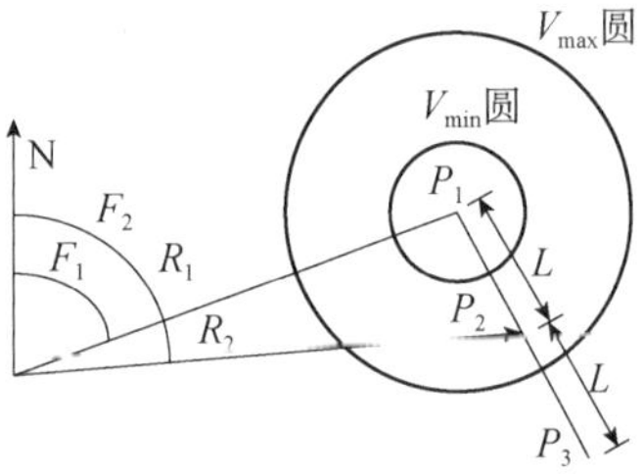

图 7-10　自动建立航迹

航迹的自动建立可用图 7-10 来表示。图中 P_1（R_1、F_1）是一个已经检测到的目标的第一个点迹，以该点迹为中心，做一个环形区域（也可做成方形区域或极坐标系中的扇形区域），这种区域，我们称为“相关波门”，也是我们前面提到的检测区或相关域。波门的内径和外径分别按照目标的最小和最大可能速度及雷达扫描周期来确定。这样，下一扫描周期内，如在环内检测到目标点迹 P_2，则是速度合理的运动目标，它很可能是第一次录取的目标在第二个扫描周期新位置的点迹，所以我们可判别点迹 P_1 和 P_2 是相关的，它们能连成一条可能的航迹。由于检测到第二个点迹 P_2，则 P_1 和 P_2 的间隔距离 L 也可求出，目标运动的方向当然也知道了，是从 P_1 运动到 P_2。

取得了目标的两个点迹 P_1 和 P_2 后，对这条可能的航迹还需进一步地进行检验，以便最终确定是否为真实的可靠航迹。确认的方法是根据两个点迹 P_1 和 P_2，就可知道目标的运动方向是从 P_1 到 P_2，在天线扫过一个周期内目标运动的距离为 L，那么，我们在 P_1P_2 的延长线上，再取一段距离 L，得到下一个天线扫描周期内目标可能出现的位置 P_3 点，P_3 点即为外推坐标，然后以 P_3 为中心，再计算一个波门，当在此波门内检测到目标的第三个点迹时，那么，我们一般便认为这是一条可以确认的航迹了。

2. 建立航迹工程方法

以上是一种比较理想的自动建立航迹的方法，而在实际工程上，往往采取比较简便的方法，只按目标可能的最大速度来建立扇形或方形波门，再在这个波门内检测目标的第二个点迹，然后外推第三点再建波门检测。在作战指挥系统中，为提高波门内检测目标坐标的精度，在已知目标的两个点迹后，即认为可能航迹已经建立，目标的外推点 P_3 已概略得知，这时以 P_3 为中心建立的波门就不必再取那么大了，可以大大缩小，这个外推小波门，我们称为“跟踪波门”，在跟踪波门内检测的目标坐标精度也就相应地得到提高。

如果在 P_3 周围的波门内，并没有检测到目标的第三个点迹，这时，对于已建立的可能航迹并不立即予以撤销，因为目标尚有再出现的可能性，还需进一步验证该目标是否真正消失了。验证的方法是再按目标原来的速度和方向推出第四点位置 P_4，而以 P_4 为中心再建立的波门应恢复为原来的捕获波门，即大波门检测，如果能检测到目标点迹，那么这个航迹仍可延续下去，假如在 P_4 波门内再检测不到目标点迹时，建立的可能航迹被认为是不真实的，应予以撤销，这时在 PPI 显示器上的波门标志也随之消失。

在建立目标的航迹过程中，特别是对空中目标，由于其机动性大也随时可能突然出现新的目标，所以有可能出现如下两种情况：一种是在点迹的 P_1 波门内，第二次检测时得到两个点迹，如图 7-11(a)所示；另一种情况是，第一次检测时已得到了两个自由点迹 P_1 和 P'_1，由于这两个点迹相靠近，故其波门有部分重叠，在第二次检测时，虽然也分别得到两个点迹 P_2 和

P'_2，但其中一个点迹 P_2 恰好出现在两个波门的重叠区内，如图 7-11(b)所示。

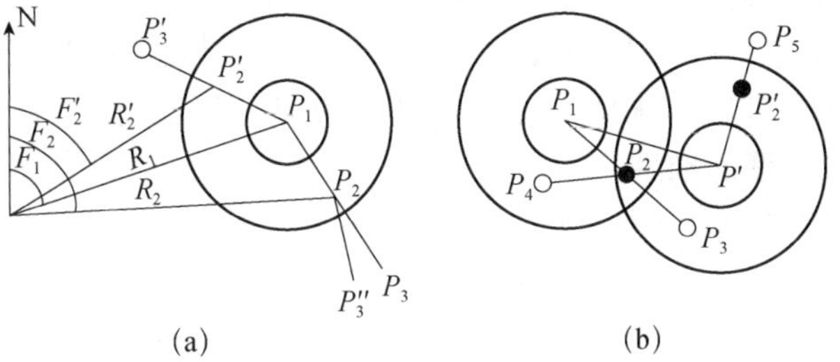

图 7-11　两种特殊情况

对于上述的第一种情况，处理的办法是建立两条可能的航迹 P_1P_2 和 $P_1P'_2$，并各自算出它们的外推点 P_3 和 P'_3，并以 P_3 和 P'_3 为中心建立波门，在下一周期，分别在两个波门内检测目标的新点迹，以进一步判断哪一条是真的航迹或出现的新航迹。当只在其中一个外推波门内检测到新的点迹，而另一个没有时，那么就可确认只有一条真航迹。例如，在 P_3 波门内检测到了新点迹 P''_3，这时唯一确定的航迹就是 P_1P_2 和 P''_3 了。如果在两个波门内又分别检测到了新的点迹，那么在 P_2 和 P'_2 这两个点迹中，必有一个是另一个目标第一次被检测录取的点迹，这样就可分别建立两个目标的两条航迹，为可靠起见，一般应先录取然后按前述方法，再进一步予以确认。

对于图 7-11(b)所示的第二种情况，我们可以建立 3 条可能的航迹 P_1P_2、P'_1P_2 和 $P'_1P'_2$，它们的外推点分别是 P_3、P_4 和 P_5。这 3 条可能航迹中 P_1P_2 和 P'_1P_2 是交叉的，究竟 P_2 是属于哪一条航迹的，要看以后在外推波门中检测的情况，再进一步进行相关处理后判断，这里就不再继续讨论了。

（二）点迹与已有航迹相关

1. 点迹与已有航迹相关的一般情况

从上述介绍的以自动或半自动方法录取目标然后转入由检测器和计算机配合建立目标航迹的过程中，我们已经看到，为了得到正确的航迹，对检测到的目标点迹，都要与已经建立的可能航迹进行相关处理，以确认是否为原目标的延续或是新的目标点迹，并继续对新的点迹进一步进行检验，以确定另建立新航迹的可能性，对于已经建立了的航迹，由于目标在不断运动，检测系统不断地从波门内检测出这些目标的新点迹，也就是在不断更新目标的航迹数据，实现对目标的自动跟踪。因此，已有的航迹也必须不断地与检测到的目标点迹进行相关，找到已有航迹的新的测量数据。

点迹和航迹相关的基本概念可用图 7-12 来说明，设 P_1 是目标在某一周期内平滑后的坐标点，从 P_1 出发，根据目标的运动参数和天线扫描周期，计算出一个天线扫描周期的外推点 P'_2，以 P'_2 为中心建立波门 BM_2，P'' 是在波门内检测到的点迹，所以我们说 P'_2 和 P''_2 是相关的，P''_2 便认为是目标的新点迹。我们已知目标的点迹坐标是经雷达信号检测器的检测并经计算机的计算得到的。在这些过程中，由于各种干扰的存在和不稳定，检测器的各种误差及雷达测量误差的存在，所得目标坐标数据并不十分准确。

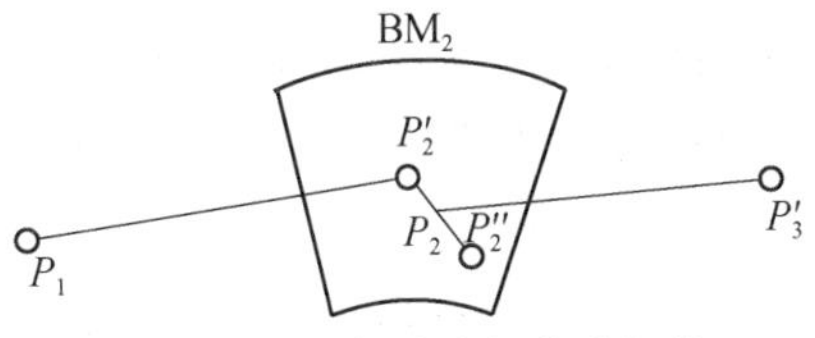

图 7-12　已有航迹与点迹相关

所以在对目标实施跟踪过程中，要根据两个相关的点迹，即外推点 P'_2 和检测点 P''_2 的数据按照一定的准则进行平滑计算，得到 P_2，作为目标当时的真正坐标。然后从 P_2 推出下一扫描周期内目标可能出现的位置 P'_3，这样就完成了一次已有航迹与点迹相关及平滑和外推的计算任务。而这种计算任务在对目标的跟踪过程中，要不断地反复进行。

2. 几种航迹相关处理的准则

在已有航迹与新检测的点迹相关时，对于上述一条航迹与一个新检测的点迹相关处理显然是很简单的。但系统在海上实际工作中，一方面航迹数目多，特别是空中目标航迹的相关将出现比较复杂的情况。例如，在同一航迹的波门内同时出现多个目标点迹，有时目标交叉运动的几条航迹的波门彼此重叠，点迹出现在重叠区内，有时波门内没有点迹，已有的航迹不能也没有与新的点迹发生相关。对于上述几种情况，需要加以分析判断后处理。而对于不同的系统可能有不同的处理准则和处理方法，这里介绍一些可能的处理准则，供参考。

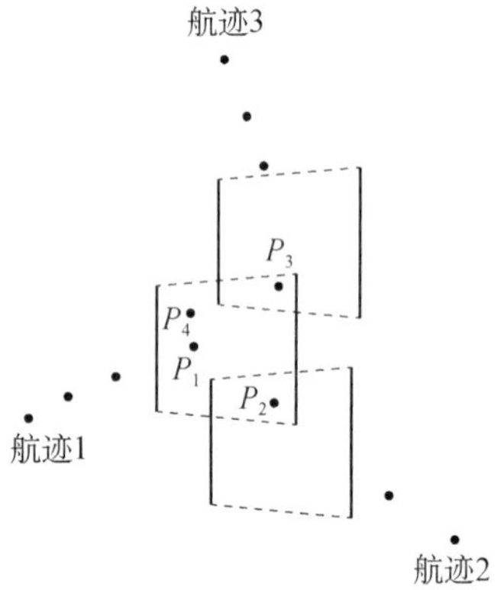

图 7-13　某一航迹同时和几个点迹相关

（1）当某一航迹同时和几个点迹相关时，在这些点迹中的某几个，又和其他的航迹唯一相关，那么，这几个点迹应属于与其唯一相关的航迹，本航迹只考虑与剩下来的其他点迹相关。

例如，图 7-13 中所示的情况，共有 3 条航迹，即航迹 1、航迹 2、航迹 3。对于航迹 1 来说，有 P_1、P_2、P_3 和 P_4 四个点迹，都在航迹 1 的外推波门内，因此，这 4 个点迹都与航迹 1 相关；但与此同时，P_2 又是航迹 2 外推波门内检测到的唯一相关点迹，同样，P_3 是航迹 3 的唯一相关点迹。根据航迹处理准则，应将 P_2 和 P_3 分别判为航迹 2 和航迹 3 的新点迹，而航迹 1 只考虑与剩下来的点迹 P_1 和 P_4 再相关了。很明显，如果没有 P_4，则航迹 1 的新点迹是 P_1，但因在航迹 1 的波门内同时存在两个点迹，所以谁是航迹的相关点迹，还要按另外的准则再进一步判断。

（2）一条航迹和几个点迹同时相关，取距离最近的作为这条航迹的新点迹，若距离近的点多于一个，即最小等距离圆上有若干个点，为了减少分叉，采用将等距离圆上的点分块取算术平均的方法，找出同一块的“重心”作为互联点迹。等距离圆上点的分块，可按航迹航向及通过外推点的垂直线分成四块，当然也可以按航向分成两块。

例如，图 7-13 中的 P_1 和 P_4 点，它和航迹 1 都相关，根据本条相关准则，那么，P_1 点离航迹 1 最近，应判 P_1 作为航迹 1 的新点迹。但有的系统采用 P_1 和 P_2 两个点迹求其中心值，然后按这两个中心值求外推波门，这是因为对空中目标跟踪时，因波门较大，相距较近的空中目标会处于某一战术态势下同时向我攻击，因而两批目标可能处于同一波门内，这样，对这两个目标同时实行跟踪也是必要的。如果在跟踪过程中，一个目标跑出了波门可再行录取，另建新航迹。

（3）如果在波门内不出现点迹，则取外推点作为新点迹，同时加大波门，以便再次检测录取判决。

在航迹相关过程中，出现没有检测到目标点迹时，有几种可能的原因，例如，目标突然快速机动，跑出波门之外；也可能是目标的回波产生衰落现象，目标回波脉冲少或幅度小，没有满足检测器检测目标准则的要求，目标未被检测到。这两种情况的出现，大多是在对空中目标跟踪过程中，但如果加大下一次的相关波门，都有可能重新检测到这个航迹的点迹，满足相关条件，再继续跟踪下去。有时也可能出现另一种情况，就是目标真实点迹因衰落而未检测到，但在波门的边缘上有一假目标，却被检测出来，因为这个假目标点迹在波门的边缘上，就判为目标转向，这样按转向来外推下一周期的可能位置，在这个位置上进行相关处理，以致引起目标丢失。为了避免这种情况引起的错误，有的系统中采取暂时保留两种可能性，待继续检测到新的点迹后，再做出最后判决。

（4）几条航迹和一个点迹相关，则这个点迹属于距离最近的那一条航迹，如果此点迹与几条航迹等“距”，则按航迹质量得分大小确定此点归宿，可选为点迹属于质量得分多的航迹；如果此点与几条航迹等距，且航迹质量得分又相同，则人为规定此点属于航迹编号小的航迹。

按本条相关准则判断，则必有没有点迹与其相关的航迹，这些剩下来的航迹，可按上述第（3）条所述办法处理。

航迹相关处理，是舰艇作战指挥系统保持对目标的正确跟踪的十分重要的向题。一般说来，对海面目标的相关处理比较简单。这是因为海面目标的编队间隔大，在同一波门内出现多个海上目标的可能性较小，目标速度慢，回波较强而稳定。但对空中目标的航迹相关处理就较困难，常常会导致对空中目标跟踪的不稳定或中止跟踪，丢失跟踪自标。因此，在考虑对空中目标的跟踪时，如何保证对空中目标跟踪的稳定可靠是系统必须重视的大问题。

3. 目标交叉时可能引起相关错误

对空中目标的跟踪有时会出现目标交叉处理问题。双方飞机空战时完全有可能进入同一波门内，两条航迹分别与两个点迹同时相关，这种情况包括追击和两批飞机迎击交叉等。如果处理不好，就有可能造成新的航迹互换。如图 7-14 所示。设 *aa′* 为我方飞机飞行航迹，*bb′* 为敌机航迹，相互交叉在波门 BM_1 中，处理错了，可能使我机航迹变成 *aob* 或 *aob′*，敌机航迹变成 *boa* 或 *boa′*，以致造成目标批号和目标敌我属性同时互换，最终造成战术决策错误。

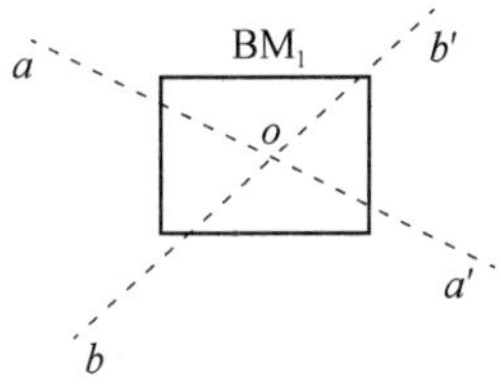

图 7-14 目标交叉

对于交叉目标的航迹处理，有的系统采用记忆跟踪方法，当操作手发现目标交叉时，通过输入控制命令，将这两批交叉目标原来进行的检测、外推跟踪，改为记忆跟踪，即对这两批目标点迹不进行实时检测，而是按目标原来的航向、航速进行外推跟踪。如图 7-14 的两目标，分别按 *aa′* 和 *bb′* 向记忆跟踪，从而避免在波门内检测可能造成的航迹处理错误，一旦两目标结束交叉，便重新恢复检测跟踪。在这个过程中，操作手应密切注意处理跟踪情况，防止出现目标转向时可能造成的错误。

要正确地进行航迹相关处理，作战指挥系统应将可能引起相关错误的各种情况考虑周到，采取相应的正确的相关处理方法，另一方面，作为系统的操作人员，特别是录取手，要时时注意目标运动情况，尤其对于那些相互接近、交叉而有可能出现航迹相关错误的目标，更应随时监视，及时正确地进行操作以防出现跟踪错误，一旦发现错了，应立即改正。

（三）波门的选择

波门的形状按照数据所采用的坐标系来选择比较方便，在极坐标系中，最简单的波门是扇形，如图 7-15 所示，其波门参数分别为：距离前沿 R_Q，距离后沿 R_H，方位前沿 F_Q，方位后沿 F_H，波门中心则是外推点 P；在直角坐标系中，最简单的波门是矩形，如图 7-16 所示，它由 X_Q、X_H 和 Y_Q、Y_H 所组成，波门中心也是外推点 P，在这种波门中，点迹的坐标（R，F）

或（X，Y）应满足下列不等式

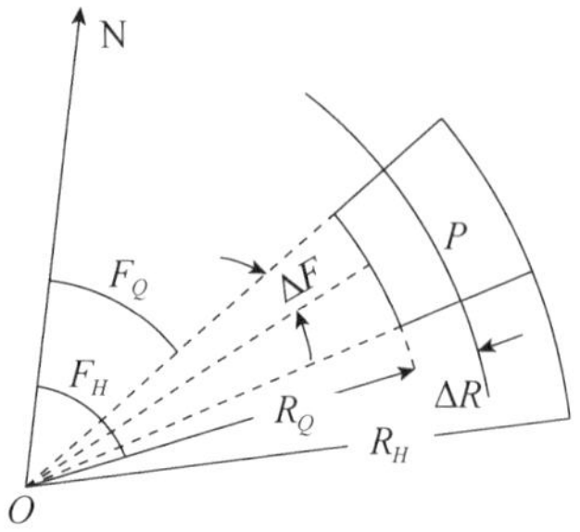

图 7-15　极坐标系的波门格式

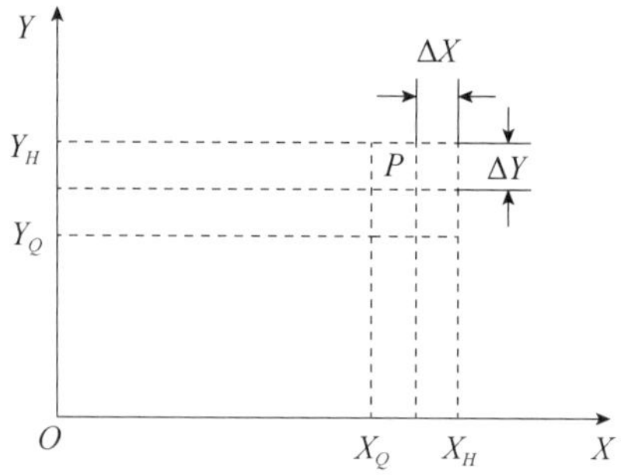

图 7-16　直角坐标系的波门格式

$$\begin{cases} \left|R-\frac{1}{2}(R_H+R_Q)\right|<\Delta R \\ \left|F-\frac{1}{2}(F_H+F_Q)\right|<\Delta F \end{cases} \tag{7-1}$$

或

$$\begin{cases} \left|X-\frac{1}{2}(X_H+X_Q)\right|<\Delta X \\ \left|Y-\frac{1}{2}(Y_H+Y_Q)\right|<\Delta Y \end{cases} \tag{7-2}$$

才能与航迹相关。在以上两式中，$\frac{1}{2}(R_H+R_Q)$、$\frac{1}{2}(F_H+F_Q)$和$\frac{1}{2}(X_H+X_Q)$、$\frac{1}{2}(Y_H+Y_Q)$是外推点的坐标，ΔR、ΔF和ΔX、ΔY则是波门尺寸。

$$\begin{cases} \Delta R=\frac{1}{2}(R_H-R_Q) \\ \Delta F=\frac{1}{2}(F_H-F_Q) \end{cases} \tag{7-3}$$

$$\begin{cases} \Delta X=\frac{1}{2}(X_H-X_Q) \\ \Delta Y=\frac{1}{2}(Y_H-Y_Q) \end{cases} \tag{7-4}$$

初始波门的大小依赖于：

（1）目标的最大速度和最小速度：速度快，波门也大。

（2）天线扫描周期的长短：周期长，波门就大。

（3）与目标航向（或敌舷角）有关。

后续波门的大小还依赖于：

（1）雷达测量误差和录取误差：误差大，则波门就大。

（2）目标机动情况：机动时，扩大波门。

（3）滤波预测方法：误差大，则波门大。

（4）与航迹质量有关：航迹丢失一个或几个点迹时，航迹质量下降，外推误差增大，波门也应增大。

通常波门分 3 种，对于小于 2 马赫的空中目标，波门尺寸为

捕获波门：9.3km；

大波门：4.7km；

小波门：2.4km。

而对于速度小于 16 节的水面目标，波门尺寸为

捕获波门：4.7km；

跟踪波门：2.4km。

波门的方位尺寸的选取为

$$\Delta F = \frac{\alpha}{\pi R} \cdot 180° + \Delta F_{修} \tag{7-5}$$

$\Delta F_{修}$为波门的修正量，α 为弧长等于波门的距离宽度 ΔR。

（四）航迹的滤波与外推

平滑与外推是计算机进行航迹跟踪过程中的主要环节。平滑的目的是得到当前坐标比较正确的数据，它是在上一周期外推所得的本周期的目标坐标和当前检测所得的目标坐标的基础上进行计算的。外推的坐标存在误差，利用这两者经过平滑之后的数据，能更好地表示目标的起初位置。外推是根据已有的航迹数据，预测下一周期目标可能出现的位置，并以此为基础产生相关波门。平滑和外推都是在有干扰的条件下进行的，所以它们在理论上都是统计估计问题，或者统称为滤波。所不同的是，平滑所取得的是滤波输出当前值，外推所取的则是滤波输出的未来值，也就是提前量。

在航迹跟踪中，计算航迹的平滑和外推值用得较多的方法叫作 α-β 准则及线性外推。α-β 准则我们在第 3 章里已经做了详细介绍，在此我们仅做简单叙述。

α-β 准则所规定的平滑和外推的计算公式如下

$$\begin{cases} R_{sn} = R_{pn} + \alpha(R_{on} - R_{pn}) \\ V_n = V_{n-1} + \beta(R_{on} - R_{pn})/T \\ R_{p(n+1)} = R_{sn} + V_n T \end{cases} \tag{7-6}$$

式中，R_{sn}是第 n 个周期的平滑坐标；R_{pn}是在第（$n-1$）个周期内计算所得的第 n 个周期的外推坐标；R_{on}是第 n 个周期检测的坐标；V_n是第 n 个周期的速度估计，T 是雷达天线扫描周期；α 是目标坐标的衰减因素，β 是目标速度的衰减因素。上述计算公式可用图 7-17 表示出来。

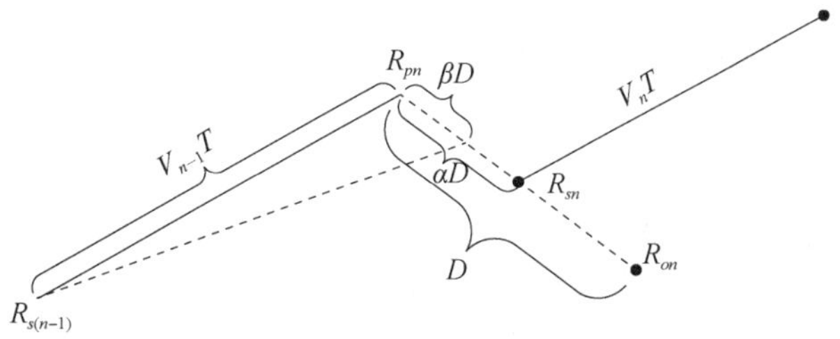

图 7-17　α-β 准则示意

当航迹刚建立的头几个周期，α 和 β 值都取 1，然后逐渐减小，最后取一稳定值。对于直线运动的目标 α 和 β 值可按下列公式计算。

$$\alpha=\frac{n(n+1)}{2(2n-1)}, \quad \beta=\frac{6}{n(n+1)} \tag{7-7}$$

式中，n 为扫描周期序数，从 1 开始计算，当 n 增加时 α、β 值都减小。

α-β 准则比较简单，对计算机要求不高，但精度不太高。在航管系统中，目标按计划航行时，采用 α-β 准则比较合适。当然，也可以用卡尔曼滤波等其他滤波方法。

（五）航迹质量的评估

给航迹建立质量指标，以判别哪些是正常的，哪些是正在建立的，哪些是可疑的，哪些是应予撤销的。质量标志与航迹的其他数据构成完整的数据存入航迹处理计算机，不断更新。在有的算法中，航迹质量评估采用简单方法，正常相关，计数器加 2 分，达到 4 分，则确认航迹建立，以后正常相关不再加分，一次不相关减 1 分，当计数器减至零，则撤销这条航迹，点迹出现即得分，见表 7-1。

表 7-1　点迹出现、得分和航迹确认

点迹＼扫描 航迹	1	2	3	4	5	6	得分	确认/撤销
1	×	○					0	撤销
2	×	×	○	○			0	撤销
3	×	×	○	×	×		5	确认
4	×	×	○	×	○	×	4	确认
5	×	×	×				4	确认

7.2.3　应用举例

以某雷达系统航迹处理程序设计为例，对单目标航迹处理的流程做一简单介绍，如图 7-18 所示。

1．系统初始化

设某雷达系统中有专用的航迹处理计算机。在航迹处理机正常运行之前，系统的硬件接口和存储器内容都处于未知状态，因而需要进行状态设置，也即处理机的初始化。其主要内容是存储器清零、各种状态变量赋初值和系统开机自检等。在系统启动或人为地对系统进行复位时，一般都要进行该项工作。

2．命令处理程序

航迹处理机只是雷达系统中的一个节点，操作人员随时都可能通过人-机交互设备向整个系统发布各种命令。命令处理程序用来区别这些命令是否是本处理机应该执行的命令。如果是，则调用相应的命令处理子程序执行对该命令的操作，否则就将该命令转发到其他节点。主要的命令有设定检测区、删除检测区、指定目标位置识别、指定批号识别、指定目标位置人工跟踪、跟踪方式设定、修改目标批号、修改目标标志等。执行这些命令后，其相应的参数或标志即存入存储器中。

3. 正北处理程序

航迹处理机在进行航迹处理过程中，是以雷达天线旋转周期为时间基准的，也就是说天线每转一周，就要进行一次航迹处理的循环操作。当天线扫过正北方向时，天线系统送出一个中断请求信号“正北方向标志”给航迹处理机。航迹处理机响应中断并记下相应的扫过正北方向的时刻，该时刻与上次扫过正北方向的时刻相减，即得到实际的天线旋转的周期。此外，航迹处理模型的每一参数都是以正北方向为基准的，在获得准确的“正北方向标志”及其时刻后，要将有关的参数，如检测区方位的前、后沿等参数加以修改。

4. 敌我识别程序

在航迹处理的过程中，需要对已建立航迹的目标进行敌我识别。在自动进行敌我识别时，航迹处理机自动查询航迹表内没有进行识别的，或需要加以再次识别的目标位置参数。由敌我识别程序负责控制敌我识别器，发出询问触发信号，控制询问器发射识别信号。目标的应答信号通过中断的方式由识别程序加以处理，判明属性后将其赋予相应的目标。

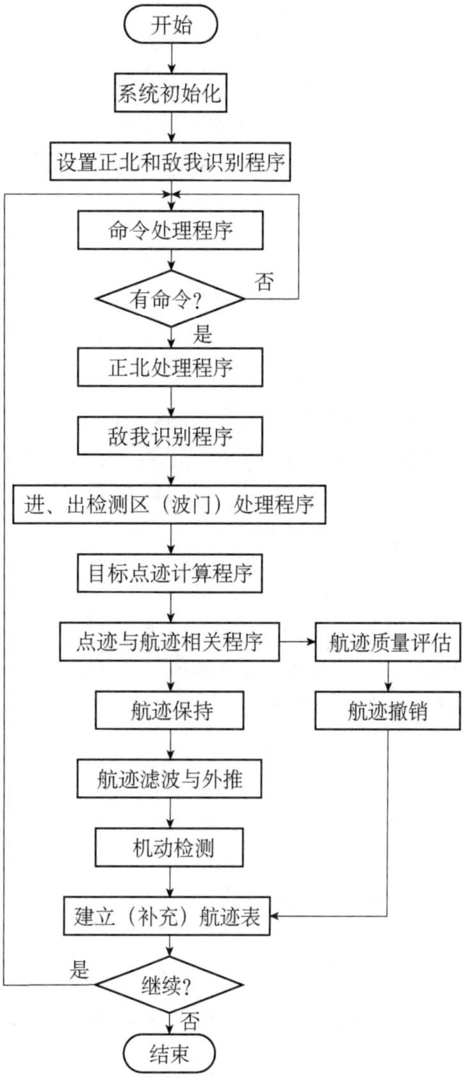

图 7-18　目标航迹处理过程流程图

5. 进、出检测区处理程序

雷达一般是在有干扰的环境下工作的。在干扰严重的情况下，进行自动航迹处理有可能产生许多虚假点迹和航迹过载的现象。避免这种情况的有效办法之一就是指定航迹处理的区域，即设立检测区。此外检测区还可以实现对特殊方向，如目标可能来袭方向进行重点监视。检测区分为内检测区和外检测区。如果设立的是内检测区，则区内提取的点迹有效，这些点迹送航迹处理机进行航迹处理，检测区外的点迹则不作处理。如设立的是外检测区，其情况刚好相反。

检测区常为扇形区域，其参数与相关波门类似，但它们的作用是不一样的。建立检测区可以通过命令实现，常用的方法是用“模球”给出两点，航迹处理机即可通过命令处理程序，计算检测区的方位和距离的前、后沿。这些参数连同检测区的内、外标志一并填入检测区表。

一般来说内、外检测区是互斥的，也就是说不能同时建立内检测区和外检测区，但可同时建立数个内或外检测区。

进、出检测区处理程序的主要作用是：判断雷达天线是否已进入检测区，如刚好到达检测区的方位前沿，则将该检测区的距离、方位前后沿参数及内/外检测区标志送到点迹提取器；如刚出检测区即无线扫至方位后沿时，则告知点迹提取器已出检测区；如天线已在检测区内，则按设定的检测区类型，提取器将区内或区外的点迹送航迹处理机进行航迹处理。

6. 目标点迹计算程序

当点迹提取器中有点迹时，目标点迹计算程序将目标坐标、属性等参数转换成航迹处理机进行航迹处理所需的数据格式。

7. 点迹与航迹相关程序

该程序的主要作用是：计算点迹的相关波门；当提取到的点迹是原有航迹的新点迹时，把该点归入原航迹的新点迹；若是原有某孤立点迹的相关点迹时，则建立目标的初始航迹；若该点迹与任何点迹或航迹无关，待下一天线周期到来时再对其加以确认。

8. 航迹滤波与外推

考虑到工程实现的需要，平滑外推计算是按扇区分批处理的。如将全空域分成 16 个相等的扇区，天线每扫完一扇区时，跟踪滤波程序即对扫过扇区内的所有目标进行平滑外推计算，得到目标更新的航迹数据，并向战术处理机发送；如得到 3 个新的连续的相关点迹，则将初始航迹转为确认航迹，并给定批号值；若原航迹连续 3 次没有点迹，则删除该航迹；若原航迹连续 3 次得到点迹，则把预测值作为新测量值，并按此进行平滑和外推计算。

9. 建立航迹表

用来存储经处理后的雷达获得的各种目标航迹的数据。目标航迹的主要数据有目标的批号、属性、类型、坐标、运动参数、时间参数、威胁值、历史点迹、数据链发送（或接收）标志、是否分配武器标志、可信度（航迹质量）等参数。可以看出，一批目标所占据的存储单元数是大量的。

7.3 目标综合识别

7.3.1 目标综合识别概述

C^3I 系统中的目标综合识别是将由系统中多个信源提供的关于目标身份的信息进行综合，产生比系统中任一单源更有效、更精确的身份估计和判决。利用多种类信源进行目标综合识别具有以下主要优点：

（1）可以拓宽监视探测的时空覆盖范围。

（2）可以发挥各传感器的优点，相互补充，提高目标识别率。

（3）多传感器抗干扰的整体性能大大优于单个传感器。

（4）改进了系统工作的可靠性、容错性，降低了成本。

1. 目标综合识别思想与实现步骤

单传感器目标识别概念如图 7-19 所示。单传感器的输出可能是时间波形、离散数据、图像，也可能是身份信息。单传感器目标识别主要完成两个功能，首先对没有给出身份信息的原始数据进行特征提取，将传感器输出由数据空间变换到特征空间，形成特征向量。然后对特征向量进行分类识别，依据与先验模式的比较分析给出目标的身份报告。假定得到两个特征向量 $\{X_{11},X_{12},\cdots,X_{1n}\}$ 和 $\{X_{21},X_{22},\cdots,X_{2n}\}$，根据平台数据库中的先验身份信息，将特征向量变换成两个身份报告或身份说明。

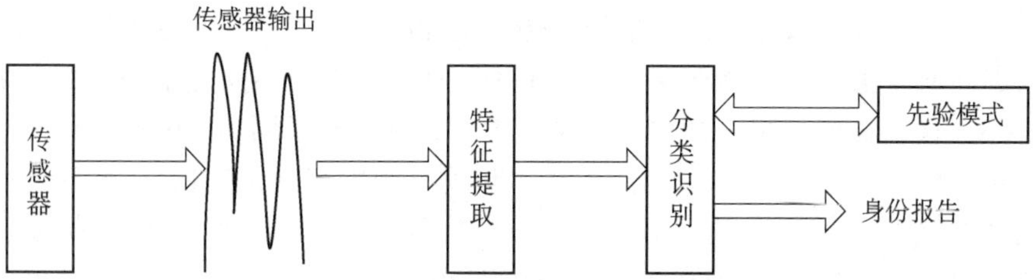

图 7-19　单传感器目标识别概念

C^3I 系统中的目标综合识别通常利用多个传感器（如雷达，ESM，IFF，IR 等）对目标分别进行识别处理，然后对多个带有不确定性的身份信息进行身份融合，得到联合身份说明。图 7-20 给出了一个详细的目标综合识别思想框图。

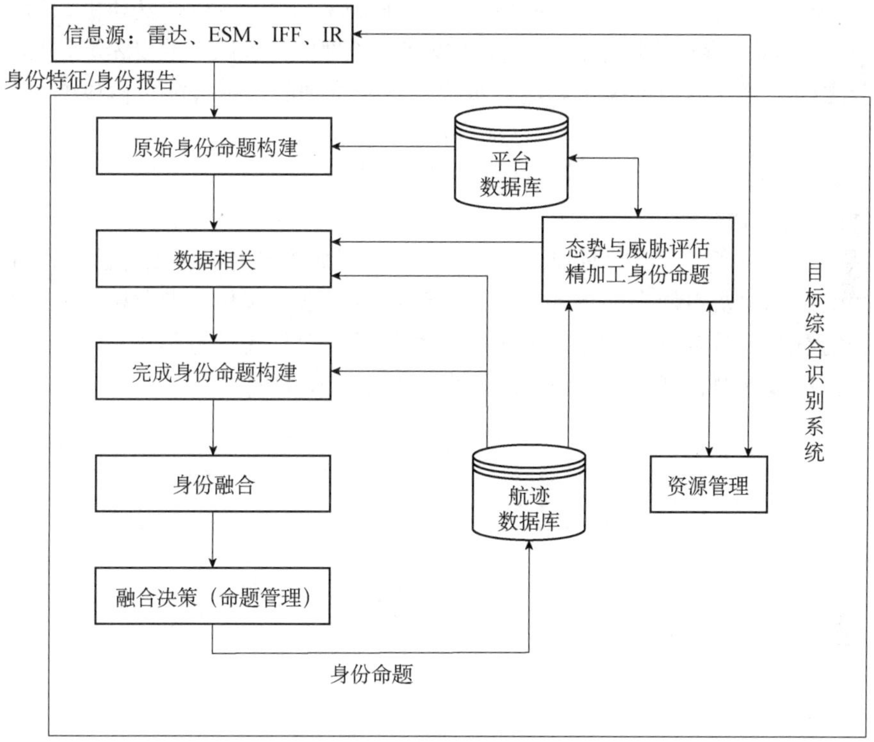

图 7-20　目标综合识别思想框图

如图 7-20 所示，目标综合识别系统首先利用信息源送来的身份特征或身份报告，结合平台数据库中的先验模式构建目标的原始身份命题，再将各身份命题结合航迹数据库中的位置信息进行相关处理，从而完成身份命题的构建。最后，对不同的可能存在矛盾的身份命题进行身份融合，并运用决策规则得到最终的身份命题。对于多传感器目标综合识别来说，除了单传感器目标识别的两个主要功能外，还要将不同传感器的身份估计进行融合，也即是身份融合。因此目标综合识别应该包括三个主要步骤：特征提取、分类识别与身份融合。

此外，不论是单传感器目标识别还是多传感器目标综合识别，在构建目标身份报告时，都要与先验模式进行比较分析，这些先验模式一般都存储在平台数据库中。

在实践中，位置融合和身份融合可能会同时或交替出现。从概念上讲，身份融合可以采用与位置融合相同的方式来完成，但是身份融合更加困难。首先，开发身份特征的物理模型非常困难，因此通常也不采用物理模型进行识别。例如，对于不同类型的飞机，依赖视线角所返回的 RCS（雷达截面）可以被模拟。类似地，原则上对不同类的人造目标（如坦克发动机，机动车辆等）也可以开发 IR（红外）频谱模型（强度依赖于波长）。这样，可以想象出身份估计处理类似于组合 IR 和雷达数据所进行的位置融合。该处理使用观测模型（即 RCS 模型和 IR 频谱模型），并将观测数据与预存数据相匹配来确定实体的身份。在实践中，这种做法是不可行的。每个模型都需要有效的计算资源，并且对于期望观测的每一类型的目标都要开发这些模型。很明显，在具有成千上万的可能识别目标的复杂的战术环境中，这样做是不可行的。

身份融合的第二个困难是身份通常是分层的。在最低的推理级别上，要识别的对象可能包含各种发射机（雷达、电台、定向波束）或物理实体（喷气飞机的发动机、坦克、舰船的一部分等）。在较高的推理级别上，是寻找战场实体（部队、分队）的身份。这样，身份就表示多个成分之间的复杂的内部关系。进一步说，身份推理的目标可能是模糊的，如敌方部队的企图等。

这些复杂性使身份融合处理比位置融合更加困难。

2. 目标识别算法分类

目标识别算法很多，从众所周知的统计算法，如经典推理和贝叶斯方法，到特定的方法，如模板和表决法，以及引伸出的技术，如自适应神经网络。这些技术大相径庭，并且任一算法分类都有随意性。图 7-21 中提供了目标识别算法的一个构想的分类法。将目标识别算法大致分为三类：物理模型、基于特征的推理技术、基于认识的模型。

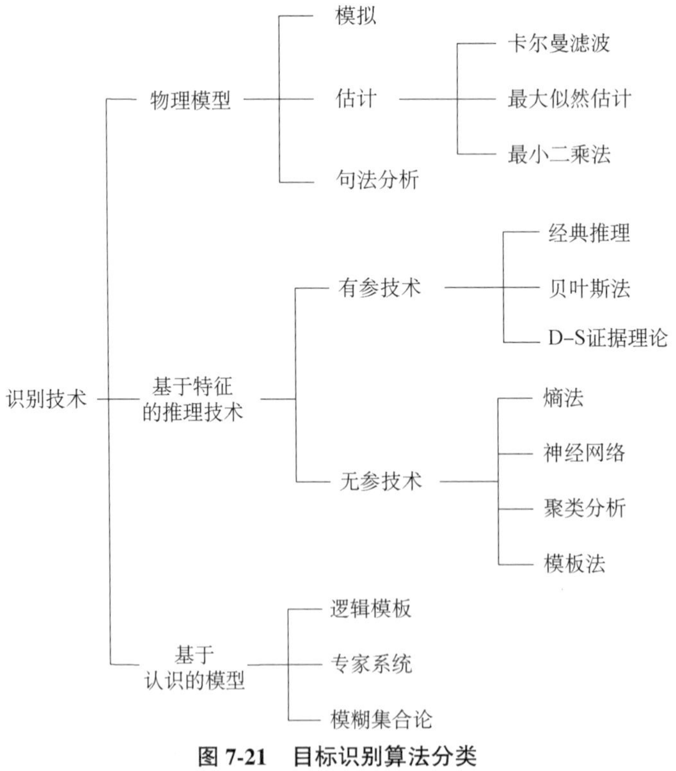

图 7-21　目标识别算法分类

物理模型力图精确地仿造可观测的传感器数据（如 RCS、IR 频潜等），并通过观测与实际数据的匹配来估计身份。该分类中的技术包括模拟和估计方法，如 Kalman 滤波。如我们在前面注意到的，身份模仿是很困难的，尽管在思想上利用经典估计技术实现身份估计是可能的。这些估计处理完全类似于位置数据融合。

基于特征的推理技术的目的是构造基于身份数据的身份说明，不使用物理模型，而是在身份数据和身份说明之间进行直接映射。我们把这些技术分为两大类：有参技术，它需要关于身份数据的统计性质（如分布）的先验假设；无参技术，不需要先验统计信息。基于统计的技术包含经典推理、贝叶斯推理和 Dempster-Shafer 证据理论；无参技术包含模板法、自适应神经网络、聚类分析及熵法。

基于认识的模型是目标识别算法的第三个主要分类。这类方法力图模仿人在识别身份时所进行的分析推理过程。这类技术包括逻辑模板、专家系统、模糊集合论。无论哪种方法，它们都是基于人进行信息处理以获得实体身份结论的感性认识来实现的。

7.3.2 平台数据库

要进行目标识别，必须要有能进行比较的先验模式。目标综合识别系统中的平台数据库中存放的就是各种潜在目标的可能身份特征信息。这些构成了可供分类器使用的先验模式集。平台数据库首先包含了一个全面的能被信源测量的物理参数数据库。原则上讲，这些物理参数是能够被信源直接或间接测量的实值变量，并附带着由信源或信源测量参数处理方法提供的测量精度。直接测量参数包括目标的 RCS、高度、宽度等，间接测量参数包括由航迹融合提供的目标速度、加速度等。平台数据库还存储着一些更直接的有关目标身份的信息，例如，目标的类型、种类、级别和发射机型号等。这些信息属于非实值变量，无法提供对信源报告的误差估计。但是某种信度可以以对目标身份正确估计的信任程度的形式或者以某一算法的期望性能的形式赋予信源报告。此外，平台数据库中还包括一个辐射源数据库和一个地理政治数据库。辐射源数据库包括所有能够被 ESM（电子支援措施）检测到的辐射源名称和类别，地理政治数据库用来考虑各种平台的国籍、友好程度等。表 7-2 展示了加拿大巡逻护卫舰目标综合识别系统平台数据库的一部分。这一数据库包括能被系统中信源观测到的各种类型的潜在目标（包括各种类型的商业和民用的平台）。

表 7-2 加拿大巡逻护卫舰目标综合识别系统平台数据库的一部分

身份号码	类型	种类	RCS 前向/m^2	RCS 侧向/m^2	最大速度/（km/h）	加速度/（m/s^2）	最大高度/m	发射机表	身份
18	空中	直升机	2.5	8	500	3	104	APN-510	EHI-101
19	海上	NVC	130	1210	75	N/A	50	SPS-49	CVN Nimitz

事实上，目标综合识别的质量在很大程度上取决于平台数据库建立的完备程度。表 7-3 描述了 C^3I 系统中目标综合识别系统用到的平台数据库的构成及其典型内容。

表 7-3 平台数据库的构成

数据库	数据库典型内容
载体数据库	平台型号、名称、类型、种类、级别、物理形状与结构、所带发射机与武器装备信息等。载体平台包括空中、水面、水下目标
目标特征数据库	图像特征：包括几何特征与结构特征等；信号特征：包括时域特征、频域特征与复合特征等；运动特征：包括目标速度、加速度等
目标先验知识数据库	分类的目标先验数量、预测的目标位置和轨迹、战斗序列
辐射源数据库	辐射源型号、雷达类型、载频类型、载频值、频率捷变量、重频类型、重频值、重频抖动量、脉冲类型、脉冲宽度值、天线扫描类型、天线扫描周期、发射功率、天线增益等
通信参数库	通信设备编号、通信设备名称、通信设备种类、安装平台类型、频率、中心频率、电平、带宽、调制类型、基带特征、跳速、驻留时间、跳频个数、跳频步进频率、最大作用距离等
地理政治数据库	目标平台的国籍、友好程度等
传感器模型数据库	对于环境中的各种目标类型的检测识别性能数据

7.3.3 特征提取

（一）特征与身份信息

在身份说明与识别过程中经常使用特征。特征是原始数据的一种抽象，其目的是提供一个简化的数据集合，该集合能精确、简化地表示原始信息。用于身份说明的特征有很多。用于 C^3I 系统中的多传感器目标综合识别的目标身份特征主要分为图像数据特征与信号数据特征两大类。

1. 图像数据特征

图像数据的典型特征包括几何特征、结构特征、时域统计特征、频域特征及小波特征等。

（1）几何特征

几何特征是目标或一幅图像的主要特征，它能展现目标或图像的几何形状和尺寸。边缘是描述几何形状和尺寸特征向量中的重要元素。在图像处理中经常利用边缘特征进行边缘提取、边缘增强，更直观地反映目标 / 图像的几何形状，以便对图像进行有效的识别。实际上，边缘是由线段、圆弧、圆等基本元素组成的，它们之间的关系、几何尺寸等都是图像特征选择时所要考虑的重要因素。

（2）结构特征

结构特征能在多维空间内描述目标 / 图像的几何形状和尺寸。特征向量中目标的各种几何形状，如球、圆锥、多面体等及其半径、表面积和构成这些几何体的线段方向及相互关系等，都是图像处理中特征提取的基本元素。结构特征最能显现图像各部分的比例关系。

（3）时域统计特征

时域统计特征主要指构成目标 / 图像的基本元素的数目和概率分布，及其统计参数，如均值、方差和高阶矩等。利用统计特征，可以从总体上加强对目标图像的理解。图像信号的另一个时域特征是它的灰度，它在图像处理中得到了普遍应用。

（4）频域特征

频域特征主要包括频率的高低、频谱的宽度、峰值位置、谱的形状等，当然也可以将其称为频域统计特征，也可以用均值、方差及高阶矩描述。利用频域特征是目标识别的一种非常重要的手段。红外特征实际上也是频域特征，只不过它的波长很短，如只有几微米到十几微米。此外频域特征还包括颜色系统、黑体温度等。

（5）小波特征

小波特征主要是小波系数，它是图像处理和图像融合中经常利用的特征。

2. 信号数据特征

信号数据特征主要包括时域特征、频域特征和复合特征等。

（1）时域特征

传感器输出的信号一般包括信号和噪声。对信号来说，它主要是指脉冲信号，其特征主要有：脉冲宽度（PW）；脉冲重复频率（PRF）或脉冲重复周期；脉冲幅度（PA）；多普勒频率（f_d）；脉冲的前、后沿的上升与下降时间；射频频率（RF）及脉内调制方式（正弦波、线性调频和相位编码等）。对噪声来说，由于它是非周期信号，在幅度和相位上都是随机的，一般用噪声功率来表示，其开方便是均方根值。传感器给出信号的另一个重要特征是它的信噪比，它直接影响系统的发现概率和其他特征的提取。

（2）频域特征

数据信号的频域特征一个是将时域脉冲进行傅氏级数展开所产生的傅氏系数，另一个是将时域脉冲信号进行傅里叶变换所得到的信号的频谱，其参数如频谱形状、谱宽、谱峰、均值等。时域的白噪声，在频域表现为均匀频谱，相关性较强的噪声一般在频域表现为一个低频谱，其形状可能是高斯的、全极点的或马尔柯夫型的。

（3）复合特征

复合特征主要包括信号的时频分析表达式、小波表达式和 Wigner-Villy 分布等。

在 C^3I 系统中一般由诸如警戒雷达、电子支援措施（ESM）、敌我识别器（IFF）、红外传感器（IR）等多种类信源组成的目标综合识别系统。不同信源可探测到目标不同的特征信息。如 ESM 根据脉冲信号的时域特征如射频频率、脉冲宽度、脉冲重复周期和脉冲调制方式等对雷达信号进行分类。脉冲雷达根据所发射的时域信号特征进行信号检测。红外传感器利用喷气式飞机和火箭发动机的尾燃来发现该类目标。随着科学技术的发展，各类传感器所给出的图像信号和数据信号的各种特征将会得到充分利用，这也为目标综合识别和分类提供更多有用的信息。表 7-4 给出了一些信息源的有用特征。

表 7-4　不同信息源的有用特征

传感器类型	信号形式	有用特征
ESM	接收的微波发射器的频率与时间关系	RF、PM、PRF、f_d、频率调制、幅度调制
微波雷达	单个脉冲、冲击脉冲、脉冲串、线性调频或相位编码宽脉冲、连续正弦波	f_d、RF，PW、PFH、RCS、图像、位置、速度等
红外成像	二维热辐射图像	形状、结构、辐射能量、热点的数量、内容
敌我识别器	属性信息报告	敌、我识别信息
声音传感器	声音发射体的频率和时间关系	f_d、多径、水泵和发电机频率及特殊的噪声源

续表

传感器类型	信号形式	有用特征
电视	可视二维图像	形状、结构、比例、大小、内部结构和内容
SAR	二维反向图像	形状、大小、纵横比、散射体的数量和内容
激光雷达	三维图像	f_d、大小、三维形状、散射体位置、结构
毫米波雷达	一维图像轮廓或二维偏振图像	f_d、散射体形状、大小、比例、结构

3. 目标身份信息

不同传感器提供的信息根据其特点分成位置信息和身份信息。位置信息是指那些用来描述目标运动状态的动态参数，通常包括位置（经纬度，高度）、速度和加速度等；身份信息是有助于确立目标身份的有关信息。换言之，身份信息可看成是从多目标源得到的有助于区分目标的信息。根据可能的取值，目标身份信息可以进一步划分为传感器信号、属性信息和身份说明，如图 7-22 所示。

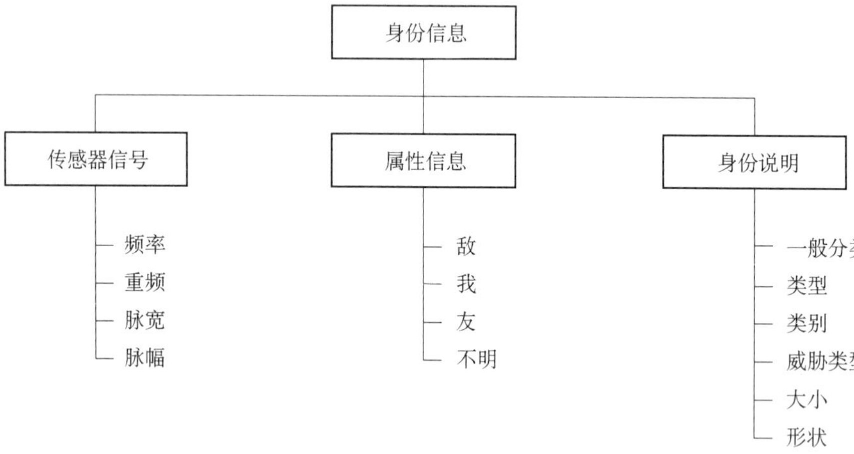

图 7-22　目标身份信息

根据传感器获取的目标身份信息，可以推断目标的类型，进行目标识别。下面以雷达和 ESM 进行目标识别为例加以说明。

雷达可测得目标运动特征（航速、航迹）和几何特性（雷达反射截面积 RCS 与目标大小有关）。利用这些雷达信息与有关目标的经验知识合成，可以推断目标的类型。利用 ESM 对目标平台装备的雷达的辐射特征（载频、脉宽、重频、脉幅等）及其方位进行被动测量，加上有关雷达参数与雷达类型之间关系的知识可推断出目标平台的雷达装备情况，再利用有关雷达装备与平台类型之间关系的知识又可推断出目标平台类型。

（二）特征提取与选择

特征提取与选择的基本任务是如何从许多特征中找出那些最具代表性或本质的特征。从传感器获得的信息有的可直接作为目标的原始特征，如目标的高度与 RCS 等，有的需要经过计算才能得到原始特征，如目标的速度、加速度等。有些直接测量的数据并不能作为原始特征，如识别对象是由红外成像设备传回的数字图像时，原始测量就是各点的灰度值，但很少有人用各点灰度作为特征，需要经过计算产生一组原始特征。原始特征的数量可能很大，或者说样本是处于一个高维空间中，通过映射（或变换）的方法可以用低维空间来表示样本，这个过程就是特征提取。从一组特征中挑选一些最有效的特征以达到降低特征空间维数的目的，这就是特征选择。

例如，对空警戒雷达目标识别可以利用的特征有七类：

（1）RCS 及其起伏特征。如均值、方差、极大值、极小值、极差等。

（2）波形特征。如波形宽度、凹陷度等，必要时可以向有经验的雷达操纵员请教。

（3）运动特征。如飞行速度、高度、编队形式、螺旋桨调制等。

（4）瞬时频响特征。如傅里叶系数、小波系数等。

（5）多周期关联特征。即将不同扫描周期得到的目标信息进行关联，以增加目标识别的信息来源。

（6）极化特征。前提是雷达的发射和接收极化是可变的。

（7）其他情报信息。如二次雷达情报、敌方飞机转场情报等其他侦察手段获取的情报，可以通过人机交互的方式被目标识别系统有效利用。

特征提取与选择的任务就是从雷达输出的原始信息提取出以上可利用的特征，并从中选择适合特定识别算法的特征进行识别处理。

为身份识别处理进行特征提取并没有什么硬性规定，也可以直接使用原始信号或图像数据。例如，可以把一个观测目标的 RCS 与平台数据库中存储的 RCS 特征图形进行比较。在这种情况下，识别过程就变成计算相关系数来确定观测数据与预存的特征图形数据的相关问题。若计算的相关系数超过预设门限，则认为观测目标具有与预存数据同样的身份。若没有有效的预存数据，可借助物理模型产生模拟的特征图形数据。对某些类型的传感器，如红外图像传感器和雷达，模型数据可能比特征图形数据更有用，其理由是，实际数据可能仅适用于与观测的参考特征很类似的条件，而当观测条件变化时，就不能准确地进行预存特征与新观测之间的比较。

事实上，很少有人通过直接比较观测数据与预存特征来识别目标，这样的方法很耗费时间并且计算代价昂贵。此外，如果能够找到所表示的特征，并不总需要进行观测数据与预存特征的比较。这类似于识别一个大停车场中的一辆汽车，如果要通过系统地将该车照片与场内每辆车的照片进行比较，这项工作将是非常复杂与烦琐的。一个非常简单的方法是使用车牌号码作为特征来识别该汽车。即使停车场中的所有汽车具有相同的年代、颜色、形状和尺寸，使用车牌号也能够从所有汽车中识别出一辆汽车。

特征提取与特征选择是模式识别领域中的一个重要内容，有一系列方法解决这一问题。特征提取的方法有：距离度量特征提取法、概率度量特征提取法、散度准则特征提取法、最小熵特征提取法。

特征选择的方法有：最优搜索法、次优搜索法、模拟退火算法、遗传算法。

以上这些方法都是此领域的经典算法，可参见有关文献，这里就不再赘述。

7.3.4　分类识别

目标综合识别的第二个主要功能是分类识别，也即是身份说明处理。如图 7-23 所示，表示具有分量 X_1, X_2, X_3 的一个三维特征向量 $\boldsymbol{X}$，可以被变换到三维空间中的可分离区域中，图中给出的两个区域 A 和 B 。若这两个空间区域表示两类独立实体的身份，则特征空间的区域

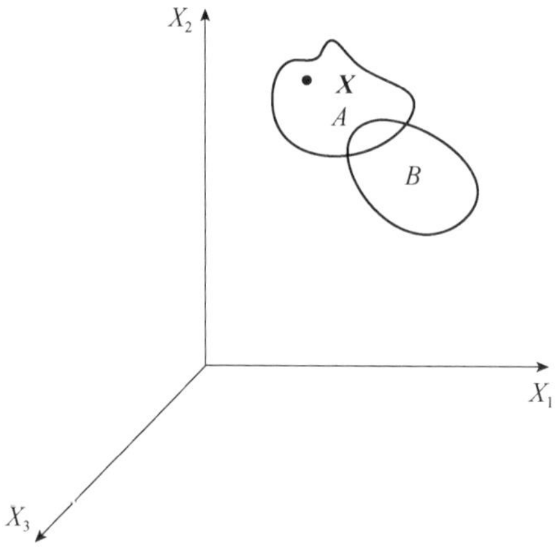

图 7-23　身份识别原理

A 中的向量 $\boldsymbol{X}$ 的位置就构成了“$\boldsymbol{X}$ 是实体 A”的标识。因此使用特征向量进行身份说明处理类似于数据关联所用的处理方法。假设特征空间的维是无线电频率（RF）、脉冲持续时间（PD）、脉冲重复频率（PRF），则利用传感器测量的三维数据即可识别出目标的身份。身份处理的困难出现在表示不同实体的特征空间区域相互覆盖，如当 $\boldsymbol{X} \in A \cap B$ 时，该模糊情况导致无法只依据基本观测特征说明一个唯一的身份。

身份说明处理需要使用模式识别技术，如相似系数法、模板法、聚类分析、自适应神经网络、物理模型或识别实体身份的基于知识的技术。这些技术在本节将有选择的加以描述。这些技术中每一种都需要两个阶段的操作。在训练模式中，取自已知实体的数据用于确定把特征空间划分为多个区域的边界，每个区域确立一个目标或实体的身份（即对于模板是参数边界，对聚类分析是聚类边界）。在特征向量与身份之间建立了关系之后，就可以在识别或分类模式中使用模式识别技术。在该模式中，通过确定观测向量对特征空间中判定边界的位置就能够对各个特征向量进行分类。

表 7-5 给出了通常使用的模式识别技术。这些技术包括相似系数法、参数模板、聚类分析、神经网络、物理模型和基于知识的方法。表中提供了每种技术的简短描述，并且给出了身份说明的主要成分。

表 7-5　识别技术概况

识别技术	描述	身份说明的主要成分
相似系数法	利用特征向量度量两个目标相似程度	特征向量相对于目标向量的接近程度
参数模板法	在特征空间中确定先验边界以识别唯一的对象/身份	特征向量对于模板边界的位置
聚类分析	把数据组合为表示对象身份的自然聚类的技术	特征向量对于一个先验聚类的中心的接近程度
神经网络	模仿生物神经连接产生特征向量与身份分类之间的非线性变换	输入参数神经网络层与输出身份说明层之间的变换
物理模型	使用物理模型来预测作为对象身份函数的观测数据（如 RCS，IR 频谱）	观测数据与预测数据的匹配
基于知识的方法	借助规则、符号表达式、框架等表示对象的身份/特征	确定观测特征满足表达式的程度的推理技术

采用以上识别技术对特征向量进行分类识别处理后，就要给出目标的身份报告，也就是要构建目标的身份命题。在目标身份命题的构建过程中，一般把目标特征信息作为模糊逻辑变量进行处理，同时采用模糊机制来建立命题的置信水平。这是因为：

（1）无法根据目标速度、加速度和 RCS 等特征信息得到一个精确的判断，而且对于综合识别来说也是不必要的。

（2）只有当有关这些特征信息的信源报告与以前记录的情况发生了较大的变化时，才将其进行综合处理。

（3）速度、加速度等特征信息的测量值仅仅表示了目标有能力达到这一值（速度、加速度），并不对应于平台数据库中的某一门限值（如最大速度或最大加速度）。

基于模糊信息的识别问题并不是一个单纯的可测量问题，它必须通过模糊逻辑来建立模型。命题置信水平的计算依赖于信源报告，并且是一个多参数的函数。例如，信源报告来自一雷达并且是关于 RCS 的，那么置信水平可能是一个包括点迹信噪比、航迹方位、雷达环境条件、点迹等参数的函数。表 7-6 所列的是一个典型的应用于警戒雷达目标身份命题构成的例子。例如，可以根据两坐标警戒雷达测量的距离值推断出目标的类型。因为地球是个球体，所以非常远的距离暗示目标是一个空中目标，相对近的距离暗示目标是一个空中目标或是一个较大的海上目标，而非常近的距离暗示目标类型不详（未知）。若估计出目标的速度为 60km/h，则可认为目标是极快的海上目标或是极慢的空中目标（直升机类）。从 RCS 和估计的方位角也可以推断出目标的种类和大小。当目标的正面 RCS 为 $10m^2$ 时，则目标可能是一个很大的空中目标或是一个很小的海上目标。由于 RCS 的测量不一定精确，并且还与目标的方位有关，因此目标身份命题的构成过程还应该考虑其他可能的选择，例如，极大的和大的空中目标或极小的和小的海上目标。表中 *m*%表示置信水平，1，2，…，36 分别表示平台数据库中身份命题代号。

表 7-6　一个典型的应用于警戒雷达目标身份命题构成的例子

雷达测量特征数据	测量值	模糊化	平台数据库的相关子集	*m*%	未知的 *m*%
距离	50km	空中目标	{1，2，3，…，19}	60	10
		较大的海上目标	{20，21，22}	30	
反射截面 航迹方位	$10m^2$ 175° （正面）	较大的空中目标+较小的海上目标	{7，8，9，26，27}	60	10
		极大的空中目标+小的海上目标	{15，16，32，33，34}	15	
		大的空中目标+极小的海上目标	{10，11，12，35，36}	15	
速度	50km/h	极慢的空中目标+极快的海上目标	{8，1，2，32，20，21}	75	25

（一）相似系数法

1. 数学模型

相似系数模型是用于目标识别的最简单的模型之一，它是一种根据目标特征向量度量两个目标相似程度的数学方法。相似性系数可以表示为

$$R_{XY}=\frac{\boldsymbol{X}\cdot\boldsymbol{Y}}{\boldsymbol{X}\cdot\boldsymbol{X}-\boldsymbol{X}\cdot\boldsymbol{Y}+\boldsymbol{Y}\cdot\boldsymbol{Y}} \tag{7-8}$$

$\boldsymbol{X}$，$\boldsymbol{Y}$ 为两个目标的特征向量，式中各量分别为

$$\boldsymbol{X}=\{x_1,x_2,\cdots,x_k\}\quad \boldsymbol{Y}=\{y_1,y_2,\cdots,y_k\}$$

$$\boldsymbol{X}\cdot\boldsymbol{X}=\sum_{i=1}^{k}x_i\cdot x_i\text{，}\quad \boldsymbol{Y}\cdot\boldsymbol{Y}=\sum_{i=1}^{k}y_i\cdot y_i$$

$$\boldsymbol{X}\cdot\boldsymbol{Y}=\sum_{i=1}^{k}x_i\cdot y_i$$

2. 相似系数模型特性

相似系数模型的几个特性的证明比较简单，这里就不予以证明了，直接给出结果：

①如果 $\boldsymbol{X}=\boldsymbol{Y}$，则 $R_{XY}=1.0$。

②规定 $\boldsymbol{X}=0,\boldsymbol{Y}=0$，令 $R_{XY}=0$。

③如果 $\boldsymbol{X}\neq 0,\boldsymbol{Y}=0$，则 $R_{XY}=0$。

④如果 $\boldsymbol{X}=0,\boldsymbol{Y}\neq 0$，则 $R_{XY}=0$。

⑤如果 $\boldsymbol{X}>0,\boldsymbol{Y}>0,\boldsymbol{X}\neq\boldsymbol{Y}$，则 $0<R_{XY}<1$。

3. 决策规则

已知两个目标的特征向量

$$\boldsymbol{X}=\{x_1,x_2,\cdots,x_k\}$$

$$\boldsymbol{Y}=\{y_1,y_2,\cdots,y_k\}$$

①如果 $R_{XY}\to 1.0$，则目标 $\boldsymbol{X}$ 正确地被识别为目标 $\boldsymbol{Y}$。

②如果 $R_{XY}\to 0$，则目标 $\boldsymbol{X}$ 与目标 $\boldsymbol{Y}$ 不属于同一个目标。

③如果 $R_{XY}\to 0.5$，则不进行决策。

假设 $\boldsymbol{Y}$ 为平台数据库中已知目标的特征矢量，而 $\boldsymbol{X}$ 是当前观测目标通过特征提取之后得到的特征矢量，则通过计算相似系数即可判断观测目标是否为已知目标类。

尽管相似系数模型比较简单，但在某些情况下很实用。

（二）参数模板法

模式识别最基本的技术就是模板法，其思想比较简单。首先根据先验信息把多维特征空间分解为不同的区域，其中每一个表示一个身份类别，然后进行特征提取，形成特征向量，最后将其与特征区间进行比较，看是否落入特征区间。图 7-24 给出了用 ESM 识别脉冲发射机的一个例子。

图 7-24 中有两台发射机（1 和 2）定时重复发射能量脉冲，接收发射机信号的是一个观测发射能量的 ESM 传感器，经过射频、中频处理和检波，输出幅度—时间脉冲序列。经过特征提取处理建立一个三维特征向量，由 RF、PW 和 PRF 组成，以表征观测到的数据。该特征提取利用自动峰值检测和表征技术。

将特征向量变换到由分量 RF（射频频率）、PW（脉冲宽度）和 PRF（脉冲重复频率）组成的三维特征空间中。假设通过预先测量或分析建立了两个所关心的不同的发射机分类 A 和 B。在图中这两个发射机分类具有不同的互不覆盖边界。身份识别的处理过程就是观测数据（$\boldsymbol{X}_1$ 和 $\boldsymbol{X}_2$）是否落入这两个特征空间边界内。在这个特殊的例子中，图 7-24 给出观测的发射机 1 落入发射机类 A 的特征空间边界内，因此，观测 1 被说明为具有与发射机类 A 相同的身份。第二个观测 $\boldsymbol{X}_2$，落到发射机类 A 和类 B 的特征空间边界之外。若没有其他信息，观测 $\boldsymbol{X}_2$ 只能说明为具有未知身份。

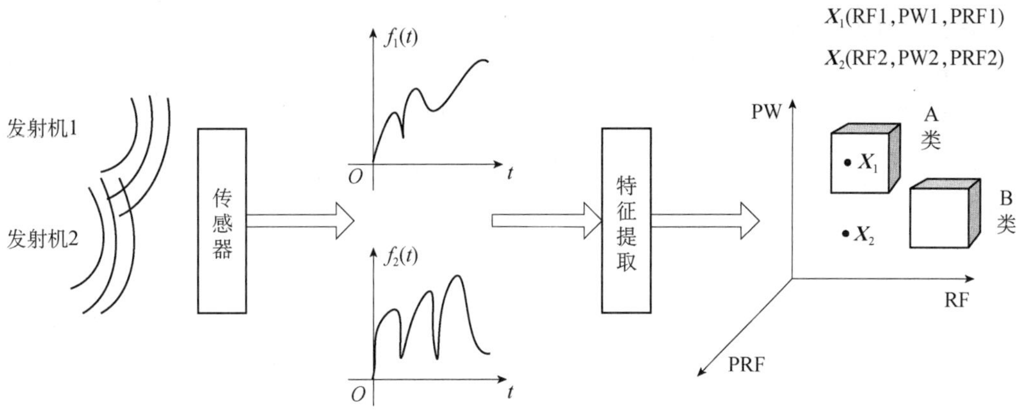

图 7-24　用 ESM 识别脉冲发射机的一个例子

借助参数模板生成身份说明的过程类似于数据关联过程，即将特征向量的位置与特征空间中预先指定的位置进行比较。若观测 $\boldsymbol{X}_1$ 落到一个身份类别的边界附近或其内，则该观测就认为具有与其关联的身份类同样的身份。因此要计算相似性度量，并且每个观测都要与一个先验分类进行比较，这与航迹相关非常类似。

很明显，特征空间可用多种类型的边界来分划，例如，几何类（矩形或椭球体），统计类（Bayes），或其他边界。使模板法变得复杂的一个因素是特征空间中所划分的范围相互覆盖。该覆盖引起了识别中的模糊性而无法求解。

模板法用于身份说明在概念上很简单，它也经常用于数据融合系统。该技术要求采用一种高效的计算方法，而这种方法强烈地依赖于特征的选择及它们在特征空间中的相互关联分布。

（三）物理模型

建立身份说明的直接方法是使用物理模型。该技术是依据一个物理模型设法直接计算实体的特征信号（即时域信号、数据、频域数据或图像）。图 7-25 给出了这个思想。图中一个传感器观测一个对象或目标，产生一个观测特征信号或图像。身份说明的处理过程是将该观测数据与预存的特征信号（来自平台数据库）或与一个模拟信号（由物理模型产生的）进行比较。该比较过程可能包含预测与观测数据之间的相关处理。如果相关系数超过一个预设门限，则认为身份匹配成立。

物理建模预测一个实体的信号必须基于备选对象的物理表征进行，对每个对象或对象类型可能需要不同的物理模型。物理建模的例子包括利用物体内部的成分来预测高温对象的红外频谱和利用电磁环境模型以模拟复杂对象的 RCS。其他例子是使用数字信号模拟来预测发射机的发射。

物理模型可能很复杂，需要很大的软件程序，这也是物理模型不经常使用的一个原因。即使物理模型比较简单或利用预先设定的信号数据，观测模型及预处理也可能很复杂。例如，使用图像传感器进行遥感就是这样的。假设我们已有简单的模型如二维几何绘图或真实的实体照片，我们要利用自动身份说明处理来识别它们，原则上可以直接进行识别处理，只需简单地将观测的图像与模型或预存照片进行比较就可以了。然而为了将观测数据与预测的模型进行匹配需要进行图像上的大量数据处理，如传感器几何校对、检测器校对、平台的几何校正、高速变换补偿与动态范围调整等。

对身份说明的物理建模通常由于巨大的计算量使其应用受到限制。然而，在非实时系统研究中，物理建模是很有用的。该方法对于研究潜在的物理现象也是很有价值的。

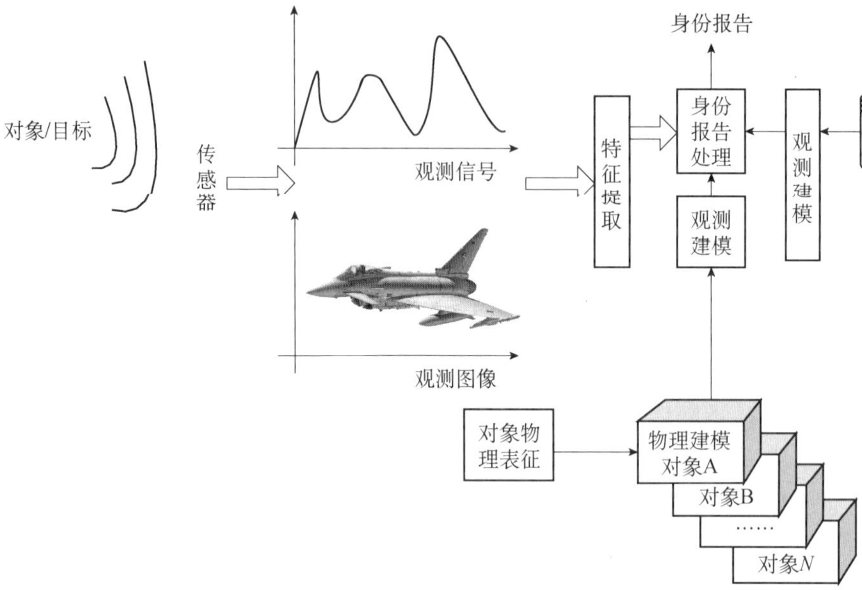

图 7-25　物理建模的身份识别思想

（四）基于知识的方法

基于知识的技术，如专家系统和逻辑模板可以用来进行身份说明处理，这些方法避开了物理模型，而力图仿效人类在进行身份识别中所使用的认识途径。专家系统是计算机程序，它使用知识表示技术和推理处理进行推断，以获得所需要的结论。

基于知识的技术可以基于原始传感器数据也可依赖抽象出来的特征。在每种情况都存在基于知识方法的两个通用方面：知识表示技术和推理方法，以处理信息并获得所要求的结论。知识表示技术包括下述三种。

（1）规则：IF-THEN 语句描述证据（即观测数据的存在）与所引起的行动（即身份说明、附加数据请求等）之间的关系。

（2）框架：复杂的数据结构，用来识别对象属性、关系、表征。

（3）剧本：描述安排和行动，用来描述现实世界的情况或事件。可以使用这些知识表示来定义复杂的物理实体。所收集的规则、框架或剧本知识的集合称为知识库。

基于知识的系统使用推理技术对照一个预存的知识库来处理传感器观测，以完成身份说明处理。所使用的各种推理技术包括布尔逻辑、决策树、模糊逻辑以及处理数据的其他方法，以获得有效的结论。这些技术中任一种都能够掺入观测数据中的不确定性，就像知识库中的不确定性一样。

可以应用于身份说明的专用知识表示和推理技术的重点是确定对象的属性和对象之间的相互关系。一个例子是基于人类语言结构的语法规则法。语法规则法能确定复杂对象或实体的元素和这些元素之间实际的相互关系，该方法类似于建立实际语句的规则，即对语言的基本元素（即词）和生成句子的词间关系规则（即该语言的语法）进行规定。识别处理首先是收集一个实体的基本分量数据，然后对照知识库处理这些数据，若条件符合则确定对象或实体的身份。图 7-26 给出了基于知识的身份识别思想。

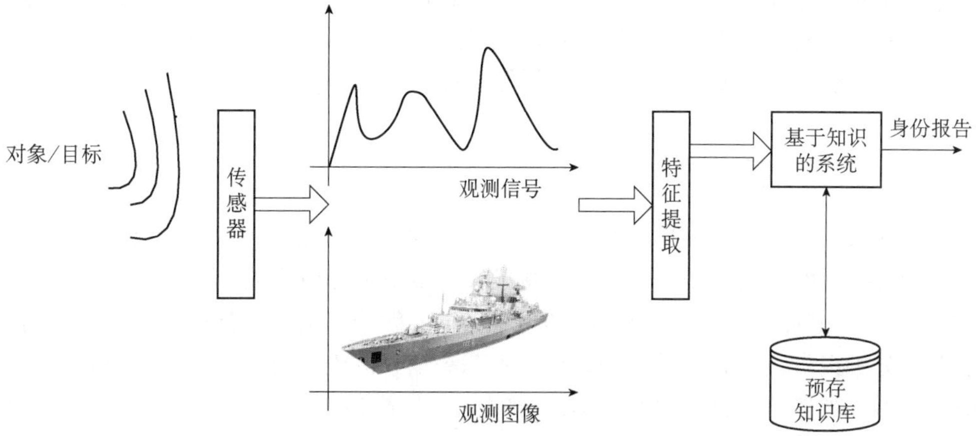

图 7-26　基于知识的身份识别思想

7.4　态势评估

7.4.1　态势评估的概念

为了搞清态势评估的概念，我们先来看看态势的含义。

态势是指一次战役或战斗中，在作战地域内敌我双方投入的兵力编成、兵力和武器部署等情况和地形、气象情况及影响作战的战场环境等诸多因素的总称。态势是一个整体和全局的概念，任何单一的情报或情况都不能称其为态势。在军事词语词典中将态势定义为：军队部署或行动所构成的形态和阵势。态势有有利和不利之分，有利的态势和有利的环境条件密切相关，也与正确的指挥密不可分。

态势评估在不同应用系统中有不同的定义，目前还没有一个一致而完备的描述。通常的看法是，通过将反映抽象行为模式的所有检测目标的空间、时间和类别等特征，与已经确定的各种行为模式进行关联比较，从而确定对当前观测区域的态势描述与估计。需要说明的是态势要素的完备集合十分庞大而复杂，需要大量的先验数据库信息的支持，所以一致而完备的模型是不存在的，只能是依据具体应用的情况有所侧重。

态势评估虽然目前还没有统一的定义，然而有大量关于态势评估的功能性描述，比较为大多数人接受的定义是：态势评估是建立作战活动、事件、时间、位置和兵力要素组织形式的一张视图，将所观测的战斗力量的活动分布与周围环境、敌方作战意图及敌机动情况有机地联系起来，分析并确定事件发生的原因，得到关于敌兵力结构、使用特点的估计，最终形成战场综合态势图。

态势评估的输入是一级融合的信息，从中抽取对当前战场态势尽可能准确、详细的感知，对战场上敌、我、友军及战场环境的综合情况和事件进行定量或定性的描述，并产生对未来战场情况和事件的预测。态势评估的输出是：生成态势分析报告、情况判断结论和战场综合态势图，为指挥员作战指挥提供辅助决策信息。态势评估的目的在于：真实反映当前战场的态势，提供事件、活动的预测，并由此为指挥员提供最优决策的依据。态势评估是一种能够把固定和运动物体（目标）的分布与环境数据、理论数据及所谓的性能数据（如武器攻击性能、传感器观测性能等）联系起来的过程。为了正确估计包括敌方行动路线和杀伤力等因素在内的敌方战斗计划，态势评估不仅需要多层视图（红、白、蓝），而且要把对敌方力量的估计量化，进而识别产生观测事件和行动的可能态势。

7.4.2 态势评估的过程

态势评估是军事智能决策过程中重要的环节，它以军事知识和军事经验为基础，自适应地对急剧动态变化的战场场景进行监控，按照军事专家的思维方式和经验，自动对多源数据进行分析、推理和判断，做出对当前战场情景合理的解释，为军事指挥员提供较为完整准确的当前态势分析报告。在高度动态变化环境下态势信息的处理过程为：信息能够在不同层次上以适当的形式被多角度自动化地处理；对信息的了解是时间、空间域中的当前态势元素被察觉、认识、理解并被预测的处理过程，图 7-27 中表示了这个过程。

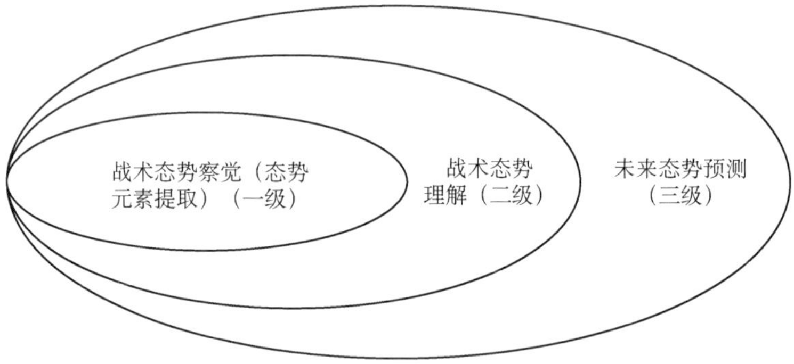

图 7-27　态势评估过程

如图 7-27 所示，这个模型在基于知识的基础上，将态势评估分为三级结构：战术态势察觉、战术态势理解、未来态势预测。

（1）战术态势察觉（或称态势元素提取）是由几个相关的过程组成的，分别是态势数据预处理、态势关联和态势事件检测。

（2）战术态势理解是根据对态势实体行为及态势事件的检测，来解释当前态势情况，判断敌方的战场部署，对敌方意图和作战计划进行识别。在态势形成阶段，融合系统以尽可能客观的方法和形式对战场态势的基本情况进行客观描述，该层次的工作与数据融合的第一层次工作基本是类似的，因此从广义上说，态势形成与数据融合中的元素状态融合和元素识别融合是相通的，而根据态势形成的结果来分析和理解当前态势则是态势评估的核心工作。

（3）未来态势预测是指基于对当前态势的理解，对未来可能出现的态势情况进行预测。即已知 t 时刻的态势 $S(t)$，求解 $S(t+T)$。对于态势实体，可利用其位置预测、活动的可能范围、事件的可能演变和惯用战术等，进行综合分析和判定从而得出未来态势。

在以上三级的每一级中，又根据不同的问题域来实现不同的功能，三个模块共同完成对态势的评估，其结果作为威胁评估及资源管理的输入。

图 7-28 表示一个完整的态势评估过程。

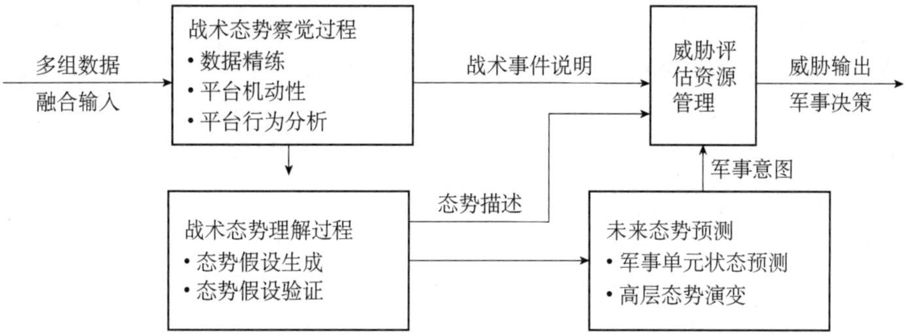

图 7-28　一个完整的态势评估过程

7.4.3　态势评估中各级推理模式及特点

1. 态势察觉

态势评估的一级评估为态势察觉。态势察觉的主要功能是：在一级融合生成的态势数据库中提取描述威胁单元属性的态势元素，也就是完成态势特征提取。

态势评估接受来自一级融合的输入。态势察觉的输入为某特定时刻 t 当前战场环境下的诸威胁单元（如舰艇、飞机、武器平台等）信息，可表示为

$$S(t)=\{P_1(t),P_2(t),\cdots,P_n(t)\} \tag{7-9}$$

其中 $P_i(t)(i=1,2,\cdots,n)$ 为第 i 个威胁单元在该时刻的状态信息集合，以多元组形式给出

$$P_i(t)=\{T,N,I,E,L,S_t,R,W,\cdots\} \tag{7-10}$$

式中，T ——采集到该批目标数据的时间；

N ——目标批号，它是目标的唯一标识符；

I ——敌我属性，包括敌、我、不明或中立方；

E ——实体类型，如战斗机、驱逐舰等；

L ——目标的空间位置；

S_t ——目标状态，包括目标的速度和加速度向量；

R ——辐射源，包括雷达、电台和干扰机等的信息状态及相应的可信度；

W ——武器载荷。

所谓态势察觉就是将 $P_i(t)$ 与历史态势和领域中事件模式类特征模板进行比较、分析、判断，从而提取出所关心的战场态势元素。态势察觉过程可记作

$$T:\boldsymbol{X}_{\mathrm{SN}}\times\boldsymbol{X}_{\mathrm{DB}}^{\mathrm{SL}}\to\boldsymbol{X}_{\phi}^{\mathrm{SK}} \tag{7-11}$$

其中，T 表示态势元素提取过程，$\boldsymbol{X}_{\mathrm{SN}}$ 表示一级融合输出向量 $\{S(0),S(1),\cdots,S(i),\cdots\}$，它描述了威胁单元在各个时刻的属性信息及行为信息；$\boldsymbol{X}_{\mathrm{DB}}^{\mathrm{SL}}$ 描述了军事专家关于态势特征的认识，在数学形式上表示为一个相应的特征矩阵，在物理实现中则体现为一个领域事件的特征数据库，该数据库可由知识工程师和领域专家来建立；$\boldsymbol{X}_{\phi}^{\mathrm{SK}}$ 表示与态势类型 K 相关的特征向量。

态势察觉过程得到的战场军事事件是对态势评估有意义的事件，对作战环境下典型战场军事事件的检测，构成了态势评估的基础。

2. 态势理解

态势评估的二级评估是态势理解。在态势理解中要根据一级评估生成的态势特征集结合

领域专家的军事知识对当前态势进行解释，用于判断敌方战场活动（进攻、防御、行军、欺骗、集结等）和行动企图（穿插、迂回、逃跑等），是对敌方意图和作战计划的识别。

态势理解过程如下，在已知军事知识 $\boldsymbol{K}=(K_1,K_2,\cdots,K_m)$ 和当前实时数据信息 $\boldsymbol{D}=(D_1,D_2,\cdots,D_n)$ 的情况下得到态势 $\boldsymbol{H}(H_1,H_2,\cdots,H_p)$ 的假设结果 $P(\boldsymbol{H}/\boldsymbol{K},\boldsymbol{D})$，$P$ 表示每个备选假设（态势）有一个不确定的概率关联值或置信度。在这个过程中，军事领域知识起着决定作用，根据知识建立态势特征与态势识别的对应关系，形成对当前态势的分类识别：设态势空间 $\boldsymbol{\theta}=\{a,b,c,\cdots\}$，其元素为战场空间中可能出现的全部态势分类，$\boldsymbol{M}=\{x,y,z,\cdots\}$ 为当前态势推理中得到的态势特征集合，表示战场空间中所出现的事件。所谓态势理解实际上就是求解态势特征集合 M 与态势空间 $\boldsymbol{\theta}$ 的对应关系 f

$$f:\boldsymbol{M}\rightarrow\boldsymbol{\theta} \tag{7-12}$$

由此对态势特征进行分类识别

$$\boldsymbol{M}\Big|f=\{\tilde{\boldsymbol{X}}\mid\tilde{\boldsymbol{X}}=f^{-1}(a)\}\Big| \tag{7-13}$$

其中

$$\tilde{\boldsymbol{X}}=f^{-1}(a)=\{x\mid x\in\boldsymbol{M},f(x)=a\} \tag{7-14}$$

即由态势 a 可适用的情况所构成的态势特征子集合。

从以上可以看出，态势理解过程高度依赖军事领域知识，需要依靠丰富的领域知识建立对应识别规则来进行试探性地求解，应用基于知识的推理算法来完成。为此，建立适用的军事事例库及先验模板是必须的。由于态势评估的功能主要是根据不断到来的数据逐步达到对敌方意图和作战计划的辨别，因此可以将它归为一个多假设动态分类问题。

3. 态势预测

态势评估的三级评估是态势预测。态势预测是基于已评估的当前态势，对未来可能出现的态势情况进行预测，即已知 t 时刻的态势为 $S(t)$，在局势可变的考虑周期 T 内对局势进行预测，得到 $\{S(t+T),S(t+2T),\cdots,S(t+nT)\}$。对应于不同级别的预测，可以是多实体军事单元的未来状态的预测，也可以是高层全局态势演变的预测，例如，由攻击状态变为防御态势。

从以上可以看出态势评估问题的特点：首先，态势提取处理和态势分析，是用态势元素的当前值的形势来描述态势的，实质上是数据融合处理过程；其次，态势分析所要识别的战场情景是通过定性的战斗原则、战术性能及用兵方式等军事领域知识来进行识别分类的，即领域问题的特点是基于知识的，问题的求解过程是应用知识推理的过程；最后，态势评估问题是一个动态的按时序处理的过程，在时间延续上对态势演变的估计也是至关重要的。

7.4.4 态势评估研究的任务、目的和现状

1. 态势评估研究的任务和目的

一般说来，目前态势评估研究面临的主要任务是：

（1）进行态势评估信息处理过程的研究，即态势评估的功能模型研究。

（2）进行态势评估推理框架与算法的研究，即态势评估数学模型的研究。

（3）建立态势评估所需知识库，即研究军事知识提取与表示方面的问题。

（4）进行态势评估的软件架构与系统软件设计的研究，即态势评估系统模型的建立问题。

态势评估要达到的目的是：真实地反映战场态势，提供战场事件、活动的准确预测，为

指挥员的作战决策提供依据。

2. 态势评估的研究现状

由于态势评估所涉及的对象多、范围广，且理论基础薄弱，所以要构建一个性能优良的系统来支持它相当困难。

国外对态势评估技术的研究，自 20 世纪 70 年代中后期开始至今已有 40 余年的时间，许多国家在态势评估的理论体系和系统实现方法等方面都做了大量的工作，取得了较大的进展。在这一领域进行研究，首先需要汇集态势评估多方面的知识，包括考虑地理环境、兵力结构、社会政治等多方面的因素，建立较完备可用的数据库；另一方面，要建立算法和推理机制，现有的研究结果表明：仅使用单一的数学方法很难达到这一目标，可能要谋求专家系统、黑板模型等其他技术来综合解决问题。一些技术已经被用于开发实验室原型或接近实战应用的融合系统中，美国国防部在优先发展的关键技术中，将条件事件代数理论、规划识别理论 Bayes 因果网络的研究列为数据融合技术基础理论的研究课题。比较典型的系统有早期 Moshe Ben-Bassat 的模式类态势识别系统和基于专家系统的态势模型框架研究；G. W.Hopple 等人的 IPB 系统（战场情报准备系统，IPB 是一个为指挥员提供敌人过去、现在活动并估计其进一步的企图和行为的多传感器数据融合系统）；David F. Nobel 的基于计划模板的态势辅助系统；Azarewicz J.的多代理计划识别模板匹配战术态势评估系统；Carling R. L.的海上实时知识基态势评估系统；Zhang W. X.的模板匹配态势警觉模型；空战中的单平台多传感器决策为主的态势评估模型以及主要用于军事态势仿真和计划识别的 Multi-Agent 模型等。这些系统都部分地实现了态势评估的某些功能，它们的发展代表了对态势评估问题研究的过程。从海湾战争来看，美国已经有比较成熟的联合作战态势评估系统，比如，ASAS（全源分析系统）实际上就是面向多源信息融合及态势评估的群体决策支持系统。

国内对态势评估的研究也有了一些初步的成果。多数研究都是从态势评估的某一方面出发，在某一局部上对态势评估作了一些研究，还没能提出具体的态势评估因果推理算法。目前大部分的研究结果应该说只包含了态势评估功能的一部分，并且各功能的复杂性和适用性随着应用领域的不同而各不相同。国内目前态势评估的理论研究还没有统一的、能为大家普遍接受的成果；在工程实践中主要是使用建立军事专家系统、运用黑板结构来实现面向具体军事领域（如防空）的态势、威胁评估系统。态势评估的理论研究和工程实现还在深入的发展之中，尚没有一个公认的较为完善的理论方法与体系框架。要构建一个具有实用价值、可实现和可操作性强的态势评估系统，还需大量的理论研究和工程实践经验。

实际上，对于具体的 C^3I 系统而言，进行态势评估的研究应该从战术态势入手。因为相对于战役、战略态势评估，战术态势评估系统涉及面较窄，评估对象较少，规则较为明晰，过程也较为简单，而它又是前二者建设的前提和基础，所以当前对于态势评估的研究应把重点放在战术级上。战术态势评估主要应从作战视图中敌我态势优劣的评估、敌作战计划的估计及己方相应对策的推荐等三个功能模块方面开展工作。对于这三类的功能模块，需要知识工程和人工智能的支持，很多判断要紧密依靠知识库。

由于数据融合涉及军事保密问题，在国内外有关态势评估的文献里，描述实验室里简单原型的多，综述性和说明框架的文献多，而给出较完备理论、可操作性强的方法及对性能评估的少，还没有一个统一的、能为大家普遍接受的观点；另外，在真实军事环境下的态势评估需要有关武器装备特性数据、作战知识条例手册、军事专家经验、各种地理、地图数据及气象信息等，要全面获取这些数据以建立相关的数据库和知识库都有一定的难度。

7.4.5 态势评估的输出

根据态势评估的目的和功能模型，态势评估的输出应该包括：

（1）红方视图，即己方态势，包括己方兵力编成、位置分布和武器配备情况。

（2）蓝方视图，即敌方态势，包括敌方兵力编成、位置分布和武器配备情况。

（3）白方视图，主要指地理、气象等战场环境态势。包括红蓝双方的阵地情况、地形、地物环境，含山川、河流、湖泊、桥梁和机场等信息；气象信息，含温度、雨、雾、雪及未来气象信息。

将以上信息显示在电子地图和其他形式的人机界面上，形成动态的战场综合态势图；人机界面的显示信息根据输入数据的变化动态更新，其更新频率应根据系统性能、战术要求和系统的技术状态来决定。

态势评估系统除了应该能实时自动生成态势评估的结果外，还应该具有友好的人机接口。态势评估的输出结果除了以态势评估报告这种常用的文字形式输出，一般还要在电子地图上直观显示，电子地图上要具备常用的地图操作功能（如可根据需要更换电子地图、可以进行地图的整体或局部放大、可以进行地图的整体漫游等），配有完备的军标标识库，提供功能完善的手工标绘工具；在人机界面上还可以配备一些表页，以文字的形式专门显示一些比较关键的特征数据信息。

最后，好的态势评估系统还应该能针对当前态势情况生成关于己方兵力部署和武器配备情况的建议报告，为指挥员的决策提出直接而具体的建议。

7.5 威胁评估

7.5.1 威胁评估的概念

威胁评估是关于敌方兵力的杀伤能力和对己方目标威胁程度的估计。威胁评估在态势评估的基础上，综合敌方的破坏力、机动能力、运动模式及行为企图的先验知识，得到敌方的战术含义，估计出作战事件发生的破坏程度或严重性，并对敌作战意图做出提示与警告。威胁评估的重点是定量表示敌方作战能力和对己方的威胁程度。威胁评估也是一个多层次视图的处理过程，除了要估计敌方目标的威胁能力，还要充分考虑到己方的薄弱环节。

威胁评估是数据融合过程中的第三级融合，它是根据当前战场态势评估敌方力量的杀伤力和危险性，进而判断危险的敌方意图并报警。与作为二级融合的态势评估相区别，战场态势评估的结果是输出敌方行为模式，而威胁评估则产生定量的威胁能力，并提出敌方兵力的企图。和态势评估一样，威胁评估目前也没有一个一致而完备的定义。通常认为威胁评估的任务是依据态势评估的结果，进一步估计出事件的各种损伤程度和严重性；威胁评估就是要解决如何根据当前的态势，对所检测到的敌方目标企图及其威力进行定量描述。

7.5.2 威胁评估的内容和处理步骤

威胁评估包括以下内容：

（1）威胁评估要素提取。

（2）敌方意图估计。

（3）敌打击目标估计。

（4）威胁等级确定。

威胁评估的功能结构如图 7-29 所示。进行威胁评估的对象，是系统中经过识别后属性为非我的目标，即属性为敌的目标和属性为不明的目标。

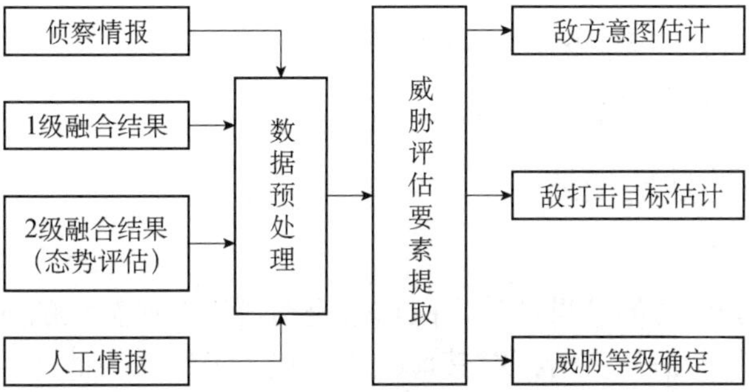

图 7-29　威胁评估功能结构图

（一）威胁评估要素提取

威胁评估是一个非常复杂的问题。如何确定威胁等级及确定威胁等级时要考虑的因素均是十分重要的问题。因为要考虑的因素很多，所以只能考虑主要因素而忽略次要因素。当前敌方的兵力分配，敌我双方的作战能力，地理、气象环境对武器性能的影响等，再加上敌平台隐身、伪装等欺骗行为，都会影响对敌方作战意图的判断，也给做出正确的威胁评估带来很大困难。特别是当前高技术手段被普遍采用，战场态势变化迅速，考虑到评估的实时性就更应该考虑主要因素。

在实际应用中，根据可获取数据的实际情况、可操作性和实时性的要求，威胁评估需要提取和考虑的主要要素如下。

（1）己方运动目标和其他保护目标的位置、重要性和保护能力。这里所说的保护目标，包括己方的指挥所、通信中心、发射场、机场、水库、电站、道路交通设施、军事基地和大型的企业及重要的水电民用设施等。威胁评估时，需要根据保护目标的重要程度，将保护目标划分为几个等级加以处理。这些数据和相应的等级信息都要事先存入与威胁判断有关的战术数据库中。

（2）敌方目标的平台类型。根据敌平台类型，就可以查询平台数据库，找到该类平台作战能力的描述。例如，已经知道敌平台类型为某种类型的隐身战斗轰炸机，通过查询平台数据库，找到该类型飞机的描述，便可知道该飞机的概况，如它的性能参数、携带武器类型、主要无线电设备性能，还可获得平台的电子战能力和硬武器的杀伤、摧毁能力等有关数据。对这些数据进行综合分析，就能得出该种平台进攻能力的有效描述。

（3）敌平台数量。根据敌平台的数量、位置和类型，可以判断出总的攻击能力。

（4）敌方目标与己方目标之间的距离。显然，敌方目标离己方目标越近，对己方目标的威胁程度越高。

（5）敌方目标的到达时间。到达时间，是指敌方目标从当前位置到达己方保护目标所需要的时间。根据到达时间，可以判断出敌方目标要经过多长时间才能对己方目标实施有效攻击。到达时间越短，该敌方目标的威胁程度越高。到达时间可以根据平台速度和当前位置进行计算。

（6）敌方目标与己方目标的相对运动方向，这是描述敌方目标是否朝己方目标运行的因素。

（7）敌方目标携带武器的数量、性能等配备情况。根据敌方目标平台所携带的武器类型，通常按杀伤力将其划分为 4 个威胁等级，即最高、次最高、高和低。可以将 4 个等级依次对应为带有核攻击能力的平台、载有常规导弹和激光制导炸弹的平台、载有重型炸弹或集束炸弹的平台和其他常规平台。

（8）敌我双方探测器、武器的作用距离。

（9）己方武器抗击的反应时间。

（二）威胁评估的功能描述

1. 敌作战意图估计

目前，能否从态势评估的结果估计出敌作战企图还存在比较大的疑问。一般认为，敌方企图和作战方案只能从通信侦察情报或其他人工情报、上级通报等途径获得。威胁评估则希望从作战地域敌人配置、活动等情况中得到敌方意图的一些有益评估。

估计敌方的作战意图，可以从以下几个方面加以考虑：

（1）从敌方部队的运动状态进行评估。

（2）从事件或活动的模式进行评估。

（3）从关键兵力元素的作战准备情况进行评估。

（4）敌方作战条令。

2. 敌打击目标估计

根据敌平台的进攻能力、速度、航向及敌战略、战术意图和作战目标，推断出敌平台的可能行为。通过当前敌我兵力的配置、目标位置、敌我相对状态、敌方企图任务等可以判断敌方可能攻击的目标，确定攻击与被攻击、威胁与被威胁关系，使我有关方面及早制定对策。

3. 威胁等级确定

威胁等级确定的处理步骤如下。

（1）确定威胁等级所需要考虑的主要因素。对于类型不同的威胁目标，所要考虑的主要因素各不相同，在确定威胁等级时应该综合考虑各种因素的影响。对某个具体的敌方目标来说，并不一定要考虑所有的因素，要根据其具体平台来决定考虑哪些因素。比如，对于携带导弹的平台，由于它可以用导弹对攻击目标实施远距离攻击，此时到达时间就没有太大的意义；但如果平台携带的是炸弹，此时考虑到达时间就有重要的意义，因为它只有到达攻击目标上空才能对目标实施有效攻击。所以，在建立威胁评估知识源中的规则时，需要根据不同的平台类型，应该考虑不同的威胁因素。

（2）根据所提供的敌方信息，确定其隶属函数，然后根据各因素的关系和对威胁的影响程度，确定相应因素的加权系数，综合评判对目标的威胁隶属度。

（3）各因素隶属函数的分析，包括目标距离威胁隶属函数模型、目标速度威胁隶属函数模型、目标类型威胁隶属函数模型、目标航向与己方保护目标相对位置威胁隶属函数模型、到达时间威胁隶属函数模型和所携带武器的威胁隶属函数模型等。

（4）威胁等级评判。在系统的情报综合过程中，通常根据系统的实用性与方便性、模型处理的可行性与实时性的要求及指挥员的思维习惯等因素综合考虑，将属性为敌和不明的来袭目标的威胁等级划分为 4 级：强、中、弱、无，也依次称为 1，2，3，0 级威胁。1 级威胁的战术含义是敌方目标的威胁程度较大、防御时间紧迫，己方应立即对其采取防御措施；2 级威胁的战术含义是敌方目标的威胁程度适中，己方防御时间较充分，或虽然威胁程度较大，但与 1 级目标相比有足够的防御时间；3 级威胁的战术含义是敌方目标的威胁程度较小，己方有充足的防御时间，短时间内无须对其采取防御措施；0 级威胁的战术含义是敌方目标距离相当远，在相当长时间内对己方目标不构成威胁。

（三）威胁等级的确定和输出

1. 威胁等级的确定方法

（1）根据敌威胁目标的类型，对影响威胁判断的几个主要因素，根据实际应用的要求分别确定几个门限值。不同类型的威胁目标，要考虑的主要因素是不一样的。

（2）针对每个因素，将所确定的门限值按照从小到大的顺序组成该因素的门限范围。

（3）计算敌我双方目标的实际值，并与该类因素的门限范围进行比较，看落在哪个门限的范围内。

（4）根据每类因素的比较结果综合判定威胁目标的威胁等级。

在指挥系统人机界面上，通常需要对敌方目标的威胁等级进行排序，以帮助指挥员对敌情的危险情况有更深入和更精确的认识，以便进行后面的决策。一般情况下的排序原则是：类型不同的威胁目标分别排序；在同类型目标中再按照威胁等级大小排序。那么处于同一类型、威胁等级也相同的目标又如何排序呢？这里就要用到所谓“威胁排序值”来解决这一问题。

威胁排序值，是为了便于对威胁目标进行排序，在威胁等级的基础上对实际威胁程度大小的一种更精确的量化描述。威胁排序值可以表示为影响威胁评估几个主要因素的增函数，它的取值根据目标类型的不同可以表示为几个威胁要素的线性组合。在类型相同、威胁等级也相同的威胁目标中，威胁排序值越小表示威胁程度越高。

2. 威胁等级的输出

为了让指挥员直观地查看目前受到的威胁情况，威胁评估的输出一般在指挥系统人机界面上显示出来，与威胁目标有关的所有威胁信息的详细情况也应该显示出来，这些信息也应该随着目标数据的更新而及时动态地变化。比如，当威胁目标靠近己方目标时威胁会越来越大，目标远离时威胁会逐渐减弱。随着威胁目标的运动和整个态势对峙状态的变化，威胁目标可能由先威胁己方的某一个目标转移到威胁己方的另外一个目标。

7.5.3　威胁评估实例

本节以要地防空威胁评估为例进行分析。要地防空面临的威胁主要是空中目标，如来袭巡航导弹和飞机目标。要地防空的威胁评估的方法很多，这里主要介绍一种比较简单、实用的评估方法，即分类、分级、排序方法。该方法将已建立航迹的所有威胁目标，根据有关准则分为三个威胁等级（即不考虑 0 级威胁）。对属于同一个威胁等级的多个目标，也按一定的准则，分别对它们进行排序。排序结果要求尽可能接近目标对要地实际威胁的相对顺序（本节举例的有关数据只是为了便于说明分析方法，不具有实际意义）。

（一）空中目标的分类

由于不同空中目标，其运动规律、作战方式有明显差别。一般将雷达捕获的目标，按速度分为如下几类：

（1）来袭巡航导弹（正飞向要地的对地导弹）。

（2）轰炸机或攻击机（简称轰击机）。

（3）直升机。

（4）歼击机。

（5）军用辅助飞机（简称军辅机），包括侦察、运输等辅助作战飞机。

由于来袭巡航导弹的飞行速度比较快，巡航高度比较低，发现距离比较近，攻击方向即导弹的速度方向朝向要地方向的特点，每当出现新目标时，可以先根据下述四点准则是否同时成立识别来袭的巡航导弹：

（1）飞行速度：$V_d>0.7\text{Ma}$。

（2）飞行高度：$h<300\text{m}$。

（3）发现距离：$D<60\text{km}$。

（4）目标攻击角（目标与要地连线与目标飞行方向的夹角）：$X_d<15°$。

如果该目标不满足以上条件，则自动将其定为类型不明的飞机，并按轰击机评估其威胁。在实际中，进一步以人工识别目标类型是可能的，如直升机的速度慢且变化范围大，轰炸机的回波较强，侦察机的飞行高度一般较高等。对战前通报及编队队形的分析，也可作为人工识别目标类型的依据。

（二）空中目标的威胁分级

对来袭的巡航导弹，一经发现应定为一级威胁，这是因为雷达发现（低空）巡航导弹的距离一般仅有几十或十几千米。按其速度为 1Ma 计算，飞到要地位置只需几十秒，而且导弹的精度高，破坏力大，必须尽快开始反导。

对飞机威胁等级的划分主要考虑要地抗击飞机的武器性能，以及飞机实施攻击的形式和所用武器的性能。目前飞机的攻击武器主要有两类：远程使用的巡航导弹，近程使用的空投炸弹。巡航导弹的射程远的可达 200km，近的一般也不小于 8km，炸弹的投掷距离一般在 10km 以内。而要地装备的主要对空武器对低空反导距离很难超过 60km。因此当来袭导弹与要地距离小于 60km 时，定为一级威胁。

对于轰炸机或攻击机，由于它们既可携带来袭巡航导弹，也可携带炸弹，因此当目标与要地水平距离小于 60km 时，对要地已产生了明显的直接威胁，定为一级威胁；当它们与要地水平距离在 60～200km 之间时，可能向要地发射对地巡航导弹，定为二级威胁；当其与要地水平距离在 200～300km 之间时，对要地将有近期威胁，定为三级威胁。距离再远的目标，到达要地的时间较长，无近期威胁，不赋予威胁等级。

直升机可为导弹超视距攻击提供引导，也可携带小型对地导弹和火箭等攻击要地目标，其发射和投掷的水平距离一般小于 15km，因此当它们与要地的水平距离小于 15km 时定为一级威胁；当距离为 15～50km 时，定为二级威胁；当距离为 50～150km 时，定为三级威胁。

歼击机主要用于空战，对要地攻击的可能性不大。它们不携带对地巡航导弹，可能攻击要地的武器主要有小型炸弹、火箭或机炮。敌歼击机在与要地水平距离小于 8km 时，定为二级威胁；距离在 8～30km 时，定为三级威胁。

军辅机对要地只会产生潜在威胁，当其与要地水平距离在 0～80km 时，定为三级威胁。

有关空中目标威胁等级的划分可参见表 7-7。

表 7-7　空中目标威胁等级门限

水平距离（km）/威胁等级/目标类型	一	二	三
来袭导弹	<60		
轰炸、攻击机	0～60	60～200	200～300
直升机	0～15	15～50	50～150
歼击机		0～8	8～30
军用辅助机			0～80

（三）空中目标的威胁排序

1. 导弹的威胁排序

导弹威胁排序是根据导弹的距离、速度和航向来进行威胁排序的。按一般规律，距离越近速度越快的导弹，到达要地所需时间就越短。导弹的飞行方向越是朝向要地，不仅其射向要地的可能性大，而且也相应缩短了到达要地所需时间。综合导弹距离、速度、飞行方向这三个参数，对导弹排序可根据式（7-15）计算，并按计算结果的大小进行排序，数值小的在前，大的在后。

$$N = D / V + KDX_d^2 \tag{7-15}$$

其中，D——导弹与要地的距离，单位：千米（km）；

V——导弹的飞行速度，单位：千米/小时（km/h）；

K——常数，量纲：小时/（千米×弧度²），其值决定 X_d 对排序的影响；

X_d——要地和导弹之间连线与导弹飞行方向间的夹角，单位：弧度。

2. 飞机的威胁排序

1）一级威胁飞机的排序

对一级威胁的飞机，按目标使用的攻击手段不同，进一步分成发射巡航导弹和轰炸两级子威胁。飞机发射导弹的距离多在 8km 以上，发射时的飞行航向一般朝向要地；飞机实施轰炸则多在 8km 之内进行。分析外军对地轰炸的战术动作，准备实施轰炸的飞机一旦选好进入方向，则立即迅速接近投弹点，以减少在对方防空火力范围内的暴露时间，到达投弹点上空时，为了反复投弹，可能会做一些机动。因此，对水平距离大于 8km 的飞机，主要按其可能发射导弹来评估威胁；对 8km 以内的飞机，主要按可能轰炸来评估威胁。

对各子威胁级的飞机排序时，可以利用目标的 3 个航迹参数：距离、速度及航向。前两个参数与目标到达要地上空的时间有关，而目标航向与其攻击意图及到达要地的时间都有联系。按上面两级子威胁的划分，8km 以上的飞机，其航向在各排序因素中所占的比重，应比 8km 以内的飞机高。由此排序函数为

$$N = D / Vf(X_d) \tag{7-16}$$

其中，N、D、V 的含义与式（7-15）相同，$f(X_d)$可以采用两种形式

$$f_1(X_d) = 1 / \cos X_d \tag{7-17}$$

$$f_2(X_d) = X_d / \sin X_d \tag{7-18}$$

当$f(X_d)=f_1(X_d)$或$f(X_d)=f_2(X_d)$时，N都可解释成飞机沿某种路径到达时间的时间，且都符合预想的随X_d角变化的规律。

对$f(X_d)=f_1(X_d)$，$f(X_d)=f_2(X_d)$两种情况的分析表明，当X_d接近于0时，$f(X_d)=f_1(X_d)=f_2(X_d)$约等于1，N值等于飞机从当前位置径直飞到要地上空的时间。随着X_d的增大，$f(X_d)=f_1(X_d)$时，N值增加的速度将远大于$f(X_d)=f_2(X_d)$时N值的增加速度。当$X_d \geqslant 90$度时，若令$f(X_d)=f_1(X_d)$，则N取值为无穷大或负值，已没有实际意义。

由于距离大于8km的较高威胁的飞机，无论发射导弹还是接近轰炸，其飞行方向大都朝向要地，所以在此距离段的飞机，若角$X_d \geqslant 90°$则其对要地的威胁已明显降低。为了体现这一特点，对距离大于8km，且$X_d < 90°$的飞机，$f(X_d)$的选择应使其对角X_d的变化敏感一些，因此选用$f_1(X_d)$，对8km以上且$X_d \geqslant 90°$的飞机，$f(X_d)=1$，单独排成一个子序列，接在$X_d < 90°$的飞机序列之后。

距离小于8km的飞机，由于离要地很近，攻击意图已很明显，即使在机动中仍具有较高的威胁。快速飞行中的飞机，转弯半径都比较大，其路径可用$f_2(X_d)$代表的弧线近似，故对这一级子威胁，令$f(X_d)=f_2(X_d)$。

一级威胁飞机的排序方法可参见表7-8。

表7-8　一级威胁飞机排序方法

条件	$D \leqslant 8$km	$D > 8$km，$\lvert\alpha\rvert < 90°$	$D > 8$km，$\lvert\alpha\rvert \geqslant 90°$
排序函数N（N值小的排在前面）	$\dfrac{D}{V}\dfrac{\alpha}{\sin\alpha}$	$\dfrac{D}{V}\dfrac{l}{\cos\alpha}$	$\dfrac{D}{V}$
子序列先后顺序	1	2	3

表中：$\alpha=X_d$（下表同）。

2）二级威胁飞机的排序

二级威胁的飞机可分成两种情况，其中轰炸机、攻击机、直升机等主要以巡航导弹相威胁，而歼击机则可能对要地作临空攻击，由于临空的歼击机可由要地火力抗击，故将其作为二级威胁飞机的第一级子威胁，其他情况作为第二级子威胁。

由于第一级子威胁飞机的特点，与8km内一级威胁飞机的情况相似，故用相同的排序函数。同样，二级子威胁飞机的特点，与8km以上一级威胁飞机相似，故用与其相同的排序函数。二级威胁飞机的排序方法参见表7-9。

表7-9　二级威胁飞机排序方法

条件	一级子威胁（$D \leqslant 8$km的歼击机）	二级子威胁（$60 < D \leqslant 200$km的轰炸机、攻击机；$15 < D \leqslant 50$km的直升机）
排序函数N（N值小的排在前面）	$\dfrac{D}{V}\dfrac{\alpha}{\sin\alpha}$	$\begin{cases}\dfrac{D}{V}\dfrac{1}{\cos\alpha} & \lvert\alpha\rvert < 90° \\ \dfrac{D}{V} & \lvert\alpha\rvert \geqslant 90°\end{cases}$
子序列先后顺序	1	2

3）三级威胁飞机的排序

三级威胁的飞机（$200<D\leqslant 300$km）对要地来说威胁尚不紧迫，使排序结果相对稳定，对它们只按距离远近排序。

4）飞机威胁排序函数的几何意义

如图 7-30 所示，P 点为要地位置，Q 点为目标位置，ΔQPD 为直角三角形，C 为 QD 中点，$\angle DQP=X_d=A$，$PQ=d$，目标速度为 V_d，则有

$$CP=CQ，\angle CPQ=\angle PQD=A，$$

$$CP=CD，1/\cos A=DQ/PQ，$$

所以，$PQ/\cos A=PC+CQ$

若 $f(X_d)=f_1(X_d)=1/\cos X_d$，则 $N=D/V_d\ 1/\cos A=D/V_d\ (PC+CQ)/D=(PC+CQ)/V_d$。

由此可见，N 值等效于目标以匀速沿等腰三角形的两腰到达要地上空的时间。

又如图 7-31 所示，P、Q 同上，且目标速度向量相切于 Q 点，$\angle CQP=A$，$PQ=d$，$A=X_d$，R 为弧 PQ 的曲率半径，则

$$L=R\cdot 2A$$

$$A=D/2\cdot 1/\sin A$$

所以 $L=D\cdot A/\sin A$

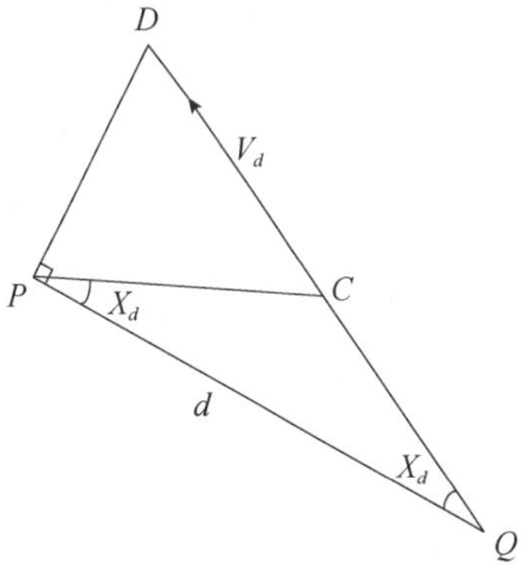

图 7-30　排序函数的几何意义 1

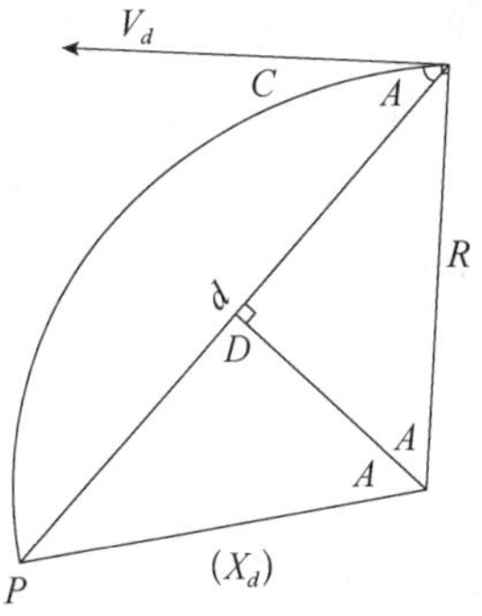

图 7-31　排序函数的几何意义 2

当排序函数取 $f=f_1$ 时，则有 $N=D/V_d\cdot A/\sin A=D/V_d\cdot L/D=L/V_d$

由此可见，N 值等效于目标沿圆弧运动到要地上空的时间。

7.6　本章小结

信息融合是一种多学科交叉的共性关键技术，可以将各个信息源采集的不完整信息加以综合，减少多元信息之间可能存在的冗余和矛盾，降低不确定性。本章在对指挥控制系统的信息输入与录取技术进行介绍的基础上，从检测级融合、位置级融合、目标识别、态势评估、威胁评估等几个不同层次阐述了指挥控制系统中的信息融合的基本问题。

本章给出了数据融合分级的功能模型和结构模型；详细阐述了单传感器多目标航迹处理的基本方法，包括航迹的建立，点迹与已有航迹的相关，波门的选择，航迹的滤波与外推计

算等几个主要环节。对目标综合识别的思想与实现步骤进行了介绍，包括三个主要环节：特征提取、分类识别与身份融合，为了实现这三个环节，必须解决平台数据库、特征提取、分类识别方法等关键技术。

态势评估与威胁评估有紧密的联系，因为威胁实际上是一种特殊的态势。态势评估包括战术态势察觉、战术态势理解、未来态势预测等三个主要环节，其中每个环节的处理结果除作为下一个环节的输入外，还可直接提供给威胁评估使用。态势评估的输出包括红方、蓝方、白方三个视图，威胁评估的结果是战场上各个威胁目标的等级排序。本章对态势评估的概念、过程、推理模式、研究任务和输出等问题进行了介绍；对威胁评估的概念、内容、处理步骤等问题进行了介绍。本章的重点是数据融合的概念、功能模型、结构模型、单传感器多目标航迹处理等问题，态势评估、威胁评估目前技术上发展还不完全成熟，除基础理论外，工程应用中难有通用的普适的解决方案，还处于边应用边研究改进的状态，读者应注重其基本概念、过程、内容等方面。

习题 7

1. 数据融合的定义是什么？
2. 位置级融合的任务是什么？
3. 简述单传感器多目标航迹处理的基本方法。
4. 目标识别（属性）层的信息融合有哪三种方法？
5. 态势评估的输出内容有哪些？
6. 威胁估计的任务是什么？

第 8 章　火控与指控系统的基本技术

8.1　计算机网络技术

现代指控系统能够实现分布式处理结构依赖于计算机网络的支持。将各传感器、显控台及武器作为节点挂在计算机网络上，借助于软硬件实现功能上的分布、物理位置上的分布及控制上的分布。从某种意义上说，指控系统的计算机网络就是指控系统的核心，它性能的优劣，将直接影响指控的性能。本节主要讲述指挥控制系统的组网技术。

由于指控系统是工作在恶劣环境——高温、低温、湿热、盐雾、振动、冲击、颠振、辐射环境下的强实时系统，对网络技术的要求苛刻。因此，最初采用的都是军用标准网络，比较典型的例子有 1553B 网、UDICON 网、SDMS 网、SHINPADS 网等。军用标准网络是针对军用环境而开发的，它的性能在满足军用要求方面是比较可靠的。但是，由于它的专用性，使得其开发成本过高、开发周期长、开发工具很少，效费比较低。随着商用网络技术性能的不断提高、成本不断下降，较好的商用网络技术作为比较经济、易于开发、能满足军用需求的技术，使得各国的指控系统计算机网络绝大部分都转向采用商用网络技术。被广泛应用的商用网络技术主要有 FDDI 网、以太网、令牌环网等。

应用于指控系统的商用网络技术，一般都采用开放式体系结构。所谓“开放”是指，只要遵循开放系统互联参考模型（OSI），一个计算机系统就可以和也遵循此标准的任何计算机系统互联互通。

8.1.1　计算机网络基本概念

（一）计算机网络及其分类

我们采用美国著名网络权威 A.S 坦南鲍姆（Tanenbaum）的定义：“计算机网络是指一定独立自治的计算机互联集合体。”

但计算机网络和分布式系统有明显差别，坦南鲍姆认为，分布式系统是网络的一种特例，它具有高度的内聚性和透明性。它实现了通信、资源共享、并行计算。从本质上讲，一个网络可以是，也可以不是分布式系统。

计算机网络如果按网络覆盖物理范围分类，可分为：

①局域网络（Local Area Network，LAN）。覆盖范围一般是方圆几千米之内。

②区域网络（又称城域网）（Mecropolitan Area Network，MAN）。覆盖范围一般为一个城市，故名城域网，介于局域网和广域网之间。

③广域网络（又称远程网）（Wide Area Network，WAN）。覆盖范围从几十千米到几千千米。

（二）计算机网络的拓扑结构

网络拓扑结构是指网络的链路（即相邻两节点间的通信线路）和节点在物理上形成几何的构形。用通俗的语言来描述就是：网络中各个节点相互连接的方法和形式即是网络的拓扑结构。

局域网的拓扑结构主要有总线型、星形、环形、树形、双环树等。

（三）网络传输介质

网络的传输介质即是信息通道，是传输电或光信号的物理信道。网络中比较常用的传输介质有双绞线、同轴电缆和光纤。

1. 双绞线电缆

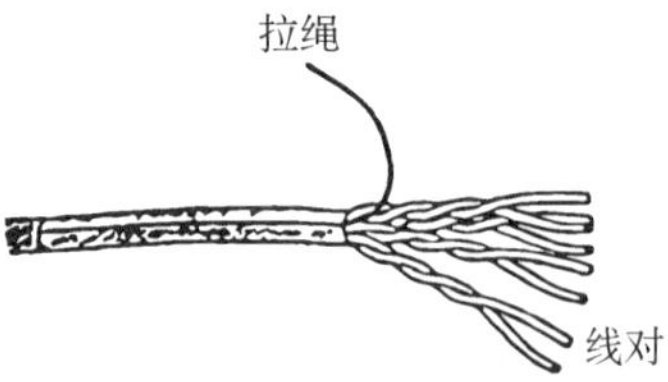

图 8-1　双绞线

双绞线也称为双扭线，是最古老又是最常用的传输介质。把两根具有绝缘保护层的铜导线按一定密度互相绞缠在一起形成的线对，或者把多根双绞线再绞合成电缆状。双绞线的绞合密度、扭绞方向和绝缘材料直接影响着它的特性阻抗、衰减和近端串扰。双绞线既可用于模拟信号传输，也可用于数字信号传输，其通信距离一般为几到十几千米，如图 8-1 所示。

在传输距离为几千米时，双绞线的数据传输速率为几兆比特每秒。在百米左右的短距离内，双绞线的数据传输速率可达到 100～155Mbps。

为了提高双绞线的抗电磁干扰能力，可以在双绞线的外面再加上一个由金属丝编织成的屏蔽层，这就是屏蔽双绞线。

因此，双绞线分为两种基本类型：非屏蔽双绞线（UTP）、屏蔽双绞线（STP）。其中，非屏蔽双绞线又分为以下几类：

- 1 类、2 类 UTP。用于声音和低速数据传输（如 RS-232）。
- 3 类 UTP。用于声音和数据传输，数据传输速率最高可达 16Mbps。
- 4 类 UTP。可用于最高的 20Mbps 的信号传输。
- 5 类 UTP。可用于 100Mbps 的数据传输，传输距离可达 100m。

双绞线主要用于以太网及快速以太网、FDDI、令牌环网。

2. 同轴电缆

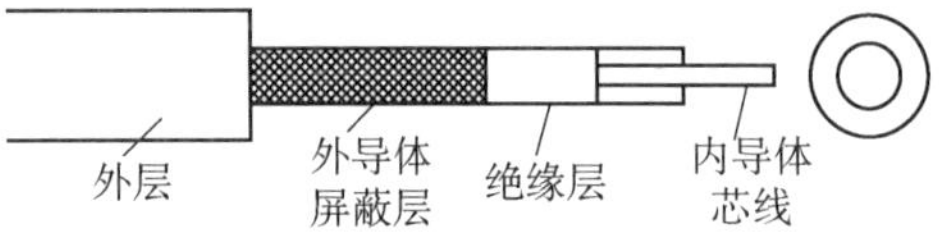

图 8-2　双绞线和同轴电缆

同轴电缆由内导体铜质芯线（单股实心线或多股绞合线）、绝缘层、网状编织的外导体屏蔽层以及保护塑料外层组成，如图 8-2 所示。由于外导体屏蔽层的作用，同轴电缆具有很好的抗干扰能力。同轴电缆主要用于通信领域和局域网（以太网和令牌环网）。

3. 光纤

光纤通信传输就是利用光导纤维（简称为光纤）传递信号来进行通信的。有光脉冲相当于 1，而没有光脉冲相当于 0。由于可见光的频率非常高，约为 10^8MHz 数量级，因此光纤的传输带宽远远大于目前其他各种传输介质的带宽。

利用光纤传输信号时，在发送端有光源，可以采用发光二极管或半导体激光器，它们在电脉冲作用下能产生出光脉冲。在接收端利用光电二极管做成光检测器，在检测到光脉冲时可还原出电脉冲。

光纤主要分为两类：多模光纤——使用发光二极管作为光源；单模光纤——使用激光二极管作为光源。

相对于多模光纤，单模光纤的衰耗较小，在 2.5Gbps 的高速率下可传输数十千米而不必采用中继器。1992 年 3 月，横跨大西洋的光纤系统已投入使用，传输速率高达 5Gbps。为了将光纤投入实际工程使用，必须将其做成很结实的光缆，一根光缆可以包括一至数百根光纤，再加上加强芯和填充物就可以大大提高其机械强度，以满足工程施工的强度要求。图 8-3 为四芯光缆剖面的示意图。

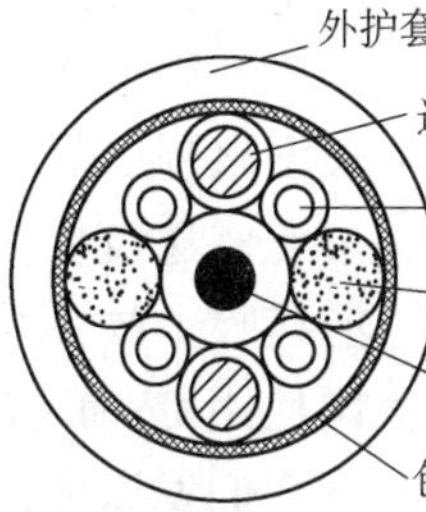

图 8-3　四芯光缆剖面示意图

作为传输介质，光纤具有以下优点：

①数据传输率非常高，可达几千兆位每秒。

②抗雷电和电磁干扰性能好。光纤上的数据传输不受外部无线电电波和电磁噪声的干扰，可以提供高的信噪比。由于光纤是不导电的，它不存在被电击的危险，也不存在会损坏设备的地线电流的问题。

③光纤不发射任何电磁波，无串音干扰，保密性好，不易被窃听或截取数据。

④光纤传输损耗小，无中继，距离长，因此增加了链路可靠性，进一步减少了错误源。

⑤光纤体积小、重量轻。与相同长度的铜缆相比，光纤重量仅为铜缆重的五分之一到十分之一。

（四）计算机网络的组成

计算机网络系统由以下 3 部分组成：

①计算机系统和终端设备。计算机系统是大型机、中型机、小型机、微机或工作站等。终端设备包括各种输入/输出设备，像键盘、显示器和打印机等。

②通信传输设备。包括传输介质、通信设备和通信控制设备，如通信处理机（也称网卡、网络适配器）。

③网络软件。包括通信协议、通信控制程序、网络操作系统和网络数据库等。

8.1.2　火控与指控系统常用的计算机网络

（一）以太网

以太网于 1975 年由美国施乐（Xerox）公司研制成功。随后施乐公司与 DEC 公司、Intel 公司联合，在 1980 年研制出粗缆 10Mbps 以太网，并提出以太网的规范。这个规范后来成为 IEEE802.3 标准的基础。1983 年确定了以太网标准 IEEE802.3。因此，以太网是先有产品，后有标准。由于以太网简单易行，价格便宜（光纤介质以太网除外），使其拥有较广泛的用户。IEEE 组织的 IEEE 802.3 标准制定了以太网的技术标准，它规定了包括物理层的连线、电子信号和介质访问层协议的内容。

1. 以太网的分类

以太网是现实世界中最普遍的一种计算机网络。以太网有两类：第一类是经典以太网，第二类是交换式以太网，使用交换机连接不同的计算机。

1）经典以太网

经典以太网也称为标准以太网，是以太网的原始形式，运行速度从 3Mbps 到 10Mbps 不等。经典以太网用一根电缆连接所有的计算机。包括经典以太网在内的以太网的每个版本都有电缆的最大长度限制（即无须信号放大的长度），这个范围内的信号可以正常传播。在经典以太网中，为了允许建设更大的网络，可以用中继器把多条电缆连接起来。中继器是一个物理层设备，它能接收、放大并重发信号。

经典以太网使用 CSMA/CD 算法，即当站有帧要发送时要侦听介质，一旦介质变为空闲便立即发送。在它们发送的同时监测信道上是否有冲突。如果有冲突，则立即终止传输，并发出一个短冲突加强信号，再等待一段随机时间后重发。

随着以太网的快速发展，单根电缆的经典以太网已无法满足日益增长的网络用户数量的需求，使得人们开发出了一种不同类型的布线模式。在新模式中，每个站都有一条专用电线连接到一个中央集线器。集线器只是在电气上简单地连接所有连接线。集线器不能增加容量，因为它们逻辑上等同于单根电缆的经典以太网。随着越来越多的站加入，每个站获得的固定容量共享份额将下降，导致最终 LAN 饱和。

2）交换式以太网

为了进一步更好地处理不断增长的负载，出现了交换式以太网。交换式以太网的核心是一台交换机。从外面看交换机很像集线器，但交换机功能更强。它通常拥有 4～48 个端口，每个端口都有一个标准的 RJ-45 连接器用来连接双绞电缆。交换机只把帧输出到该帧想去的端口。通过简单的插入或者拔出电缆就能完成添加或者删除一台计算机。目前交换式以太网是广泛应用的以太网，可运行在 100Mbps、1000Mbps 和 10000Mbps 的高速率，分别以快速以太网、千兆位以太网和万兆位以太网的形式呈现。

①快速以太网（Fast Ethernet）。快速以太网也就是我们常说的百兆以太网，它在保持帧格式、MAC（介质存取控制）机制和 MTU（最大传送单元）质量的前提下，其速率比 10Base-T 的以太网提高了 10 倍。二者之间的相似性使得 10Base-T 以太网现有的应用程序和网络管理工具能够在快速以太网上使用。

②千兆位以太网。千兆位以太网是一种新型高速局域网，它可以提供 1Gbps 的通信带宽，采用和传统 10Mbps、100Mbps 以太网同样的 CSMA/CD 协议、帧格式和帧长，因此可以实现在原有低速以太网基础上的网络升级。它只用于 Point to Point，连接介质以光纤为主，最大传输距离已达到 80km，可用于城域网（MAN）的建设。

③万兆位以太网。万兆位以太网技术与千兆位以太网类似，仍然保留了以太网帧结构。通过不同的编码方式或波分复用提供 10Gbps 传输速度。

④光纤以太网。光纤以太网可以借助以太网设备，通过以太网数据包格式实现广域网 WAN 通信业务。该技术可以适用于任何光传输网络——光纤直接传输、SDH 及 DWDM 网络传输。目前，光纤以太网可以实现 10Mbps、100Mbps 及 1Gbps 等标准以太网速度。

2. 以太网的性能指标

IEEE 制定了一系列使用不同传输媒体的标准，并采用<数据率（Mbps）><信令方式><最大网段长度>的记法。例如，10BASE5 表示使用粗缆作为传输媒体的以太网。“10”表示信号在电缆上的传送速率为 10Mbps，“BASE”表示电缆上传输是基带信号，“5”表示每一段电缆的最大长度为 500m。另外，用“T”表示双绞线，用“F”表示光纤。

1）10Mbps 以太网

数据传输速率：10Mbps；

网络拓扑结构：总线型（10Base2、10Base5）；

星形（10Base-T、10Base-F）；

网络传输介质：同轴电缆—10Base5 粗缆、10Base2 细缆；

双绞线—10Base-T 5 类 UTP、STP；

光纤—10Base-F 多模光纤、单模光纤；

介质访问控制方式：CSMA/CD；

最大帧长：1518 字节；

响应时间：无确定的上界；

优先级：不支持优先级；

最大网段长度：10Base2 185m；

10Base5 500m；

10Base-T 100m；

10Base-F 500m、1000m 或 2000m；

最大可接节点数：1024。

2）100Mbps 以太网（快速以太网）

100BASE-T：100 Mbps 双绞线标准通称（是 10BASE-T 的 10 倍），使用两对 UTP 铜质电缆，与 10BASE-T 采用相同的媒体访问技术、类似的布线规则，易与 10BASE-T 集成。每个网段只允许两个中继器，最大网络跨度为 210m。典型的有 100BASE-TX，其中 TX 表示传输介质采用 2 对高质量的双绞线（5 类 UTP 双绞线），最大传输距离为 100m。

100BASE-FX：是在光纤上实现的 100Mbps 以太网标准，非常适合骨干和长距离传输。使用两股光纤，其中一股用于发送数据，另一股用于接收数据。它可使用单模或多模光纤，但以太网标准规定其使用多模光纤。在全双工情况下，单模光纤最大传输距离是 40km，多模光纤最大传输距离是 2km。

3）1Gbps 以太网

1000BASE-T：1Gbps 介质超五类双绞线或 6 类双绞线，用于为局域网 LAN 提供 1000Mbps 的速度。它使用非屏蔽双绞线作为传输介质传输的最长距离是 100m。优点是用户可以在原来 100BASE-T 的基础上平滑升级到 1000BASE-T。

1000BASE-SX：是 1Gbps 多模光纤基带传输系统。使用的光纤有 62.5/125μm 多模光纤（最大传输距离为 220m）和 50/125μm 多模光纤（最大传输距离为 500m）。

1000BASE-LX：其中 LX 表示波长，所使用的光纤主要有 62.5μm、50μm 和 9μm，其中 1Gbps 多模光纤（最大 550Mbps）、单模光纤（最大 3000Mbps）。

1000BASE-ZX：1Gbps 单模光纤（40km 至 70km）。它是一个千兆的以太网通信的 Cisco 指定标准，适合长距离方案。

4）10Gbps 以太网

10GBASE-CX4：短距离铜缆方案用于 InfiniBand4x 连接器和 CX4 电缆，最大长度 15m。

10GBASE-SR：用于短距离多模光纤，根据电缆类型能达到 26～82m，使用新型 2GHz 多模光纤可以达到 300m。

10GBASE-LX4：使用波分复用支持多模光纤 240～300m，单模光纤超过 10km。

10GBASE-LR 和 10GBASE-ER：透过单模光纤分别支持 10km 和 40km。

10GBASE-SW、10GBASE-LW、10GBASE-EW：用于广域网 PHY、OC-192 / STM-64 同步光纤网/SDH 设备。物理层分别对应 10GBASE-SR、10GBASE-LR 和 10GBASE-ER，因此使用相同光纤支持距离也一致。

10GBASE-T：使用屏蔽或非屏蔽双绞线，使用 CAT-6A 类线至少支持 100m 传输。

5）40Gbps/100Gbps 以太网

40GBASE-KR4：背板方案，最短距离 1m。

40GBASE-CR4/100GBASE-CR10：短距离铜缆方案，最大长度大约 7m。

40GBASE-SR4 / 100GBASE-SR10：用于短距离多模光纤，长度在 100m 以上。

40GBASE-LR4 / 100GBASE-LR10：使用单模光纤，距离超过 10km。

100GBASE-ER4：使用单模光纤，距离超过 40km。

3. 以太网的组成

这里以 10Base5 为例，说明以太网的组成。

构成以太网，必须有传输介质（同轴同缆）、网卡、收发器、用户计算机。网卡插在用户计算机相应插槽内，再将网卡通过收发器电缆连到收发器上，收发器再和同轴电缆相连。连接方式如图 8-4 所示。

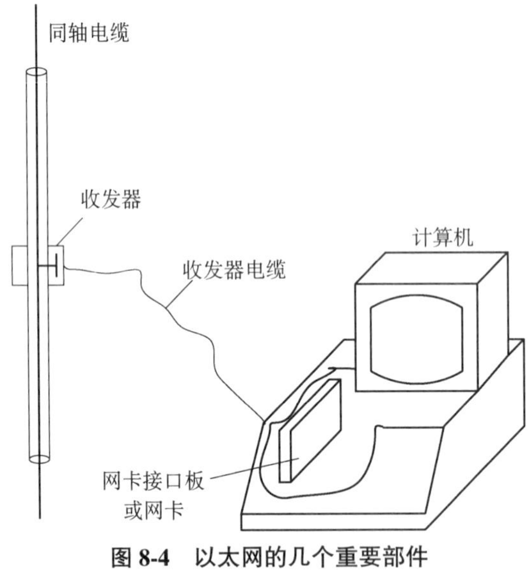

图 8-4　以太网的几个重要部件

网卡是一个关键部件，在网卡上有微处理器及一些大规模集成电路。网卡所完成的功能是：

①数据的封装与解封——发送时将 LLC 子层交下来的 LLC 帧装上 MAC 子层的首部和尾部，成为 MAC 帧。接收时将 MAC 帧剥去首部和尾部，然后送交 LLC 子层。

②链路管理——主要是实现 CSMA/CD 协议。

③编码与译码——即曼彻斯特编码与译码。

4. 介质访问控制方式

以太网采用 CSMA/CD（载波侦听多址访问 / 冲突检测）的介质访问控制方式。这种控制技术含义如下。

总线网络仅拥有一条信道，由于整个系统无集中控制器，什么时候可占用总线发送报文，要由各节点自行控制，所以各节点均拥有一个“侦听器”，它监听总线上是否正在传送报文，若有报文，则其他各站点不得发送报文，不能去破坏这种传送。侦听到总线无信息传送，处于空闲状态，想占用总线的节点可稍等一个短时间片之后，再去抢占总线发送信息。

总线空闲后，若仅有一个节点要占用总线，那么该节点可顺利地去占用。若有两个以上的节点都要抢占总线发送信息，几乎同时向总线发送报文，于是就会产生冲突，使报文传送失效。因此各节点都设置有冲突检测器（是一种比较电路），发送报文的节点一边发送，一边又通过侦听器侦听总线上传送的信号，由冲突检测器判别本节点发出的信号是否与侦听到的信号一致，若检测为一致，表明抢占总线成功，则继续将数据发送完毕。若检测为不一致，表明总线上有冲突，则发送报文的节点停止发送（一般要再发送一个小于最小报文分组长度的信息来建立人为干预，让其余节点检测到它而停止继续冲突）。同时各发送节点要后退一个随机时间量 τ，再去抢占总线。后退时间量 τ 由“随机数”控制。各节点后退时间不同，后退时间最小的那个节点先抢占总线，并再次发送信息。由此可见，CSMA/CD 是用竞争方式取得发送信息的权利的。CSMA/CD 的流程图如图 8-5 所示。

后退算法一般采用二进制指数后退算法

$$\tau = 2^N \cdot R \cdot a \tag{8-1}$$

式中，N——冲突次数（各站均设有一个 4 位计数器，用来记录发送一个信息所遇到的冲突次数）；R——伪随机数据（为 12 位数）；a——电信号从总线一端传输到另一端延迟时间的 2 倍。

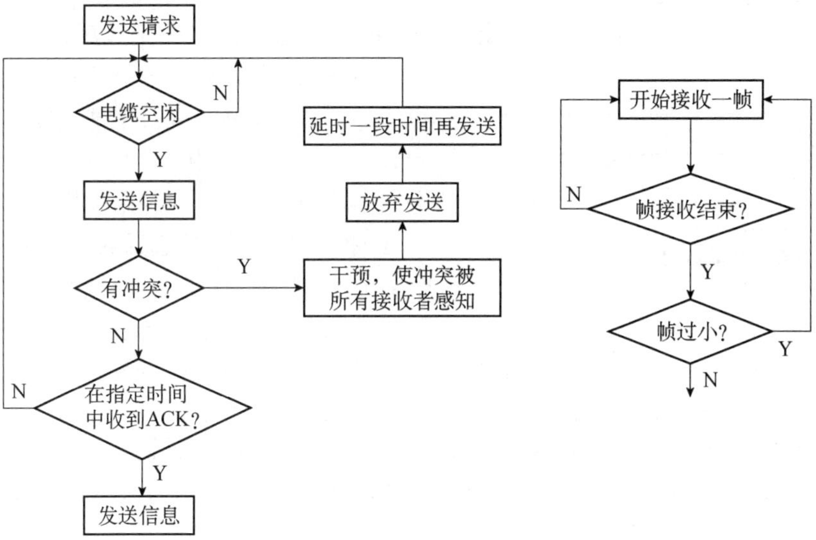

图 8-5　CSMA/CD 流程图

由于以太网采用 CSMA/CD 的介质访问控制方式，导致了它的总线效率较低。例如，经典以太网，虽然理论上可达 10Mbps，但实际上只能用到 37%；它无法控制带宽的分配，同一站点无法保证连续发送数据。以太网是轻载网，网上数据传输量较低时，性能较好；当数据传输量增加时，其性能急剧下降。因此，当火控与指控系统需要实现实时应用时，必须注意控制网络负载量。

（二）令牌环网

令牌环网技术诞生于 1969 年，它是最早使用的一种局域网技术，早在 70 年代末这项技术就已成熟，但直到 80 年代中期才由 IBM 公司将其推向国际市场，随后不久便有许多公司推出了各自的令牌环产品。

1. 令牌环网的基本性能指标

数据传输速率：4Mbps 或 16Mbps；

网络拓扑结构：单环、星形；

网络传输介质：双绞线、光纤；

介质访问控制方式：令牌传递控制方式；

最大帧长：4500 字节（4Mbps）

17800 字节（16Mbps）；

响应时间：有确定的上界；

优先级：支持 8 个优先级；

最大网络范围：随配置而定；

最大可接节点数：260。

2. 令牌环网的组成

一个基本的令牌环网一般由传输介质、网卡、干线藕合器（TCU）、介质接口连接器（MIC）、用户计算机组成。将网卡插入用户计算机内，然后通过连接 MIC 连接器及干线耦合器上网。与以太网不同，令牌环网是由一段段的从点到点链路连接起来，构成一个闭合的回路。

干线耦合器也称为转发器，它有两种工作状态，一种是收听（或转发）方式，而另一种是发送方式。令牌环的一个节点通过电缆和介质接口连接器 MIC 与干线藕合器 TCU 的相连。

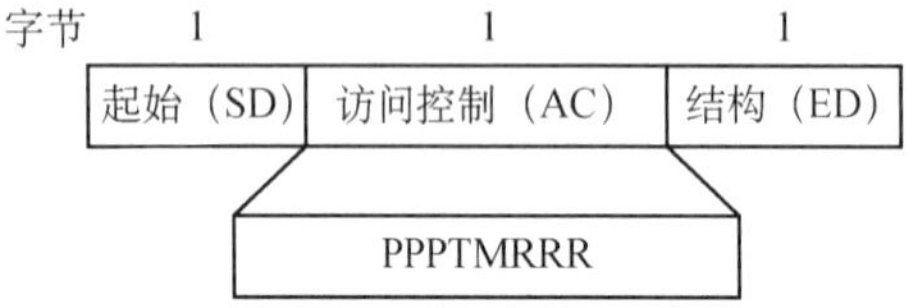

图 8-6　令牌结构格式

IEEE802.5 令牌环网的介质访问控制方式采用令牌传递（Token Passing）控制方式。在这种访问控制方式中，有一个由 3 个字节组成的令牌在环路信道中不断循环运行。令牌结构格式如图 8-6 所示。

SD 和 ED 是令牌的起始界符和结束界符，各占一个字节。AC 是令牌的访问控制字节。令牌在环路上传送的顺序是逆时针方向依次传送。整个环路中只有一个令牌，有报文要发送的站，只有等待令牌到来之后，才可以使用到来的令牌构成在信道上传送数据的帧。

令牌传递控制方式示意图如图 8-7 所示。当 A 站截获了令牌向 C 站发送信息时，A 站首先将空令牌加上数据信息变为数据帧，发向下一个站 B。B 节点接收信息后，首先检查其目的地址是否与本站地址相符，若不符，便把原信息依次传给 C 站，C 站判别目的地址后，得知此信息是传给本站的，则进一步检查校验位，若无差错，则将信息录入本站，即填写帧中的应答信息，注明信息已被正确接收。若有差错，则不将信息存入本站。被复制和修改过的数据帧又被送入环上，D 站将该数据帧沿环的传送方向继续传送。数据帧在环路上转了一圈后，最后又回到发送数据的源站 A。此时，源站就不再进行转发，而是对所返回的数据进行检查，其目的是要知道本次的发送是否成功。当所发数据帧的最后一个比特绕环一周返回到源站时，源站必须生成一个新令牌，这样，环路中又有了令牌，并将它发送给下一个站。它继续在环路中流动，等待着某个站去截获它。总之，截获令牌的站要负责在发送数据帧完毕后，再生成一个令牌，发送数据帧的站要负责从环路上收回它所发送的数帧。在同一个时刻，环路上只存在一个令牌或一个数据帧，因此不会产生冲突。

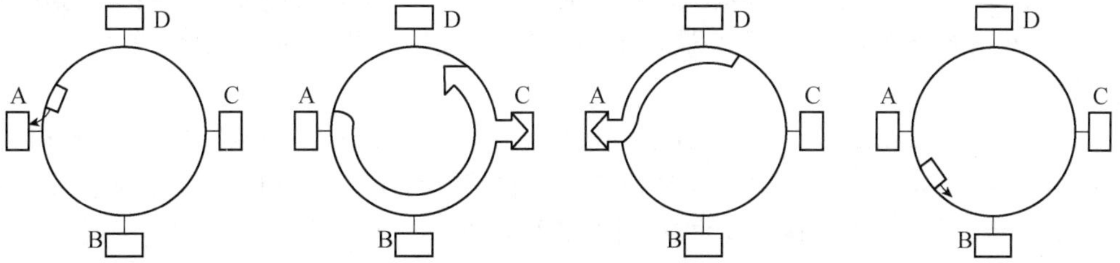

图 8-7　令牌环的工作原理

令牌传递控制方式支持 8 个优先级，优先级别由令牌中的访问控制字段的 3 个位所确定。只有优先级高于令牌优先级的站，才允许截获该令牌。这就保证了高优先级的站有更多的机会发送数据。当一个站要发送数据时，可以在其他站的数据帧经过本站时进行预约，即将本站的优先级写入此数据帧的预约位上。但是如果已有一个优先级更高的站在此之前就预约了令牌，那么优先级较低的站就不能对此令牌进行预约了。当一个数据帧在环路上循环了一周又回到源站后，源站最后发出的令牌的优先级应当等于刚才收回的帧中预约位 RRR 所代表的优先级。

将令牌的优先级提升的站，在发送完数据之后，还要负责将令牌的优先级降下来。这样就使优先级较低的站也有发送数据的机会。

令牌环网的一大优点是重载时，可以高效率工作。整个网络不会有几个站同时向网络发送数据，因此令牌环不会因发生冲突而降低效率。但在轻载时，若环中站点较多，则延迟较大。由于采用单环，造成环网可靠性差，可采用双环结构来弥补此缺点，但这样做需另行开发软件。

（三）FDDI 网

光纤分布式数字接口（Fibre Distributed Data Interfac，FDDI）网先有标准，后有产品。其标准经过 10 年的反复推敲而成，于 1989 年被正式通过为美国国家标准，1990 年被国际标准化组织接纳为国际标准。在 1990 年后，各网络公司纷纷推出了 FDDI 网络产品。此后，FDDI 作为第一个 100Mbps 高速局域网产品而得到迅速发展和广泛应用。

1. FDDI 的基本性能指标

数据传输速率：100Mbps；

网络拓扑结构：双环、双环树、星形网络；

传输介质：光纤——多模光纤、单模光纤；

双绞线——5 类 UTP、STP；

介质访问控制方式：定时令牌传递控制方式；

最大帧长：4500 字节；

响应时间：有确定的上界；

优先级：支持 9 个优先级；

最大网络范围：最大站间距为 2km，环路最大长度为 100km；

最大可接节点数：连接数≤1000 个，若每个节点均为双连接，则连接数≤500 个。

2. FDDI 网的组成

典型的 FDDI 网络是双环结构的，由点到点连接的链路构成两个逻辑环，这两个环的数据传输方向是相反的，其中一个是工作环（主环），另外一个是备份环（辅环）。构成一个完整的 FDDI 网络系统需要 MIC 连接器（固定的屏蔽双向连接器）、双（或单）连接网卡、用户计算机等。

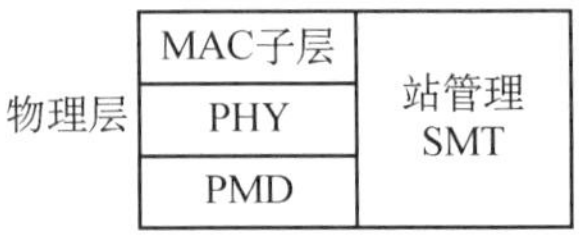

图 8-8　FDDI 协议结构

FDDI 协议包括介质访问控制子层 MAC 协议、介质相关物理子层、PHY 协议、介质无关物理子层 PMD 协议、站管理 SMT 协议，其协议结构如图 8-8 所示。它的逻辑链路控制子层（LLC）使用 IEEE802.2LLC 协议，因而与 IEEE802 局域网兼容。FDDI 的站管理协议 SMT 是其具有特色的协议，它负责管理 FDDI 网络、监视 MAC、PMY、PMD 子层的活动，保证网络连续正常运行。SMT 提供故障管理、配置管理、性能管理功能，它使 FDDI 具有以前出现的局域网所没有的管理能力。

FDDI 网卡，除了具有实现 MAC 子层的功能及一些物理层的功能之外，还应包含站管理（SMT）功能。一个功能完整 FDDI 网卡应该具有如下功能：

（1）完成接收和发送的自动检测。

（2）完成信号的接收和发送工作。

（3）具有接收和发送数据脉冲功能。

（4）完成信号的串—并转换工作。

（5）完成发送和接收链路的管理工作。

（6）重发请求。

（7）必要时产生报警信号。

（8）对碰撞和错误具有检测能力及环路重构能力。

（9）对噪声、无信号、信号错误和越界数据进行过滤。

（10）控制数据传送速率以防越界。

（11）对广播信号进行编码和译码。

（12）地址识别能力。

（13）定界符的产生与识别。

（14）提供环路轮询的指向。

（15）产生和校验帧检验序列 FCS。

（16）完成帧的装配与拆卸功能。

（17）完成报文的装配工作。

3. FDDI 的介质访问控制方式

FDDI 的介质访问控制方式采用定时令牌传递控制方式。这种控制方式与令牌环网的令牌传递控制方式，有相似之处，但也有显著差别。

定时令牌传递控制方式对网络介质的访问也由绕环旋转的令牌进行控制。当 FDDI 双环工作时，首先要进行的是环的初始化过程，这主要是通过一个申请令牌过程来完成的。初始化时，环上的每个站均申请一个本站所要求的目标令牌循环时间（T—Req）。通过竞争，从各站申请的 T—Req 中挑选一个最小的，作为 FDDI 环的 TTRT（目标令牌循环时间）。竞争获胜的站点，作为第一个发送令牌的站。而后令牌绕环运行，开始数据传输。

想要发送数据的站点必须从环上捕获令牌，将令牌从环上移去，然后才能进行数据帧的发送，发送站发送完数据，或者发送到协议规定的时间后，则停止发送数据帧，产生一个新的令牌发送到环上。如果下一个站有数据要发送，它还需要捕获令牌，进行同样的操作。发送站发出帧之后，每个下游站都要检查和转发收到的帧，同时验证帧的完整性。如果输入帧的目的地址与本站地址相符，该帧被接收到其缓冲区；否则，仅仅进行转发。最终数据帧绕整个环旋转一周后，返回到发送它的站。源站通过比较所输入的数据帧的源地址是否与本站的地址相同来判别该数据帧是否是它发出的。若地址相同，该站负责把帧从环上移去，这个过程称为帧的剥去。

图 8-9 给出了 FDDI 令牌环工作的例子。图中 FDDI 环上有 A、B、C、D 四个站，A、B 站均准备好数据帧，分别要发送到 C、D 站。当 A 站抓住令牌后，它发送数据帧 F1 到 C 站，并跟着发送一个令牌。F1 绕环旋转到 C 站时被复制下来，最后回到 A 被剥去。B 站抓到由站 A 发出的令牌，发送数据帧，跟着也发送出一个令牌。在任一时刻，在环上可能会有多个帧在绕环旋转。

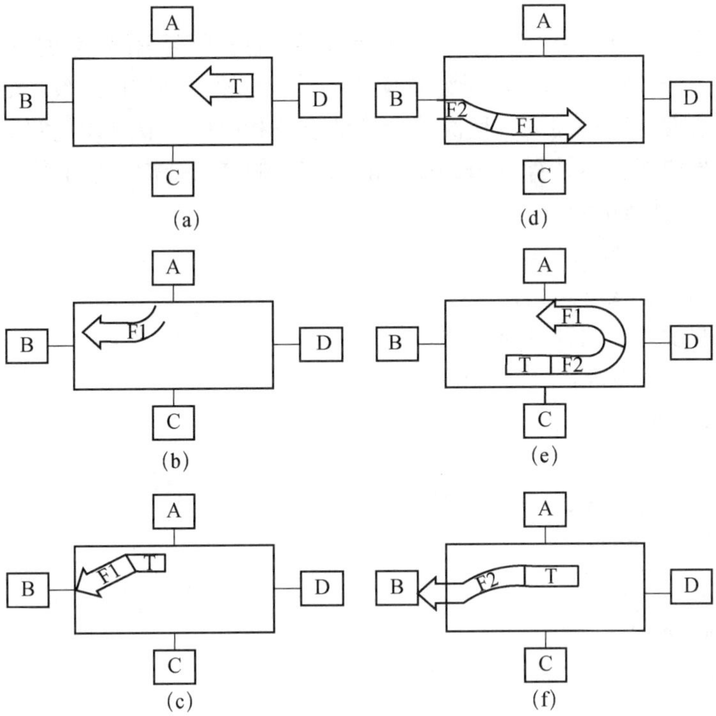

图 8-9　FDDI 令牌环工作过程

在 FDDI 环上流动的数据有两大类：同步帧和异步帧。每个站既可以发送同步帧，也可以发送异步帧，环上所有站或某些站可具有的同步传输时间 SA_i，即站 i 发送同步帧的最大时间，是由站管理 SMT 分配的。而目标令牌循环时间 TTRT 必须满足以下不等式

$$\mathrm{TTRT} \geqslant \sum \mathrm{SA}_i + D_{-\max} + F_{-\max} + \mathrm{TOKEN}_{-\mathrm{Time}} \tag{8-2}$$

式中，$D_{-\max}$——环路传输总时间；$F_{-\max}$——发送最大帧的时间；$\mathrm{TOKEN}_{-\mathrm{Time}}$——发送一个令牌的时间。

定时令牌循环协议具有两类服务：同步传输服务和异步传输服务。同步传输服务提供确

定的带宽和响应时间，保证发送同步帧的站访问延迟不超过 2 倍的 TTRT，它用于传输实时数据；异步传输则用于带宽不可预知（例如突发性数据服务），或对响应时间要求不太严格的应用环境。异步带宽是从没有被分配和使用的剩余环路带宽中动态分配的。定时令牌循环协议支持 9 个优先级，其中最高优先级是同步帧，异步帧有 8 个优先级。

由此可看出 FDDI 与令牌环的介质访问控制方式的显著不同。

①FDDI 站点捕获令牌不是通过改变令牌的某一个字段来实现，而是把它“吸收”。

②FDDI 站点在发送数据帧之后，紧跟着发出一个新令牌，因此，即 FDDI 环上可同时存在 1 个以上的数据帧；而 IEEE802.5 令牌环，站点抓住令牌发送数据帧后，只有当收到它自己发出的帧，才能发送新的令牌，因此，在某时其环上只能存在 1 个数据帧或 1 个令牌。

③FDDI 既支持帧的成批同步传输，也支持突发异步传输及帧的混合传输。另外，它还能支持多帧对话，允许两个站点独占整个环路。

FDDI 容量分配、优先级机制和环路控制技术方面都与令牌环网有明显不同。

（四）1553B 网

1553B 数据总线的全称为“飞机内部时分制指令/响应式多路传输数据总线”，产生于 1978 年 9 月 21 日。它是美国空军机载电子设备使用的总线标准。1553B 网被广泛应用于飞机、导弹、潜艇、水面舰艇、巨型坦克、地面综合测试设备和民用工业自动化领域中。1553B 是一种专用的控制系统协议，不具有 IEEE802 标准局域网的体系结构，它不是一种商用网络。

1. 1553B 网的性能指标

数据传输速率：1Mbps；

网络拓扑结构：总线形网络；

传输介质：双绞线、同轴电缆、光纤介质；

访问控制方式：命令/响应式控制方式；

最大字长：20 位；

响应时间：4.0～12.0μs；

优先级：不支持优先级；

最大网络范围：100m；

最大可接节点数：32。

2. 1553B 的组成

从图 8-10 可以看出，1553B 由下列硬件组成。

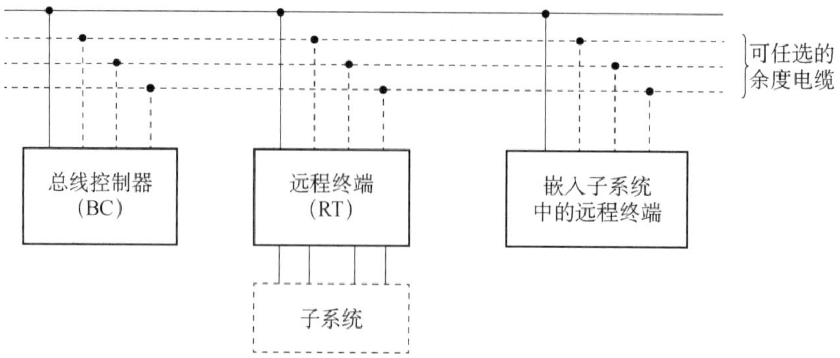

图 8-10　1553B 数据总线系统结构

（1）电缆

用作主总线和所有短电缆的可以是双绞线、同轴电缆或光纤。主总线长度不超过 100m。

（2）总线控制器（BC）

在数据总线上被指定执行启动信息传输任务的终端，它控制整个数据总线的使用权，负责查询各个节点的状态及总线请求。

（3）总线监控器

它是接收总线上传输的信息和提取经选择的信息以备后用的终端。

（4）远程终端（RT）

它是除了总线控制器和总线监控器之外的所有终端。它相当于总线接口机。其功能为连接数据总线与子系统和连接子系统与数据总线，完成数据的发送与接收，它受总线控制，可与总线控制器及总线中任一终端直接交换信息。

（5）子系统（Sub System）

它是从数据总线接收数据传输服务的功能单位或计算机，完成用户所需的服务。

总线控制器、总线监控器和远程终端 RT 是如何连接到电缆上的呢？1553B 数据总线标准规定了两种耦合方式，即直接耦合和变压器耦合。

直接耦合方式将终端的发送/接收通过隔离变压器与电缆相连。这样可起到故障隔离的作用，即终端故障对整个数据总线不产生影响。变压器耦合是在直接耦合的基础上，又增加了一个耦合变压器。耦合变压器主要起噪声共模抑制作用。在 1MHz 时，其共模抑制比大于 45dB。其终端特性曲线要比直接耦合方式好得多。

3. 1553B 的介质访问控制方式

1553B 采用命令/响应方式对节点进行调度，工作方式为异步。它由总线控制器（BC）发布命令，被选择的远程终端（RT）给予响应，从而实现半双工工作，信息在总线上是一个消息一个消息逐个传输的。

（1）字格式

一个消息由若干字组成。字有 3 种类型：指令字、数据字和状态字，如图 8-11 所示。

其中指令字各位段的意义如下。

①同步头：前 3 位为专用同步位，为无效的 Manchester 波形。

②远程终端地址：占 5 位，每一个 RT 地址是唯一的。但地址 31（11111）除了作为唯一地址外，还作为公共地址即广播式标志。

③发送/接收（T/R）：T/R =l 表示发送，为 0 表示接收。

④子地址/方式：占 5 位，除 00000 和 11111 留作专门用途之外，作用是选择数据字计数/方式代码字段的内容应作为 5 位方式指令译码。它表示 RT 的子地址或 T/R 组合完成的功能。

⑤数据字计数/方式代码：占 5 位，表示 RT 要发送和接收数据字的数量或表示如图 8-11 中可任选的方式代码。在任何一个消息块内最多可发送接收 32 个数据字。全“l”表示十进制计数 31，全“0”表示十进制计数 32。

⑥奇偶校验位（P）：P 位作为前 16 位的奇偶校验。采用奇数奇偶校验。

（2）消息格式

1553B 将消息分成多个消息传输，有 3 种类型的消息格式，即数据传输型、方式控制型和广播传输型。

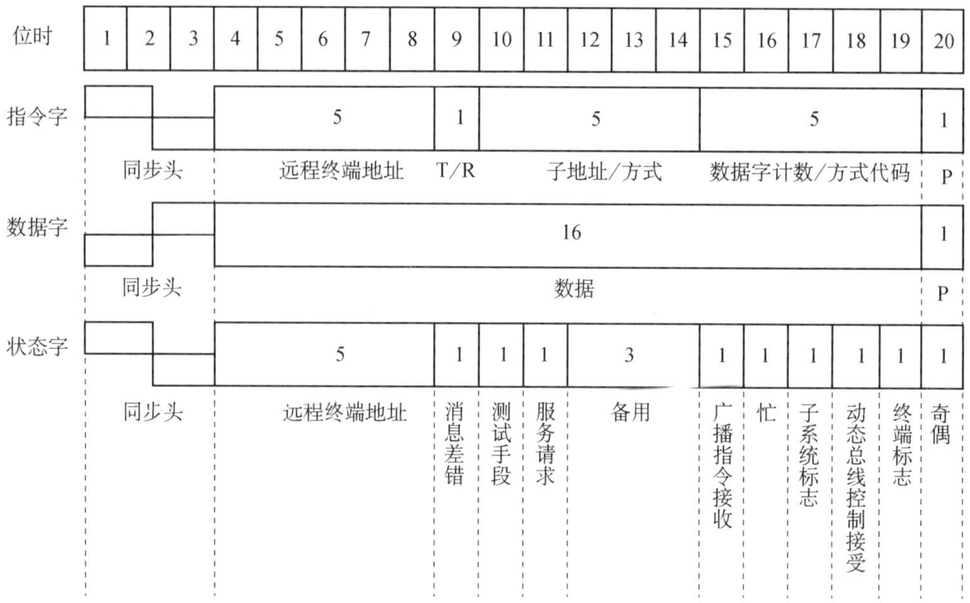

图 8-11　1553B 总线字格式

①数据传输型。它是基本的传输型，可以实现控制器→RT、RT→控制器、RT_A←→RT_B的数据传输。

控制器→RT：总线控制器发出一条接收指令，继之以规定长度的数据字。RT 在消息核实或接收之后，应发回一个状态字给控制器，指令字和数据字以没有字间间隔的连续形式发送。

RT→控制器：总线控制器应向 RT 发送一条发送指令。该 RT 在指令字核实之后，应发回一个状态字给控制器，继之以规定数目的数据字。状态字和数据字之间连续发送。

RT_A←→RT_B：总线控制器应向 RT_A 发出一条接收命令，紧接着向 RT_B 发出一条发送命令。RT_B 在命令核实之后，应发送一个状态字，继之以规定数目的数据字。状态字和数据字之间连续发送。在 RT_B 的数据传输结束时，RT_A 应在规定时间内发送一个状态字，以表明数据是完好无损地收到还是出错。

②方式控制型。总线控制器使用规定的方式代码向 RT 发出一条发送命令，该 RT 在命令字核实之后，应发送一个状态字。若是带数据字的方式命令，继状态字后再连续发送一数据字。

③广播传输型。总线控制器发布命令，凡具有接收广播能力的终端可以同时接收广播命令和数据，不需要发送状态字以示回答，使系统工作迅速、灵活，适合实时处理的需要。

1553B 网作为一种专门为军用环境开发的网络，其实时性、环境适应性及稳定性方面具有很大优势。因此，在它诞生 20 年的时间里，在军用领域仍有较强的生命力。但是由于其传输速率较低，可连接的节点数较少及最大网络长度较短，限制了它在某些领域（如大型舰船）的应用。

8.1.3　国外应用情况

用作火控与指控系统网络的商用网络产品本身就应该具有或经改进后具有强实时性、高可靠性和容错能力。FDDI 网络提供了自诊断及容错能力，不仅可靠性高、性能稳定而且具有强实时性，它是经过考验的成熟技术。美国 1995 年在 LSD-41 级两栖登陆舰中，将 FDDI 用于作战系统网络，而后还在 LHD、LHA 级两栖攻击舰、AOE 级作战支援后勤舰中用 FDDI 作为作战系统网络。1996 年，美国还在 FFG LSD-7 "佩里" 级护卫舰改造中，用 FDDI 将作战系统连网，实现了分布式体系结构。对 "宙斯盾" 舰艇，美国从 1990 年就开始对 "宙斯盾" 作战系统采用商用流行技术（COTS）及实现全分布式结构进行可行性研究。由此而制订的 "宙斯盾" 计划，是一个逐步将商用流行技术应用于 "阿莱 · 伯克" 级驱逐舰的计划。在 1997 年开工的 DDG-9、DDG-80 舰的作战指挥系统中将采用 FDDI 网。最终将对 "宙斯盾" 作战系统开发一个全分布式结构，建立一个创新的计算、显示和互联方案。法国汤姆逊公司从 1996 年开始，致力于 TAVITAC 新技术 TNT 的推广、应用。TNT 即是用 FDDI 将舰艇作战系统连网，实现全分布式结构。在出口科威特的 1 艘巡逻艇作战系统中采用了 TNT 技术。法国准备在下一艘 "夏尔 · 戴高乐" 号作战系统中采用 FDDI 网络。意大利的阿莱尼亚公司（即 IPN-10 的生产商）开发的 IPN-S 中，将作战系统的作战指挥和武器控制分为两部分，分别用两个 FDDI 双环联网，并实现二者的互联。

经典 10Mbps 以太网在一些网上信息需求量较少的轻型护卫舰、巡逻艇、护卫艇中也作为作战系统的计算机网络得到应用。如瑞典的 9LYMK3、法国和荷兰共同研制的 TACITCOS 作战管理系统，该系统已用于出口土耳其的 "Barbassos" 级轻型护卫舰中。而令牌环光纤网则用作英国 "23" 型护卫舰及 "前卫" 号核动力弹道导弹潜艇、韩国 "KDX-2000" 级驱逐舰的作战系统计算机网络。1553B 在军用方面的应用很广泛，但在舰艇作战系统中作为互联网络并不多见。一方面是由于带宽的限制，另一方面也是由于蓬勃兴起的商用网络技术已几乎将其取代。目前使用 1553B 网的是英国反水雷舰艇的作战系统。还有一些其他的非商用网络也在舰艇作战系统中得到应用，如加拿大 "城市" 级护卫舰作战系统数据总线——"SHINPADS" 数据总线（传输速率 8Mbps）、美国 "海狼" 级潜艇作战系统计算机网络 FLEXNET 光纤网（传输速率 50Mbps）。

采用商用网络技术，为实现开放式体系结构创造了有利条件。目前，网络的上层协议及操作系统也纷纷采用商用技术，如采用 TCP/IP 协议、实时 UNIX 操作系统，这几乎已成为一种潮流。这些商用流行技术（COTS）的采用为有效地降低成本、减少开发费用、提高标准化程序、便于设备的升级改造等起了积极的作用。

8.2　数据库技术

指挥控制系统是以计算机为核心的军事信息系统。随着军用平台上传感器种类、数量、性能的不断提升，指控系统中信息表现形式的多样性、信息容量，以及信息的处理速度等要求也在不断提高，使得数据库技术逐步成为了指挥控制系统的基本技术之一。

8.2.1　数据库技术概述

数据库是长期储存在计算机内的、有组织的、可共享的数据集合。数据库中的数据按一定的数据模型组织、描述和储存，具有较小的冗余度、较高的数据独立性和易扩展性，并可以为各种用户共享。

1. 数据库技术的产生和发展

数据库技术是应数据管理任务的需要而产生的。数据的处理是指对各种数据进行收集、存储、加工和传播的一系列活动的总和。数据管理则是指对数据进行分类、组织、编码、存储、检索和维护，它是数据处理的中心问题。

在应用需求的推动下，以及计算机硬件、软件发展的基础上，数据管理技术经历了人工管理、文件系统、数据库系统三个阶段。

（1）人工管理阶段

20 世纪 50 年代中期以前，计算机主要用于科学计算。当时的硬件状况是，外存只有纸带、卡片、磁带，没有磁盘等直接存取的存储设备；软件状况是，没有操作系统，没有管理数据的软件；数据的处理方式是批处理。因而它具有数据不保存、应用程序管理数据、数据不共享、数据不具有独立性等特点。

（2）文件系统阶段

20 世纪 50 年代后期到 60 年代中期，这时硬件方面已有了磁盘、磁鼓等直接存取存储设备；软件方面，操作系统中已经有了专门的数据管理软件，一般称为文件系统；处理方式上不仅有了批处理，而且能够联机实时处理。这一阶段具有数据可以长期保存、由文件系统管理数据、数据共享性差、冗余度大、数据独立性差等特点。

（3）数据库系统阶段

20 世纪 60 年代后期以来，硬件已有大容量磁盘，硬件价格下降，软件价格则上升，为编制和维护系统软件及应用程序所需的成本相对增加。在处理方式上，联机实时处理要求更多，并开始提出和考虑分布处理。在这种背景下，出现了统一管理数据的专门软件系统——数据库管理系统。从文件系统到数据库系统，标志着数据管理技术的飞跃。用数据库系统来管理数据比文件系统具有明显的优点，数据库系统具有数据结构化，数据共享性高、冗余度低、易扩充，数据独立性高，数据由数据管理系统统一管理和控制的特点。

2. 数据库系统结构

（1）数据库系统模式

从数据库管理角度看，数据库系统通常采用三级模式，即由外模式、模式、内模式三级组成，这是数据库管理系统内部的系统结构。在数据模型中有“型”和“值”的概念。型是指对某一类数据的结构和属性的说明，值是型的一个具体赋值。模式是数据库中全体数据的逻辑结构和特征的描述，它仅仅涉及到型的描述，不涉及到具体的值。

（2）数据库系统的三级模式结构

数据库系统的三级模式结构是指数据库系统的外模式、模式、内模式，如图 8-12 所示。

- 模式。模式也称逻辑模式，是数据库中全体数据的逻辑结构和特征的描述，是所有用户的公共数据视图。它是数据库系统模式结构的中间层，既不涉及数据存储的物理细节和硬件环境，也与具体的应用程序和所使用的应用开发工具及高级程序设计语言（如 C、Java 等）无关。模式实际上是数据库数据在逻辑级上的视图。一个数据库只有一个模式。数据库模式是以某一种数据模型为基础，统一综合考虑了所有用户的需求，并将这些需求有机的结合成一个逻辑整体。

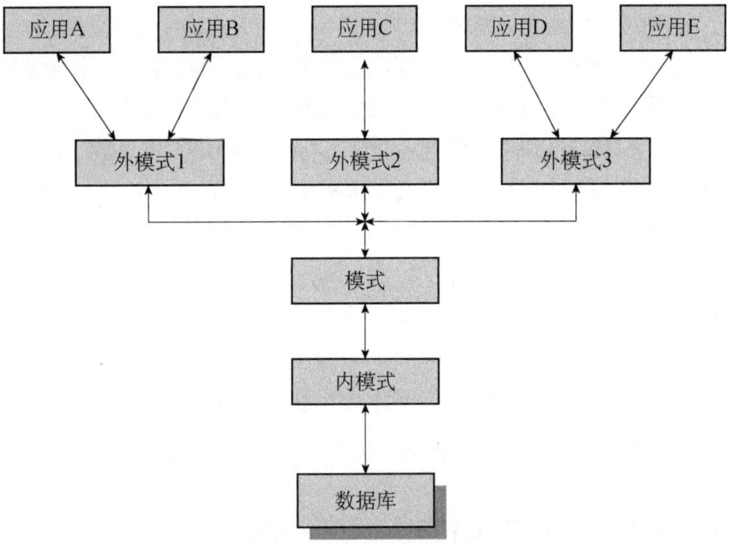

图 8-12　数据库系统三级模式结构

- 外模式。外模式也称子模式或用户模式，它是数据库用户能够看见和使用的局部数据的逻辑结构和特征的描述，是数据库用户的数据视图。是与某一应用有关的数据的逻辑表示。外模式通常是模式的子集。一个数据库可以有多个外模式。外模式是保证数据库安全性的一个有力措施。每个用户只能看见和访问所对应的外模式中的数据，数据库中的其余数据是不可见的。
- 内模式。内模式也称存储模式，一个数据库只有一个内模式。它是数据物理结构和存储方式的描述，是数据在数据库内部的表示方法。

3. 数据模型

数据模型是对现实世界数据特征的抽象。通俗地讲数据模型就是现实世界的模拟。数据模型应满足三方面要求：能比较真实地模拟现实世界；容易为人所理解；便于在计算机上实现。数据模型是数据库系统的核心和基础。现实世界具体事物必须转换为计算机可以处理的数据，即数字化，这便是数据模型。

（1）数据模型分类

概念模型：按照用户理解，对现实事物进行建模。

逻辑模型：是按照某个具体 DBMS 对概念模型进行具体实现，包括网状模型、层次模型、关系模型、面向对象数据模型、对象关系数据模型、半结构化数据模型等。

物理模型：描述数据在数据库系统内部的表示方法和存取方法，以及在磁盘上的存储方式等。

（2）常用数据模型

目前，数据库领域中最常用的数据模型有 4 种，即网状模型、层次模型、关系模型、面向对象模型。其中网状模型和层次模型称为非关系模型。

- 层次数据模型。层次数据模型是数据库系统中最早出现的数据模型，层次模型用树形结构来表示各类实体及实体间的关系。现实世界中有许多实体之间的联系本来就呈现出一种很自然的层次关系，如行政机构、家族关系等。层次数据库系统采用层次模型作为数据的组织方式。

● 网状模型。在现实世界中事物之间的联系更多的是非层次关系，用层次模型来表示非树形结构是很不直接的，网状模型则可以克服这一弊病。网状模型用网状结构来表示各类实体及实体间的关系，网状数据库系统采用网状模型作为数据的组织方式。

● 关系模型。关系模型与以往的模型不同，它是建立在严格的数学概念基础上的。关系模型由关系数据结构、关系操作集合和关系完整性约束三部分构成。关系数据库系统是支持关系模型的数据库系统。

关系数据库是一种比较成熟的数据库技术，现已得到广泛应用。在指挥控制系统中所涉及的数据库主要基于此种数据库技术。

● 面向对象模型。面向对象模型是用面向对象的观点来描述现实世界实体的逻辑组织、对象间限制联系等的模型。这一模型是数据库人员借鉴和吸收了面向对象的方法和技术提出来的，面向对象数据库系统支持这一模型。

8.2.2 火控与指控系统常用的数据库技术

1. 关系数据库

关系数据库是支持关系模型的数据库系统，它应用数学方法来处理数据库中的数据。由于关系数据库是建立在严格的关系代数这一理论基础之上，因而较其他数据库成熟，应用范围广。典型的关系数据库管理系统有 SQL Server、Oracle 等。

（1）数据库对象

● 表。数据库中的表与我们日常生活中使用的表格类似，它也是由行和列组成的图，它是实际存储数据的逻辑表示。列由同类的信息组成，每列又称为一个字段，每列的标题称为字段名。行包括了若干列信息项，一行数据称为一个或一条记录，它表示有一定意义的信息组合。

● 索引。索引是根据指定的数据库表列建立起来的顺序，它提供了快速访问数据的途径，并且可监督表的数据，使其索引所指向的列中的数据不重复。

● 视图。视图是由查询数据库表产生的，它限制了用户能看到和修改的数据。视图可以用来控制用户对数据的访问，并能简化数据的显示，即通过视图只显示那些需要的数据信息。

（2）关键字

关键字是关系模型中的一个重要概念，它是逻辑结构，不是数据库的物理部分。

● 候选关键字。如果一个属性集能唯一地标识表的一行而又不含多余的属性，那么这个属性集称为候选关键字。

● 主关键字。主关键字是被挑选出来的，作为表中行的唯一标识的候选关键字。一个表只有一个主关键字。主关键字又可以称为主键。

● 公共关键字。在关系数据库中，关系之间的联系是通过相容或相同的属性或属性组来表示的。如果两个关系中具有相容或相同的属性或属性组，那么这个属性或属性组被称为这两个关系的公共关键字。

● 外关键字。如果公共关键字在一个关系中是主关键字，那么这个公共关键字被称为另一个关系的外关键字。由此可见，外关键字表示了两个关系之间的联系。以另一个关系的外关键字作主关键字的表被称为主表，具有此外关键字的表被称为主表的从表。外关键字又称作外键。

（3）范式

构造数据库必须遵循一定的规则，在关系数据库中这种规则就是范式。范式是符合某一种级别的关系模式的集合。关系数据库中的关系必须满足一定的要求，即满足不同的范式。目前关系数据库有 6 种范式：第一范式（1NF）、第二范式（2NF）、第三范式（3NF）、巴斯-科德范式（BCNF）、第四范式（4NF）、第五范式（5NF）。满足最低要求的范式是第一范式，在第一范式的基础上进一步满足更多要求的称为第二范式，其余范式依次类推。一般说来数据库只需满足第三范式就行了。

- 第一范式。在任何一个关系数据库中，第一范式是对关系模式的基本要求。不满足第一范式的数据库就不是关系数据库。所谓第一范式是指数据库表的每一列都是不可分割的基本数据项，同一列中不能有多个值，即实体中的某个属性不能有多个值或者不能有重复的属性。如果出现重复的属性，就可能需要定义一个新的实体，新的实体由重复的属性构成，新实体与原实体之间为一对多关系。在第一范式中，表的每一行只包含一个实例的信息。
- 第二范式。第二范式是在第一范式的基础上建立起来的，即满足第二范式必须先满足第一范式。第二范式要求数据库表中的每个实例或行必须可以被唯一地区分。为实现区分通常需要为表加上一个列，以存储各个实例的唯一标志。第二范式要求实体的属性完全依赖于主关键字。所谓完全依赖是指不能存在仅依赖主关键字一部分的属性，如果存在，那么这个属性和主关键字的这一部分应该分离出来形成一个新的实体。新实体与原实体之间是一对多的关系。为实现区分通常需要为表加上一个列，以存储各个实例的唯一标志。
- 第三范式。满足第三范式必须先满足第二范式。简而言之，第三范式要求一个数据库表中不包含已在其他表中已包含的非主关键字信息。

（4）关系数据库的特点

- 简单、灵活易用。由于它对实体集及实体集间的联系均采用关系来描述，对各种用户提供统一的单一数据结构形式，使用户很容易掌握和应用这种模型和系统。
- 关系数据语言具有较好的非过程化特性，从而面向非专业用户，同时应用系统的开发效率也大大提高。
- 有更高的数据独立性。逻辑数据库结构及其操作完全独立于数据的物理存储方式，应用程序不必关心其物理存储细节，不受存储结构变化的影响，因而与层次、网络系统相比有更好的独立性。
- 易于实现对数据库的重组和控制，简化了数据库管理员的工作。
- 易于实现各种不可预计的随机查询，从而对管理决策活动中数据库应用提供较好的支持。
- 理论基础好，数据库的研究更加科学化，尤其在完整性、规范化及查询优化等方面，为数据库技术的成熟奠定了很好的基础。

关系数据库所依赖的关系模型具有严格的数学基础，概念清晰简单，非过程化程度高，数据独立性强，对数据库的理论和实践产生了很大的影响，因而成为最为流行的数据库，在很多应用领域发挥着巨大的作用。

但是，关系模型不擅长于数据类型较多、较复杂的领域。随着科学技术的进步和数据库技术的发展，数据库应用领域不断扩大，已从传统的商务数据处理扩展到许许多多新的应用领域，例如，指控系统中的数据融合。若想使整个数据融合系统更快、更好地运行起来，传统的数据库技术已很难满足其各方面的复杂需求。现在，数据库技术与网络技术、人工智能技术、面向对象设计技术、并行计算技术、多媒体技术等结合，已成为当前数据库技术发展的主要特征，并由此产生了许多面向现代应用的新型数据库，如实时数据库、面向对象数据库、空间数据库、多媒体数据库、并行数据库、主动数据库、移动数据库等。

在指控系统的数据融合系统中，对于复杂的数据融合算法，其涉及的数据形式、数据特征及数据表达格式多种多样，所以不能借助于一种数据库实现全部的数据相关服务，而应综合利用多种数据库技术。

2. 面向对象数据库

面向对象的方法和技术对数据库发展的影响最为深远，它起源于程序设计语言，把面向对象的相关概念与程序设计技术相结合，是一种认识事物和世界的方法论，它以客观世界中一种稳定的客观存在实体对象为基本元素，并以“类”和“继承”来表达事物间具有的共性和它们之间存在的内在关系。面向对象数据库系统将数据作为能自动重新得到和共享的对象存储，包含在对象中的是完成每一项数据库事务处理指令，这些对象可能包含不同类型的数据，包括传统的数据和处理过程，也包括声音、图形和视频信号，对象可以共享和重用。面向对象数据库系统的这些特性通过重用和建立新的多媒体应用能力使软件开发变得容易，这些应用可以将不同类型的数据结合起来。

然而，面向对象的数据库在处理大量、包含很多事务的数据方面比关系数据库系统慢，因此出现了混合关系对象数据库，这种数据库将关系数据库管理系统处理事务的能力与面向对象数据库系统处理复杂关系与新型数据的能力结合起来，取得了较好应用效果。

3. 多媒体数据库

多媒体数据库系统是多媒体技术与数据库技术的结合，它是当前最有吸引力的一种技术。多媒体数据库系统能表示和处理多种媒体数据，反映和管理各种媒体数据的特性，或各种媒体数据之间的空间或时间的关联，提供比传统数据库管理系统更强的适合非格式化数据查询的搜索功能，允许非格式化数据做整体和部分搜索，允许通过范围、知识和其他描述符的确定值和模糊值搜索各种媒体数据，允许同时搜索多个数据库中的数据，允许通过对非格式化数据的分析建立图示等索引来搜索数据，允许通过举例查询和通过主题描述查询使复杂查询简单化，还能提供事务处理与版本管理功能。

4. 并行数据库系统

并行数据库系统是并行技术与数据库技术的结合，其发挥多处理机结构的优势，将数据库在多个磁盘上分布存储，利用多个处理机对磁盘数据进行并行处理，从而解决了磁盘“I/O”瓶颈问题，通过采用先进的并行查询技术，开发查询间并行、查询内并行及操作内并行，提高查询效率，其目标是提供一个高性能、高可用性、高扩展性的数据库管理系统，并具有较高的性价比。并行数据库系统作为一个新兴的方向，需要深入研究的问题还有很多，但可以预见，由于并行数据库系统可以充分地利用并行计算机强大的处理能力，可能成为新型指控系统重要的支撑软件之一。

5. 实时数据库

传统的实时的系统（RTS）虽然支持任务定时限制，但在维护大量数据，保证数据的完整性和一致性方面又有不足。在许多应用领域，如电子银行、武器制导、实时仿真等，既需要维护大量数据，又要保证这些活动的时间性和实效性，这时仅用数据库技术或 RTS 均不能有效地处理这些事务。因此对实时数据库管理系统（RTDBMS）的研究也应运而生。RTDBMS 是传统数据库系统与 RTS 的一种集成，它涉及到一系列技术、方法和相关理论的提高与完善。

由于 RTDBMS 本身也是 DBMS，故它具有一般 DBMS 的特点，但它和 DBMS 也有显著区别，其最根本区别在于 RTDBMS 对数据和事务的定时限制。传统的 DBMS 要求数据绝对正确，系统可靠性高，用户接口良好；RTDBMS 却更优于数据和事务的定时限制方面，必要时宁可牺牲数据的绝对正确性也要保证数据信息的实时性要求。RTDBMS 集成了数据库技术与实时事务处理技术，将推动数据库技术在现代指控系统中的应用。

实时数据库作为一种数据库有别于一般的商用数据库，其区别主要体现在以下几个方面：

（1）存储介质。商用数据库一般存放于硬介质上（如硬盘），而实时库则为了满足实时性的要求存放于内存上，所以说实时库又是内存库。

（2）定义方式。商用数据库一般都是通用数据库，用户可以任意定义自己的库表、字段、关系等。而实时库一般说是为了特殊应用而自行开发的，一般不通用，不提供给用户定义自己的库表、字段、关系等功能，但提供固定的库表和录入程序。

（3）访问速度。商用数据库一般为秒级，实时库要达到毫秒级甚至微秒级。实时数据库和一般的关系型数据库一样，采用二维关系表的形式组织数据，每个库表都有相应的关键字（ID），以唯一表示一条记录和提高查询速度。

8.2.3　火控与指控数据库的选择

在多传感器数据融合系统中，所获取的信息量大且形式多样。进行数据融合时，需要访问各类相关支持数据，这些数据的存放及访问形式将直接影响到数据融合系统的工作性能。因此，需要有高效、完整、能够迅速索引和查询的数据库系统，以实现对知识的积累，以利于推理，并实现最终决策支持。本节从典型的火控与指控系统应用出发，分析其数据库的特点和需求。

1. 火控与指控系统数据库的特点

与一般数据库相比，火控与指控系统数据库主要有以下特点：

（1）数据类型复杂。既有一般的文本数据、图像等多媒体数据，还有地理信息、演绎推理等数据。

（2）实时性要求高。因为火控与指控系统数据库属于作战系统的一部分，其对时间的要求比较高。

（3）数据量大。既要处理当前各传感器的数据，还要处理各传感器的历史数据、一些先验知识和中间结果等。

2. 指控系统对数据库的需求

现代火控与指控系统的功能实现，需要获得多种形式的相关支持数据，包括表格（装备特性、后勤数据等）、实体关系图（组织结构图、功能流图等）、地图（天然特征、人工景物等）、图像（光学、视频、远程红外雷达、合成孔径雷达等）及 3D 物理模型（地形、建筑物、车辆等）。随着网络、通信技术的发展，多平台数据共享、协同作战已经成为现代指控系统的基本需求。因此，火控与指控系统的数据库不仅需要避免数据的冗余、数据的不一致，减少数据的存储量，而且应能够对指控系统所涉及的各类算法具有快速、准确、高效的支持作用。

3. 数据融合对数据库的要求

数据融合数据库要为状态和属性估计、航迹管理、态势评估及威胁估计融合算法提供数据支持，所以数据库应用系统除了必须具有数据录入、更新、删除、查询、统计、报表等功能外，还应能为指挥员的指挥决策提供环境支持、决策支持、技术支持。对于所有数据融合数据库，为支持数据融合算法的实现，应满足以下要求：

（1）最大限度地支持数据融合算法的实现。

（2）提供高度准确性的数据表征。

（3）尽可能减少数据库的存贮量。

（4）尽可能提高数据库的性能、效率。

4. 火控与指控系统数据的存储要求

（1）传感器信息

传感器信息是指传感器所固有的性能参数，如作用距离，包括探测距离、连续跟踪距离、分类或识别距离等；空间覆盖，包括视野（FOV）和瞬间视野（IFOV）；有源或无源操作、探测周期；空间测量特征，包括维数、空间准确性、分辨率等。可在常用数据库中静态存储。

（2）实时数据信息

在航迹相关和目标跟踪时，需使用大量数据。在航迹相关时，需要一段时间内各个传感器对目标的观测数据；在目标跟踪时，需要目标当前时刻的观测值、前一时刻的滤波值、误差协方差阵等。此类数据若存储于常用数据库（存储介质为硬盘）中，存储和读取方面将消耗大量时间，不能满足指控系统的实时性要求。因此，需将此类数据存于实时数据库（存储介质为内存）中，以提高数据的读取效率。

（3）历史数据信息

对于不要求实时读取的数据，可存于历史数据库（存储介质为硬盘）中。如各个时刻滤波得到的目标状态值，滤波处理前的观测值等有关目标属性和状态的数据。

（4）间接情报和先验知识

间接情报是指由情报人员收集的情报信息，而非传感器获得的探测信息。先验知识信息为事先获得的有关信息，如敌方部队的结构、战术、装备、地形、地貌、水文、气象数据，及各类目标的武器装备情况等信息。可在常用数据库中静态存储。

8.3 武器引导技术

8.3.1 基本概念

1. 武器系统引导

武器系统引导是指将武器系统自身的目标搜索系统或用外部信息源探知的目标信息传输给武器跟踪系统的过程，使武器跟踪系统捕捉并跟踪该目标。

武器系统引导分为内部引导和外部引导。内部引导是指武器系统本身的目标搜索系统给武器系统本身的跟踪系统引导目标。外部引导是指武器系统以外的信息源给武器系统的跟踪系统引导目标。外部信息源一般是指目标侦察系统、远方探测系统及指挥控制系统或其他武器的目标搜索系统。武器系统引导关注的是引导成功率、引导精度、引导产生的延迟时间及引导信息的内容。

2. 引导延迟时间

从录取目标探测系统输出的信息开始，至武器系统接收到该信息所用的时间（不包括武器系统反应时间）称为引导延迟时间。它是信息录取、处理和传输时间的总开销，是一个统计值。引导延迟时间影响引导信息的时效性，是指挥控制系统的重要战术技术指标。

3. 引导精度

引导精度是指在某方向引导目标结束时，跟踪系统的跟踪线在该方向偏离目标的程度，用误差统计值表示，可分为静态精度和动态精度。引导精度与目标探测系统的精度、引导过程产生的传输和处理误差及目标跟踪系统的同步跟踪精度等有关。

4. 引导成功率

武器系统被引导时，在规定的时间内，使目标出现在跟踪雷达某方向波束内或给定的光电跟踪系统某方向视场内的概率。引导成功率不仅与引导信息的精度、时效性、连续性有关，而且与武器系统本身和操作人员有关，是一个综合指标。

5. 引导信息的内容

阵地式武器系统引导时，武器系统和目标探测系统均处于静止状态。如果目标探测系统仅能测量目标的距离和方位角，则引导信息包括目标的距离和方位角、探测系统本身的地理位置（或探测系统编号）；如果目标探测系统还能测量目标的高度（或高低角），则引导信息还应包括目标高度（或高低角）。武器系统的地理位置应是已知的。

移动式武器系统引导时，武器系统和目标探测系统均处于运动状态，它们的地理位置和载体姿态不断变化。因此，引导信息需包括实时的目标探测系统的地理位置、基准坐标系内的目标距离、方位角和高度（而不是探测系统载体坐标系内的目标距离、方位角和高度）；同时，武器系统还必须实时测量自身的地理位置和载体姿态，用于武器系统引导。

8.3.2 引导的作用

1. 扩展武器系统指挥员的战场感知空间

众所周知，现代战场具有态势变化快、作战空间大的特点。因此，在作战过程中，把远方侦察、探测系统获取的战场信息实时地传给武器系统，可以扩展武器系统指挥员的战场感知空间，增长预警时间，充分发挥他们的主观能动性，从而更好地发挥武器系统的作用。

2. 提高武器系统的快速反应能力

在外部信息的引导下，武器系统增加了预警时间，在跟踪系统的跟踪范围内可直接捕捉并跟踪目标，不需要武器系统再搜索目标的过程，因此，可以提高其快速反应能力。

3. 提高武器系统整体作战能力

武器系统之间互相交换信息，相互引导，协同作战，能利用多个跟踪系统测得的目标信息，提高武器系统整体作战能力。

4. 提高抗电子干扰能力

多种或多个目标探测系统在不同的地理位置用不同的发射电磁波方式探测目标，引导武器系统，可以提高武器系统抗电子干扰能力。

8.3.3 阵地式武器系统引导

下面主要以某阵地式防空系统中警戒雷达对跟踪雷达的引导、跟踪雷达相互引导为例来叙述阵地式武器系统的引导过程。其过程可分成数据录取、数据处理、武器系统控制等环节。

（一）数据录取

警戒雷达数据录取主要有信号量化、恒虚警控制、自动检测、目标坐标估计、航迹相关和外推跟踪等环节。信号量化是把雷达接收机输出的模拟电压信号转换成数码序列；恒虚警控制是控制雷达保持恒定的虚警概率；自动检测是对量化后的信息，根据一定的检测准则自动判断目标是否存在；目标坐标估计是依据测得的数据，经数字处理后，获取目标的坐标及运动参数；目标坐标估计是依据测量的目标坐标，经数学处理获取目标坐标及运动参数；航迹相关是利用天线几个扫描周期的录取数据，更可靠地判断多个目标是否存在，区分新老目标，把目标运动轨迹连成航迹；外推跟踪是在航迹相关过程中，根据目标当前的位置和机动情况，预测下一个扫描周期目标出现的位置，而后用实测值来修正新的预测点。

警戒雷达按作用距离可分为：远程（>400km）、中程（200～400km）和近程（≤200km）三种类型。表 8-1 列出的是某种警戒雷达的战术技术指标。

表 8-1 中，ΔD 、$\Delta\beta$ 分别是测距、测角误差，而天线转速为 6r/min 或 12r/min，说明这种雷达对作用范围内的每一个目标，每分钟大约可录取 6 次或 12 次数据。

表 8-2 给出的是某跟踪雷达的战术技术指标。

表 8-1　某警戒雷达的战术技术指标

名称	作用距离	测量精度	天线转速
警戒雷达	324km	ΔD =0.09km $\Delta\beta$ =0.5°	6r/min（警戒时） 12r/min（引导时）

表 8-2　某跟踪雷达的战术技术指标

名称	作用距离	测量精度	天线转速
跟踪雷达	40km	ΔD =20km $\Delta\beta$ =0.1° $\Delta\varepsilon$ =0.1°	>5 次/s

由上述两表可知，警戒雷达录取数据的精度和数据率都远低于跟踪雷达，但其作用距离却远大于跟踪雷达，因此，跟踪雷达相互引导的目标数据可直接用于控制武器，而警戒雷达引导的数据仅能用于跟踪雷达（或光电跟踪系统）捕捉并跟踪目标。

（二）数据处理

警戒雷达（一部或多部）录取的数据被送到指挥控制系统的中心计算机后，计算机将依据战术准则对其做一系列的数学处理，包括数据融合、威胁估计、目标分配等。这里，数据融合主要是把多部警戒雷达送来的对同一目标测定的数据，归结为一条航迹数据。威胁估计是判断目标的性质（敌方、我方）、攻击意图及威胁程度。目标分配是根据数据融合、威胁估计的结果，结合我方武器的类型及性能，把攻击任务连同目标数据分配给武器系统。

武器系统接收到引导信息后，还必须进行视差修正，即将警戒雷达测得的目标数据转换成该武器系统的跟踪坐标系内的目标数据，然后，跟踪系统同步跟踪这些数据。

由于跟踪雷达（或光电跟踪系统）的作用距离远小于警戒雷达，当目标远在跟踪雷达（或光电跟踪系统）的作用范围之外时，引导的意义在于为武器系统提供更大作战区域内的目标信息，使武器系统的指挥员了解、观察战场态势和做出行动决策，而当目标进入跟踪雷达（或光电跟踪系统）的跟踪范围时，引导的作用是将经视差修正的目标数据直接送给跟踪雷达（或光电跟踪系统），使跟踪雷达（或光电跟踪系统）自动、快速地捕捉并跟踪目标，以提高武器系统的快速反应能力。

（三）武器系统控制

武器系统控制实际上是利用警戒雷达测得的目标数据控制跟踪雷达（或光电跟踪系统）。此时，跟踪雷达（或光电跟踪系统）处于同步跟踪经视差修正的警戒雷达目标数据状态。

利用警戒雷达的目标数据控制跟踪雷达可用人工方法和自动控制方法。人工方法是由操作人员根据传来的目标数据半自动转动天线去捕捉目标；自动控制方法，则是由计算机、数字/轴角转换器（D/S）、轴角/数字转换器（S/D）与跟踪雷达的随动机构组成的，如图 8-13 所示。此时，跟踪雷达处于同步跟踪经视差修正的警戒雷达目标数据状态。图中，目标参数是经视差修正的警戒雷达目标信息。

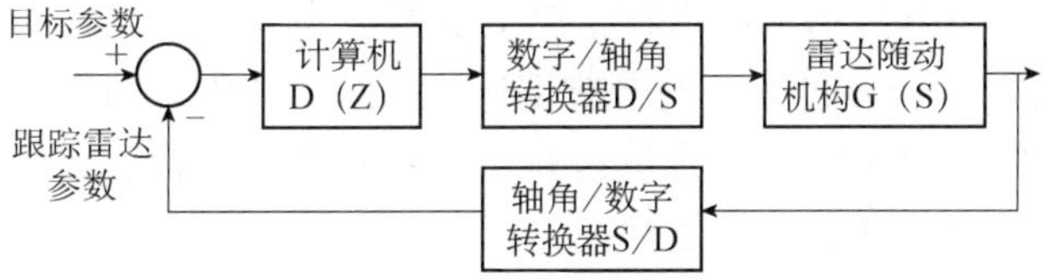

图 8-13　跟踪雷达控制

欲使这样的系统具备良好的稳定性和同步跟踪精度，要解决两个问题：确定采样周期 T 和确定数字校正环节 D（Z）的模型和参数。采样周期 T 一般应小于跟踪雷达随动系统的时间常数，确定数字校正环节 D（Z）一般根据给定的设计指标和性能参数，预先选择一个或几个 D（Z）的模型，编制计算机程序，通过仿真和现场试验来找到满意的 D（Z）模型和参数，从而得到好的控制效果。

应当指出，当警戒雷达或搜索雷达不能给出目标的高低角 ε（或高度 H）时，引导目标结束后，还需在高低方向上进行人工操纵或自动控制雷达天线在小范围内搜索捕捉目标。这一范围一般根据目标的最大高度和跟踪雷达的作用距离估算，为了在高低方向上快速捕捉目标，跟踪雷达天线在高低方向上的初始位置往往放在低角度或零角度的位置。

有的跟踪雷达，需要在距离上也实施引导。但因其没有自动的距离量随动机构，所以常将距离引导量转换成雷达距离显示屏上的目标模拟回波点，人工操纵距离跟踪线，跟踪这个模拟回波点，达到距离引导的目的。

对光电跟踪系统的控制，可采用类似的方法。此时，光电跟踪系统处于同步跟踪经视差修正的警戒雷达目标数据状态。

（四）引导精度

1. 误差因素

警戒雷达引导跟踪雷达（或光电跟踪系统）的误差来源于下述几个方面。

（1）警戒雷达测量误差：该误差分为系统误差和偶然误差，系统误差是警戒雷达扫描系统的零位调整引起的，而偶然误差包括目标的无意机动、气流的波动等随机噪声产生的误差和录取目标信息过程中产生的误差。

（2）目标运动预测误差：它是因预测模型与目标实际运动不符造成的。

（3）系统的时间延迟补偿误差：从警戒雷达录取数据到跟踪雷达接收到被引导的目标位置，信息经过多次转换、处理和传递，各个环节都占用一定的时间。这个时间尽管可以通过分析和测量后进行补偿，但补偿之后仍然会有一定的动态误差。

（4）数据量化误差：由截断误差和舍入误差造成。

（5）测地误差：在确定阵地之后，为了修正警戒雷达与跟踪雷达之间的视差，需要进行大地测量或定位定向，自然会带来测地误差。

（6）跟踪系统的同步跟踪误差：它取决于跟踪系统处于同步状态下的同步性能，而不是跟踪目标的性能。

2. 引导成功率的计算

一般的跟踪雷达，只要将目标在方位方向或高低方向上引导到它的波束范围内，即可认为在该方向引导成功（但有的雷达还需在距离上实施引导）。

仅能给出目标距离 D 和方位角 β 的警戒雷达给跟踪雷达引导目标时，可以只计算方位上的引导成功率；而对能给出距离 D、方位角 β 和高度 H 的警戒雷达，则需要计算方位方向和高低方向上的引导成功率与联合引导成功率。

假设方位方向和高低方向的各类误差相互独立，目标的空间坐标值用球坐标 (β,ε,D) 表示。以方位角 β 为例，设 $\alpha_{z\beta}$ 表示目标方位角的综合系统误差，$\sigma_{z\beta}$ 表示综合偶然误差，且该误差服从正态分布，其概率密度为

$$p(x)=\frac{1}{\sqrt{2\pi}\sigma_{z\beta}}\exp\left[-\frac{(x-\alpha_{z\beta})^2}{2\sigma_{z\beta}^2}\right] \tag{8-3}$$

又假设跟踪雷达方位方向的波束宽度为 B，则在方位方向上的引导成功率为

$$p=p\left\{\frac{-\theta}{2}<X<\frac{\theta}{2}\right\}=\frac{1}{\sqrt{2\pi}\sigma_{z\beta}}\int_{\frac{-\theta}{2}}^{\frac{\theta}{2}}\exp\left[-\frac{(x-\alpha_{z\beta})^2}{2\sigma_{z\beta}^2}\right]\mathrm{d}x \tag{8-4}$$

同理，可计算在高低方向上的引导成功率 P_ε。

联合引导成功概率 P_J 由下式计算

$$P_J=P_\beta P_\varepsilon \tag{8-5}$$

对光电跟踪系统实施引导时，计算其引导成功率可采用类似方法，只是式（8-5）中的积分上下限是光电跟踪系统视场的二分之一。

（五）跟踪雷达相互引导

1. 战术意义

防空作战中，为集中火力打击一批敌目标且快速转移火力打击多批目标，常采用如下战

术：用一部跟踪雷达的目标数据控制多个武器，空出的跟踪雷达去跟踪其他目标。当需要打击这些目标时，可立即利用空出的跟踪雷达测得的目标数据去控制多个武器，实现快速转移火力集中打击多批目标的目的。一部跟踪雷达的目标数据控制多个武器是这样实现的：将某一雷达测得的目标数据直接送各武器系统的火控计算机，经视差修正后进行计算各自的射击诸元，驱动相应的武器指向相应的射击方向，射击同一目标。

为了提高跟踪雷达抗电子干扰能力，减少被反辐射导弹袭击的可能性及集中火力打击一个目标，还常使分布在不同地理位置上的多部跟踪雷达采用在不同的时段由不同跟踪雷达发射电磁波的方式捕捉、跟踪同一目标。在捕捉目标时，各跟踪雷达相互指示目标，以提高对目标的捕捉概率；在跟踪目标时，又可使各跟踪雷达交替发射电磁波，以提高抗电子干扰能力和减少跟踪雷达被反辐射导弹袭击的可能性。在这种状态下，每一时刻只有一部跟踪雷达处于跟踪目标状态，其他跟踪雷达均处于同步跟踪经视差修正的该部跟踪雷达输出的目标数据状态，以实现对多个武器控制。

上述两种情况都称为跟踪雷达的相互引导，图 8-14 是第二种情况下跟踪雷达 A 引导跟踪雷达 B 的示意图。

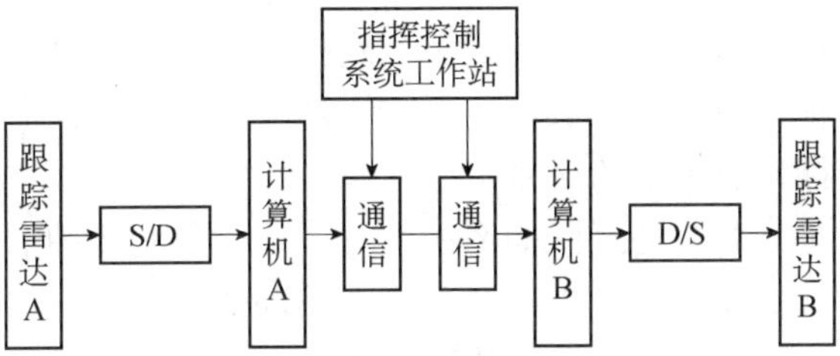

图 8-14　跟踪雷达引导

2. 引导过程

（1）S/D（轴角/数字）转换：跟踪雷达 A 测得的目标位置球坐标$(\beta(t), \varepsilon(t), D(t))$是以电压信号表现的。因此，首先需将它送 S/D 转换器转换成数字量$(\beta(nT), \varepsilon(nT), D(nT))$，然后被录取到计算机 A。

（2）数据处理：对录取的数据，计算机 A 进行雷达零位校正、平滑滤波和视差修正等处理，得到跟踪雷达 B 所需的比较平稳的数据流，由通信系统送往计算机 B。在计算机 B 中，进行时间补偿、预测外推、跟踪雷达 B 的零位校正等处理。

（3）D/S（数字/轴角）转换：计算机 B 把经处理的数据送 D/S 转换器，将数字量转换成电压信号去控制跟踪雷达 B。

（4）监控：在跟踪雷达 A 引导跟踪雷达 B 的过程中，始终受到指挥控制系统工作站的监控，指挥控制系统决定这个过程的开始和结束。跟踪雷达 B 引导跟踪雷达 A 有类似过程。

3. 引导精度

影响跟踪雷达相互引导精度的因素有目标测量误差、S/D 转换误差、数据传输延时误差、视差修正误差，D/S 转换误差和跟踪滞后误差等，最显著的是目标测量误差和跟踪滞后误差。对跟踪雷达，在通信速率为 1200bps，目标巡航飞行时，一般引导精度可以做到：角度误差$\leqslant 0.12°$，距离误差$\leqslant 20$m。

用类似的方法也可以实现光电跟踪系统的相互引导。

8.3.4 移动式武器系统引导

在阵地作战中，由于我方的各种探测系统、武器、指挥中心的位置不变，作战前，可以通过各种手段测得它们的坐标，作为已知量在引导过程中使用，同时探测系统、武器、指挥中心的载体姿态也是经过严格水平调整的。而在舰艇等移动平台作战中，它们的位置和载体的姿态都在不断地变化，因此，为实现移动式武器系统的引导，除了实时测量敌目标的位置和运动参数外，还必须实时测量我方各种探测系统、武器、指挥中心的位置和运动参数及它们的载体姿态，用于引导过程中实时修正视差。此外，还可利用所测得的我方各种探测系统、武器、指挥中心的位置和运动参数及它们的载体姿态，使各武器系统实时准确地到达指定的作战区域（称为导航）和使各个作战单位实时了解我方的兵力分布。

在移动式作战中，影响移动式武器系统引导成功率的因素，除了类似于阵地式武器系统引导中的那些误差之外，还有它们的动态定位误差及其载体姿态测量误差。

现今，对阵地式武器系统定位，其线量误差可以达到 1m 以下。因此，定位精度所带来的视差修正误差是影响引导成功率的次要因素；目前，对移动式武器系统动态定位线量误差却一般大于 10m，这对警戒雷达引导跟踪雷达（或光电跟踪系统）尚可满足要求，而对跟踪雷达（或光电跟踪系统）相互引导，用于控制多个武器是远远不够的。

在移动作战中，目标探测系统的载体姿态在不断变化。因此，应充分考虑这种姿态变化因素及因载体姿态和坐标转换带来的误差。

另外，值得指出的是，对阵地式武器系统引导，可以采用多种通信方式（有线，无线）传输引导信息，保证引导信息的连续性；然而，对移动式武器系统引导时，却只能采用无线方式传输引导信息，这无疑会降低引导成功率，尤其是在恶劣的电磁环境中。

8.4 辅助决策技术

8.4.1 决策、辅助决策、辅助决策系统

（一）决策

这里的决策仅指作战指挥决策，是作战指挥决策的简称。它是指军队指挥员根据敌我双方各方面情况的分析判断，对作战意图和行动策略做出决定的过程。

作战指挥是指挥员或指挥机关对所属部队进行的组织、领导活动，其内涵是组织、领导和控制所属部队和武器装备，是实施决策结果的过程。在作战指挥过程中，依据千变万化的战场态势，还需进行实时的决策。

作战指挥决策往往需要制定多个可能作战策略，并由指挥员在多个可能作战策略中做出选择，它是指挥员的用脑行为、智力思维活动。指挥员的思维活动是一个复杂的过程，分为经验思维、公理思维、辩证思维、形象思维和灵感思维。想用一个或某些自动化系统完全代替指挥员的思维或决策，实现作战指挥决策的完全自动化，理论上是荒谬的，实践上注定要失败。也就是说，最终的作战指挥决策者必须是指挥员。

显然，作战指挥决策本质上是讲指挥员的决策，其具有明显的预测性、优选性和实战性。这种决策与决策者的利益和命运密切相关，风险和效益并存，决策者总是想使其做出的决策

风险最小、效益最高。

作战指挥决策因作战层次、决策时机、决策地点、决策内容、决策环境、决策方式、决策性质、决策要求、决策者等不同，变得十分广泛而复杂。按照不同的分类标准，作战指挥决策可分为多种类型，见表 8-3。

表 8-3　作战指挥决策分类

分类标准	内　容
决策层次	战略决策；战役决策；战术决策
决策时机	战前决策；战时决策；战后评价（决策）
决策地点	同一工作平台的集中式决策；多个工作平台的分布式决策
决策内容	情报决策；组织决策；战斗决策
决策环境	确定型决策；随机型决策；模糊型决策
决策结构	常规（结构型）决策；非（半）结构型决策
决策性质	对抗性决策（对策）；非对抗性决策（对策）
决策要求	最优决策；满意决策
决策主体	个人（单一首长）决策；集体决策

很显然，指挥员要解决这样广泛而复杂的决策问题，必然需要得到某种程度的帮助（辅助），辅助决策技术便是提供这种帮助的有效途径。

（二）辅助决策

辅助决策是指参谋、参谋机构或作战指挥自动化系统帮助指挥员进行决策。早期作战由谋士辅助决策；随着战争规模的扩大和复杂化，出现了由多种参谋人员组成的参谋机构，参谋们使用某些工具进行辅助决策。随着科学技术的发展，出现了多种用于辅助作战指挥决策的自动化系统，参谋们利用这些自动化系统辅助决策，或指挥员利用这些自动化系统进行决策。

自动化系统帮助指挥员决策，实际上是计算机帮助决策，因此，有人称为计算机辅助决策。计算机辅助决策是计算机帮助指挥员了解情况、判断情况、制订作战方案、拟定作战/管理计划和执行作战/管理计划、下定决心。计算机按照事先选定的对抗模型和作战原则，进行信息处理、传递和显示，帮助指挥员迅速估计和预测作战态势，制订相应的静态、动态作战策略，以保证作战顺利进行。这就要求计算机所处理的信息是实时的、准确的，所采用的决策方法是科学的。计算机辅助决策，实质上是用计算机模拟指挥员（或参谋人员）的思维活动，然而计算机永远不能完全代替人的思维活动，它只是进行数值运算和逻辑推理，即便是人工智能系统也仅能模拟指挥员的经验思维，对上述的其他思维方式，计算机是很难处置的，特别是对具有创造能力的思维活动，计算机是根本办不到的。因此，还必须在人的使用下进行辅助决策。因为决策问题是广泛而复杂的，所以计算机辅助决策的内涵随着科学技术的发展会越来越丰富，代替参谋人员或指挥员的工作也会越来越多。

现代战争范围越来越广，分布地域越来越宽，各军、兵种协同作战已成为常见的作战模式。在这种复杂的作战中，各种先进的传感器技术和信息融合技术得到了充分的利用，提供的有关战斗进展和战场态势的信息迅猛增加。尽管经过信息处理能将各种手段提供的含有异常的信息变换整理成有用的信息，但就是这些有用信息也仍然会多得使作战人员应接不暇。同时，作战时使用的武器种类繁多、数量庞大，对武器的管理、控制也变得日益复杂。在这种情况下，指挥员要想根据呈现在他面前的众多信息，及时做出正确的决策将是极其困难的，辅助决策就变得尤其重要。特别是快速、准确、科学的计算机辅助决策就显得更加重要，要求其辅助决策的内容也会越来越多。

（三）辅助决策系统

目前，由于研究角度不同而形成了辅助决策系统的多种定义，典型的有面向过程的定义和面向问题的定义。本书采用前者，即将作战决策分析人员和计算机软硬件组成的、能辅助指挥员做出正确决策的人—机系统称作辅助决策系统，又称决策支持系统，这一定义隐含了人操作计算机进行辅助决策这一过程。

辅助决策系统为实现辅助决策功能而采用的技术称为辅助决策技术，实际上是使计算机具有辅助决策功能而采用的技术。在建设各类指挥控制自动化系统中，它是应重点研究和解决的技术问题之一。

早期的辅助决策系统（决策支持系统）由三部分组成：用户接口、数据库、模型库。

用户接口是人—机界面，具有菜单式选择、查询、图形显示、打印输出等功能，它负责接受指挥员或参谋人员的请求，输出指挥员或参谋人员所需的信息。

数据库用来管理、存储大量的数据，维护数据库结构和内容的一致性、独立性和数据存取的简便性等。

模型库中存放着一些预制的标准模型，包括符号模型、计算模型和程序模型等。有时还提供动态建模手段，供指挥员或参谋人员创建自制的模型。这种结构的辅助决策系统称为二库结构的辅助决策系统。

后来，出现了三库结构的辅助决策系统，即在二库结构的基础上增加知识库。知识库存放符号逻辑和数据结构的专家知识和经验，能为指挥员或参谋人员提供专家咨询，具有智能功能。

四库结构是在三库结构的基础上，增加标准方法程序（如预测程序、规划程序、图形程序、分析程序等），进行调度管理，形成方法库。在辅助决策系统运行中，直接调用方法库中的方法程序。四库结构的辅助决策系统包括用户（指挥员或参谋人员）；用户接口管理系统；辅助目标分析、计算机联网通信、协调系统内各模块的中心控制器；数据提取单元；方法库管理系统；数据库管理系统、模型库管理系统；中心数据库；方法库；模型库；数据库；通信网络。

五库结构的辅助决策系统是在四库结构的基础上，为了用户使用方便，又增加了一个文本库。

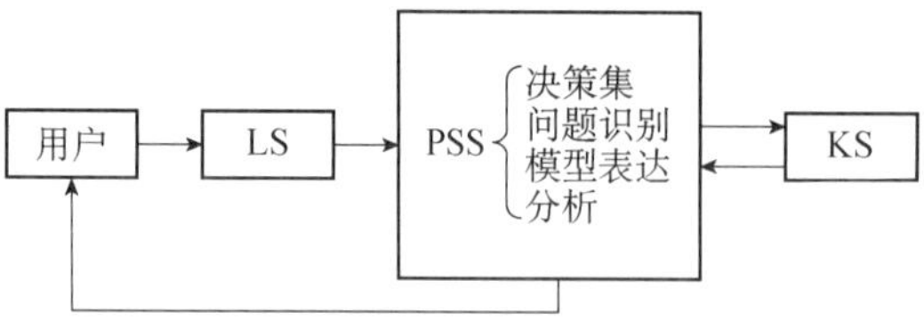

图 8-15　一种辅助决策系统结构

辅助决策系统发展很快，20 世纪 80 年代又提出了新的结构。如图 8-15 所示，LS 是语言系统；PSS 是问题处理系统；KS 是知识系统。

90 年代又提出了群辅助决策系统、集成辅助决策系统、战略辅助决策系统、分布式辅助决策系统等。

辅助决策系统的研究内容很广，而且不断丰富，主要有：

（1）确定问题的定义、决策目标、约束条件、适用范围及问题求解的方法和手段。

（2）获取不同时间、不同类型、不同层次的数据，以满足解决辅助决策问题的需要。

（3）设计和/或选择建模方法、模型集成方法及模型求解技术。

（4）确定数据与模型的结合方法，包括数据库设计与管理、数据库与模型的数据格式与传输方式。

（5）确立知识工程和专家系统的思想方法，构成基于知识的交互系统。

（6）研究辅助决策系统的动态适应性，以进行动态辅助决策。

（7）研究辅助决策系统的设计和执行行为。

（8）研究有效的辅助决策方法。

（9）完善已有概念，制订评价辅助决策系统的标准。

8.4.2　辅助决策的任务及特点

1. 任务

辅助决策系统是指挥控制系统中作战指挥决策系统的一部分，用于辅助指挥员进行作战指挥决策，其主要任务有：

（1）为指挥员提供实时战场态势信息和非实时情况信息，供指挥员决策时参考。

（2）为指挥员提供战场态势要素、威胁要素、决策要素的分析、处理结果，为指挥员提供决策依据。

（3）提供多个作战策略的备选方案，供指挥员决策时选择。

（4）完成人—机交互的辅助决策任务。

2. 特点

如前所述，根据作战时间、规模和级别的不同，辅助决策分为战略级、战役级和战术级。当然，根据指挥对象的不同，又有单军（兵）种、多军（兵）种合成作战指挥等的辅助决策。然而，不管哪类辅助决策都应具有如下基本特点。

（1）有效性：有效性是指辅助决策的决策方案能得到指挥员的认可和采纳，在执行过程中能保证高效益、低风险地持续发展。这就要求辅助决策的备选方案不仅能被指挥员采纳，而且能向有利于或较有利于我方的态势方向发展。

（2）实时性：作战中，敌我双方的参战因素是瞬息万变的，战场态势不断变化。因此，作战指挥决策是一个实时性很强的动态过程，特别是战术级。如果不能及时地做出决策，就会贻误战机，甚至导致失败。因此，辅助决策必须具有较强的实时性，或称快速性，这就要求信息的获取、传递、处理和显示都必须快速进行。为了满足实时性要求，一般在建立和求解战场态势和辅助决策模型时，常采用满意的或简化的优化模型和求解方法，而避免采用复杂的优化模型和求解方法，同时要求计算机具有快速处理能力。

（3）多样性：多军兵种合成作战中，多军兵种各有自己的作战对象和目标，各有自己的一套作战原则和方式。因此，相应的辅助决策模型和使用方式必然多样化。联合和合成作战的辅助决策要求，又使多样化的决策模型相互交织在一起，表现为多目标要求。多目标之间有时相互冲突，因此，在决策模型建立和求解中存在巨大的复杂性，经常出现多领域优化模型的统一优化问题，它们的求解与具体战役战术要求联系在一起。

一般地，多军种联合作战的辅助决策主要属战略、战役级；多兵种合成作战的辅助决策属于战役、战术级；单兵种作战及武器控制的辅助决策属于战术级。因此解决辅助决策问题时，必须明确是哪一级的辅助决策，应解决哪些问题。

（1）灵活性：在战役、战术进程中，由于战场态势千变万化，造成辅助决策不可能套用固定的模式解决辅助决策问题。这就要求辅助决策模型的输入和输出参数要充分、辅助决策模型要灵活多变、能适应辅助决策各阶段的相互交织性，能够循环反馈。为了充分体现指挥员灵活多变的决心和意志，应具有良好的人机交互辅助决策能力。

（2）不确定性：作战过程是一个诸多因素不完全确定的过程。作战因素随时间的变化具有偶然性。因此辅助决策具有不确定性，其解也不具有唯一性。从某种意义上讲指挥员的哪种决策都可能是可行的、有道理的、不违反作战目标、上级意图和作战原则的，决策的好坏取决于指挥员的指挥艺术。

8.4.3 辅助决策系统的基本组成

辅助决策系统因其使用范围、使用目的及辅助决策任务等不同而不同，但其组成却基本类似。

1. 情报融合分系统

情报融合分系统是辅助决策系统不可缺少的要素，它为辅助决策系统提供来自包括多平台、多（类）传感器在内的多种收集手段获得的情报和情况信息，包括敌情、我情、天候气象、地形地物及战区内社会政治经济等各类实时、非实时信息及融合判定信息（如态势和威胁估计），其输出为辅助决策系统生成决策方案及为指挥员定下决心提供主要依据。

2. 数据库分系统

数据库分系统一般包括下列数据库。

（1）静态数据库：静态数据库存储作战指挥决策所需要的各类静态情况信息，这些信息在一段时间内相对不变，如我方的部队情况、作战原则、武器性能、战区兵要地志、地理信息、天候气象及社会、政治、经济情况、主要战例、敌方的有关情况等。这些信息对战前辅助决策是十分必要的，是战前辅助决策的原始信息。

（2）动态数据库：动态数据库存储战场上随时收集到的各类随时间变化的动态情报信息，为战时辅助决策提供实时的情报信息，供战时辅助决策时使用。

（3）专用数据库：专用数据库存储为各军（兵）种辅助决策所必需的各种专业战术技术数据。

3. 决策模型分系统

决策模型分系统是辅助决策系统的核心，其中包括结构化模型和某些半结构化模型，不能笼统地称为“模型库”，因为决策模型系统是为特定的辅助决策功能建立的具体模型，是一个程序系统。

4. 决策知识分系统

决策知识分系统可以提高辅助决策系统的智能化水平，其中主要存储辅助决策的非结构化知识。该分系统也是从某特定的辅助决策功能出发的，收集、存储该类决策所需要的各类启发性、经验性知识，建立相应的知识库，为决策推理提供依据。

5. 决策推理分系统

决策推理分系统指为解决非结构化决策问题所建立的模仿人的逻辑思维的推理系统，又称为推理机。它使用知识系统、数据库系统中的知识和数据，采用功能驱动或事实（证据）驱动方式工作。推理系统一般需考虑不确定性推理，包括知识和事实的不确定性度量及其传播等。

6. 人-系统界面

人-系统界面是任何辅助决策系统不可缺的要素，用来实现某种决策信息的输入、指挥员对辅助决策过程进行体现其意志的干预及对多个备选决策方案的选择和修改等。在非结构化决策中，需在 MSI（人-系统界面）上进行知识库、数据库的维护、修改和更新等操作。当前 MSI 已可应用多媒体技术实现。

7. 图形、图像分系统

图形、图像分系统主要用来接收图形、图像传感器的信息，以图形、图像方式显示各决策方案与相关信息，使指挥员易于理解和选择。因此，辅助决策系统离不开图形、图像处理和显示分系统。

8. 信息传输分系统

信息传输分系统用于传输如下类型的信息：实时格式数据；作战文书（文字型、表格型）；态势图和决心、计划图等图形信息；图像信息。因此在辅助决策系统中，通信传输手段应包括文电、格式数据报、图形、图像、语音等多种手段，实时格式数据的传输尤其是不可少的。

8.4.4　辅助决策系统软件结构

（一）程序结构

辅助决策系统的程序结构可以用作业结构和模块结构描述。这里的作业是从功能角度来讲的，在计算机操作系统控制下，以多个进程形式出现，每个作业完成一类战术功能，占用一幅（或指定几幅）显示画面，操作人员通过操作系统对各作业进行前后台控制。模块是从程序实现的意义上讲的，模块是对作业的功能支持程序。当然，某一公用模块会对多类作业提供支持，一类作业又需要多个模块支持。由于不同辅助决策的功能要求不同，因此无法具体描述程序模块的划分，这里仅给出辅助决策的一般作业结构。

战役、战术级辅助决策系统的作业是依据战役、战术要求划分的，而战役、战术要求包括功能需求和作战指挥工作方式需求两部分。

由功能需求所产生的作业包括如下内容：情报作业；DB（数据库）作业；MSI 作业（包括图形图像及其显示处理）；决策模型作业；KB（知识库）作业；推理作业；通信传输作业。

由作战指挥工作方式需求产生的作业包括如下内容：战况记录作业；系统控制管理（总联）作业；实时决策作业；非实时决策作业；作战模拟作业；战况重演作业。

战况记录作业包括实时决策作业的输入信息的记录和输出信息的记录。

系统控制管理作业又称总联作业。其功能是在操作系统和共用系统软件（网络软件、MSI 驱动软件等）支持下，完成对辅助决策系统的管理和运行控制，包括输入/输出信息管理，多工作方式下功能作业和模块的调度运行、各作业（模块）之间通信控制及接口管理及内外存储器的分配等。在单用户操作系统（如 Windows）中，总联作业基本上是由软件开发人员完成的，其工作量大，但透明性好，易于查找问题和程序调试。在多用户操作系统中，总联作业功能是由软件开发人员结合操作系统提供的功能共同完成的。虽然，其工作量相对小些（当然工作量依赖于系统的复杂程度），但透明性差，不利于程序调试和查找问题。

实时决策作业是辅助决策系统的核心，有时又称为主作业。它实现实时辅助决策功能，其决策依据主要是实时输入的真实战场（实战或实兵演习）态势和指挥员的实时干预请求信息。实时决策作业的运行几乎涉及（调用）每一个功能作业，实时决策作业中所调用的功能作业和模块一般采用并行工作方式，以尽量减少时间延误，提高辅助决策的快速反应能力，实时决策作业一般是完成战役战术进程中的辅助决策功能，如兵力的实时调整、协调方案、重大的战役战术武器的实时指挥控制等。

非实时决策作业功能一般在战役准备阶段或战役初始阶段使用，其决策依据主要是静态数据库和已有的情报信息。其主要功能有生成决心和兵力布势（布置）预案、作战样式选择、多军兵种作战和训练业务管理、各类战役战术计划等。非实时决策作业一般由 MSI 上干预功能请求驱动，非实时决策作业功能较多，一般取并行工作方式。

作战模拟作业主要是按模拟作战剧本的要求产生实时模拟信息，包括态势信息、功能要求信息等。对模拟作业可以进行控制，即具有导演功能。模拟作业的目标有两个：一个是模拟演示和检验辅助决策的各项功能；另一个是为指挥员进行战役、战术训练提供模拟环境。作战模拟作业除提供模拟情报信息外，还需要模拟敌我双方的作战对抗，因此对战役、战术军事知识要求比较高。

重演作业完成对实时记录的战场态势信息和功能操作信息重新释放演示，以进行战况重现或重演。重现指一成不变地将战场态势和战役战术进程展现出来，以进行讲评、分析或查实责任。重演指只释放记录的情报信息，供各级指挥员仿真战役战术决策指挥，以进行战术研究、对比分析、训练实习等。根据需要可对记录内容进行部分重演，也可以改变重演速度（加快或放慢）。图 8-16 给出了辅助决策作业程序结构图。

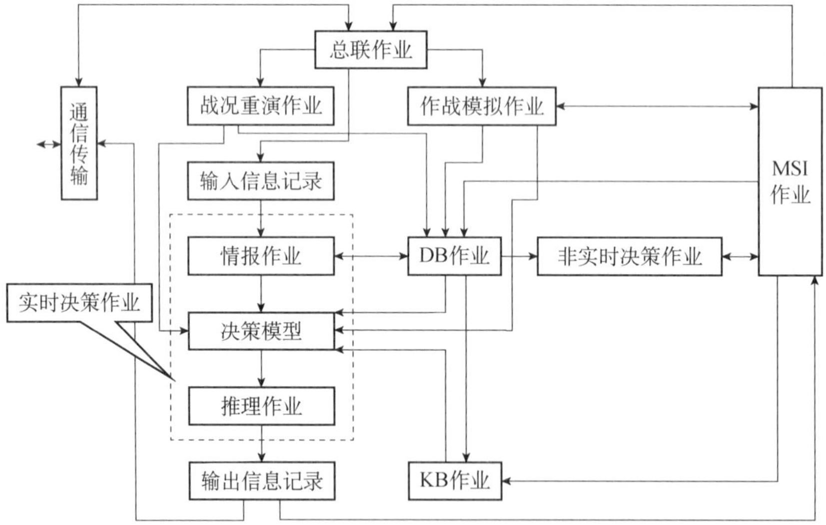

图 8-16　辅助决策作业程序结构图

（二）数据结构

辅助决策系统的数据结构包含系统输入/输出数据结构、系统存储数据结构。

1. 系统输入/输出数据结构

（1）系统输入数据源——系统输入数据源主要包括上级及友邻部队；本系统的各类传感器；与本系统联网的其他情报中心、指挥控制中心和自动化系统；本系统所属的各级指挥控制中心和业务部门。

（2）系统输入数据类型——输入数据主要包括文字型文电；实时格式数据；动态或静态图像；图形或图形—文字数据；MSI 的情报录入数据；MSI 功能干预信息。

文字型文电一般包括命令、通令、指示、通知、批复、请示、报告、决定、通告、布告、公函、纪要等，它们各有专门的行文格式。

实时格式数据一般是传感器实时侦察到的各类情报信息，由于其紧急程度较高或实时性较强，应尽量减少数据传输延迟时间，此类数据有专用的数据格式，规定数据格式时应遵循如下原则：尽量减少传输字节数；尽量采用代码，不（少）用汉字；格式应易于识别和理解；减少重复内容；使程序能自动处理，不允许插入人工环节；采用内存缓冲（或高速缓冲）数据交换，不采用外存（磁盘）数据交换。

动态或静态图像一般指光学或红外传感器拍摄的敌方目标或战场态势图像，需实时传送到指挥控制中心，其传输格式是数据文件类型，一般需采用信息压缩技术，以减少传输的信息量。

图形或图形—文字数据一般指以图形方式传输的态势信息、决策方案信息等，并附以文字说明。它一般以文件形式传输，在规定其格式时，应符合国军标图形接口标准，如 CGM 标准，以便于读取和显示；应包括底图图号（包括比例尺、图幅、坐标等）、图形军标符号（包括代码、名称、位置、方向及文字注释等）。这类图形信息应设置程序自动处理和人—机交互处理两种方式。

MSI 情报录入数据包括从文字型文电、图像、图形类信息中提取的情报信息，在 MSI 上以格式形式录入系统，一般采用菜单式，菜单的设置应遵循如下原则：采用提示菜单，尽量减少汉字输入量；输入信息的量纲、长度要标识清楚；具有各类识别、排错功能；操作简便、灵活，易于管理（如适合于各种状态下的作业前后台切换）。

MSI 功能干预信息指操作人员或指挥员通过 MSI 向辅助决策系统发出的功能干预信息，包括系统工作方式的变换、体现指挥员意志的人工干预、通过系统下达指挥命令等。该类信息的输入一般采用命令方式以减少操作时间。一般 MSI 上设置专用键盘（如快捷键），及触摸屏等，以使操作简便、灵活。

（3）系统输出数据类型

系统输出数据一般包括报告给上级的态势分析结论和决策方案；对友邻部队的情况通报；对本级所属部队的情况通报、下达的决策方案；对所属各部队的指挥命令；对重大（主要）作战武器的直接控制命令；本系统内实时决策方案的显示；本系统内非实时决策（包括管理类作业）方案的显示和打印。

系统输出数据的类型主要有文字型文电；实时格式数据；图形（包括底图及在其上叠加的态势图、部署图、决心图、协同图、拦截方案图等）；表格主要是统计表格，它不仅仅是二维表，而且带有多层表头。

2. 系统存储数据结构

从当前电子技术发展水平和对辅助决策系统的需求来看，系统应设置如下数据库：综合数据库，存储共享静态数据；情报数据库（包括态势图），存储动态数据；各军兵种专业数据库；地图库；地理信息库（GIDB）；文电库；决策方案数据库；系统状态（监控）数据库。

建立这些数据库应遵循如下原则：

（1）数据库的选取要符合国家军用标准或工业标准，以利于与其他系统互通。

（2）分布式原则，由辅助决策系统的功能不难看出，数据库必须选用分布式，既可分布式查询，又可分布式修改和更新，以减少存储冗余，提高系统数据的一致性。

（3）数据库编码的一致性，数据库的编码既要相互之间保持一致性，又要与互通的其他指挥控制系统的数据库编码保持一致。

（4）安全保密性，数据库系统涉及国家重大军事机密，因此其安全保密至关重要。在加密存储、查询和修改权限控制等方面务必做到安全保密。

8.4.5 辅助决策问题的建模方法

1. 模型分类法

模型分类法首先将辅助决策分为三类：结构化辅助决策（SD）、半结构化辅助决策（SSD）和非结构化辅助决策（USD），应根据不同类型建立辅助决策模型。

结构化辅助决策：这类问题能建立数学模型并编制相应程序，由求解程序自动完成辅助决策，辅助决策过程中不需要人工干预，可以得到最优或近似最优的辅助决策方案。

半结构化辅助决策：这类问题比较复杂，无标准的描述和处理方法，可以建立适当的数学模型并编制相应的程序，但计算量很大，一般需在人工干预下才能得到满意的辅助决策方案，但不可能得到最优的辅助决策方案。

非结构化辅助决策：这类辅助决策是指对情况几乎一无所知，从未遇到过的辅助决策。其辅助决策过程难于定义，只能靠人的直觉判断做出结论，不能建立通常的模型得到辅助决策方案。在以往的辅助决策系统中，常借助于人工智能的知识工程（KE）和专家系统（ES）来解决这类辅助决策问题。

2. 神经网络建模方法

神经网络是一种通过神经元节点加权有向连接而形成的并行仿人脑的互联网络，它是一个具有高度非线性的超大规模的连续时间动力学系统。其最主要的特征是：连续时间非线性动力学、网络的全局作用、大规模并行分布处理及高度的鲁棒性和学习联想能力，同时又具有一般非线性系统的共性（不可预测性、吸引性、耗散性、非平衡性、不可逆性、高维性、广泛联结和自适应性等）。因此它实际上是一个非线性连续时间自适应信息处理系统。

与采用数字计算机实现辅助决策相比有以下特点：以大规模并行处理为主，与人脑神经网络相似，可进行高度简化的人脑仿真；具有很强的鲁棒性和容错性、善于联想、概括、类比和推广，任何局部的损伤不会影响整体效果；具有很强的自学习和自适应能力，在学习中不断完善自己，并具有创新特点；具有集体运算能力，与现代数字计算机迥然不同。由于神经网络建模方法具有很强的模糊识别和推理能力、抗干扰能力、自学习能力、自组织能力、自适应能力，所以学习内容能随系统所处环境不同而变化，甚至可发现不同环境的新规律、新特征、能“吃一堑，长一智”。神经网络用于辅助决策系统进行智能决策往往会产生意想不到的效果，它特别适于现代战场上的辅助决策。而传统的军事专家系统，因其信息不完全时不能推理、不能用逻辑语言描述高层决策的抽象性、艺术性和经验、推理的实时性差，因而不适应现代战场信息的复杂性、不确定性及信息处理的快速性，不能适应千变万化的战场环境。

3. 基于广义模型的过程化和非过程化控制的建模方法

广义模型建模方法是指用组合模型来描述辅助决策问题变化规律的建模方法，即采用多种模型的组合恰当地描述辅助决策问题。广义模型既包含数学模型又包含人工智能模型，互相嵌套构成一个复杂的模型以描述复杂的战场变化过程。

过程化控制是指模型确定后，系统运行的过程能被完全确定的控制，即只要执行程序就能完成所要求的控制功能。它是一种确定型的、固定死板的控制过程，不存在人工智能的控制问题。早期的指挥控制系统中的控制，几乎全属于这一种。

非过程化控制是指描述系统的广义模型是不完全确定的，系统的运行过程随现场条件而变化，从一个层次进入下一个层次的分支程序由现场条件和进程激活，条件及过程说明比较确定。

4. C^4ISR 体系结构的建模方法

C^4ISR 体系结构用 4 个模型和一个字典相配合来描述军队的作战活动过程，如图 8-17 所示。图中，过程模型描述军队作战活动的任务要求、作战步骤、作战过程与时间的关系；数据模型描述作战实体与作战信息数据之间的关系；规则模型描述作战过程的转移条件与结构化语言间的匹配关系；动态模型则是以上 3 种模型的综合描述，它反映了军队在整个作战过程中的态势变化；数据字典是为实现系统之间的互操作要求而设置的，它是依据某些标准而定义的作战过程所需要的信息的集合，该集合与系统的每个模型、每个功能的动作都有关系。

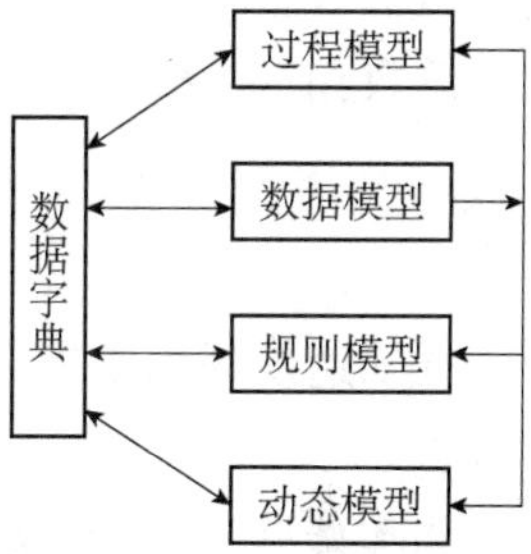

图 8-17　C^4ISR 体系结构模型

综上所述，辅助决策问题的建模方法是辅助决策技术的重点，现已提出了多种建模方法。除上面提到的之外，还有多目标决策、多属性决策、模糊决策等建模方法。目前，各国军方都非常重视辅助决策建模方法的研究，都在积极地开发辅助决策系统。

8.4.6　辅助决策的主要步骤

解决辅助决策问题一般需经历以下步骤，如图 8-18 所示。

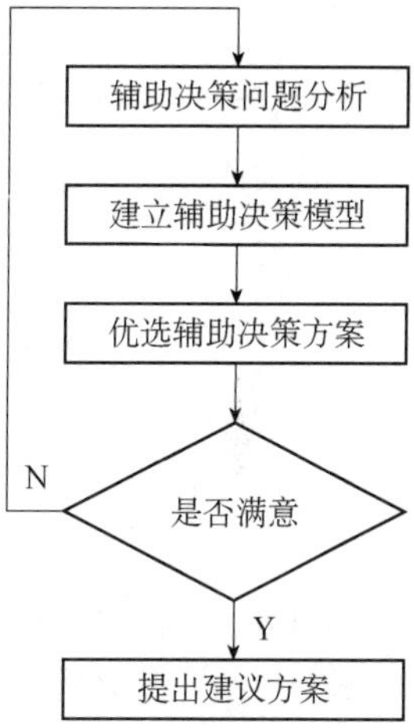

图 8-18　辅助决策步骤示意图

（一）辅助决策问题分析

与解决任何问题一样，分析辅助决策问题的目的是翔尽、透彻地理解所要解决的辅助决策问题，即明确所要解决辅助决策问题的类型、目标和影响目标的诸多因素、诸因素的特征和相互关系、诸因素与辅助决策目标之间的相互关系，为建立辅助决策系统的辅助决策模型创造条件。

在辅助决策问题分析中，辅助决策的目标常用目标函数或结果变量描述。影响辅助决策目标的诸因素常用辅助决策变量和环境状态变量描述。

定量描述辅助决策目标的变量称为目标函数或结果变量，用来表达辅助决策所达到的效果。

辅助决策变量是指辅助决策问题中直接影响辅助决策目标水平的一组可变、可调整的参数，允许其数值在一定范围内变化，辅助决策变量的选取取决于所要解决的辅助决策问题。

环境状态变量是指辅助决策问题所面临的外部环境因素随外部环境变化而变化，例如，非实时辅助决策中敌人采取的主攻方向和防御方向及实时辅助决策中的敌目标运动轨迹、运动速度、运动加速度等都可视为环境状态变量。

（二）建立辅助决策模型

建立辅助决策模型是解决辅助决策问题和建立辅助决策系统的关键，辅助决策模型视辅助决策问题不同而不同，下面介绍几种常用的辅助决策模型。

1. 线性规划模型

该模型的目标函数和约束条件是线性函数。下面以调配武器为例进行说明：

假设在基地 $A_1,A_2,\cdots,A_m$ 存放了数量分别为 $a_1,a_2,\cdots,a_m$ 的同类武器，现有 $B_1,B_2,\cdots,B_n$ 个作战地域需要数量分别为 $b_1,b_2,\cdots,b_n$ 的该武器且各基地存放的武器总数与各作战地域所需要的武器总数相等，即

$$\sum_{i=1}^{m}\alpha_i=\sum_{j=1}^{n}b_j \tag{8-6}$$

并知道从任何基地向任何作战地域分配单个武器的代价是 C_{ij}。试给出代价最小的武器分配方案。

用线性规划法建立的武器分配模型为

$$\min Z=\sum_{i=1}^{m}\sum_{j=1}^{n}C_{ij}X_{ij} \tag{8-7}$$

式中，X_{ij}——从 A_i 基地向 B_j 作战地域分配武器的数量。

约束条件为

$$\sum_{j=1}^{n}X_{ij}=a_i \tag{8-8}$$

$$\sum_{i=1}^{m}X_{ij}=b_j \tag{8-9}$$

$$X_{ij}\geqslant 0 \tag{8-10}$$

式（8-8）表示已将基地 A_i 的武器全部分配。

式（8-9）表示所有作战地域均得到了所需的武器。

式（8-10）表示分配到的武器数量不可能是负数。

这类问题是确定型辅助决策问题，模型看起来简单，但因其变量很多，组合起来的方案也就很多，要想从众多方案中选出满足式（8-7）的分配方案却不容易，因此，往往需要依靠辅助决策。

2. 决策矩阵模型

以防空作战为例进行说明。假设空中有 m 批来袭目标，地面有 n 个防空火力单元，记火力单元为 X_i，$i=1,2,\cdots,n$，记目标为 T_j，$j=1,2,\cdots,m$。已知目标 T_j 被火力单元 X_i 击毁的概率为 P_{ij}，则可以表示为式（8-11）的辅助决策矩阵

$$
\begin{array}{c}
\\ X_1 \\ \vdots \\ X_i \\ \vdots \\ X_n
\end{array}
\begin{array}{c}
\begin{array}{cccccc} T_1 & T_2 & \cdots & T_j & \cdots & T_m \end{array} \\
\begin{bmatrix}
P_{11} & P_{12} & \cdots & P_{1j} & \cdots & P_{1m} \\
\vdots & \vdots & \cdots & \vdots & \cdots & \vdots \\
P_{i1} & P_{i1} & \cdots & P_{ij} & & P_{im} \\
\vdots & \vdots & \cdots & \vdots & \cdots & \vdots \\
P_{n1} & P_{n2} & \cdots & P_{nj} & \cdots & P_{nm}
\end{bmatrix}
\end{array}
\tag{8-11}
$$

由于某一火力单元在一次分配中，拦截哪一批目标都是可能的，记第 i 个火力单元拦截第 j 批目标这一事件为 $X_{ij}=(X_{i1},X_{i2},\cdots,X_{im})$。限定一次分配中，一个火力单元只能拦截某一批目标，因此 X_{ij} 中只有一个分量为 1，其余皆为零。如果要求一次作战中总的击毁概率最大，即为要求目标函数最大

$$F=\sum_{i=1}^{n}\sum_{j=1}^{m}p_{ij}X_{ij} \tag{8-12}$$

约束条件为

$$\begin{cases}\sum\limits_{j=1}^{m}X_{ij}=1 & \text{表示一个火力单元只能截击一批目标} \\ X_{ij}=0\text{或}1 & \text{布尔约束}\end{cases} \tag{8-13}$$

显然，这是一个具有布尔约束的 0—1 整数规划问题。

这一例子仅简单说明了用矩阵建立辅助决策模型的方法。具体解决火力单元分配问题时，还需要详细考虑影响击毁概率的诸多因素，如来袭目标对被防卫物的威胁大小、火力单元的射击范围和目标的飞行高度等。

3．非确定型辅助决策问题模型

对这类辅助决策问题，决策者总会面临着几种不完全确定的客观情况。对每一种情况有几种可能的行动方案供决策者选择，而每一种行动方案都有其相应的效益和损失。对决策者来说，总想选择效益高、损失低的行动方案，由于决策者所面临的情况是不完全确定的，因而供决策者选择的方案也是不完全确定的，最终结果也是不完全确定的。建立非确定型辅助决策模型的方法有多种：悲观法（小中取大准则）、乐观法（大中取小准则）、折中法（乐观系数准则）、最小遗憾法、平均法。

下面举一个例子说明用悲观法解决辅助决策问题。

例：在敌我双方坦克作战中，我方有甲、乙、丙作战方案，敌方有 A，B，C 作战方案。敌我双方作战方案的不同组合，会产生不同的作战效果，见表 8-4。

表 8-4　作战方案的不同组合产生不同的作战效果表

效益值　敌 / 我	A	B	C
甲	25	20	15
乙	15	30	5
丙	60	40	−10

表中的数值表示敌我双方采用相应作战方案时，坦克的损失数。正值表示我方击毁敌方的坦克数，负值表示我方损失的坦克数，那么我方应采取哪种作战方案更有利?

当运用悲观法（又称瓦尔德准则法）解决辅助决策问题时，其特点是针对我方的每一作战方案找到最不利的情况，然后在这些最不利的情况中，选择相对最有利的情况所对应的我方作战方案作为备选方案。对该例，选择的最终结果见表 8-5。

表 8-5 瓦尔德准则选择的最终方案表

效益值 敌/我	A	B	C	最小数值
甲	25	20	15	15
乙	15	30	5	5
丙	60	40	−10	−10
最小效益中的最大值				15
应取的决策方案				甲

选择的过程是：首先从我方每个方案中选择一个最小的效益值，然后再从这些最小效益值中选择相对最大的效益值，它所对应的我方作战方案作为备选方案，这是一种比较保守的辅助决策方法。

实际上，在解决非确定型辅助决策问题时，既不能过于乐观也不能过于悲观，要审时度势地选择恰当的解决方法，这取决于指挥员的经验、指挥艺术和心理素质。

（三）优选辅助决策方案

建立辅助决策模型后，依据该模型将获得辅助决策方案。除特殊情况外，一般会有多个方案，哪一种方案最优？需经实战或实兵演习检验。然而实战或实兵演习耗资巨大，不宜过多采用，因此多用计算机仿真技术，按照想定的剧情制造敌我双方的作战态势，用想定的程序和数据来描述和研究作战过程，检验采用各种辅助决策方案的作战效果，作战效果最佳者为最佳辅助决策方案。用仿真技术评价作战效果常用兰彻斯特方程或马尔科夫过程描述作战过程。

最佳辅助决策方案除应使作战效果最佳外，还应考虑其快速性、灵活性、自适应性、科学性、可实现性、操作简单性等。这对实时决策问题尤为重要，对于实时辅助决策问题，往往是确定各种辅助决策方案和优化辅助决策方案综合在一起的。

确定最佳（或满意）的辅助决策方案后，便输出辅助决策结果，提出建议供指挥员选择。由于在不同约束条件下，会有不同的最佳（或满意）的辅助决策方案，因此提出的建议方案应是多个。

还应指出，即使优选出高明的辅助决策方案，还会因部队执行不到位而达不到预期的效果，因此部队的配合也是重要因素。

8.5 任务规划技术

任务规划是作战指挥控制的核心，特别是随着联合作战理念的提出与深入，任务规划技术作为传统手段与新兴技术的最佳结合点，正逐步成为解决未来智能化战争的关键所在。

8.5.1 任务规划的基本概念

军事领域中，任务规划（Mission Planning）的正式定义在《中国人民解放军军语》《美军军语及相关术语词典》里没有明确的定义和解释。国内有学者认为任务规划是一项基于可信的模型和数据，按照标准化作业流程，对作战要素进行全面分析，实现优化配置各类作战资源，整体协调各类兵力兵器的行动计划，可根据战场态势的变化进行实时动态调整，确保以最优或近似最优的方法达成作战目标的作战指挥决策活动，是 C^4ISR 系统的一项重要功能；也有学者认为任务规划是围绕任务目标制定/优化作战方案的一种思维活动过程。目前军事界和理论界对任务规划还未形成比较统一的认识。国内也有学者经过对各种任务规划定义的综合分析，给出了任务规划在武器装备领域的一般定义：任务规划是将武器装备、战场环境和人系统映射到统一的数学空间，运用数学工具和现代计算技术，在武器装备性能和作战规则约束下，按照战术意图对武器装备的使用进行筹划，使各作战要素以统一的目标、统一的计划，有序、协调行动的一门综合学科。

任务规划本质上是以运筹和优化的方法和思想，统筹资源、完成任务。任务规划技术是一项多领域相关、多层面运用、多学科交叉、多技术融合、多系统集成及人机、脑机交互的高新技术。任务规划技术横向可联通传统技术手段、纵向可融合新兴技术理念，形成传统手段与新兴技术的最佳结合点。进化算法、知识/规则库、分布式协同、人工智能、大数据、云计算、AR/VR、脑机结合等新技术、新理念都已经或即将在任务规划技术中得到应用。未来，任务规划技术随着现代智能技术的发展，将进入蓬勃发展的新时期。任务规划技术可利用知识/规则库、大数据、云计算、人工智能等新技术进行战场态势智能分析与预测，获取敌情信息、我情信息和战场环境信息，包括部队部署、作战态势、活动规律等信息，对获取的战场数据加以智能分析和数据挖掘，从中挖掘出深层次的信息和特征，为决策提供支撑。实质上，任务规划技术是实现战场知识、信息或数据“增值”的核心手段。任务规划技术融合新的技术手段可迅速提升智能决策的水平，推动传统作战向智能战争实现跨越。人工智能是任务规划技术发展的新引擎，正在重构影响军事作战过程的各环节，知识、信息、数据是这个引擎的原始燃料，例如，通过数据挖掘寻找战场的未来走向、通过大数据分析海量数据内在的联系、通过机器学习预测未来对手的行动等。

8.5.2 任务规划技术的发展

任务规划起源于高技术信息化武器装备的特殊使用需求，目前在主要军事强国广泛研制和使用。自 1991 年海湾战争以来，以战斧巡航导弹为代表的高新技术武器装备在美国历次发动的高技术局部战争中得到了广泛应用，取得了显著的作战效果。作为大脑，任务规划是信息化武器系统发挥其作战效能的重要保证。国内任务规划技术经过多年的发展，取得了长足进步，尤其以军用任务规划技术发展最为迅速，需求也最为迫切。

在军事领域，任务规划技术由于巡航导弹的迫切需求应运而生，时至今日已初步发展为技术系列齐全、标准体系完备、内涵外延丰富的多层次技术群。以运筹学、控制理论、优化算法、人工智能等数学和计算机科学相关理论为代表的一系列理论，为任务规划提供了有力的理论支撑；任务规划应用研究的主要目的是为具体任务规划问题提供模型、算法，形成支撑工程实现的技术方法；任务规划技术研究的最终目标是研制相关任务规划产品。

根据参与研究的主体、成果应用的方向、面向的背景需求不同，任务规划技术的发展主线可划分为理论探索、应用研究、工程实现 3 个层次，发展各有侧重，最终目的均为任务系统的实现提供具体支撑。

理论探索层次任务规划相关理论发展主要经历了三个阶段，第一阶段以军事运筹学、控制理论等相关理论为基础，主要目标是实现辅助计算；第二阶段以专家系统、智能优化等相关理论为基础，主要目标是实现辅助决策，降低人的工作负荷；第三阶段以深度学习、数据挖掘等人工智能领域的最新理论成果为基础，主要目标是实现决策的自主化和智能化。应用研究层次应用研究是理论成果与工程实现的纽带与桥梁，随着基础理论的发展和国内军事应用领域对任务规划系统需求的不断提高，大量高校、科研单位的研究人员积极参与到任务规划应用研究当中。工程实现层次任务规划技术在巡航导弹领域得到首次工程实现，随着新型战机、无人机、舰船等高新装备的发展，其配套的任务规划系统也纷纷开始研制。经过多年的发展，任务规划实现了从单武器到多军兵种联合、射前预案规划到全程作战筹划控制的跨越，构建了相对完整的任务规划技术工程应用体系。

根据装备的发展与作战的体系化变革历程，任务规划技术可以归纳为 4 个主要的阶段，即：单型武器任务规划技术、装备平台任务规划技术、合同作战任务规划技术、联合作战任务规划技术。

8.5.3　任务规划的关键技术

1. 任务规划建模技术

各类计算模型是任务规划的核心，主要包括与武器装备战术技术指标密切相关的性能模型，与武器装备使用效果密切相关的效能模型，与兵力、火力作战运用密切相关的战术战法模型等。其中，各类性能模型，如导弹航程、速度剖面、高度剖面、过载等，通常由工业部门通过武器装备设计研制获取；各类效能模型，如导弹的突防、抗干扰、隐身等效能，通常需经过大量不同场景和对抗条件下的试验或模拟仿真获取；战术战法，是作战指挥员作战理论研究、训练验证、实战经验的积累，需通过军方工业部门联合合作，长期沉淀积累获取。

2. 仿真推演技术

基于任务规划技术形成的决策方案结果，需在敌我对抗的动态博弈中不断更新调整。仿真推演技术可提供真实战场的模拟环境、预测战局走向，将任务规划与仿真推演相结合能够检验方案决策结果的准确性。仿真推演与任务规划深度融合构建闭环联合作战体系是未来任务规划技术发展的重要方向之一。现代战争是体系与体系的对抗，大量战场要素在不断随交战过程演进、变化，使得交战过程存在复杂的不确定性。作战装备体系执行初期制订的作战计划将很难达到预定的目标、难以适应战场的最新态势。仿真推演与任务规划深度融合可拓宽其在未来战场的应用范围，支撑联合作战体系的构建。

仿真推演技术可以在结果优选方面支持任务规划进行定量化结果评估。对装备体系作战任务的仿真分析要求在动态、复杂多变的战场环境中进行仿真，传统依赖静态态势、任务数据的作战任务评估仿真模式，往往无法反映瞬息万变的战场态势，其分析的有效性将大打折扣。面向未知的战场，任务规划技术需提前预判敌方行动并实时调整我方规划结果。

仿真推演技术可以在敌我博弈方面支持任务规划进行行动预测。对复杂的体系化交战过程而言，复杂、耦合的战场要素模型结构，大量的不确定性及不完善的理论和先验知识，极大程度上影响了对体系作战仿真的正确性，以及基于此类应用进行作战任务分析的正确性，难以真正实现对敌方未来行动的准确模拟。面向敌我博弈的仿真推演技术可以为我方行动进行预警，提升作战决策的动态规划能力，为我方的体系化作战能力构建、敌我双方的体系化对抗能力生成提供技术支撑。

仿真推演技术可以在自我博弈方面支持任务规划进行大样本数据积累。任务规划与仿真推演相结合的高阶应用是智能化战场自我博弈的实现，智能化的自我博弈可解决战场复杂体系对抗过程的动态性、不确定性及战场要素机理不完备性等问题。自我博弈是机器之间进行对抗，在没有固定数据样本的情况下生成大量随机样本，为后续的机器学习提供数据、知识，训练出新的战场模型、战术战法等，同时战场自我博弈可以使敌方模型训练得更为逼真，为准确的任务规划奠定模型基础。基于仿真推演的任务规划技术可为体系化作战提供智能规划、作战仿真、任务评估能力，分析装备在战场、体系作战中的贡献度问题。

3. 先进人机交互技术

面向任务规划领域的先进人机交互重点依托虚拟现实和增强现实技术。虚拟现实技术产生于 20 世纪 60 年代，目前在任务规划领域最主要的应用是结合单兵实战或模拟训练，通过其对计算机图形技术、多媒体技术、传感器技术、人机交互技术、网络技术、立体显示技术及仿真技术等多种技术的集成，以成本低、逼真度高的特点，最大程度地代替实战训练，提升军队战斗力，节省经费开支，缩短武器的研制周期。

增强现实技术是一种将计算机生成的虚拟物体、场景、提示信息等实时叠加到真实场景中的技术。利用增强现实技术，可以大幅提升任务规划系统的人机交互效率。

8.5.4 外军任务规划系统实例

20 世纪 80 年代以来，世界各国纷纷开展了任务规划技术的研究。以美军为代表的西方国家最早开展任务规划的研究、研制和应用，在世界处于领先地位，其陆海空三军都分别装备有不同的任务规划系统。美军的任务规划系统整体情况如图 8-19 所示。

以美军的联合任务规划系统（JMPS）为例，该系统支持了多平台、多武器的联合任务规划，采用了统一的任务规划平台架构，有效改变了各军兵种任务规划系统“烟囱式”的发展格局。

进入新世纪以来，发达国家将军事领域的任务规划技术提到了新的高度。美军重视新技术背景下对智能化任务规划技术的探索。南加州大学的研究人员设计了虚拟指挥体系，作战人员可以在充满各类作战信息的虚拟指挥中心内指挥作战，甚至可在虚拟体系中直接实现对作战平台的操控。目前主要军事强国均对人工智能等先进技术在任务规划领域的应用产生了强烈兴趣。美国国防部于 2017 年透露，其已建立整合利用大数据和机器学习能力的职能团队。

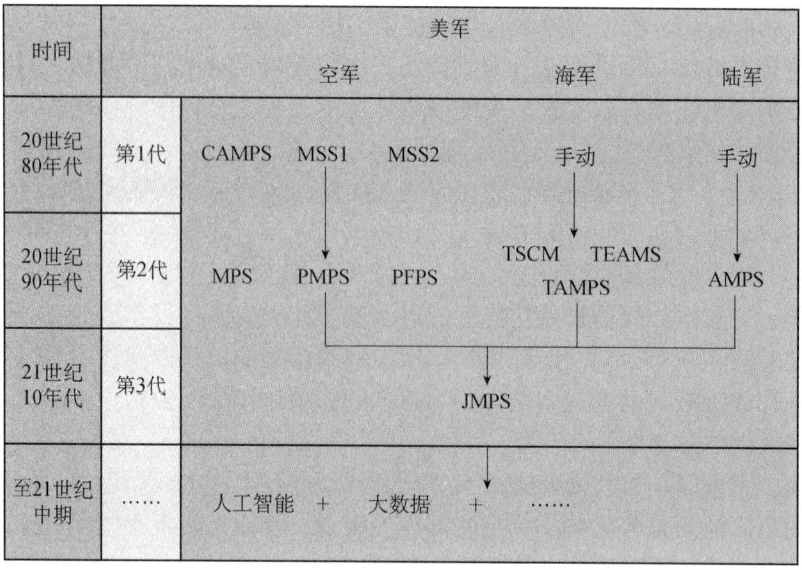

图 8-19　美军任务规划系统整体情况

8.6　仿真技术

火控与指控系统的仿真技术，是现代军事科学技术的重要分支。它综合运用运筹学、人工智能、模式识别、计算机及微电子、图像处理、通信网络、激光等多种技术，为现代火控与指控系统研究与设计提供一种开发环境和试验环境，同时，也可为部队提供训练和作战模拟手段。本节主要以指挥控制系统为例，对仿真技术进行分析。

8.6.1　仿真问题的提出

现代高技术条件下的局部战争，是在一定的战场环境下，系统对系统，甚至是体系对体系的对抗。要从系统和体系的观点来研究作战和武器装备的发展，研究高度一体化战争的作战效能。为此，在各类指挥控制系统研制和使用的不同阶段，进行定性和定量相结合的大系统分析，已成为军事技术发展的必然趋势。

一个大型的指挥控制系统的研制，往往要经过数年的努力，花费大量的人力、物力，而且在投入使用以前，还必须进行系统联试、综合测试、模拟演示甚至于实兵演习。在此过程中，即使发现所研制系统有不尽如人意之处，要想修改也需耗费大量的人力、财力和时间。造成在一些指挥控制系统的研制过程中，战术技术指标要求不断下降，时间不断后推，经费不断上涨，研制出的系统也不甚理想。

对于一个大型的指挥控制系统，如何确定合适的战术技术指标、如何缩短研制周期、如何测试和评价系统的性能指标、如何评估它的作战效能和平时使用效益、如何改进已建系统，这些都是系统设计、开发和建设过程中必须面对的问题。

仿真技术为解决这些问题提供了一条可行的途径。仿真是一种可以控制的、无破坏性的、允许多次重复的试验手段。仿真技术是以控制论、相似原理和计算机技术为基础，以计算机和多种物理效应为工具，借助系统模型对真实的或设想的系统进行试验研究的一门综合性技术。在设计开发指挥控制系统之前，建立一个仿真系统对于研究其动态特性、解决系统的关键问题、比较各个方案的优劣、根据一定的原则和指标选择最优方案不仅是可行的，也是非常必要的。

国内对指挥控制系统仿真已做了一些探索性的工作，并取得了显著的成效。由于需求牵引，及相关技术的推动，现在已把指挥控制系统仿真提到了极其重要的地位。

8.6.2　仿真的特点

当我们企图借用通用的仿真成果时，首先应考虑指挥控制仿真系统的特殊性。

1. 基于信息的系统

指挥控制系统的活动是信息的获取、传递、汇集、处理、应用和反馈的全过程，指挥控制系统的每一项功能都是在信息的基础上完成的。指挥控制系统的仿真，主要解决对信息的获取传递、汇集、处理和应用的描述及由此而产生的系统行为的效果问题。

基于信息的离散性，指挥控制系统仿真中的某些信息（如敌方情报、命令）不宜用连续变量来描述，而应看作是对对象的服务过程，所以指挥控制系统的仿真状态变量，既有连续变量，又有离散变量，是一个混合状态的异步动态仿真问题。

2. 建立在计算机网络上的系统

计算机网络是指挥控制系统的核心，是信息处理的工具，是指挥机关必不可少的组成部分，在仿真中，计算机网络除了完成指挥控制系统中的功能外，还有许多其他模拟功能，因此，指挥控制仿真系统是建立在计算机网络基础上的。

3. 人机系统

指挥控制仿真系统属于人在回路中的仿真系统，因此一定要考虑在不同层次上的决策群体在回路中的行为及对系统的影响。在信息处理和指挥决策中，人与机器是“共同来做”的工作伙伴关系，仿真过程必须具有人机交互的特性，必须让人能友好而方便地介入系统的建模和仿真实验过程。

4. 依赖于武器的系统

指挥控制系统的根本目的是增强合成指挥和快速反应能力，提高指挥效能和管理效率，从整体上提高部队战斗力，起到兵力倍增器的作用，这就需要把指挥控制系统的作战效能与作战环境、作战态势和作战结果联系起来衡量。因此，当我们考虑指挥控制系统的仿真时，依据战术原则和指挥任务所进行的决策过程是仿真的主要对象，对部队和武器系统的具体运用是仿真的低层支撑。当然这并不意味着要对武器装备做同等程度的仿真，而是根据典型的作战想定，演示因合成指挥能力和决策时延所造成的武器运用不同而引起的战斗效率的差异。

5. 分布式系统

根据指挥控制系统的分布特性，其仿真系统的设计宜采用分布式，按照功能分割原则，把系统划分成若干个相对独立的模块，这些模块可能是仿真系统的功能单元，也可能是支持功能单元的数据库。数据库和通信控制单元之间用局域网技术连接起来，完成整个仿真系统的功能。

6. 实时系统

指挥控制系统的仿真，必须具有实时控制、实时操作和实时响应能力，静态仿真是没有意义的，其仿真必须是具有可执行性的动态仿真过程。

8.6.3 仿真的分类

根据仿真的目的、经费投入、仿真结果的置信度等不同，通常有多种模式，这些模式一般分为三类：计算机仿真、半实物仿真和实物仿真。

1. 计算机仿真

指挥控制系统计算机仿真的特点是用数学形式、图形形式或算法来表示，不需要使用实际系统的任何部件，是个纯软件仿真。但由于指挥控制系统是人机系统，人的决策过程是不可缺少的重要环节，而应用数学或程序很难成功地仿真这一环节，因此有其局限性。目前，不少人试图采用人工智能等技术来改善这一环节的仿真质量，但并不十分成熟。

早期的指挥拧制系统仿真，大多采用计算机仿真，经常用到的模型是各类排队模型。目前，这类模型仍然是指挥控制系统仿真分析及作战效能分析的重要工具。排队模型可用于分析通讯网络的设计方案、数据处理中心的负载能力、整个系统的响应时间和影响系统发挥更大潜能的瓶颈等。

PETRI 网模型是近年来发展起来的一类模型，PETRI 网模型有如下特点：

（1）具有自然描述并发、同步机制的能力。

（2）以图形形式而不是数学形式描述系统，简单直观。

（3）便于系统设计者以不同的抽象层自顶向下模拟系统。

因而被视为对具有并发、同步、共享资源等特性的复杂系统进行建模的理想工具，但早期的 PETRI 网模型不含有时间概念，为了能描述系统的动态行为，从中得到重要的性能参数，如吞吐量和时延等，在 PETRI 网模型中引入了时间概念，形成了一种更为高级的 PETRI 网，用各种形式的高级 PETRI 网来仿真分析指挥控制系统是当前很流行的一种技术方向。

蓝切斯特方程是一种半经验和半理论地描述战争的微分方程，它历来是战争模拟中的一个重要数学模型，然而蓝切斯特方程未能描述人的因素与指挥控制系统的信息流动，这就使它在现代战争的模拟中受到了很大的局限。目前，很多学者着力于改进蓝切斯特方程，使它能够描述指挥控制系统，但这种改进往往局限于修正蓝切斯特方程的损耗系数或更改方程右边的损耗项，因而只能在局部意义上反映有关参数的影响。目前，有人基于问题导向原则，把指挥控制系统与描述作战的蓝切斯特方程有机地结合起来，形成指挥控制系统的微分方程作战模型。这值得关注，但它仅能用于指挥控制系统的作战效能评估。

2. 半实物仿真

半实物仿真是指仿真系统中有一部分用与实际系统相同或相近的实物，其他部分则采用计算机，大多数指挥控制系统试验床属于此类。用于系统操作方式试验的试验床一般将实际指挥控制设备用在仿真系统中，而把战场环境、探测系统、通信系统等用计算机来模拟。

指挥控制系统试验床分为两类，一类为系统设计开发中的需求说明服务，强调系统的操作概念，其通用性强；一类为系统应用研究、体系评估、人员训练服务，强调评价系统的应用效果，其专用性强。后一种试验床通常是为研究指挥控制系统的某种问题而建立的，它将与这种问题密切相关的系统单元做成高逼真度的实验模拟器，并使人在仿真环路中。目前，世界上大多数系统试验床都属此类。

试验床上的试验工作，通常分为三个阶段。

第一阶段为试验前阶段，这一阶段要做三件事：剧情说明、剧情计划和剧情产生。剧情说明定义所进行的试验；剧情计划详细地定义试验床的结构、战争环境及仿真中预先计划的活动；剧情产生则形成剧情过程并对其做动态观察。

第二阶段为试验阶段，它由开机工作、试验床组合与准备、试验进行和试验停止这几项组成。开机工作是试验床硬件加电、软件和程序加载与初始化。试验床组合是按所要进行的试验，从试验床中选择有关模拟器或实物，组合成必需的试验床结构。试验床准备是对参与实验的各单元建立初始状态，并验证它们为着手试验是否已准备就绪。试验进行是将预先安排的事件从存储器取出并在适当的时候执行。事件的执行有可能影响有关实体状态的改变，这时，参与试验的有关模拟器或实物应做出相应反应。试验运行的速度可由仿真人员控制，剧情事件可由仿真人员临时增删，试验数据是否需要记录也可实时控制。试验的停止可由剧情设计者预先安排的活动促成，也可由剧情控制人员在试验的过程中做出，试验功能随即有秩序的关闭，各种试验记录数据发送到中心设备。

第三阶段为试验后阶段，其主要工作是数据收集、归并和分析并做出结论。

3. 实物仿真

实物仿真是全部使用实际系统的子系统或真实部件或系统原型而进行的仿真，可以任意接近最终的系统。如果一个指挥控制系统全部使用原型法进行的话，其结果无疑是不经济的，而且并不能达到仿真的目的。所以，系统原型仿真法一般只用于某些关键试验，这样做可以提高实物的经济性和有效性。

8.6.4　仿真的主要内容

指挥控制系统仿真，对于指挥控制系统的研制、建设、管理和使用，都有广泛的应用前景。不同层次的仿真，为不同的目的和不同的系统生命周期阶段服务，主要表现在以下几个方面：

（1）在立项论证阶段，指挥控制系统仿真试验用于风险评估和战术技术指标论证。

高层决策机构，为确立武器装备发展规划和计划，需进行整个战争的仿真，要对重大武器装备及指挥控制系统的发展次序和投资强度进行综合论证，要对武器系统和指挥控制系统协调配套进行一体化的论证和决策。通过仿真，从性能、费用、进度三个方面对指挥控制系统进行立项风险分析评估，回答决策者许多“如果这样，会怎么样”的问题。可以用蒙特卡洛方法进行重复仿真，以分布的形式表明不同结果发生的频率。

指挥控制系统本身的指标，常用 8 种基本能力（情报获取能力、信息传输能力、信息处理能力、辅助决策能力、人机交互能力、信息互通能力、系统生存能力、安全保密能力）来描述。每项能力用若干具体的技术性能指标来度量，这些指标常常是互相制约的，通过仿真可以量化和细化性能指标、分析它们的合理性和灵敏度、找出指标之间的匹配和制约关系，以求得整体最优。

（2）在系统设计开发阶段，指挥控制系统仿真试验用于系统结构优化、方案优化、关键设备选型论证、系统可靠性和抗毁性计算分析，还可以利用其仿真试验床作为系统开发的基础平台，快速生成原型系统。

（3）在系统鉴定、设计定型和验收阶段，指挥控制系统仿真试验用于综合测试，为评价系统提供环境和手段。它能模拟产生指挥控制系统各种主要信息源的行为和特征，灵活改变系统参数和系统所承受的数据处理负荷及数据负荷，形成可拆装的一套集成测试工具。

（4）指挥控制系统仿真试验还可用于作战指挥仿真（又称顶层演示）和军事训练，它能仿真产生多种典型的战场环境和作战背景，设置战场态势，进行包括部分野战演习在内的半仿真机、半实物的训练仿真，并具有重演功能。这对和平时期训练指挥员及操作人员具有极其重要的意义。

8.6.5 基本组成和关键技术

1. 基本组成

指挥控制仿真系统主要由下列部分组成。

（1）虚拟部分：指由计算机模拟的各种仿真对象，如飞机、舰艇、武器系统、士兵等。

（2）构造部分：指各类集结关系模型、行动模型和作战分析模型等。

（3）真实部分：包括实际的靶场、各种真实的武器系统和人员。

（4）硬件支撑部分：计算机网络、数据库、接口单元、适配器等。

（5）人机交互设备：如操作输入设备，以及视觉、听觉、触觉等输出设备。

（6）仿真控制管理部分：仿真对抗时，红方和蓝方为对抗双方，白方负责对抗过程的管理和监视，并对效果进行分析。

指挥控制仿真系统结构示意图如图 8-20 所示。

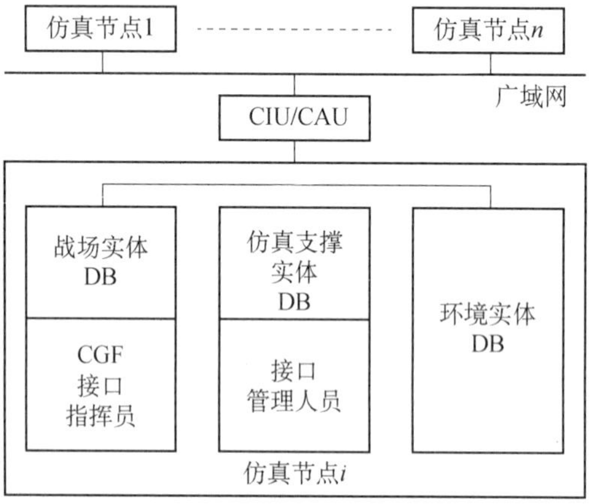

图 8-20 指挥控制仿真结构模型框图

该指挥控制仿真系统由 *n* 个仿真节点组成，每个节点通过网络相连，每个节点通过接口单元（CIU）或适配单元（CAU）上网。接口单元与适配单元都具有滤波、压缩/解压缩、加解密和转换功能。每个节点包含三类实体：战场实体对应于实际的战斗组织、指挥控制系统设备和人员；环境实体对应于战场环境，包括地形、大气、海洋、照明等；仿真支撑实体对仿真过程进行管理和评估。仿真管理人员配置仿真环境、构造仿真模型、管理仿真器的出入网和操纵仿真系统的运行、中断、终止及进行数据处理和分析。各实体及 CIU/CAU 均有数据库（DB）。仿真节点内实体间通信网络通常为局域网、路由器等。

2. 关键技术

（1）信息交换标准

为了生成时空一致的仿真环境，并支持仿真实体间的交互作用，必须制定相应的信息交换标准，主要包括信息交换的内容、格式及通讯结构和通讯协议。

（2）DR 时空推算技术

DR 算法即预估（Dead Reckoning）算法，是降低对网络带宽要求、提高系统实时性的一种有效方法。它可以在仿真精度和通讯带宽之间进行很好的折中，即在一定的仿真精度要求下，大大减少仿真节点之间的状态信息传递次数。由于网络通信带宽的限制，仿真节点不可能在每一仿真帧周期都进行某一实体信息的交换，因此采用低阶运动学 DR 模型代替高阶准确模型的方法来推算实体的运动状态，从而达到在一定精度要求下，最大限度地减小网络通讯的目的。

（3）时钟同步技术

为了保证时空一致性，仿真节点时钟必须同步，否则对同一事件由不同的仿真节点观测时，将导致时间不一致。此外，由于仿真节点之间的信息交互和仿真实体的运动使得时间信息紧密耦合，因此通信系统中固有的信息传输延迟以及节点时钟的不同步将导致时空不一致。

（4）坐标变换方法：由于各仿真节点采用了不同的空间位置和姿态描述方法，因此必须进行相应的坐标变换，而实现对其一致的理解。

（5）接口处理技术

指挥控制仿真系统是对已有系统的集成，如何将这些地域上分散、硬件和软件配置各不相同、实体表示方法与精度各异的仿真节点联结起来，就成为指挥控制仿真中亟待解决的问题。接口处理器是为了承担由于联网而附加给仿真节点的负担而设置的，从而减少对仿真节点的修改，最大限度地维护仿真节点的独立性。

（6）计算机生成兵力

仿真器可以生成一个或多个对抗仿真实体，由此仿真器提供的兵力称为计算机生成兵力（CGF）或半自动兵力（SAF），在一个节点上构成威胁环境。计算机生成兵力是构造大规模指挥控制系统仿真的关键技术。目前，计算机生成兵力研究主要涉及计算机生成兵力动态模型建立与简化、实体间的交互关系，系统的可视化、对抗效果评估等方面。

（7）虚拟环境技术

为了保证仿真的真实性，需要生成虚拟的天空、陆地、海洋等地理环境及风、雨、雷、电等自然现象。虚拟仿真、多媒体仿真及可视化仿真技术其目的都是增加人与虚拟环境的沟通和理解，减少人与技术之间的隔阂，这对于时空一致的、逼真的仿真环境是极为重要的。

（8）运行管理技术

指挥控制仿真系统中有许多个节点，为了更好地使各节点在时空一致的仿真环境中运行，必须对仿真节点的运行过程（初始化、启动，暂停、中止）进行管理、协调和调度。

（9）高速网络通信技术

采用此项技术的目的是在不增加仿真节点存储能力的条件下，增加网络的通信能力。按一般的要求，每个节点要传送与对象当前状态有关的全部信息，因为状态变化所产生的事件才对其他节点上的对象有意义，所以为了通信进程，仅当对象状态变化时节点才传输更新的状态信息。

（10）动态数据库技术

一个完整的指挥控制仿真系统，应当包括数据库和单元库，它们是指挥控制仿真系统的重要组成部分。数据库包括系统仿真时用到的各种随机变量、随机过程和随机流的样本，或者经过确认的数学模型，包括各种可能的经验数据和各类常数及描述单元的性能参数、指标和基本的战术技术要求。这里的单元库是指广义的单元，因此，单元库包括火力单元、控制单元、传感器单元乃至电路单元等。如一架飞机、一门高射炮、一部雷达，它们可能是单元库中的不同的类，是仿真系统能够使用的基本模块。建立各类库时，必须考虑库的可修改性和可扩充性。

（11）人工智能技术

它是将人工智能技术、专家系统运用于指挥控制仿真的试验技术，即以专家或规则为基础，采用内部调节数据、剧情或系统结构，使设计者建立一种模拟人的基本决策逻辑的独立模块。

（12）其他技术

包括高速并行计算技术、动态图形显示技术等。

8.6.6 发展趋势

1. 面向对象的指挥控制系统仿真技术

面向对象的仿真技术是以面向对象方法进行建模与编程的仿真技术，是指挥控制系统仿真技术的未来发展方向。从建模的角度看，面向对象方法把仿真的实体看成是对象，每一对象由两类知识来刻画：

（1）对象事实数据可以看成是实体的属性，表示实体的能力、当前状态或参数等。

（2）对象的行为数据实质上是过程函数，说明实体在一定场合下如何动作。

传统的建模方法实际上是面向事件或过程的，其着重描述事件之间的因果关系及事件影响和涉及的对象，面向对象的建模方法描述对象的属性和行为、与其他对象的关系及对象参与的事件。

面向对象的仿真为建立描述客观事物的计算机模型提供了一种清晰的范式，它具有以下优点：

（1）能够以令人信服的方式表示对象、对象行为及对象之间的关系。由于它符合人们的通常思维方式，这就可以使领域专家如同系统专家一样，设计、开发和理解仿真模型。

（2）能封装对象。从模块外部看，只能了解该模块具有哪些功能，而模块内部状态及如何实现功能都是“隐藏”的，这就减少了各模块间的相互依赖性，增加了软件系统的可靠性和易修改性。

（3）能够表示对象间的一种特殊关系（即类与子类的层次关系），并提供对象间的属性和行动的“继承”描述机制。所谓继承就是不同的数据结构间的数据共享。由于指挥控制系统中广泛存在着层次关系，利用继承机制就可以简化对象描述，从而提高仿真软件的开发效率。

（4）能以对象间的“消息”传送来表示它们之间的相互作用、消息只告诉应该做什么，至于如何去做是由对象模块自身决定的。

面向对象仿真技术最关键的概念是类，它是由具有相同数据结构和操作过程的对象所构成的统一的计算实体。指挥控制仿真模型的设计在很大程度上是类的设计，模型的结构在很大程度上是各种类的层次关系和类间或类中各实体间的消息传递方式。指挥控制仿真模型涉及的主要类有模拟环境、时钟、节点、路径、事件表、消息、想定、输入/输出等。

节点是情报节点、指挥节点、行动节点的总称，是具有独立信息处理能力的单元，不同类型的节点只需通过不同的节点实例便可方便地说明，增删节点的功能也只需通过增加或删除节点内部操作函数来实现；事件表是依据所有发生时间的先后顺序构成的线形链表，每个事件的属性包括事件类型、发生时间、起始节点、终止节点、下一事件等；通信路径说明两个节点间通信线路特性，主要是线路的类型、传输能力。主要操作包括传输能力的存取和改变；想定用于说明作战背景和敌我态势属性，如双方飞机型号、架数、飞行速度、作战半径、雷达探测距离、地面阵地配置等。

面向对象的仿真技术将会使指挥控制系统仿真技术发生革命性的变革。

2. 虚拟现实技术

当前及未来对指挥控制仿真技术的发展产生变革作用的又一新技术，就是虚拟现实（Virtual Reality，VR）或称灵境技术。VR 在综合计算机图形技术、计算机仿真技术及显示技术等多种技术基础上，以仿真的方式给用户创造一个实时反映实体对象变化与交互作用的三维虚拟世界，并通过头盔显示器、数据手套等辅助传感设备，提供用户一个观测并与该虚拟世界交互的三维用户界面，使用户可直接参与并探索仿真对象在所处环境中的作用与变化，并产生沉浸感，如图 8-21 所示。只要按照某一战役的真实战场环境（包括地形、地物、空情、气象、兵力和武器装备等情况），生成灵境武器和灵境战场，就可以让指挥人员和技术人员在这种虚拟环境下参与新系统的试验，让他们在这个虚拟的系统面前进行交互操作，从中发现问题，帮助设计者对设计方案进行修改，为新系统的研制提供可靠的技术依据，或者按照既定的作战方案打一场虚拟战争，用来检验新系统的性能，或培训作战指挥人员。

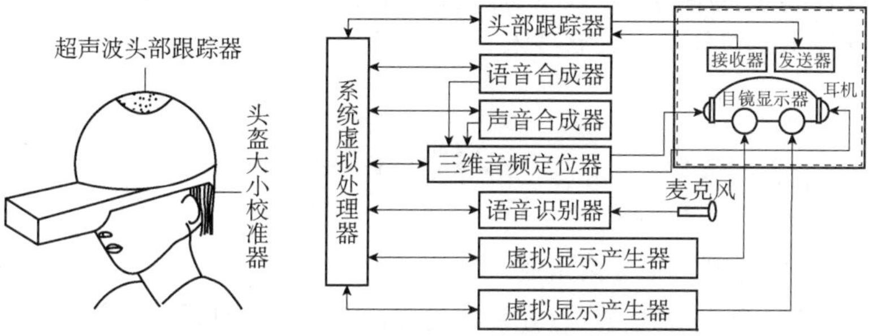

图 8-21　虚拟现实技术头盔系统原理图

在指挥控制系统仿真技术领域，VR 技术被认为是未来的新兴技术中最具影响的技术之一。世界发达国家正以综合性仿真环境作为发展重点，并建造多种综合性的、大型的仿真与虚拟现实设施，将其组成仿真与虚拟现实试验网。美海军战斗舰队战术训练（BFTT）系统是一个能产生虚拟现实的实用系统。它把宙斯盾作战训练系统（ACTS）、舰上的作战测试系统（CSTS）、具有新威胁升级的舰上增强雷达环境仿真系统（ERESS）和具有反潜战能力舰载训练器连在局域网上，在特定战区、港内或航行途中提供逼真的、单一或多种舰船人员训练。美海军战斗舰队战术训练（BFTT）系统设备安装在弗吉尼亚洲达姆内克和加里弗尼亚洲圣迭哥的舰队作战训练中心。

此外，系统仿真的一些新的仿真方法（如定性仿真方法、并行仿真技术、智能仿真等）将会应用于指挥控制系统仿真，从而极大地推动指挥控制仿真技术的发展。

8.7　本章小结

在介绍计算机网络基本概念的基础上，重点介绍了以太网、令牌环网、FDDI、1553B 等指挥控制系统常用网络，在同一个指挥控制系统中可能有几种不同形式的网络共存。目前这些网络技术基本上都属于商用流行技术，比较成熟。

在武器引导方面，介绍了指挥控制系统武器引导的基本概念、方法，以及阵地式、移动式武器系统的方法和过程。武器系统引的主要指标是引导成功率、引导精度、引导产生的延迟时间。

舰艇机动的辅助计算已经成为舰载指挥控制系统的基本功能模块之一，该模块主要进行三类（8种）机动问题的解算，本章在介绍该模块的主要功能的基础上，分别推导了数学模型。

随着战场信息量的不断增加，指挥员要想根据呈现在其面前的众多信息，及时做出正确的决策的难度逐渐加大，计算机辅助决策的作用随之突出。辅助决策系统由用户接口、数据库、模型库等三部分组成（二库结构），辅助决策问题的建模方法有模型分类法、神经网络建模方法、基于广义模型的过程化和非过程化控制的建模方法、C^4ISR体系结构的建模方法等，其求解方法又包括线性规划、决策矩阵、非确定型问题模型等。本章对辅助决策的概念、任务、组成结构、建模和求解方法进行了介绍。

仿真是一种可以控制的、无破坏性的、允许多次重复的试验手段，对于指挥控制系统的研制是非常必要的，主要包括计算机仿真、半实物仿真和实物仿真三种模式。本章介绍了指挥控制系统仿真的作用、特点、分类、主要内容和关键技术等问题。

本章对指挥控制系统中的显示技术也进行了简要介绍。本章重点是指挥控制系统的网络技术、武器引导技术、载体机动计算技术。

习题 8

1. 网络协议主要由哪三个要素组成?
2. 作战系统常用的计算机网络有几种？简要说明它们的介质访问控制方式。
3. 什么是武器系统引导？引导精度是指?
4. 辅助决策的主要任务有哪些?
5. 指挥控制系统仿真的模式分为哪三类?

第 9 章　指挥控制系统实例

9.1　“宙斯盾”系统研制背景

冷战时期，为了对抗美国海上力量，苏联海军在坚定又坚决要走向远海的司令员戈尔什科夫海军元帅的率领下，按照他一手制定的争霸大洋的海军战略和装备发展规划稳定而又迅猛的发展着。他们的终极目标之一便是将美国海军航空母舰战斗群编队置于死地，绞尽脑汁研制着能够攻破美国防空网络的反舰导弹。在他们高速突防、重型大威力战斗部设计思想指导下，多种准弹道式或者低空超音速突防模式、不同的射程、不同的飞行高度和速度的反舰导弹在短时期内迅速问世，它们不仅装载于水面舰艇之上，而且也配备在潜艇和飞机等多种平台上，具有全方位威胁美国舰队的能力。

进入 20 世纪 60 年代后，苏联海军提出反舰作战原则是先敌齐射、密集性导弹进攻。因此在对美国海军进行反航母作战时，苏联海军必将在预定海域调集大量飞航导弹潜艇、常规/核动力鱼雷潜艇等水下力量为第一梯队，以多个水面反舰突击群在莫斯科级航母的配合下（实际上是直升机航母，其搭载的直升机用于反舰导弹中继制导和反潜）提前埋伏到预设战场海域，由他们为第二梯队和主力，协同潜艇多路、多域、多批次、全方位地发起密集导弹突击。并在强大情报网的支援下，以陆基远程轰炸航空兵和强击航空兵为左右翼，协以护航、清扫航路的歼击航空兵，配合水面舰艇、潜艇进行空中突击。也就是说，美国海军大舰队的核心，海军乃至国人的精神支柱之所在的航空母舰编队将面临来自空中、水面、水下等多维空间的打击。面对苏联咄咄逼人的攻势，美国的舰载防空导弹系统也有长足发展，但按照 1950 年代发展思维模式下研制的雷达、导弹系统已经无法应付大量反舰导弹在同时或在以秒计算的极短时间内进行的攻击。当时美国海军装舰使用的主力防空导弹小猎犬、鞑靼人、黄铜骑士甚至后起新秀——标准 SM-1 型均不具备快速反应能力，对于少数、单一方位上来袭的反舰导弹还能招架，但来袭导弹数量和方位稍多，便将限于照射雷达数目有限而顾此失彼、防不胜防。一旦有漏网之鱼窜入末端防御区内，哪怕只有 1 枚反舰导弹突防成功也势必会使舰队遭到致命的打击。究其根本，美国海军舰载防空导弹之盾无法抗拒苏联海军反舰导弹之矛的主要原因是警戒、照射雷达系统的搜索、测定和跟踪速度太慢；防空导弹的制导方式和发射系统还不够先进；作战系统自动化程度低。

为此，美国海军在 1963 年 11 月提出“先进舰用导弹系统”（Advanced Surface Missile System，ASMS）研究项目，也就是后来宙斯盾系统的鼻祖。当时提出的需求是该系统应具有探测、跟踪和摧毁飞机、导弹和海上目标的能力。在要求提出后，美国海军又展开了长达 2 年的系统分析，研究未来 15～20 年内以航母为核心的水面舰队可能面对的威胁，他们认为：来自空中的威胁除了传统的飞机目标外，还包括苏联海军新出现的突然在近距离跃出水面的潜射巡航导弹、在电子干扰环境下以高攻角俯冲的弹道/准弹道式空射巡航导弹等。来自水面最大的威胁是能够在地平线以下发射反舰导弹的水面舰艇。另外，随着苏联海军潜艇力量的不断增强，新一代苏联核潜艇的航速快、噪音低、作战范围大，且数量众多，来自水下的威胁也在与日俱增。在这种情况下，美国海军认为必须对“舰用导弹系统”进行进一步的修改。于是，直到1969年12月才与美国无线电公司政府系统部门（RCA Government Systerms）签定了发展合同，并更名为“空中预警—地面综合系统”（Airborne Early-warning Ground Integrated System），英文缩写为AEGIS，恰与希腊神话中宙斯（Zeus）等诸神使用的盔甲、盾牌是同一个单词，因此便俗称为宙斯盾系统（AEGIS system），不想此后宙斯盾反而成为了该系统的学名，就连雷西恩的广告上也只称宙斯盾，而不谈它本身的全名。在美国海军看来，宙斯盾作战系统就是可抵挡从四面八方同时袭来的敌方大量导弹，并能有效反击的坚固盾牌。

系统主承包商为美国RCA公司的政府系统分部，MK-99照射控制系统、SPG-62照射雷达和SPY-1A型大功率雷达发射机由雷西恩公司生产。AN/UYK-7计算机为斯佩里公司的尤尼瓦克分部生产，AN/UYK-4标准显示控制台由休斯公司生产，计算机软件由计算机科学公司编制的，技术顾问是约翰·霍普金斯大学物理实验室。此外，还有数百家厂商参加了这项工程。

1972年3月末，RCA公司在霍普金斯大学的协助下，完成了AN/SPY-1相控阵雷达样机的研制。1972年4月，美国无线电公司与海军联合发表声明，宣布宙斯盾的设计工作已告结束。1973年初，完成了AN/SPY-1相控阵雷达天线的试验。同年10月，完成了AN/SPY-1雷达的陆上试验，测量和分析了相控阵雷达的各种参数，并对显控台、计算机程序、系统间的接口以及数据链等进行了鉴定。

1974年起，对工程样机EDM-1宙斯盾基本武器系统进行了陆上试验，继地面测试之后，发展完成仅能于单通道、单象限运行操作的宙斯盾系统测试模型，然后在诺顿海峡号（USS Norton Sound，AVM-1）试验舰上进行长达3年的海上试验。1975年末，又研制出了EDM-3C工程样机，此样机装有与其他武器系统间的接口，从而可形成完整的宙斯盾作战系统。大约与此同时，在RCA公司建立了作战系统工程发展站（CSEDS），用来对以宙斯盾武器系统为中心而组成的舰载作战系统进行合成和试验，并负责训练首装舰舰员。宙斯盾系统在测试初期系采用标准SM-1型导弹，成功地对付护岛神导弹及其他目标，由于1977年中期SM-2的原型开始生产，故在后来的测试中SM-1与SM-2两种导弹并用，并最终将宙斯盾系统使用的导弹推进到标准SM-2型。

宙斯盾系统最初计划首装加利福尼亚级核动力巡洋舰，并装备专门为之研制的改进型弗吉尼亚II级核动力巡洋舰。但由于加利福尼亚级仅2艘，巨资改装投入与战斗效果提高不协调，而新建核动力的弗吉尼亚II级更是耗资不斐，在越战后限制军费的呼声中，以宙斯盾系统装备核动力巡洋舰的计划破产。经过一番争论后，最后决定在已经成型的斯普鲁恩斯级驱逐舰基础上兴建提康德罗加级防空驱逐舰（后改为巡洋舰），并于1983年首装该舰，并全部装备了27艘该级舰。系统（不含导弹）每套造价约2亿美元（1985年币值），图9-1为提康德罗加级巡洋舰作战系统。从1991年7月起又装备了美国海军最新型驱逐舰阿利伯克级。以AN/SPY-1系列相控阵雷达为核心，以SM-2导弹为主要武器的宙斯盾系统自首套系统服役至今30多年间经过逐步的改进与升级后，陆续衍生出7种型号的基型（Baseline 0～6），目前正在发展第8种基型（Baseline 7），宙斯盾家族日渐旺盛。

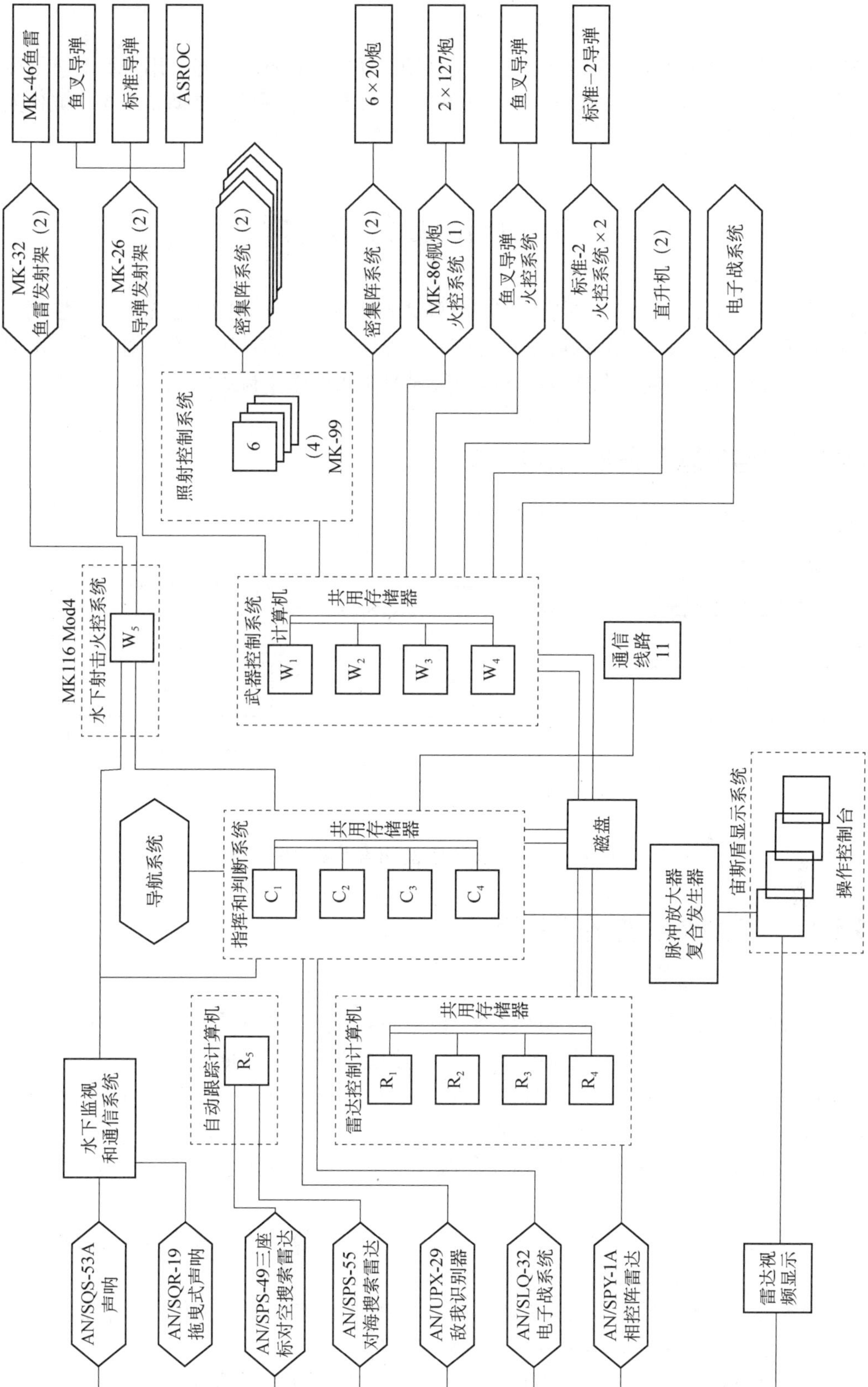

图 9-1　"提康德罗加"级巡洋舰作战系统

“宙斯盾”系统是美国海军的全天候、全空域舰载防空导弹武器系统，用来保卫航母编队或驱护编队，担负区域防空作战任务。它是美海军 80 年代及以后的主要防空系统，被列为第三代舰空导弹武器系统。

9.2　“宙斯盾”系统结构特点

“宙斯盾”指控系统是由“宙斯盾”舰空导弹武器系统发展而来的，是先进指挥控制系统的一个典型代表。它以多功能相控阵雷达为核心，连接各个武器系统，形成对空中、水面、水下目标的作战能力，构成一个整体作战能力很强的作战指挥控制系统。

9.2.1　“宙斯盾”指控系统结构

“宙斯盾”指控系统结构组成图如图 9-2 所示。

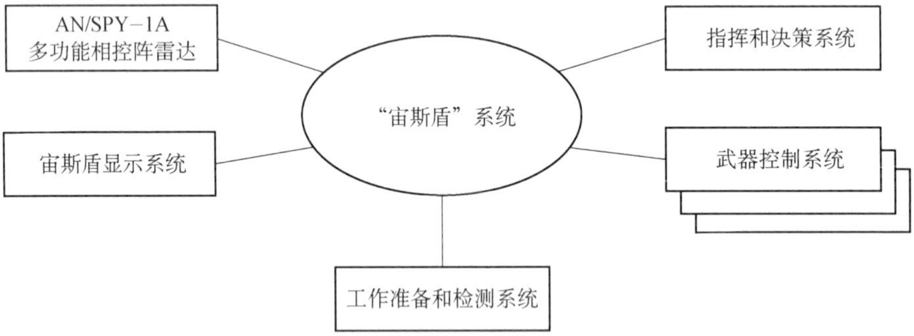

图 9-2　“宙斯盾”指控系统结构组成图

9.2.2　“宙斯盾”指控系统特点

“宙斯盾”指控系统具有几大特点：

（1）组成远、中、近相互衔接的防御圈，以不同射程的武器有效拦截飞机和反舰导弹；

（2）系统反应时间短，主雷达从搜索方式转为跟踪方式仅需 50μs。

（3）能同时有效地自动或半自动定位、识别、跟踪和拦截从不同方向和高度来袭的空中、水面和水下的密集目标，具有抗饱和攻击能力。

（4）在气象杂波、海浪杂波以及电子干扰环境下，系统有较强的适应能力，能可靠地工作。

（5）可使用多种电子战手段，能在严重的电子干扰、海面镜像杂波和恶劣环境下正常工作。

（6）设有专门检测和监视系统，以提高可靠性和可维护性，在无后勤保障情况下在 40～60 天的海上使用期间，系统性能可靠，大修周期 4 年。

（7）设有数据链，使系统扩大信息来源，并为所在的编队提供信息。

“宙斯盾”指挥系统（舰载战斗 C^3I 系统）组成示意图，如图 9-3 所示。

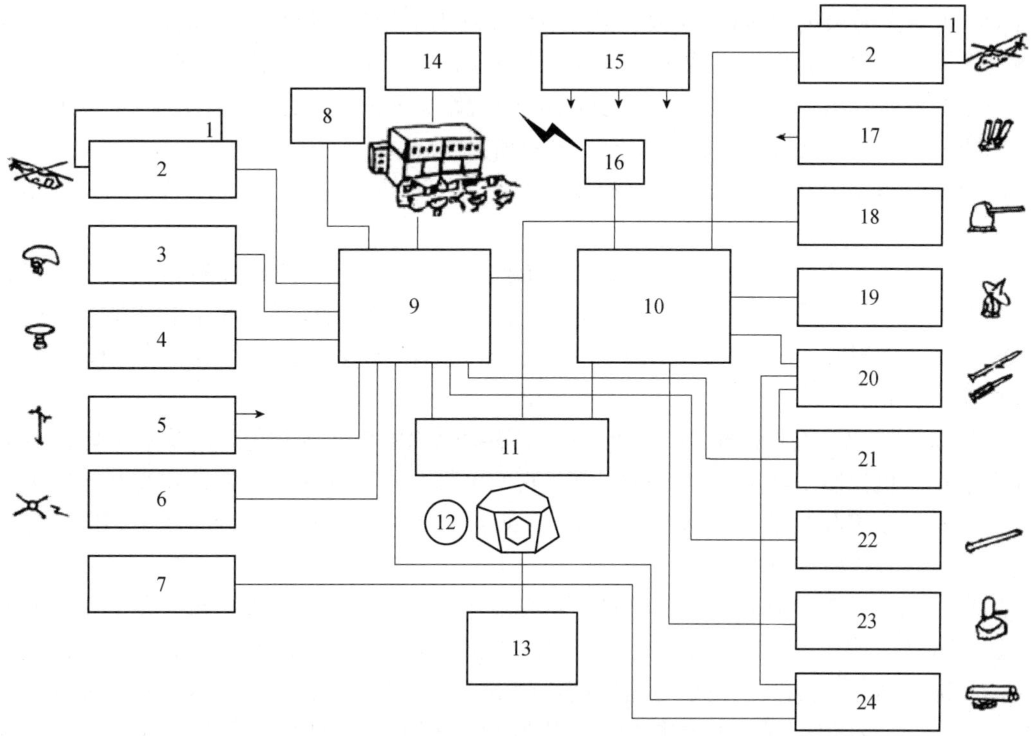

图 9-3 “宙斯盾”指挥系统（舰载战斗 C^3I 系统）组成示意图

图中：
1—舰载直升机指挥导引及空中管制系统；2—舰载直升机指挥导引系统设备；
3—对空警戒雷达（AN/SPS-49）和对海警戒雷达（ANSPS-55）；4—敌我识别系统（AN/UYX-29）；
5—电子战系统（AN/SLQ-32（V））；6—导航设备系统；7—声纳系统（AN/SQS-53 和 SQR-19 或 SQQ-89）；
8—LINK-11 数据链终端设备；9—MK-1 指挥决策系统；10—MK-1 武器控制系统；11—多功能相控阵雷达系统显控台；
12—多功能相控阵雷达天线及接收系统；13—故障诊断及检测系统（MK-545）；14—“宙斯盾”显示系统；
15—微波通信设备；16—LINK-4A 数据链终端设备；17—被动干扰弹发射装置（MK-36）；
18—大口径舰炮火控系统（MK-86）；19—“标准”Ⅱ舰空导弹火控系统；20—MK-26 或 MK-41 发射装置；
21—“战斧”巡航导弹火控系统；22—“鱼叉”反舰导弹火控系统；23—“密集阵”反导火炮系统；
24—反潜武器火控系统（MK-1116）

9.3 “宙斯盾”系统组成与功能

“宙斯盾”系统可在射击的极限距离上有效拦截空中导弹发射平台（飞机）；可在对空防御区内抗击反舰导弹的饱和攻击；为舰队和编队提供超视距目标指示；可在雷达视距内拦截低飞目标或突现目标。为了完成这些作战任务，系统由以下部分组成：①相控阵雷达系统 AN/SPY-1；②指挥决策系统 MK-1；③武器控制系统 MK-1；④导弹火控系统 MK-99；⑤MK-26 发射装置或 MK-41 垂直发射装置；⑥中程或远程“标准”Ⅱ导弹；⑦系统自检及故障诊断系统 MK-545。

9.3.1 相控阵雷达系统

“宙斯盾”系统装备了 AN/SPY-1A 相控阵雷达，它采用了许多雷达新技术，使之成为美国海军雷达发展中的一个里程碑。它可搜索海、空目标，同时检测、识别、判断和跟踪 200 多个目标；可对发射出去的多达 18 枚“标准”导弹发出中段制导指令；可向编队内的其他导弹设备发送探测、跟踪和射击数据；可为照射雷达指向；可对拦截作出杀伤效果鉴定；对高空飞行目标的发射距离为 370km；对低飞目标的发现距离 80km 左右；操作人员约 20 人，维护人员约 8～10 人；发现掠海飞行反舰导弹的距离为 30km。

AN/SPY-1A 雷达由计算机控制，有 100 万个元、部件，主要器件有天线、波束控制器、发射机、接收机、信号处理装置及控制装置等。

雷达天线由 4 个相控阵面组成，每个阵面约 3.65m×3.65m。它们成对角线地安装在舰艇上层建筑上。工作范围近似半球形，天顶除外。每个天线阵面包括 140 个天线阵列模块，其中 128 个用于发射和接收，8 个只用于接收，4 个用于保密的电子对抗，每个阵列模块又有 32 个移相器辐射元。

移相器是柘榴石磁心移相器，它控制加于辐射喇叭的信号的相位，解决波束定向。辐射元在电子计算机控制下产生多个扫描波束。它们可具有不同的功率、波束宽度和脉冲重复频率，与搜索、跟踪和制导的不同要求相适应。发射机有两部，每部分别向两个相应的阵面馈送射频能量；接收机也有两部。

信息处理装置在 4 台 AN/UYK-7 计算机控制下完成：产生激励发射机所需的复杂波形；选择适宜的回波信号，并进行信号处理；选择探测、跟踪、制导、电子对抗等所需的信息。

AN/SPY-1A 雷达的其它性能也是空前优越的：它波束调向只有几个微秒；全向搜索一次只需 4s；高度自动化；抗电子干扰的能力很强；生命力强，当 10%阵元损坏时，只有 1dB 的损失；可靠性高，自检手段强。

该相控阵雷达的性能仍在不断提高，从 CG59 开始往后，改为 SPY-1B 型。它有更高的输出，更好的旁瓣压缩并有 1 台能有效对付掠海小目标的信号处理机。

9.3.2 MK-1 指挥决策系统

分为编队指挥和本舰指挥两部分。其主要任务是：①信息分类；②目标识别；③数据处理；④威胁判断；⑤敌我交战的指挥决策；⑥协同单舰和编队的兵力；⑦向 MK-1 武器控制系统传递指令、信息。

9.3.3 MK-1 武器控制系统

MK-1 武器控制系统由 4 组 AN/UYK-7 计算机和若干台 UYA-4 显控台组成，它的具体任务是：

（1）根据 MK-1 指挥决策系统传来的指令、信息，威胁排序结果及 AN/SPY-1 雷达直接提供的目标跟踪数据信息，具体实施武器分配。控制和协调所有装舰武器的使用，如“鱼叉”导弹、“阿斯洛克”反潜导弹。

（2）直接控制和使用 MK-26 或 MK-41 发射系统，发射“标准”Ⅱ导弹。决定拦截方式、指定发射装置和导弹，并给出发射指令。对飞行中的导弹进行制导，同时将作战情况报告 MK-1 指挥决策系统。

9.3.4　导弹火控系统 MK-99

MK-99 导弹火控系统组成如下：

（1）SPG-62 目标照射雷达。

（2）指向器和数据交换/转换装置。

（3）火控计算机：4 台 AN/UYK-20 计算机。

MK-99 导弹火控系统功能是：接收 MK-1 武器控制系统的指令，与 AN/SPY-1A 雷达协同工作，为“标准”Ⅱ导弹提供末制导阶段的目标照射。

9.3.5　MK-26 发射装置和 MK-41 垂直发射装置

MK-26 发射装置是双联装斜架发射装置，其方位转速 90°/s，高低转速 50°/s，发射速率 2 枚/10s。其具体情况如表 9-1 所示。

表 9-1　MK-26 发射装置

序号	MK-26 的型号	“标准”Ⅱ导弹备弹数量
1	0 型、3 型	24 枚
2	1 型、4 型、5 型	44 枚
3	2 型	64 枚

MK-41 发射装置是先进的垂直发射系统，是为替代 MK-26 发射装置而研制的，发射速率 1 枚/s。

9.3.6　中程和远程“标准”系列导弹

以中程“标准”Ⅱ导弹为例，其上装有捷联惯导系统和指令修正系统，用于导弹飞行中段的惯性/指令制导。远程“标准”Ⅱ导弹在中程“标准”Ⅱ导弹的基础上加装助推器，射程大大提高。如表 9-2、表 9-3 所示。

表 9-2　中程“标准”Ⅱ

序号	导弹型号	发射装置	功 能
1	SM-2MR BlockⅠ SM-2MR BlockⅡ	MK-26	拦截各种飞机
2	SM-2MR BlockⅢ	MK-26	拦截各种飞机和低飞导弹
3	SM-2MR BlockⅢA SM-2MR BlockⅢB	MK-41	拦截各种飞机和低飞导弹

表 9-3　远程“标准”Ⅱ

序号	导弹型号	发射装置	功能
1	SM-2ER BlockⅠ MK-2ER BlockⅡ SM-2ER BlockⅢ	MK-10 （双臂式）	射程 120km
2	SM-2ER BlockⅢ	MK-41	射程 150km

9.3.7　系统自检及故障诊断系统 MK-545

MK-545 包括一台 UYK-20 计算机、测试与监视显控台和数据终端等。它的任务是：对“宙斯盾”系统内的 AN/SPY-1A 多功能相控阵雷达、MK-1 指挥决策系统、MK-1 武器控制系统进行实时测试及工作前的测试，集中协调和进行上述各部分的工作状态诊断、故障隔离和指导维修。图 9-4 为自动检测设备组成及工作过程示意图。

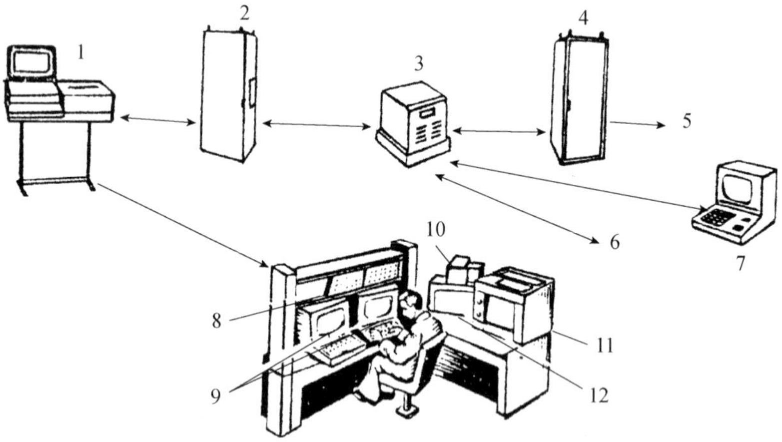

1—控制显示台；2—测试检查机柜 TD-119YK；3—测试计算机 AN/UYK-20；
4—数据变换/转换装置；5—与测试点的通讯线，用于传递变换数据；
6—与“宙斯盾”系统连接的多机总线；7—数据显示终端；
8—信号显示板；9—分系统控制终端；10—打印机；
11—微程序计算仪；12—通信控制

图 9-4　“宙斯盾”系统自动检测设备工作过程示意图

9.4　“宙斯盾”系统作战过程简述

针对不同的舰艇和不同的使命任务，“宙斯盾”系统在配置和功能上稍有不同，但它的一般作战信息流程（图 9-5）和作战过程（图 9-6）可描述为：

（1）首先，AN/SPY-1A 多功能相控阵雷达对全空域进行搜索，发现目标后自动转入跟踪。

（2）AN/SPY-1A 雷达将目标探测数据送给 MK-1 指挥决策系统，将精确跟踪数据送给 MK-1 武器控制系统。

（3）MK-1 指挥决策系统进行敌我识别、威胁判断、制定作战方案，并将结果传递给 MK-1 武器控制系统。

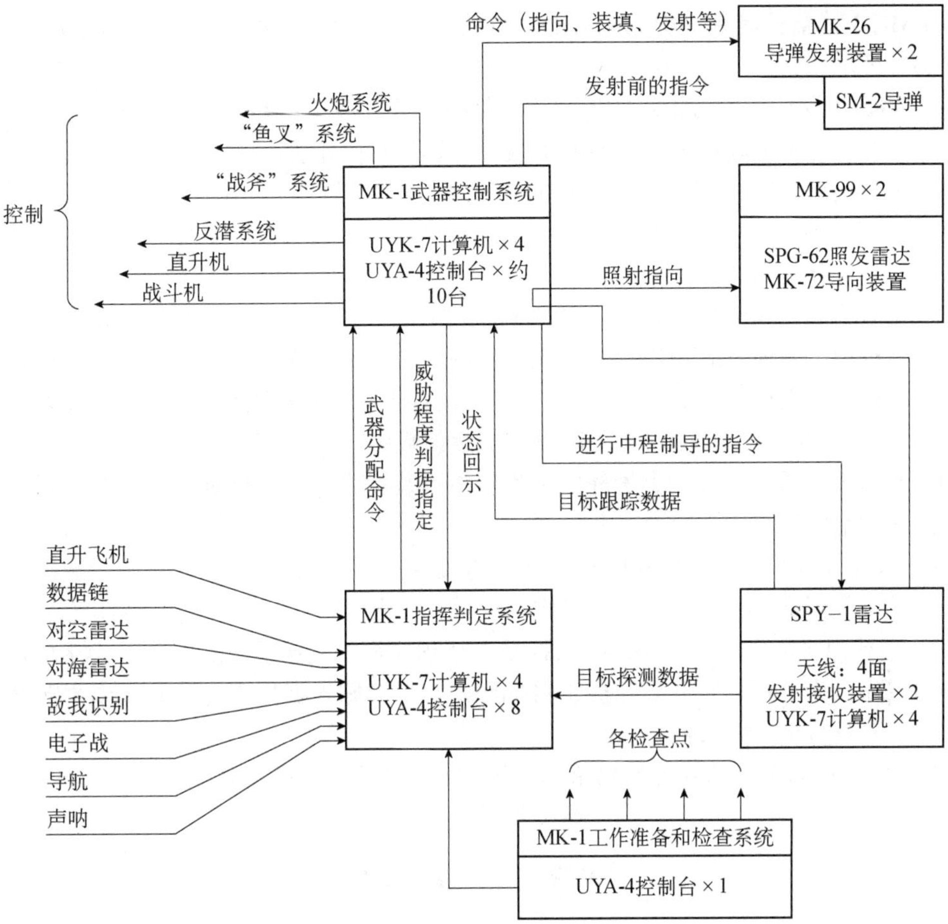

图 9-5　“宙斯盾”系统作战信息流程图

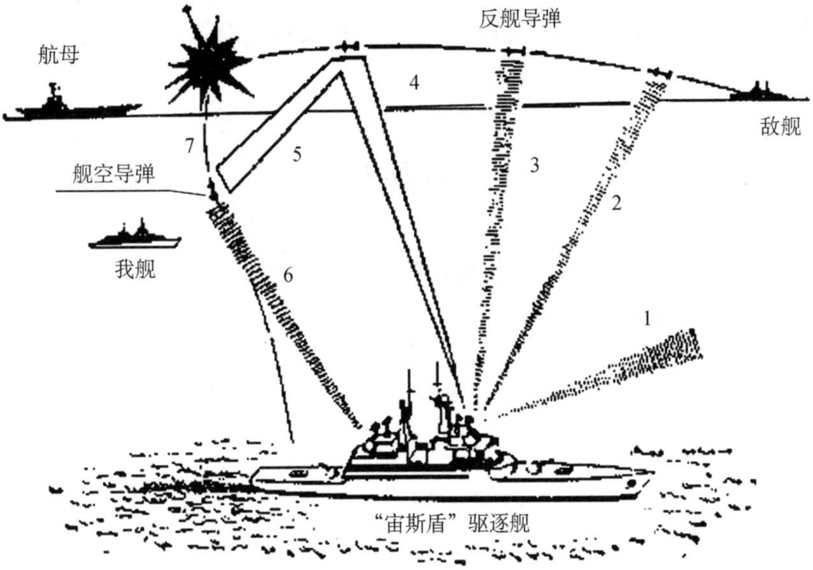

1—搜索目标　2—发现目标　3—跟踪目标　4—照射目标
5—半主动导的制导　6—导弹飞行制导　7—导弹飞行弹道

图 9-6　“宙斯盾”系统工作过程示意图

（4）MK-1 武器控制系统根据己舰的武器状态，进行武器分配，并决定拦截方式，指定发射装置和导弹。

（5）MK-41 发射系统对指定的导弹迅速加电，并开启指定导弹单元上面的舱口盖和排气道舱口盖，使贮运发射箱内的导弹限制器脱开，达到自由位置。

（6）在成功报告机械动作完成后，一旦 MK-41 发射装置接到 MK-1 武器控制系统的指令，即启动不可逆程序，将武器控制系统生成的各种射击诸元数据发送给导弹。在完成其他功能后，自动实现导弹发射。

（7）当导弹开始运动后，接通导弹单元的舰上电源被断开。导弹向前运动冲破发射箱前盖，发动机推力将发射箱后箱盖打开，燃气流进入压力通风室，通过垂直排气道排出。

（8）导弹离开发射装置后，MK-41 向 MK-1 武器控制系统回送一个“导弹发射”定时信号。导弹飞出一定时间后，舱口盖关闭以完成发射顺序。

（9）导弹飞出后，导弹的燃气舵的工作将按预装程序进行，操纵导弹拐弯飞行，使相控阵雷达捕获到空中飞行的“标准”Ⅱ导弹。

（10）武器控制系统通过多功能相控阵雷达天线，向“标准”Ⅱ导弹发出低数据率的修正指令。导弹接收到指令后，控制系统形成控制量，操纵舱机动作，以确保导弹飞向目标。

（11）当导弹飞临目标时，MK-99 火控系统接到 MK-1 武器系统的指令后，与 AN/SPY-1A 雷达协同工作，为“标准”Ⅱ导弹提供目标照射；导弹则根据指令自动转入半主动寻的末制导方式，飞向并直至命中目标。

（12）AN/SPY-1A 雷达立即做出杀伤效果判断，决定是否需要再次拦截。

9.5　本章小结

本章介绍了美国“宙斯盾”指控系统研制背景、结构特点、系统组成及功能。重点应掌握“宙斯盾”指控系统的基本组成、特点和总体作战流程，对系统内部的工作原理和接口定义仅作了解。

习题 9

1. 绘制“宙斯盾”指控系统结构组成图，并简要说明其特点。
2. 简述“宙斯盾”系统的作战过程。

参考文献

［1］李相民，孙瑾，等．火力控制原理［M］．北京：国防工业出版社，2007.

［2］范洪达，李相民，等．导弹火控系统分析与设计［M］．北京：海潮出版社，1999.

［3］何友，王国宏，等．多传感器信息融合及应用［M］．北京：电子工业出版社，2010.

［4］宋跃进．指挥与控制战［M］．北京：国防工业出版社，2012.

［5］何友，王国宏，等．信息融合理论及应用［M］．北京：电子工业出版社，2010.

［6］何友，修建娟，等．雷达数据处理及应用［M］．北京：电子工业出版社，2013.

［7］谢晓方，孙涛，欧阳中辉．反舰导弹航路规划技术［M］．北京：国防工业出版社，2010.

［8］赵晓哲，沈智河．海军作战数学模型［M］．北京：国防工业出版社，2004.

［9］王建国，王昌金．岸舰导弹指挥控制系统［M］．烟台：海军航空工程学院，2009.

［10］赵正业．潜艇火控原理［M］．北京：国防工业出版社，2003.

［11］蔡淑华，等．飞航导弹火控系统［M］．北京：宇航出版社，1996.

［12］曹雷，等．指挥信息系统［M］．北京：国防工业出版社，2012.

［13］曾宪钊．军事最优化新方法［M］．北京：军事科学出版社，2005.

［14］Beard R W，McLain T W．Coordinated Target Assignment and Intercept for Unmanned Air Vehicles［J］．IEEE Transactions on Robotics and Automation．2002.18（6）：911-922.

［15］戴自立．现代舰载作战系统［M］．北京：兵器工业出版社，1989.

［16］莱庆宇，薛毅，张伯彦．相控阵雷达数据处理及其仿真技术［M］．北京：国防工业出版社，2000.

［17］王明鉴．未来反舰导弹可能采用的新技术［J］．中国航天，2000.1.

［18］王航宇，王士杰，李鹏．舰载火控原理［M］．北京：国防工业出版社，2006.

［19］高攀，沈春林．低空突防中威胁信息量化的一种实现方法［J］．数据采集与处理，2001.9：376～379.

［20］蔡怀平，陈英武．武器目标分配（WTA）问题研究进展［J］．火力与指挥控制，2006.12.

［21］刘金星，佟明安．协同空战指挥控制系统智能体模型研究［J］．火力与指挥控制，2003.02.

［22］徐品高．空中目标威胁值的评定［J］．战术导弹技术，2000.02.

［23］何洪成．云模型及其在指挥控制系统可靠性分析中的应用［J］．火力与指挥控制，2006.05.

［24］刘秀罗，黄柯棣．Hopfield 神经网络模型在火力分配算法中的应用研究［J］．计算机仿真，2001.04.

［25］李志强，胡晓峰，等．一个基于人工势场的战场态势分析模型［J］．系统仿真学报，

2006.12.

[26] 曹旭，许锦洲. 数字化战场指挥控制系统的发展 [J]. 情报指挥控制系统与仿真技术，2005.05.

[27] 曹晓东，郭嘉诚. 论指挥控制规则建模 [J]. 军事运筹与系统工程，2006.03.

[28] 刘洪青，李陆冀，王文宏. 美军网络中心战指挥控制的特点 [J]. 火力与指挥控制，2007.07.

[29] 夏英明. 论航空火力指挥控制系统 [J]. 电光与控制，2007.06.

[30]阳曙光，时剑，李为民. 联合火力打击协同式指挥控制模式及其军事概念建模[J]. 电光与控制，2008.02.

[31] 朱涛，常国岑，等. 基于复杂网络的指挥控制信息协同模型研究 [J]. 系统仿真学报，2008.22.

[32]王鸿洁，郭晶，等. 网络化作战 C2 系统建模与仿真研究[J]. 系统仿真学报，2007.09.

[33]毛少杰，李玉萍，等. 网络中心化仿真概念与方法研究[J]. 系统仿真学报，2010.07.

[34] 王志坚. 陆军指挥控制信息系统总体设计 [J]. 电子工程师，2006.05.

[35] 白剑林，张平定，等. 现代战争的神经中枢 C⁴KISR 系统 [J]. 火力与指挥控制，2006.12.

[36] 徐品高. 防空导弹火力单元对空中目标的拦截排序问题 [J]. 战术导弹技术，2007.02.

[37] 刘巍，杨东升，陈利菊. 美军指挥自动化系统发展的几点启示 [J]. 电脑与信息技术，2008.01.

[38] 邓小妮，袁卫卫，等. 指挥控制的形式化描述与性质验证 [J]. 国防科技大学学报，2003.06.

[39] 梁颖达，曹群，等. 几类 C^4ISR 系统模型的可用性和局限性 [J]. 火力与指挥控制，2004.01.

[40] 胡剑文，张维明，刘忠. 复杂系统理论对作战实践的指导 [J]. 火力与指挥控制，2004.02.

[41] 张明智，娄寿春，何章明. 指挥控制系统决策支持需求研究 [J]. 空军工程大学学报（自然科学版），2001.03.

[42] 赵晔，张明智，等. 武器装备体系对抗仿真中的 C2 建模研究 [J]. 计算机仿真，2009.02.

[43] 岳秀清，张磊，别晓峰. 外军指挥控制建模研究现状及启示 [J]. 军事运筹与系统工程，2009.01.

[44] 王君，周林，白华珍. 地空导弹旅（团）指挥控制系统坐标变换模型 [J]. 火力与指挥控制，2007.08.

[45] 何宝民，董文洪，沙基昌. 军用信息系统能力评价方法研究 [J]. 指挥控制与仿真，2008.01.

[46] 李敏勇，白剑新，王德石. 共享态势认识的效用 [J]. 海军工程大学学报，2004.03.

[47] 王卫东. 视景仿真技术及在指挥控制系统中的应用 [J]. 南京理工大学学报（自然科学版），2002.02.

[48] 何宝民，董文洪，沙基昌. C^4ISR 系统情报信息能力评价方法 [J]. 火力与指挥控

制，2009.10.

[49]陈旭莉，朱云鹏，等. E-10A-美军下一代指挥控制飞机[J]. 舰船电子工程，2006.05.

[50] 张红兵，赵杰煜，罗雪山. 海军舰艇指挥控制决策支持系统设计 [J]. 舰船电子工程，2003.03.

[51] CICC. 军用任务规划技术综述与展望. 中国指挥控制学会公众号，2021.02.

[52] 董志荣. 军事电子信息系统发展观 [J]. 火力与指挥控制，2001.03.

[53] 吴延林，苏建新，周平. 网络中心战指挥控制决策分析 [J]. 兵工自动化，2009.02.

[54] 霍梦兰，彭辉. “全球鹰”无人机任务控制站的组成与功能分析 [J]. 国防科技，2009.03.

[55] 霍亮，王燕，李秋江. 预警机发展现状及趋势 [J]. 飞航导弹，2010.02.

[56] 孙君亮，于古胜，等. 靶场指控及显示系统发展趋势分析 [J]. 指挥控制与仿真，2006.04.

[57] 王钰，蒋晓原，王春江，李学军，陈少卿. 面向 NCW 的 C2 参考模型研究 [J]. 火力与指挥控制，2007.03.